自然语言处理NLP
从入门到项目实战

Python语言实现

艾浒 ◎ 著

北京大学出版社

PEKING UNIVERSITY PRESS

内 容 简 介

本书从人工智能和自然语言处理技术的基础原理讲起,逐步深入自然语言处理进阶实战,并配有实战代码讲解。重点介绍了使用开源技术、人工智能开放平台,以及使用国内外优秀开发框架进行基于规则、统计、深度学习的自然语言处理程序开发,让读者全面掌握理论基础,并学以致用。

本书分为12章,主要包括学习人工智能原理、自然语言处理技术、掌握深度学习模型、NLP开源技术实战、Python神经网络计算实战、AI语音合成有声小说实战、玩转词向量、近义词查询系统实战、机器翻译系统实战、文本情感分析系统实战、电话销售语义分析系统实战人工智能辅助写作系统(独家专利技术解密)。

本书内容通俗易懂,案例丰富,实用性强,特别适合使用Python语言人工智能自然语言处理的入门和进阶的读者阅读,也适合产品经理、人工智能研究者等对人工智能自然语言处理感兴趣的读者阅读。另外,本书也适合作为相关培训机构的教材使用。

图书在版编目(CIP)数据

自然语言处理NLP从入门到项目实战：Python语言实现 / 艾浒著.—北京：北京大学出版社,
2021.10
ISBN 978-7-301-32483-7

Ⅰ.①自… Ⅱ.①艾… Ⅲ.①软件工具－自然语言处理 Ⅳ.①TP311.56②TP391

中国版本图书馆CIP数据核字(2021)第182456号

书　　　　名	自然语言处理NLP从入门到项目实战：Python语言实现	
	ZIRAN YUYAN CHULI NLP CONG RUMEN DAO XIANGMU SHIZHAN:	
	Python YUYAN SHIXIAN	
著作责任者	艾　浒　著	
责 任 编 辑	张云静	
标 准 书 号	ISBN 978-7-301-32483-7	
出 版 发 行	北京大学出版社	
地　　　址	北京市海淀区成府路205号　　100871	
网　　　址	http://www.pup.cn　　新浪微博:@北京大学出版社	
电 子 信 箱	pup7@pup.cn	
电　　　话	邮购部010-62752015　发行部010-62750672　编辑部010-62570390	
印 刷 者	北京鑫海金澳胶印有限公司	
经 销 者	新华书店	
	787毫米×1092毫米　16开本　24.25印张　617千字	
	2021年10月第1版　2021年10月第1次印刷	
印　　　数	1-4000册	
定　　　价	89.00元	

前 言
Preface

这本书写到一半时，我做了一件微不足道的小事，引发了几件难以置信的怪事。

微不足道的小事，是我2020年8月5日中午等泡面时，花了10分钟，写了一篇高考作文，发布到了知乎上。

难以置信的是，当天晚上，一家创业公司老板看到这篇作文后，便想让我以技术入股。第二天一早，中国移动的子公司向我发出邀请，要与我合作开发教育产品。几天后，2019 Apple最佳播客——追科技撩艺术，要做一期节目采访我。又过了几天，一个投资人要帮我注册公司、申请专利和软件著作权。等到8月底的时候，公司已经注册好了，名字叫北京百灵互联科技有限公司。后来有一家叫芭莎宝贝的公司邀请我做联合创始人，还有一家叫生生万年的公司邀请我做CTO（首席技术官）。

写高考作文是一个很偶然的机会。那天中午，我在知乎上看到一个提问："2020年高考满分作文《生活在树上》到底表达了什么观点，能否用通俗的语言翻译出来？"打开这个问题链接，就看到一些答主说，这篇满分作文像是机器人写的。

为了给机器人洗脱罪名，我用机器人写了一篇作文，并简述了机器人的写作方法，然后发布到知乎上。这个机器人是我利用业余时间独立开发的人工智能写作网站，域名为L8AI.com，表示来吧AI，拥抱未来的意思。它理解并记忆了鲁迅、朱自清、莎士比亚、徐志摩等数百位文豪的500万条文学作品片段。当用户输入自己的文章后，人工智能就会根据用户的文章进行联想，然后呈现出与用户文章语义最相近的名著片段，达到引经据典、润色、激发用户灵感的效果，适用于文学创作、自媒体撰稿、剧本构思等与写作相关的领域。

2019年5月，我在知乎公布这个网站后，便深受知乎网友的喜爱，并积累了一大批忠实用户。百度搜索"AI写作"，排在第一位的非广告类文章，就是我写的网站发布公告。之所以得到大家的认可，是因为人工智能可以让普通人拥有海量文学作品记忆和超高速的语义联想能力，宛如过目不忘的超人一般，轻松创作出优秀的文学作品。

虽然是一件微不足道的小事，但小事一分钟，背后十年功。知识改变了我的命运，所以我想把这些知识写成书，希望一本好书可以改变无数人的命运。

而写一本好书，首先需要熟练的文笔。

有些作者虽然懂技术，但是文笔不好，写出来的书就晦涩难懂。

我是一名业余作家，获得知乎56万赞同和4000万阅读量。多年的写作经验，使我有能力用通俗易懂的文字把前沿技术概念表达清楚。

除了熟练的文笔，作者还需要具有深厚的技术功底。我是北大计算机专业毕业的，十多年前在北大，每天至少泡在图书馆6小时，研究人工智能基础理论。

但即便有了扎实的理论基础和熟练的文笔，倘若只是在象牙塔里闭门造车，也无法写出好书。而我有十余年软件行业项目管理经验，还发明了人工智能写作工具，并且创立了公司。所以我写的书，呈现的是符合市场需求和技术发展趋势的最新实用型技术，观念具有前瞻性。读者学会后，马上就能用于商业产品开发。

虽然书写到一半时，有前文所述的难以置信的怪事打扰我，但我并没有敷衍的想法，反而更加认真地写这本书，并且把已经写好的部分，又反复完善了几次。因为那些改变命运的怪事，更加坚定了我写书的初衷，让我更有信心写出一本可以改变读者命运的书。

本书主要内容是人工智能原理和自然语言处理技术实战，目标读者包括以下五类。

♠ 人工智能行业的创业者、产品经理，以及人工智能技术爱好者，可以从本书中了解人类意识研究的历史、相关基础理论、人工智能自然语言理解的理论知识，以及新技术的发展方向。

♠ 没有 AI 开发经验的初学者可以学到如何通过云服务和开源技术快速开发出强大的人工智能程序。现在很多创业公司和个人开发者，都是把人工智能云服务进行拼装和包装，然后加价卖给消费者。能力强的程序员，会利用免费的开源代码，在许可协议的限制下，拼装出强大的商业软件进行谋利。有些开源许可协议是非常宽松的，使用者有权使用、复制、修改、合并、出版发行、散布、再授权及贩售软件及软件的副本。本书内容包括这些人工智能云服务和开源代码的实战知识。学习完本书，读者也可以参与到这场"淘金潮"中。

♠ 对于中高级的读者，可以学到前沿的深度神经网络技术，利用这些技术，可以开发出功能更强大、成本更低的人工智能程序。

♠ 对于其他行业想转行至人工智能行业的，也能从中学到很多实用的知识。

由于传统企业都很明白，这个年代不转型不行，转型就要引进人才，而互联网上开源代码多如牛毛，可以很快为传统企业赋能，让传统企业乘上人工智能的东风。

市场上缺少这种跨行业的开发者。如果你具备本行业的理论基础，再把人工智能开源代码的原理讲清楚，阐述一下振奋人心的创新点，进入这个行业是没问题的。学习完本书，借鉴开源代码稍微修改一下就是你的成果，产出比会非常高。

♠ 对于自媒体撰稿人、编剧、作家、语文老师等文字工作者，可以从中学到如何使用人工智能工具提高人类的联想力和记忆力，并快速进行文学创作。

最后，我要感谢我的妈妈，她的名字叫张富花。我出生时先天残疾，患有严重的脊椎裂，脊髓膨出，她倾家荡产为我治疗，没有抛弃我，一直供我到大学毕业。

还有，我爸爸二十多年前出车祸，一直瘫痪在床，多亏我妈妈二十多年的细心照顾，倾其所有为我父亲治病。

谢谢妈妈，儿子一定努力，不辜负您的期望。

另外，如果读者对文中提到的我用机器人写的文章和"追科技撩艺术"对我的节目专访感兴趣，可以扫描下方二维码观看和阅读。需要着重说明的是，本书的程序代码作为随书赠送资源提供给读者使用，读者可关注"博雅读书社"微信公众号，输入本书77页的资源下载码，根据提示下载资源。

文章地址

追科技撩艺术播客

"博雅读书社"微信公众号

艾 浒

目 录
Contents

| 第一篇　人工智能自然语言处理基础篇 |

｜ 第二篇　自然语言处理系统实战篇 ｜

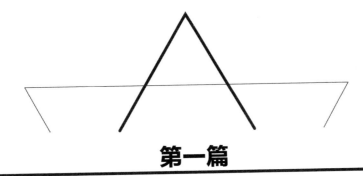

第一篇

人工智能自然语言处理基础篇

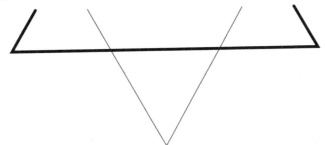

第 1 章

人工智能原理

　　解放脑力劳动是全人类最迫切的需求,和人类文明的发展息息相关。因此,探索意识的奥秘一直是科学界最重要的研究领域之一。21世纪以来,脑科学研究已经成为当代科学的前沿研究,现在亟须破解的奥秘不是动植物,也不是天体的奇迹,而是人类思维本身。

　　生物智能是宇宙间的奇迹,虽然它的来源和运作原理神秘莫测,但它并非上帝的创造,而是地球上的碳基生物35亿年进化的产物。所以我们研究人工智能,也不能凭空臆想,而应该讲究科学。既然人类大脑是生物智能进化的巅峰,那么我们就应该从这个智能的载体——"大脑"开始研究。

　　大脑是负责信息处理的器官,它通过各种感受器从外部环境接收信息,并进行处理,以形成外部现象的内部模型。即使对于带有随机信号或噪声的信息,大脑也具有调节这些模型的能力,并能内插或外推它们去适应新的环境。有了这样的灵活性,大脑就能作出可靠的决策,包括辨识模式、总结规律、理解概念和预测。

　　人工智能名著《哥德尔·艾舍尔·巴赫:集异璧之大成》中说过:"一个关于世界的灵活内涵表示是意识的全部所在。"

本章主要涉及的知识点

- 意识研究的历史
- 通过科学家的经典理论破解"意识"的秘密
- 神经网络原理
- 矩阵与思维的关系

1.1 人工智能简史

意识是人脑最重要的功能,涉及意识研究的学科主要有精神哲学、心理生理学、认知神经科学和神经科学等。

(1)早期。哲学家依靠智力,运用与科学相似的方法,对思维原理进行了深入的思考。就像科学立志要为人间建造物质的天堂一样,哲学家梦寐以求的是把人的终极问题弄个水落石出,以期根除灵魂的迷茫。

(2)中期。人类对大脑的研究主要集中在心理生理学和认知神经科学领域。心脑关系是心理生理学研究的核心命题,该命题的研究成果不仅对心理学,还对其他分支学科的发展产生了重大影响。认知神经科学的主要工作是研究智能实体与客观环境相互作用的原理。

(3)后期。人类的研究重点集中在神经科学领域,并由神经科学衍生出人工智能神经网络技术。

1.1.1 意识研究历史及经典理论

"意识"是人工智能科学的"终极边疆"、哲学的"难问题"及比宗教神秘主义还神秘的"终极谜团"。起初"意识"的研究归属于哲学,甚至宗教学的范畴。人类研究智能的初期受科学技术发展水平的限制,只能把意识当成一个哲学问题来思考。随着科学的发展,意识研究后来又归属生理学,近代又归属心理生理学,并逐渐演变成当代认知神经科学、神经科学和计算神经科学。它涉及的学科越来越多,变成了一门交叉学科。

由混沌到文明,由弱小到健硕,回顾人类的发展历程,科学精神与人文精神相互交融,共同照亮了人类前进的道路。研究人工智能必然要研究人的意识、思想、认知、灵魂,也必然会牵涉人类的哲学与心理学。

科学研究是集体记忆,是文化或文明的积累,通过无数个体生命一代一代继承和传扬。意识研究也是在无数人一代代的阐释、验证、否定之否定中逐渐成形的。所以我们研究人工智能,只有将古今中外相关学科的经典理论贯穿起来,才能解开意识的秘密。下面,我们从古希腊、16~18世纪、19世纪、20世纪、21世纪这5个时期,来学习各个时代有关意识研究的经典理论。

1. 古希腊时期

古希腊文明是整个西方文明的精神源泉,也是人类智慧和精神的伟大胜利。哲学家把对意识的研究归于哲学范畴,在哲学研究中逐渐增强,逐步坚定。

这一时期的哲学家在意识本源、意识分类等研究领域做出了杰出的贡献,其经典理论反映出古代哲学家深邃的哲学思想和古老文化。

对于人工智能理论研究者来说,具有哲学思考能力是极其重要的,它体现为一种超越学科界限的宏观视野,是一种从整体出发把握人工智能中关键问题的领悟力。

(1)意识本源学说。在研究意识时,大多数研究者都会思考一个问题,即意识到底在哪里?西方医学之父,医学家、哲学家希波克拉底(约公元前460—前377)在进行医学研究时,曾经深入思考过这个问题，他的研究结论是"人类应该知道，我们的喜怒哀乐都来自大脑，且只来自大脑"。

（2）意识分类学说。西方古代历史上最伟大的哲学家、科学家和教育家之一，堪称希腊哲学的集大成者的亚里士多德（约前384—前322）对意识进行了深入研究，为意识研究的发展做出了重要贡献。

在意识分类方面，早期精神哲学家将精神或意识状态假定为"灵魂"，所以亚里士多德也同样将意识称为灵魂，他提出了两种意识分类的经典理论。

①第一种意识分类的经典理论是三种灵魂（plant，animal and reason soul）学说，这种理论将灵魂从低级到高级分为三种，即植物的灵魂、动物的灵魂和理性的灵魂。其中，植物的灵魂只有辅助生长的功能，表现在营养、发育、生长等生理方面，属灵魂的最低级部分；动物的灵魂除具有辅助生长的功能外，还有感觉运动功能，表现在本能、情感、欲望等方面，属灵魂的中级部分；理性灵魂的功能表现在思维、理解、判断等方面，属灵魂的高级部分，亦是人之所以为人的根本所在。

②第二种意识分类从功能上把人的灵魂分为两个部分：非理性灵魂，其功能是本能、感觉、欲望等；理性灵魂，其功能是思维、理解、认识等。

（3）三大联想律学说。柏拉图初步描述了联想律中的接近律和相似律。约公元前350年，亚里士多德补充了一条新的对比律，在他的《记忆和回想》一文中，提出了一些有价值的理论，如记忆与回想的定义、记忆的特点、操作方式及与灵魂的关系等。三大联想律的说明如下。

①接近律指对时间或空间上接近的事物产生的联想。如生日与蛋糕是时间上的接近，提到生日很容易联想到蛋糕，而沙漠与仙人掌则是空间上的接近。

②相似律是将形似、义近的事物加以类比而产生的联想。这是由于当人感知某个事物时，就会引起对和它在性质上、形态上或其他方面相似事物的回忆。

③对比律指对于性质和特点相反的事物产生联想。如黑与白，冰与火等。有些事物在某种共同特性中具有较大的差异，这种差异容易引起人们的联想。

2. 16~18世纪

中世纪对意识的研究属于宗教学范畴，最著名的理论是"买赎罪券，灵魂就能上天堂"。与之对应的意识研究方法是"通过把钱扔进教会募捐箱时产生的声音来验证救赎的效果，声音越大对灵魂救赎的效果就越强"。15世纪之后，意识研究领域才诞生了很多经典学说，其中最著名是二元论和白板说。

（1）二元论。西方现代哲学思想的奠基者笛卡尔（1596—1650）提出了身心二元论，这种理论认为人由完全不同的两种实体组成，即一个是心灵，一个是身体。

①心灵是非物质实体，它永生不灭，不占空间，具有意识；心灵"寄居"在人的身体（或大脑）中，接收身体传来的信息，并向身体发送指令。人类因此才拥有非物质实体，并由此产生了意识。

②身体是物质实体，它可以被摧毁，且占据空间。物质实体对应着物理世界中的物体。

在哲学上，这种观点是典型的二元论，其缺陷是这种论点无法解释"心灵"与大脑究竟是如何相互作用的。此外，这种理论对于"心灵"的本源也没有详细的解释。

（2）白板说。英国哲学家洛克提出了著名的"白板说"，认为一切知识和观念都是从后天经验中获得的。

洛克认为,人的心灵是一张白纸,上面没有任何记号,也没有任何观念,一切观念和记号都来自后天的经验。他说过,"我们的全部知识是建立在经验上的,知识归根到底都是来源于经验的"。

3. 19世纪

这个时期对意识的研究有如下几个特点。

(1)指出了意识的研究方向。1859年,英国博物学家、进化论的奠基人达尔文出版了《物种起源》,其自然选择理论认为,有利个体的差异和变异的生物保存,以及有害变异的毁灭,叫作自然选择或适者生存,无用也无害的变异则不受自然选择的作用。

在达尔文之前,哲学猜测主宰着我们对意识的理解。由于哲学研究以自省的方式为主,就无法使我们认识到意识对客观事物作出反应的驱动力是什么。所以即便是最伟大的哲学家,也只能描述精神事件和行为,而不能解释它们形成的原因。

达尔文提出,心理学的课题应关注意识的机能而非意识的内容,着重研究生物对其环境的适应。达尔文的自然选择理论在一百多年后,衍生了神经元群选择理论。

(2)意识研究方法从哲学进入心理学。1879年,威廉·冯特(Wilhelm Wundt)在德国莱比锡大学创建了第一个心理学实验室,他撰写的《心理生理学原理》是近代心理学史上首部最重要的著作,他认为心理学就是研究意识的科学。这标志着心理学从哲学中分离出来,使意识从哲学进入心理学的研究范畴。

(3)现代神经科学萌芽。19世纪末,西班牙神经解剖学家罗曼尼·卡哈尔(Romany Cajal)运用并改进了银染色法,对神经系统进行了大量研究,并创立了神经元理论。

他认为神经系统并非连成一片的,而是由一个个的神经元组成。罗曼尼·卡哈尔的研究为现代神经科学奠定了基础。英国科学家查尔斯·斯科特·谢灵顿(Charles Scott Sherrington)在罗曼尼·卡哈尔创立的神经元学说的基础上,提出使用"突触"这个术语来描述一个神经元与另一个神经元之间的接触部位,并认为神经元是通过这个部位进行信息沟通的。

4. 20世纪

(1)现代意识研究的启蒙——条件反射学说。俄国生理学家巴甫洛夫通过在狗身上的实验研究提出了条件反射的概念:①狗吃食物时流唾液,这是本能的非条件反射。②单纯打铃,不会引起狗的唾液分泌,因为铃声与食物无关,这种情况下铃声为无关刺激。③打铃后喂食,狗的大脑皮层中与铃声、食物、唾液有关的神经元兴奋,经过不断训练,铃与食物间的连接权值逐步增大,条件反射建立且巩固。④再次打铃后不喂食,狗会也会流唾液,表明铃声成为条件刺激,狗对条件刺激的反应称为条件反射。⑤多次打铃后不喂食,狗流的唾液量减少,直至不流唾液,就是条件反射的消退。

由此总结出条件反射和非条件反射的概念如下。

①非条件反射:狗吃食物时出现的唾液反应,是一种大脑反应,它是存在于脊柱或下脑中枢的感觉和运动神经之间的一种直接连接。

②条件反射:多次打铃喂食训练后,狗听到铃声分泌唾液,是在条件形成过程中由大脑皮层建立起来的新反射通道的结果。

条件反射学说对当代心理学产生了极大的影响,成为后来的行为主义心理学的科学基础。

(2)意识研究的理论——行为主义心理学。1913年,美国著名心理学家约翰·沃森(John Watson)

主张的行为主义认为意识与灵魂基本上是同一概念，从而把意识问题排挤出心理学领域。

行为主义认为，要谈论精神现象，就必须通过外显的、可预测的行为来描述。因为只有客观的行为才可量化和测量。行为主义是唯物主义的一种，但行为主义更强调将精神活动还原为行为活动，而不是神经生理活动。曾经在很长一段时间里，行为主义广泛影响了心理学的发展，心理学家不再谈论意识问题，也很少有人尝试区分大脑的有意识活动和无意识活动。

（3）意识研究的工具——电生理学与脑电图学。1924年，德国医生汉斯·伯杰（Hans Berger）第一次记录了患者的脑电波，为神经科学开辟了新的分支——脑电图学。

（4）学习和记忆的原理——海布突触。被誉为认知心理生物学之父的海布（1904—1985），发现了学习和记忆的神经科学原理，他提出的海布突触表示外来刺激可以导致神经元之间突触联系的可塑性改变，从而导致中枢出现可持续的新神经反应模式。这是他为记忆印痕学说提供的神经机制解释。这个假说成为后来几乎所有学习记忆研究的范式，也被认为是生物学习记忆的细胞基础。

（5）记忆的存储——祖母细胞理论。1969年神经科学家杰里·莱特文（Jerry Lettvin）在麻省理工学院演讲时，阐述了后来被称为祖母细胞（grandmother cell）的理论。

祖母细胞是一种假想中的神经元群落，当祖母出现时，在人脑中数以亿计的神经元里，就有一群神经元被点亮，那就是祖母细胞群落。杰里·莱特文认为，我们日常的每一种意识体验、思维及记忆，不管是对于某个亲戚朋友，还是其他任何人或物，都有大约18 000个神经元与之对应。

（6）踏上意识的生物科学研究之路。1990年，因为发现DNA被誉为20世纪最伟大科学家的弗朗西斯·克里克（Francis Crick）和美国科学家克里斯托夫·科赫（Christof Koch）发表了《论意识的神经生物学理论》，提出泛泛的哲学争论无助于解决意识问题，而真正需要的是有希望解决这些问题的新的实验方法。只有研究神经元及它们之间的相互作用，才能积累以实验为基础的、明确的知识，并建立起真正科学的意识模型。受弗朗西斯·克里克的启发，对意识的研究走入正轨，数十年后的今天，"意识的生物学研究在21世纪所处的地位，相当于基因研究在20世纪所处的地位"已经成为当代科学家的共识。

5. 21世纪

（1）神经元群选择理论。神经元群选择理论基于自然选择理论，自然选择指生物在生存斗争中适者生存，不适者被淘汰的现象，最初由达尔文提出。既然生物能够竞争，那么"神经元群"能否存在竞争呢？受自然选择理论的启发，美国洛克菲勒大学的埃德尔曼提出了神经元群选择理论，这一理论主要包含三个理论。

①"发育选择"理论。在脑的不同发育过程中，形成了神经解剖结构中最基本的各种高度变异的神经元群体。

②"经验选择"理论。大脑神经元群除受到基因遗传约束之外，还通过行为经验的次生性和改变连接强度或突触度，形成各种各样被异化的神经回路。

③"再进入"理论。外界信号通过再进入沿着分布于各处的神经元群之间的交互连接进行传递，以确保与所选择神经事件的时空相关性。

根据神经元群选择理论，神经系统有数量巨大的、不同的可选择神经元群，它是大脑意识事件复杂性特性的一个必要基础。正是大脑神经元群的选择机制形成了能产生特殊意识现象的大脑。这种理论基于我们之前提到过的自然选择、条件反射、海布突触而提出。

这种"适合的想法(神经元群)被选择并加强,不适合的想法(神经元群)被忽略并削弱"的理论,与"适者生存,不适者被淘汰"的自然选择理论非常相似,只是主语由生物变为神经元群。

(2)各国政府与企业投入到 AI 研究中。2013 年,美国政府启动"大脑计划"。同年,欧盟的人脑计划(Human Brain Project)入选了欧盟未来旗舰技术项目。2017 年,我国国务院发布了《新一代人工智能发展规划》,计划中国在 2030 年之前成为人工智能技术领域的世界领袖。2017 年至今,人工智能开源技术爆发,腾讯、百度、科大讯飞等企业也提供了人工智能云服务(也称人工智能开放平台)。2019年,我国人工智能企业数量位列全球第二。

注意:人工智能云服务是一种高效快捷的人工智能商业化方式,它可以让使用者直接调用云端的高性能人工智能运算,极大地提高了编程效率。后续章节会详细介绍这些技术原理与编程实战。

1.1.2　意识研究的热点问题和经典答案

1. 他心知问题

研究意识,首先要思考的问题是"我们怎么知道其他的人或动物是否有意识呢?"这个问题也是精神哲学中的一个经典主题:他心知问题(problem of other minds)。这个问题还可以衍生出"机械或人工智能有没有意识呢? 判断依据是什么呢?"

他心知问题一直是西方精神哲学中的热点话题,历来众多的思想家就这个问题进行了解说。行为学给出的答案是,一个可以客观、科学地描述意识的标准就是"个体的行为"。从行为主义思想我们可以看出,"行为"可以通过第三人称的观察,从客观的角度对"行为"进行描述和测量。但最重要的问题是,我们怎样才能将行为和意识联系起来呢? 为了解决这个问题,我们需要这样一个假设,即在相同的物理条件下,如果他人的行为和我们自己的行为足够相似,由于我们通过现象学知道自己是有意识的,因此可以假设他人也像我们一样有意识体验。人工智能科学家图灵发明的"图灵测试"便属于"行为主义"范畴,后面我们讲到人工智能经典理论时,会对"图灵测试"进行详细的介绍。

2. 自我意识

神经元可以随心所欲地相互触发,但除非某个人察觉到整件事,否则不会有意识。人工智能研究领域把人工智能分为弱人工智能和强人工智能,其中强人工智能观点认为,有可能制造出真正能推理和解决问题的智能机器,并且这样的机器有"自我"意识,可以独立思考问题并给出解决问题的最优方案,甚至有自己的价值观和世界观体系。是否拥有"自我"意识是强人工智能与弱人工智能之间最本质的区别。

对于自我意识的定义可分为唯灵论和非唯灵论。传统的唯灵论者认为,"人脑神经活动的观察者就是灵魂,而灵魂是不能用物理词汇描述的"。非唯灵论认为,"自我意识是系统的一种性质,每当系统中有服从触发模式的符号时,这种性质就会出现"(如操作系统的中断)。但是自我意识难以定位,首先是由于这种自我认识是多个脑区共同作用的结果;其次自我意识是经常变化的,个人经历会催生新的大脑细胞和神经通路。

为了更好地了解自我意识，还可以将其进行分类，主流的划分方法有四种。

（1）自我意识=注意+决策，这是最简单的一种划分方式。

①注意：在任何时候，大脑对信息处理的能力都是有限的，巨大的信息量与有限的信息处理能力之间的矛盾决定了大脑需要做出决定，因此，要集中资源去处理眼前重要的信息。

②决策：大脑根据各种外部输入和内部存储的信息做出推理和决定。

（2）两部分模型，即把自我意识分成生理性自我和认知自我。

①通过生理性自我，使我们能够根据肢体、内脏传来的感官信息感知自身的身体状况。这些输入信息会产生内感受，也就是我们自身对于疼痛、冷热、饥饿等的感受。

②通过认知性自我，我们则可以认识自己并进行自我参照。

（3）安东尼奥·R.达马西奥（Antonio R. Damasio）提出自我意识分为三个层次。

①原始自我，即机体在神经学上的简单表现，负责监控基本的生理功能，如新陈代谢、体温和昼夜节律等。正常情况下，我们意识不到这个层面的自我，只有这些基本功能出现问题时，才会引起核心自我的警觉。

②核心自我可以及时判断我们当前的状况，将机体发出的信号转化为非言语性的冲动，如饥饿、悲伤、寒冷等。也可以说是谢灵顿提出的"外部感受器""本体感受器""内脏感受器"对传到脑部的信号进行模式识别，如饥饿感就是胃部的内脏感受器发到脑部的信号。

③最高等级是自传体自我，它可以让我们根据以前的经验和当前的目标，理性地评估自己的冲动，从而目标明确地指导自身的行为。

可以看出，原始自我类似于亚里士多德提出的植物灵魂，核心自我类似于动物灵魂，自传体自我类似于理性灵魂。如果不同时代的科学家都在某个概念上不谋而合，那么这个概念就很可能是真理。

（4）自我意识=陈述性记忆系统+非陈述性记忆系统。这个观点是我思考出来的一种假说，我的人工智能写作工具就是以这个理论为基础的，其内容将在第12章进行详解。

综上所述，自我意识并不神秘，它只是神经系统中对自身所有物理存在的一种表述。记忆则是神经纤维的物理连接。随着神经科学和计算机技术的发展，拥有自我意识的强人工智能有可能出现。相信经过前文介绍，读者已经对意识研究的经典理论有了初步的认识，在此基础上，我们将开始学习人工智能的经典理论。

1.1.3　人工智能经典理论

1. 人工智能的雏形——分析机

最早尝试使用机械实现智能的人是英国科学家查尔斯·巴贝奇和阿达·洛芙莱斯，他们设计的"分析机"便是人工智能的雏形。查尔斯·巴贝奇是一位计算机自动化研究与制造的先驱者，是世界上第一位推出类似于现代计算机五大部件（运算器、存储器、控制器、输入输出器）概念的科学家。而阿达·洛芙莱斯致力于为该分析机编写算法，他指出，分析机不仅执行计算，还执行运算，即"任何改变了两种或多种事物之间相互关系的过程"，因而"这是一个最普遍的定义，涵盖了宇宙间的一切主题"。例如，今后这台机器有可能被用来创作复杂的音乐、制图和在科学研究中运用，这些设想都已被当代计算机科学家实现。

阿达·洛芙莱斯在 1840 年能有这样的预见,可谓十分难得。

但分析机最终没能制造出来,失败的原因是巴贝奇和阿达·洛芙莱斯看得太远,超越了时代。分析机的设想超出了他们所处时代至少一个世纪,这使得他们注定要成为悲剧人物。

查尔斯·巴贝奇在生命垂危之际留言道,"任何人不惜步我的后尘,而能成功地建造一个包括数学分析的全部执行部门的机器……我就敢把我的声誉交给他去评价,因为只有他才能充分鉴赏我努力的实质及成果的价值"。阿达·洛芙莱斯则声称,"我的大脑即使死后也依然不朽,时间会证明这一点"。两人死去时,唯有彼此才能意识到对方的伟大成就。

100 年后的 1953 年,阿达·洛芙莱斯关于查尔斯·巴贝奇的《分析机概论》的笔记重新公布,后世公认其对现代计算机与软件工程的发展产生了深远影响。直到这时,人们才意识到查尔斯·巴贝奇和阿达·洛芙莱斯的伟大之处。

注意:查尔斯·巴贝奇为计算机科学留下了一份极其珍贵的精神遗产,包括 30 种不同的设计方案,近 2000 张组装图和 50000 张零件图,以及那种在逆境中自强不息,为追求理想奋不顾身的拼搏精神。查尔斯·巴贝奇最大的成就,是让科学家们意识到人类可以创造出机械化的智能。

2. 图灵机与图灵测试

巴贝奇的分析机理论和阿达·洛芙莱斯的笔记启发了图灵,计算机科学界的最高荣誉"图灵奖",就是为了纪念最早提出机器智能设想的计算机科学之父,阿兰·图灵(AlanTuring)。

图灵测试是一种验证机器是否有智能的方法:让人和机器隔着墙进行交流,如果人无法判断自己交流的对象是人还是机器,就说明这个机器有智能了。图灵测试的理论基础是 1913 年美国著名心理学家约翰·沃森提出的行为主义心理学,即"要谈论精神现象,就必须通过外显的、可预测的行为来描述。因为只有客观的行为才可量化和测量"。

图灵还有另外一项伟大的发明,即图灵机,如图 1.1 所示。图灵机是一个抽象的机器,它有一条无限长的纸带,纸带被分成一个个的小方格,每个方格都有不同的颜色。有一个读写头在纸带上左右移动。读写头有一组内部状态,还有一些固定的指令集。每个时刻,读写头都要从当前纸带上读入一个方格信息,然后结合自己的内部状态查找指令集,根据指令集输出信息到纸带方格上,并转换自己的内部状态,然后进行移动。图灵机理论上可以实现现代计算机能做的一切复杂算法。

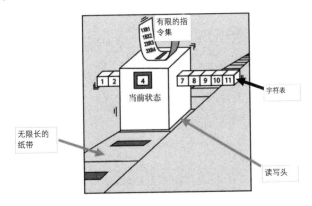

图 1.1 图灵机

图灵机由以下部件组成。

（1）一条无限长的纸带，纸带被分成一个个相邻的格子，每个格子都可以写至多一个字符。

（2）一个字符表，即字符的集合，它包含纸带上可能出现的所有字符。

（3）一个读写头，它可以读取/擦除/写入当前格子的内容，还能记录当前的状态。此外也可以每次向左/右移动一个格子。

（4）一个有限的指令集，它记录着读写头在特定情况下应该执行的行为。可以想象读写头随身有一本操作手册，里面记录着很多条类似于"当你身处编号 88 的格子并看到其内容为 1 时，将其擦除，改写为 0，并向右移一格，把自身状态改为"运行下一条"的指令。这个指令集很像现代计算机使用的汇编语言。

图灵机的运作原理很简单，却又能计算所有可计算函数。那图灵机是怎么做到的呢？复杂函数计算逻辑存储在哪呢？用排除法来看，读写头的功能有限，只能读写，所以先把读写头排除。纸带用于输入和输出，可以暂存中间结果，但逻辑并不在纸带上。所以图灵机的核心，也是最复杂之处肯定是指令集。

图灵机的意义在于，它证明了通用计算理论，肯定了计算机实现的可能性，为现代计算机的逻辑工作方式奠定了基础。受它的启发，人们意识到可以把复杂的函数计算用机械的程序实现。

注意：虽然图灵机证明了通用计算理论，但是其结构与现代人工神经网络完全不同，属于不同的人工智能流派。图灵机是符号主义，神经网络是仿生学和联结主义。

3. 人工智能学派

人工智能在其学科发展的 60 余年历史中，有许多不同学科背景的学者都曾对人工智能做出过各自的解释，提出了不同的观点，由此产生了不同的学术流派。

符号主义：主张用公理和逻辑体系搭建一套人工智能系统。

联结主义：主张模仿人类的神经元，用神经网络的连接机制实现人工智能。

符号主义与联结主义的争论持续了 40 多年，联结主义认为信息储存在权重（突触）中；符号主义则认为信息储存在数字符号串中。联结主义认为心理过程是动态的、逐步进化的活动，神经网络将大量简单计算单元连接在一起实现智能行为；符号主义则认为心理过程是程序过程。

人工智能学派的发展过程如下。

①1960 年，脑科学从反射论跨到信息论的范畴，联结主义诞生，并产生了神经元与神经网络的基础理论。

②1969 年，符号主义认为人工神经网络无法实现异或（Exclusive OR，XOR），从而摒弃了人工神经网络的研究。

③1986 年，反向传播（Error Back Propagation Training，BP）算法解决了异或问题和多层神经网络的学习问题，信息科学家重拾人工神经网络研究，并在 BP 算法的基础上总结出并行分布式的神经计算理论，实现了神经网络运算效率上的飞跃。

④2009 年至今，人工神经网络技术爆发。

人工智能学派发展史如图 1.2 所示。

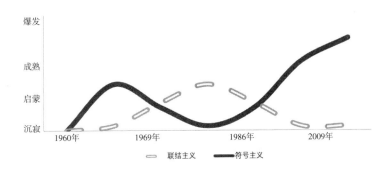

图 1.2　人工智能学派发展史

1.1.4　人工智能的本质

人工智能的本质是一种生产工具。

生产工具从石器、铁器、蒸汽机、电气、计算机发展到现在,工具发展的推动力就是人类为了将自己从繁重的劳动中解脱出来,实际上是为了满足人类自身的"惰性"。从文明的角度来看,生产工具是一种文化载体和文化现象,是整个文明的重要内涵。它包含着人类的智慧,是人类物质文明的重要组成部分。生产工具的制作、使用、废弃等同样也凝聚着人们的一种思想观念,都被打上了人类精神文化的烙印。

随着科技的发展,人类的终极生产工具——AI 将会诞生,它的作用已不仅是解放体力劳动那么简单,人类的脑力劳动也将被解放。

AI 能够完全按照人类的指令去完成各种工作,甚至在没有具体指令的情况下,也可以主动为人类服务。专家预测在未来 15 年内,人工智能和自动化将取代 40%~50% 的人类工作岗位。

人工智能的最终目标是把人类这个过往数千年生产力的最主要载体,从生产力中剥离出去。格局决定结局,对于企业来说,以人工智能为核心的科技企业必将成为主流。对于开发者来说,我们每个人的财富积累和事业成功,其根本原因是能否抓住科技革命带来的机遇,而人工智能是新一轮科技革命和产业变革的重要驱动力量。

不想被人工智能代替,就必须抓住机遇,掌握人工智能核心技术,提升职场竞争力,以获得更广阔的个人发展空间。

1.2　神经网络原理

1980 年,科学家对人脑的研究扩展为对细胞内信号传导系统的研究。脑层描技术、脑事件相关电位技术、正电子发射层描技术、脑核磁共振技术和单光子检测等,使脑功能研究跳出某个学科的范围,形成了当代神经科学理论。

神经科学从细胞内信号传导的角度，为我们清晰地展现出了人脑的奥秘，从神经科学衍生出的计算神经科学是实现人工智能的必由之路。下面先介绍三位最著名的神经科学家，再介绍神经科学的经典理论。

1.2.1 神经科学家

1906年，卡哈尔发现了人脑内部最基础的运算单位——神经元。他对神经系统进行了大量研究，创立了神经系统的神经元理论。他为现代神经科学奠定了基础，并获得诺贝尔生理学或医学奖。卡哈尔的研究成果如下。

(1)每个神经细胞都是独立的，神经元是中枢神经系统的生理单位。

(2)树突和轴突自神经细胞胞体伸展而出。

(3)细胞体是神经元的代谢和营养中心。

(4)神经冲动的传导方向是自树突到胞体再到轴突，一般是单向的。

(5)神经细胞之间存在生理不连续。

(6)神经冲动可以单向跨越这些不连续，并在神经元之间进行级联传导。

卡哈尔的研究使神经元学说有了基本的框架，因此他被认为是神经元学说的创始人。

1932年，谢灵顿在卡哈尔的理论基础上，进一步研究由多个神经元组成的神经系统，最终凭借"在神经系统研究领域的发现"获得了诺贝尔奖。

谢灵顿将神经系统形象地描绘成无数"闪烁的火花"和"活动的光点"。好像整个银河星系跳起了某种宇宙之舞，"亿万光点在脑这个小宇宙中如同魔法织机一样穿梭往来，编织成各种美丽而短暂的图案；表达各种意义的图案不断交叉、混融，构成了一幅幅不断变动的和谐画面"。谢灵顿的主要成就如下。

(1)首次提出高等动物神经系统的主要作用是协调整个机体的功能活动。

(2)发现神经反射是整个机体参与的整合活动，而不是"反射弧"。

(3)首次进行了有关神经连接的研究，提出神经突触单向传导概念，并创造了"突触"一词。

(4)引入了"外部感受器""本体感受器"和"内脏感受器"的概念。

谢灵顿关于神经系统作为一个整合系统发挥各种功能的观点是富有哲学意味的创见，而他有关突触传递的研究则是神经科学史的一个重要里程碑。

与谢灵顿同期的阿德里安，将神经电信号放大5000倍，用实验样本发现恒定的外周刺激作用于组织可引起逐渐衰减的刺激效应(表现为神经纤维上逐渐递减的放电)。这一发现为研究神经活动的时间特性奠定了重要基础。阿德里安使人们确信，神经系统采用电脉冲进行远距离信号传递，这些电脉冲正是感觉传入和运动控制的机制。这些工作与谢灵顿的研究成果一道成为现代电生理学的基础。

1.2.2 神经科学经典理论

1. 神经元组织结构

神经元组织结构属于同一功能类型的神经元，其细胞体通常位于同一部位，连接方式和发育方式也颇为相似。这样的一组神经元聚集成团,构成神经系统中各个核团,如果排列成片则称细胞层。虽然神经元在形态、大小、化学成分和功能类型上各异,但神经元在结构上大致相同,都是由胞体、树突、轴突、突触组成的。

(1)胞体:收集加权的输入信号并进一步处理这些信号。胞体也是神经元的营养中枢,负责维持其他组件的存活。

(2)树突:作为输入信号到细胞体的通道,树突的全长都可以与其他神经元的轴突末梢形成突触,广泛接收信号的传入。树突是神经元信号传入的主要部位。

(3)轴突:轴突由神经元的胞体或主干树突的根部发出,发出轴突细胞体的锥形隆起称为轴丘。轴突用于将输出信号传送到与其相连的其他神经元。

(4)突触:神经元具有纵横交错的轴突和树突结构,神经元通过突触相互传递信息,形成神经网络。

2. 神经元的功能

对神经元来说,除一些基本的细胞生物学过程(包括增殖、存活、凋亡、分化、运动及细胞内和细胞间的信号传导)外,其还拥有一些神经元细胞特有的生物学现象,如神经元发放动作电位,且放电的时程和模式都受到具有复杂调控机制的离子通道的调节和控制。和其他细胞不同,神经元具有纵横交错的轴突和树突结构。通过突触结构相互联系的神经元所形成的神经网络,也在不断被外界的活动调节着。信号传导在神经元中有其特殊性,这是由于它和神经递质释放的分子元件、离子通道、递质受体之间紧密耦连所造成的。

3. 神经元细胞的特点

神经元细胞与其他细胞相比,显著特点是其结构上高度的极性化和细胞功能的可兴奋性。上皮细胞和其他分泌细胞也可呈现出极性化,肌肉等非神经元细胞也具有可兴奋性。由于神经元的极性化和细胞功能的可兴奋性都发展到了一定的高度,所以神经元接收信号后,可以借助复杂的轴突和树突,使信号在较长的距离内进行复杂的加工和传导。

4. 突触与权值

神经网络包含着很多用于神经元与输入和输出的连接,生理学上称之为突触,计算机模拟时称为权值。权值可以使结构更灵活地学习,以允许一个网络自主遵循数据中的模式。权值又叫自由参数,因此神经网络是包含最优参数估计的参变量模型。这些神经网络的灵活结构能使其能解决多种复杂的问题。权值的数量与神经网络的自由度成正比。

5. 神经信号

阿德里安对神经信号的传输原理进行了分析,他认为神经信息的编码取决于神经元上所传输的"全或无"的动作电位的编码形式。"全或无"对应着神经元的两种状态,被称为兴奋与抑制。

(1)兴奋:刺激达到一定强度,将导致动作电位的产生。神经元的兴奋过程表现为其单位发放的神经脉冲加快。

(2)抑制:抑制过程表现为单位发放频率降低。无论频率加快还是减慢,同一神经元的每个脉冲的幅值不变。

兴奋和抑制这两种基本神经过程的运动,是神经系统反射活动的基础。

6. 神经元的工作流程

神经元用树突接收输入信号，用突触对输入信号进行调整（加权），再用胞体整合调整（加权）后的输入信号。整合后会发生以下两种情况。

（1）兴奋：当突触调整后的输入信号之和大于细胞的阈值时，神经元兴奋，将输出信号（神经元的能量）传给其他神经元。

（2）当输入信号之和小于细胞的阈值时，神经元不兴奋，无输出信号。

每个神经元都遵循上述工作流程，多个神经元组成神经网络，所产生的思维功能就是"产生、评述了一个概念或采取了一个行动"。

设输入信号数量为 n，输入信号为 $I(i_1, i_2, i_3, \cdots, i_n)$，权值为 $W(w_1, w_2, w_3, \cdots, w_n)$，神经元的兴奋阈值为 b，神经元兴奋后产生的能量为 E，则神经元工作流程的数学抽象如图1.3所示。

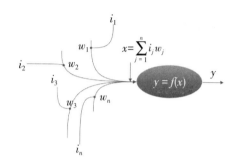

图1.3　神经元工作流程

定义好后输入，那么根据权重，细胞体得到的累计输入信号 $x = \sum_{j=1}^{n} i_j w_j$。

假设细胞体的阈值为 b，那么激活函数 $f(x) = \begin{cases} E & (x \geq b) \\ 0 & (x < b) \end{cases}$ 输出信号为 y，即 $y = f(x)$，$y = f(\sum_{j=1}^{n} i_j w_j)$。

为了方便并行计算，可以把输入信号和权重视作矩阵。那么，神经元输出信号 y 运算的矩阵数学抽象为 $y = f(I^{\mathrm{T}} W)$。

7. 神经元激活函数

上述示例中的激活函数 $f(x) = \begin{cases} E & (x \geq b) \\ 0 & (x < b) \end{cases}$ 被称为阈值函数。

阈的意思是界限，故阈值又叫临界值。在生理学与生物学中，阈是指刺激引起应激组织反应的最低值，也就是生物体受到刺激时，虽然生物体对小刺激无反应，但当超过某限度时就会激烈反应的界限值。

但阈值函数的作用有限，如果仅使用阈值函数，无论神经网络有多少层，输出都是输入的线性组合。所以，除了阈值函数，常见的神经元激活函数还有很多，其中应用最广泛的是 Sigmoid 函数和 ReLU 函数。这些非线性函数给神经元引入了非线性因素，使神经网络可以任意逼近任何非线性函数，这样神经网络就可以应用到众多的非线性模型中。

1.2.3 学习和记忆的原理

前文讲过,海布提出的海布突触理论就是学习和记忆的原理。1949 年,他提出了一个假设,来说明经验如何塑造某个特定的神经回路。

受巴甫洛夫著名的条件反射实验的启发,海布的突触理论认为,在同一时间被激发的神经元间的联系会被强化。例如,铃声响时一个神经元被激发,在同一时间食物的出现会激发附近的另一个神经元,那么这两个神经元间的联系就会被强化,形成一个细胞回路,记住这两个事物之间存在的联系。

海布在《行为的组织》一书中说道,"细胞 A 的一个轴突和细胞 B 很近,足以对它产生影响,并且持久地、不断地参与了对细胞 B 的兴奋,那么在这两个细胞或其中之一就会发生某种生长过程或新陈代谢变化,以至于 A 作为能使 B 兴奋的细胞之一,它的影响加强了"。

从海布突触理论可以发现学习和记忆的原理如下。

(1)记忆:记忆的形成依赖神经元活动的协同性,当两个彼此有联系的神经元同时兴奋时,它们之间的突触连接将得到加强,这就是大脑记忆的神经基础。

(2)学习:大脑的学习能力源于的大量互联的神经元网络,这些互联神经元逐步处理从外部或内部环境传递的信息,以找到外部环境的内部表述。

如图 1.4 所示,如果相连的两个神经元 A 和 B 同时被激活,那么它们之间的连接强度 W_{AB} 就会增加。

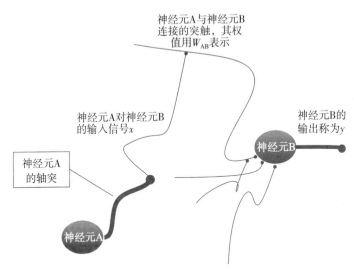

图 1.4 神经元的学习过程

设神经元 A 的输出为 x,神经元 B 的输出为 y,两个神经元之间权值的改变为 ΔW_{AB}。

那么 $\Delta W_{AB} = \beta x \cdot y$。其中,比例 β 称为"学习率",决定学习发生的速度。β 越大,权值改变得越快,反之亦然。海布学习方法曾经在研究界引起了巨大轰动。

1.2.4　神经网络模型

1. 神经网络的结构

神经元网络结构由三部分组成，即输入层、输出层和隐藏层。在实际编程时，输入层用来接收数据集中的特征，对应神经元树突。输出层用来输出神经网络的预测结果，对应神经元轴突。隐藏层用来把输入数据的特征抽象到另一个层次，来展现其更抽象化的特征。如果是简单的任务，一层就够了，复杂的则需要不同种类的多个隐藏层对特征进行抽象。

2. 神经网络的目标及方法

整个神经网络的目标是拟合函数。对于有监督网络，为了达到这个目标，就要对神经网络中的权值进行训练。在训练期间，根据神经网络的输出与理想输出的差异，可以通过求导的方式，计算出每个权值的调整方向，从而根据学习率去调整权值，逐步减小预测值与目标的差距。

3. 反向传播算法

20 世纪 80 年代中期，戴维·伦哈特（David Runelhart）等人发现了误差反向传播算法（BP 算法）。BP 算法使得训练深层神经网络成为可能，具体步骤如下。

（1）前向传播。先在前向传播中计算输入信号的乘积及其对应的权重，然后将激活函数作用于这些乘积的总和。这种将输入信号转换为输出信号的方式，是一种对复杂非线性函数进行建模的重要手段，并引入了非线性激活函数，使模型能够学习到几乎任意形式的函数映射。

（2）反向传播。在网络的反向传播过程中回传相关误差，使用梯度下降更新权重值，通过计算误差函数 E 相对于权重参数 W 的梯度，在损失函数梯度的相反方向更新权重参数。

BP 算法解决了多层神经网络隐藏层连接权重的学习问题，并在数学上给出了完整推导。人们把采用这种算法进行误差校正的多层前馈网络称为 BP 神经网络。

总之，基于 BP 算法的多层神经网络具有任意复杂的模式分类能力和优良的多维函数映射能力，解决了简单感知器不能解决的异或和一些其他问题。多层网络具有输入层、隐藏层和输出层。BP 算法就是以网络误差平方 E 为目标函数，采用梯度下降法来计算目标函数的最小值。

先以一个简单的例子来说明，假设神经网络只有一层，这层里只有一个神经元，这个神经元有 n 个输入，每个输入 x 对应一个权值 w，神经元的激活函数为 $F()$，那么这个神经元的实际输出就可以用公式表达为 $F\left(\sum_{i=1}^{n} w_i x_i\right)$。

设目标输出为 y，那么目标输出与实际输出的差就是 $y - F\left(\sum_{i=1}^{n} w_i x_i\right)$，则 BP 算法定义的网络误差平方为 $E = \dfrac{1}{2}\left[y - F\left(\sum_{i=1}^{n} w_i x_i\right)\right]^2$。之所以求平方，前面还附带 $\dfrac{1}{2}$，是为了求导方便。

图 1.5 是网络误差平方 E 和 W 之间的函数曲线，从图中可以看到，当权重值 w 太小（U 形曲线左侧）或太大（U 形曲线右侧）时，都会存在较大的 E，需要更新权重。权重更新方向与梯度的方向相反，U 形曲线最底部的误差最小，所以我们试图在与梯度相反的方向找到一个局部最优值。这只是一个神经元的情况，下面介绍多层神经元的计算步骤。

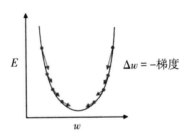

图1.5　E与权值W的函数曲线

反向传播算法示例如图1.6所示。

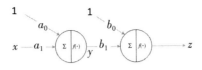

图1.6　多层神经网络

具体计算步骤如下。

隐藏与输出神经元采用Sigmoid函数,即$f(x) = \dfrac{1}{1 + e^{-x}}$。

把两个神经元结合Sigmoid函数公式嵌套起来,即可列出神经网络正向输出z的计算公式。

$$z = \frac{1}{1 + \exp\left[-\left(b_0 + b_1 \cdot \dfrac{1}{1 + e^{-(a_0 + a_1 \cdot x)}}\right)\right]} \tag{1.1}$$

使用经典的均方误差MSE计算预测值和真实值之间的误差。预测值和真实值越接近,两者的均方差就越小。均方差函数常用于线性回归和函数拟合。

$$\text{MSE} = \frac{1}{2n}\sum_{i=1}^{n} E_i^2 \tag{1.2}$$

式(1.2)中,E_i是第i个输入模式的误差,n是批量输入模式的总数。设实际输出为z,目标为t,那么其均方差为

$$\text{MSE} = \frac{1}{2n}\sum_{i=1}^{n} (z - t)_i^2 \tag{1.3}$$

把式(1.1)代入式(1.3),设均方差为E,即可得到均方差公式。

$$E = \frac{1}{2}\left\{\frac{1}{1 + \exp\left[-\left(b_0 + b_1 \cdot \dfrac{1}{1 + e^{-(a_0 + a_1 \cdot x)}}\right)\right]} - t\right\}^2 \tag{1.4}$$

式(1.1)是用来表达Z与自变量(权值和输入)之间关系的函数。它定义了输出与输入之间的关系形式,从这里输入和输出的关系可以被清晰地表达出来。

将式(1.4)代入均方差函数式(1.2)后,就可以确定误差对每一个权值的灵敏度。在将要学习的梯

度下降中会用到这个灵敏度，其也称误差微商或梯度。

根据链式规则，任意隐含输入权值 b 的误差微商为

$$\frac{\partial E}{\partial b} = \frac{\partial E}{\partial z} \cdot \frac{\partial z}{\partial v} \cdot \frac{\partial v}{\partial b} \tag{1.5}$$

等号右侧的 $\frac{\partial E}{\partial z}$ 是误差对网络输出的偏导。设 $v = b_0 + b_1 y$，则 $\frac{\partial z}{\partial v}$ 是网络输出 z 对隐藏层到输出层的加权和 v 的偏导。$\frac{\partial v}{\partial b}$ 是 v 对隐藏层输出的权值 b 的偏导。

先求 $\frac{\partial E}{\partial z}$。由于 MSE $= \frac{1}{2n} \sum_{i=1}^{n} (z - t)_i^2$，这个例子中只有一个输出，因此 $n=1$，均方误差公式变为 MSE $= \frac{1}{2} (z - t)^2$。对均方误差公式求导如下。

根据导数公式 $y = x^n$，$y' = nx^{n-1}$，均方误差公式导数为

$$\text{MSE}' = 2 \times \frac{1}{2} (z - t)^{2-1} = z - t$$

即 $\frac{\partial E}{\partial z} = z - t$。$\frac{\partial E}{\partial z}$ 在神经元训练过程中没有什么可调整的，需要调整的是权值 b，$\frac{\partial E}{\partial z}$ 只是求 $\frac{\partial E}{\partial b}$ 的中间过程。根据式（1.5）的链式法则，必须求出 $\frac{\partial z}{\partial v}$ 和 $\frac{\partial v}{\partial b}$，才能求出 $\frac{\partial E}{\partial b}$，所以下一步求 $\frac{\partial z}{\partial v}$。

由于 $z = \frac{1}{1 + e^{-v}}$，因此

$$z(v) = \frac{\partial z}{\partial v} = -\frac{e^{-v}(-1)}{\left(1 + e^{-v}\right)^{-2}} = \frac{e^{-v}}{\left(1 + e^{-v}\right)^{-2}} \tag{1.6}$$

又因为 $1 + e^{-v} = \frac{1}{z}$，$e^{-v} = \frac{1}{z} - 1 = \frac{1-z}{z}$，将这些代入上一行的公式，得

$$\frac{\partial z}{\partial v} = \frac{(1-z)/z}{1/z^2} = z(1-z)$$

还差最后一个 $\frac{\partial v}{\partial b}$，它代表输入加权和 v 对输出神经元权值变化的灵敏度。

这里有两个权值 b_0 和 b_1，因为 $v = b_0 + b_1 \cdot y$，所以 $\frac{\partial v}{\partial b_1} = y$，$\frac{\partial v}{\partial b_0} = 1$。

现在已经获得了 $\frac{\partial E}{\partial z}$，$\frac{\partial z}{\partial v}$，$\frac{\partial v}{\partial b}$ 这三个导数，把三个导数相乘，则相对于 b_0，b_1 这两个权值的误差导数就可以表达为 $\frac{\partial E}{\partial b_0} = (z - t) \cdot z \cdot (1 - z)$。

为了计算方便，用 p 表示 $\frac{\partial E}{\partial b_0}$，即 $(z - t) \cdot z \cdot (1 - z) = p$。

那么 $\frac{\partial E}{\partial b_1} = (z - t) \cdot z \cdot (1 - z) \cdot y = py$。

设调整后的新权值为 Δb_0 和 Δb_1，那么权值更新公式为

$$\Delta b_0 = b_0 - \beta \frac{\partial E}{\partial b_0}$$

即

$$\Delta b_0 = b_0 - \beta \cdot (z - t) \cdot z \cdot (1 - z) \tag{1.7}$$

同理

$$\Delta b_1 = b_1 - \beta \frac{\partial E}{\partial b_1}$$

即

$$\Delta b_1 = b_1 - \beta \cdot (z - t) \cdot z \cdot (1 - z) \cdot y \tag{1.8}$$

按照式(1.7)和式(1.8),即可在训练时根据神经网络的实际输出 z、目标输出 t,以及隐藏层输的 y 来动态调整神经网络隐藏层与输出层之间的权值 b_0 和 b_1 了。

除隐藏层与输出层之间的权值外,还要调整输入层到隐藏层的权值,即求 $\frac{\partial E}{\partial a_0}$ 和 $\frac{\partial E}{\partial a_1}$ 的值,计算步骤如下。

$$\frac{\partial E}{\partial a} = \left(\frac{\partial E}{\partial z} \cdot \frac{\partial z}{\partial v} \cdot \frac{\partial v}{\partial y} \right) \cdot \frac{\partial y}{\partial u} \cdot \frac{\partial u}{\partial a}, \frac{\partial v}{\partial y} = b_1$$

$$\frac{\partial E}{\partial y} = \left(\frac{\partial E}{\partial z} \cdot \frac{\partial z}{\partial v} \cdot \frac{\partial v}{\partial y} \right) = p b_1, \frac{\partial y}{\partial u} = y(1 - y)$$

$$\frac{\partial u}{\partial a_1} = x, \quad \frac{\partial u}{\partial a_0} = 1$$

$$\frac{\partial E}{\partial a_1} = p \cdot b_1 \cdot y \cdot (1 - y) \cdot x$$

$$\frac{\partial E}{\partial a_0} = p \cdot b_1 \cdot y \cdot (1 - y)$$

再按照之前的方法调整 a_0 和 a_1 即可。调整时学习率不能太大,否则会导致权值在拟合的曲线上左右横跳,永远达不到最低值。

介绍完神经网络的训练方法,下面介绍常见的神经网络结构分类。

4. 神经网络分类

根据神经元连接方式的不同,可以衍生出很多种神经网络,下面介绍几种常见的神经网络结构。

注意:本章先不做过多深入讲解,具体的使用方法和更复杂的网络结构将在后续相关章节逐步进行讲解。

根据层数,可以将神经网络结构分为浅层神经网络和深度神经网络。

(1)浅层神经网络:只有一层隐藏层的神经网络。

(2)深度神经网络:相对于浅层网络结构,有二层及以上隐藏层的可称为深度神经网络。深度神经网络是深度学习的基础。深度神经网络的学习算法也遵循误差反向传播算法原理。

除了按层数分，还可以按层间的连接方式进行分类。全连接层的每一个节点都与上一层的所有节点相连，从而把前边提取到的特征综合起来。由于其全相连的特性，一般全连接层的参数也是最多的。和全连接网络不同的是只和上一层部分神经元输出连接，如卷积神经网络。

（1）卷积神经网络（CNN）。

卷积神经网络的神经元只和上一层的部分神经元输出连接，意味着卷积神经网络对局部信息敏感，而不是对所有信息都敏感。正如之前介绍过的，有一种对自我意识最简单的划分方式，即自我意识=注意+决策，其中，"注意"是指在任何时候大脑对信息处理的能力都是有限的，巨大的信息量与有限的信息处理能力之间的矛盾决定了大脑需要做出决定，集中资源去处理眼前重要的信息。

卷积层只是卷积神经网络的一层，负责用卷积的方式提取前一层的特征。卷积神经网络是包含像 ReLU（线性整流层）或 Tanh（双曲正切）、Softmax 这样非线性激活函数的多层卷积。在训练阶段，卷积神经网络会根据要执行的任务自动地学习其过滤器的值。例如，在图像分类或面孔识别中，卷积神经网络会从第一层的原始像素中检测边缘，然后利用边缘检测第二层的简单形状，再使用这些形状得到更高层次的特征，如更高层次的面部形状，最后一层是使用这些高级特性的分类器。或者也可以把卷积神经网络理解为加入了卷积层的深度神经网络。除了能进行图像识别，CNN 还可以进行自然语言处理，该内容将在后续相关章节进行详细介绍。

（2）循环神经网络（RNN）。

浅层神经网络、深度神经网络和 CNN 是对空间特征的提取，RNN 则是对时序特征的提取。空间特征的提取只能单独处理一批输入，前一批输入和后一批输入是完全没有关系的。但是，有些任务需要能够更好地处理序列的信息，即前一批输入和后一批输入是有关系的。

例如，在机器翻译任务中，常常需要结合上下文才能推断出目标语言的对应单词；再如，在预测商品价格，或者使用算法进行炒股时，只知道今天的价格是不够的，还需要把历史数据也考虑进来；理解文章意思时，单独理解一句话是不够的，还需要将上下文连接起来，理解整个序列。

RNN 的问题是非线性操作 σ 的存在，且每一步之间通过连乘操作传递都会导致长序列历史信息不能很好地传递到最后，因此才有了 LSTM 网络。LSTM 是一种特殊的 RNN，主要是为了解决长序列训练过程中梯度消失和梯度爆炸的问题。简单来说，就是相比普通的 RNN，LSTM 能够在更长的序列中有更好的表现。

理论上，RNN 模型可以捕获无限长的上下文信息用于当前计算，但是这些信息并不都是需要的。例如，预测句子"猫吃鱼"的最后一个词"鱼"，我们不需要额外的上下文信息就能预测。而预测句子"我家猫爱吃猫粮，我家狗爱吃肉，我家乌龟爱吃鱼……我今天给猫买了猫粮"的最后一个词"猫粮"，则需要前面"猫爱吃猫粮"的参考，这便是原生 RNN 的长距离依赖问题。

此外，在实际模型训练过程中发现，RNN 还有严重的梯度消失和梯度膨胀问题。利用 LSTM 和 GRU 加入门机制就可以解决该问题。LSTM 主要包括 3 个门：输入门、遗忘门和输出门；GRU 主要包括 2 个门：重置门和更新门。

LSTM 和 RNN 的区别是 RNN 把所有信息都存下来，因为它没有挑选的能力，而 LSTM 则不同，其会在训练过程中选择性地存储信息，并且有遗忘功能。

神经网络模型还有很多，在积累了相关的理论知识后，我们会在实战环节中学习使用更多的神经网络结构。

1.3　矩阵与思维

人与动物具有智力差别的原因是什么呢？我们已知生物神经元由胞体、突触、树突、轴突组成，下面用排除法来看。首先说胞体，胞体单纯是维持其他部件新陈代谢的，状态只有两种，即兴奋和不兴奋。蚂蚁、大象、人类的神经元胞体都有同样的功能，所以我们先把胞体排除。突触功能比较单纯，和水龙头的作用差不多，可紧可松，其他动物的突触也是这样，因此我们把突触也排除了。

剩下的就是树突和轴突了。由于树突是树状结构，所以人脑神经元树突肯定比动物的更长、分叉更多，而且树突除了结构像树一样有很多枝丫，其表面还生长出一些细小的突起，成为树突棘。树突棘的作用是与其他神经元的轴突末梢形成突触连接，所以，人类与动物相比，不仅树突更长、分叉更多，而且树突棘也更多，能连接的其他神经元也更多。也就是说，人类的神经系统可以借由强大的树突承载更复杂的神经元之间的联系。

有强大的输入就有同样强大的输出，轴突功能就是信号输出，其他动物的轴突也是如此。人类的轴突与动物的轴突有一些差别，如分叉更多，能连接到更多的树突上，形成比动物神经网络更复杂的结构，承载更强大的思维能力。

群体编码理论和神经元群选择理论也证实了这个猜想，两种理论都认为思维活动是由大量神经细胞构成的神经元群体的协同活动完成的，只有极其复杂的树突和轴突结构，才能承载大量神经细胞之间的协同，所以高等生物智能的核心，或者说强大自我意识的奥秘，并非在神经元之内，而是在神经元延伸出的树突和轴突上。也就是说，人脑中的树突和轴突记载着事物之间的联系。

1.3.1　矩阵与树突

为了清晰地表示神经元之间的权值关系，就需要选取一种合适的数学工具，一般使用矩阵或张量来表示。为了让读者更容易理解，还是从简单的神经元开始讲解，如图 1.7 所示。

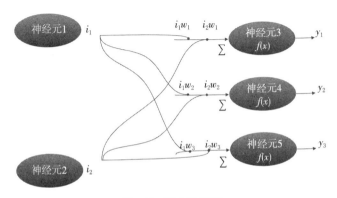

图 1.7　五个神经元

从图 1.7 中可以发现，有两个神经元发出信号到另外三个神经元，其关系如表 1.1 所示。

表1.1 神经元关系

神经元	神经元1	神经元2
神经元3	$i_1 w_1$	$i_2 w_1$
神经元4	$i_1 w_2$	$i_2 w_2$
神经元5	$i_1 w_3$	$i_2 w_3$

用随机数初始化权值，则表1.1可以改为表1.2所示的内容。

表1.2 神经元权值

神经元	神经元1	神经元2
神经元3	0.18	0.94
神经元4	0.89	0.77
神经元5	0.35	0.25

上述权值转化为矩阵，就是一个 2×3 的矩阵：$\begin{pmatrix} 0.18 & 0.94 \\ 0.89 & 0.77 \\ 0.35 & 0.25 \end{pmatrix}$。

如果设 $i_1 = 1, i_2 = 3$，那么输入也可以用 1×2 的矩阵表示为 $\begin{pmatrix} 1 \\ 3 \end{pmatrix}$。

直接将两个矩阵相乘，即可计算出神经网络的输出。

$$\begin{pmatrix} 0.18 & 0.94 \\ 0.89 & 0.77 \\ 0.35 & 0.25 \end{pmatrix} \times \begin{pmatrix} 1 \\ 3 \end{pmatrix} = \begin{pmatrix} 0.18 \times 1 + 0.94 \times 3 \\ 0.89 \times 1 + 0.77 \times 3 \\ 0.35 \times 1 + 0.25 \times 3 \end{pmatrix} = \begin{pmatrix} 3 \\ 3.2 \\ 1.1 \end{pmatrix}$$

两个矩阵相乘的计算过程是六次乘法可以并行计算。如果在单线程CPU上进行计算，六次乘法需要排队。虽然对于每秒运算数十亿次的CPU来说，排队时间可以忽略不计，但是对于复杂的神经网络，如著名的自然语言处理GPT-3项目，其神经网络训练使用了45TB的数据，每轮训练调整1700亿参数，训练数千轮时CPU就力不从心了。这时候就要用矩阵将计算合并，然后并行计算。目前主流的GPU计算卡拥有近万甚至数万个流处理器，对于大规模神经网络并行计算很有效。

注意：使用矩阵表示树突的意义在于，用矩阵描述神经网络树突上的权值参数，可以更清晰地展现神经元之间的关系。以矩阵的方式进行计算，可以有效地将单线程的计算拆分成并行计算，从而提高运算效率。

1.3.2 矩阵与联想

1. 联想心理学的发展历史

如果从细胞群落的角度来思考，就会看到更有趣的细胞群落与树突连接构成的联想现象。

在讨论联想前,我们先介绍一下联想主义心理学。联想主义心理学亦称联想心理学,是近代哲学心理学流派的分支。它是一门使用观念或心理要素的联想来说明人的心理的学说。

在前面章节我们介绍过,最早古希腊的柏拉图、亚里士多德提出了联想三大定律,即接近律、相似律和对比律。

后期代表人物有霍布斯、J.洛克、休谟、哈特莱、T.布朗、穆勒父子、培因等。他们从经验论出发,将感觉和观念作为心理的元素,并以联想作为解释心理现象的基本原则,认为一切复杂的心理现象都是通过联想而复合起来的。

联想主义心理学家们积极探索联想的法则,寻求心理发生、发展的规律。哈特莱建立了完整的理论体系,他继承了英国经验心理学思想,提出了同时性和相继性两种联想,认为通过联想的作用,可把一些观念组合成复合观念,或者结合成具有新性质的复杂观念。哈特莱把传统的三大联想定律归结为一条接近律,并视其为联想的根本规律。

2. 矩阵(或张量)联想算法

联想心理学派的核心思想是"接近律"。其认为两个观念越相似(越接近),它们就越容易形成联想。根据联想主义心理学和细胞群落的概念,再采用矩阵或张量等数学方式对其进行实现,就是矩阵或张量联想算法了。

先以矩阵联想算法开始介绍。例如,我们购买商品时,要考虑候选商品的性能和价格,看看哪种商品与理想产品的性能和价格最相近。假设有 3 种候选商品,它们的性能和价格如表1.3所示。

表1.3　3种候选商品的性能和价格

商品名称	性　能	价　格
商品1	100	100
商品2	20	90
商品3	90	20

可以把上述"性能""价格""商品1""商品2""商品3"视为5个细胞群落,它们之间的权值就是表1.3中的数值,用矩阵A表示候选产品矩阵:$A = \begin{pmatrix} 100 & 100 \\ 20 & 90 \\ 90 & 20 \end{pmatrix}$。

假设我们的"理想产品"是"性能100,价格1"的产品,那么"理想产品"与"性能"细胞群落之间的权值就是100,"理想产品"与"价格"细胞群落之间的权值是1,用理想矩阵B表示为 $B = (100\ 1)$。

为了将B理想矩阵和A候选矩阵进行运算,先用定义变换矩阵 $C = \begin{pmatrix} 1 \\ 1 \\ 1 \end{pmatrix}$,

然后求出 $D = C \cdot B = \begin{pmatrix} 1 \\ 1 \\ 1 \end{pmatrix} \cdot (100\ 1) = \begin{pmatrix} 1 \times 100 & 1 \times 1 \\ 1 \times 100 & 1 \times 1 \\ 1 \times 100 & 1 \times 1 \end{pmatrix} = \begin{pmatrix} 100 & 1 \\ 100 & 1 \\ 100 & 1 \end{pmatrix}$。

实际就是把理想产品重复了3次,便于和候选商品进行比较。

之后将备选产品矩阵与理想矩阵相减，得到矩阵 $E = \begin{pmatrix} 100 & 100 \\ 20 & 90 \\ 90 & 20 \end{pmatrix} - \begin{pmatrix} 100 & 1 \\ 100 & 1 \\ 100 & 1 \end{pmatrix} = \begin{pmatrix} 0 & 99 \\ -80 & 89 \\ -10 & 19 \end{pmatrix}$，

然后对矩阵每个元素求平方，再把每行元素相加后开方 $\begin{pmatrix} \sqrt{0^2 + 99^2} \\ \sqrt{-80^2 + 89^2} \\ \sqrt{-10^2 + 19^2} \end{pmatrix}$，

即可得到候选商品与理想产品的相似度 $\begin{pmatrix} 99 \\ 119.6704 \\ 21.47091 \end{pmatrix}$。

数值越低，与我们理想产品越相近，因此，第三件产品（性能 90，价格 20）与我们理想产品（性能 100，价格 1）最相似。

如果将性能作为横轴，价格作为纵轴，可以绘制出 3 个产品与理想产品的二维坐标图，如图 1.8 所示。将这个矩阵进行联想运算，恰恰求出了在二维坐标系中各候选产品与目标商品的距离。

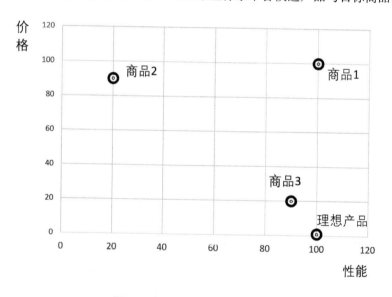

图 1.8 产品性能与价格的二维坐标图

在二维坐标系中，两个点之间的距离越近，它们所代表的事物特征便越近。这与我们直觉上的"联想"很相似，联想是在记忆中寻找同类事物，或者寻找同类事物中有关的线索。

常见的神经网络权值都是数千个，所以我们可以把脑中无数的概念（细胞群落）想象成数千维空间中的无数光点。在联想时，实际上是在计算这些光点与目标概念的距离，我们甚至能在这些概念中画分类线。当然，在空间中可以用距离或线段表示，而在大脑中就是用树突上的权值来表现的。

第 2 章

掌握自然语言处理技术

自然语言处理(Natural Language Processing,NLP)是研究人与计算机之间用自然语言进行通信的各种理论和方法,是人工智能领域中最热门、最重要的研究方向之一。

本章可帮助初学者快速进入这个研究领域,并了解NLP技术的研究目标、细化分支,以及最新的研究成果。

在了解NLP技术的基本概念后,本章还讲解了有关NLP商业云服务的知识。

本章主要涉及的知识点

- 自然语言处理技术与人工智能的关系
- 自然语言处理技术的分类
- 基于规则、基于统计、基于深度学习的自然语言处理算法
- 主流NLP商业云服务(开放平台)

2.1 自然语言处理技术与人工智能

2.1.1 自然语言处理技术与人工智能的关系

自然语言处理(Natural Language Processing, NLP)技术是人工智能技术的核心课题之一,在学习 NLP技术之前,我们首先要搞清楚人工智能的定义是什么。从人工智能(Artificial Intelligence)的英文词源上就能得到精确理解。

Artificial:人造的东西。

Intelligence:维基百科的解释是 capacity of logic(逻辑思维能力)、understanding(理解力)、self-awareness(自我意识)、learning(学习)、emotional knowledge(情感知识)、reasoning(推理)、planning(计划)、creativity(创造力)、problem solving(解决问题的能力)。

对词源的含义进行总结,可以得出,人工智能是具有类人的思考和行为能力的人造物。

那么我们该如何与它沟通呢?

语言是人与人工智能最自然的交流方式,而NLP就是研究人与计算机之间的自然语言通信,所以说,NLP是人工智能最关键、最热门的研究领域。

目前的人工智能发展还处于弱人工智能阶段,即虽然看起来像是智能的,但并不真正拥有智能,也没有自主意识。不过,弱人工智能也在很多方面超过了人类,甚至可以胜任很多人类传统的劳动岗位。

为什么人工智能没有人类的智力和自主意识,但在很多单项能力上却能超过人类呢?这就和卫星虽然没有肌肉和羽毛,但在空气动力学和计算机技术的加持下,在很多方面已超过鸟类是一个道理。人工智能虽然没有自我意识,但它在数学、统计学及神经网络的加持下,能在很多单项能力上超过人类。

例如,在自然语言理解方面,谷歌 AI 团队于 2019 年发布的神经网络模型,在机器阅读理解顶级水平测试 SQuAD-1.1 中表现惊人:在两个衡量指标上全面超越了人类。仅仅一年后,谷歌的神经网络模型又被 OpenAI 更强大的模型打败。2020 年,百度的 ERNIE 2.0 后来居上,在某些自然语言处理任务中打败了其他模型。

在语音分析领域,市面上如天猫精灵、小米小爱、科大讯飞家教机、亚马逊语音助手、Apple 公司的 Siri 等,基本上都能掌握十亿甚至百亿级的对话库,无论是知识量还是理解能力,都已接近甚至超越了人类。

在人工智能翻译领域,AI 同声传译已经为博鳌亚洲论坛、世界人工智能大会等高级别国际会议提供服务,在金融、医疗和科技等领域已接近专业翻译人员的水平。

2.1.2 NLP技术的定义与分类

NLP技术用计算机模拟人类语言的交际过程,使计算机理解和运用人类社会的各种语言,实现人机之间的自然语言交流,以代替人的部分脑力劳动,包括查询资料、解答问题、翻译,甚至创作小说等一切与自然语言信息处理相关的工作。

NLP是人工智能技术的一个分支。人类使用自然语言时,需要经过听、理解、思考、说四个步骤。计算机进行自然语言处理时,也遵循这四个步骤。如果按照这四个步骤对NLP技术进行分类,那么相关的技术依次是语音识别(ASR)、自然语言理解(NLU)、自然语言生成(NLG)和语音合成(TTS),如图2.1所示。

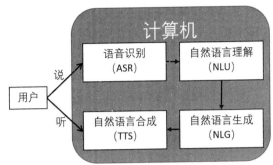

图2.1 自然语言处理的技术分类

这四个分类中,语音识别和语音合成很容易理解,就是把声音转化为文字和把文字转化为声音,市场上已有很多成熟的产品,NLP技术的研究瓶颈也不在此。自然语言理解和自然语言生成才是NLP技术中最核心、最热门,同时也是最复杂的和最有趣的技术研究方向。

自然语言理解(Natural Language Understanding,NLU)不仅是NLP的分支,也是人工智能的核心课题之一。语言理解的过程可分为由简到繁的四个阶段:①字形的感知;②字词的理解;③句子理解;④文章理解。NLU的研究目标就是机器能像人一样具备理解人类语言的能力。

自然语言生成(Natural Language Generation,NLG)是一种将信息转换成自然语言表述的翻译器。心理学上的自然语言生成认为言语产出源于心理模式或状态,可直接通过词汇产生命题,也可通过心理表象产生命题,命题间的推理过程导致句子的产出。人工智能的自然语言生成重点研究信息层面的语言产出加工,实际上是研究语言产出的思维与逻辑推理的过程。其中,词汇选择和提取是沟通信息层次和句子层次间的关系要素。NLG的目标是让机器具备人类的表达能力。

NLU和NLG是相辅相成的,只有“理解”了才能“运用”。像Alexa、Siri、Google Assistant这类语音助手就是先使用NLU技术理解自然语言,再使用NLG技术把AI的想法通过语音表达出来,从而实现人机交互。

2.2 NLP技术概述

2.2.1 NLP算法的三个发展阶段

NLP算法的发展一共经历了三个阶段,分别是基于规则、基于统计和基于深度学习阶段。

(1)基于规则的算法。在NLP发展初期,由于受计算机运算速度的制约,计算机科学家根据语言学理论,先对大量语言现象进行研究,归纳出一系列的语言规则,然后生成复杂的规则集,再对自然语言进行处理。

（2）基于统计的算法。在 NLP 发展中期,计算机运算速度的提升和数据库技术的发展使基于大规模语料统计的算法成为可能。与基于规则的算法不同,基于统计的算法理论基础不是语言学的语法规则,而是基于数学理论。它基于庞大的语料库,通过信息论、概率论和图论对语料库建立模型,从而实现自然语言处理。

（3）基于深度学习的算法。在 NLP 发展后期,随着认知神经科学和神经网络技术的发展,CNN、RNN、LSTM 等神经网络模型被用于 NLP 研究,并产生了大量研究成果和商业产品。

2.2.2　基于规则的 NLP 算法

在 NLP 技术发展早期,科学家通过总结规律来判断自然语言的意图,用预先准备好的先验知识来实现自然语言理解。由于这种方法简单、速度快且效果可以满足基本需求,因此在工业界很受欢迎,其中最典型的算法 JSGF(JSpeech Grammar Format),是一种基于 BNF 数据结构的跨平台自然语言理解技术,很多大型通信服务运营商、服务型企业,以及家用智能硬件设备都使用 JSGF 技术来实现语音内容的服务。

数据结构和算法密不可分,JSGF 算法采用 BNF 数据结构对自然语言进行描述。BNF 由约翰·巴科斯(John Backus)开发,起初用于描述 ALGOL 58 编程语言,彼得·诺尔(Peter Naur)在 ALGOL 60 中进行了稍许改进,进一步发展了它的概念并将其符号加以简化,这种数据结构被称为巴科斯范式(Backus Normal Form),简称 BNF。

BNF 的基本语法是<符号> = <使用符号的表达式>,具体释义如下。

①< >中的内容为必选项;

②[ ]中的内容为可选项;

③{ }中的内容为可重复 0 至无限次的项;

④|表示左右两侧任选一项,相当于 or 的意思;

⑤= 表示被定义为的意思;

⑥( )表示分组。

这些符号看似简单,但当我们用这些符号编写简单规则,并把多个简单规则合并成一套规则系统时,即可解析出用户话语的含义。下面使用 JSGF 来实现一个简单的智能语音遥控程序。

```
01 <起始词> = (请帮我|能帮我) ;
02 <结束词> = [谢谢|吗];
03 <完整命令> = <起始词> <命令> <结束词>;
04 <命令> = <行为> <电器>;
05 <行为> = (打开|关闭) ;
06 <电器> = (音响|电视|空调);
```

为了便于理解,我们把上述规则系统展开成结构图,如图 2.2 所示。在这个规则系统中包含了 6 条规则。

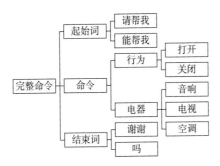

图2.2 智能语音遥控程序结构

第1个规则:起始词必须是文字"请帮我"或"能帮我"。

第2个规则:由于使用了[ ],因此这个规则为可选项,即结束词可以是文字"谢谢"或"吗"。

第3个规则:规定了在"起始词"和"结束词"之间的内容是"命令"。注意,"结束词"在第2个规则中定义为非必选项。

第4个规则:规定了"命令"必须由"行为"和"电器"组成。

第5个规则:规定了行为必须是文字"打开"或"关闭"。

第6个规则:电器必须是文字"音响""电视"或"空调"。

用这个数据结构去解析用户命令时,就能精确地解析用户的具体指令了。

例如,用户说:"没有好看的电视节目,冰箱里也没有好吃的,好热啊,能帮我打开空调吗?"

对于这句话,程序会匹配出如下信息。

<起始词>="能帮我", <结束词>="吗", <完整命令>="能帮我打开空调吗", <命令>="打开空调", <行为>="打开", <电器>="空调"。

多余的干扰项文字(如电视、冰箱)都被忽略,只保留了最关键的信息。

将BNF数据结构的匹配结果发送到家电控制程序中,按照预先设定好的规则,程序就"理解"了用户自然语言的含义是对"空调"执行"打开"的命令。

在实际系统中,基于规则的方法可快速解决简单的问题,如在语音控制的智能家用设备上,采用基于规则的JSGF算法可以降低对计算力的要求,显著节约设备的硬件成本。

除JSGF算法外,还有一种更流行的基于规则的自然语言理解技术,称为正则表达式(Regular expression),它是一组由字母和符号组成的特殊文本,可以用来定义规则,并从文本中找出与规则相符的内容。

2.2.3 基于统计的NLP算法

1970年,在由美国国防部高级研究计划局(DARPA)主办的语音识别竞赛中,有很多参赛者运用了需要人类知识(单词、音素、人类声道、语法等)的基于规则的算法,也有一部分人基于隐马尔科夫模型(Hidden Markov Model,HMM)完成了比赛,这种新算法本质上更具统计性质,也需要更大的计算量。经过激烈的角逐,最终"统计派"战胜了那些基于人类知识的"规则派"参赛者。

在这场大战中,传统规则派的衰落已成为不可改变的事实,也为人工智能自然语言处理领域带来了巨大的改变,基于统计的NLP算法、大数据、算力逐渐占据主导地位。

基于统计的NLP算法是一种以基于语料库的统计分析为基础的经验主义方法,该方法更注重运用数据,从能代表自然语言规律的大规模真实文本中发现知识,曾广泛应用于翻译、语音识别、智能客服、专家系统中。

下面以马尔科夫链和支持向量机为例,介绍基于统计的NLP算法。

1. 马尔科夫链

基于统计的NLP最初是为了解决语音识别问题,常见的语音识别流程很简单,从声音到句子,一般有以下五个步骤。

①把音波数据分成帧;

②把帧识别成状态;

③把状态组合成音素;

④把音素转换成字;

⑤把字组合成句子。

其中字的发音是由音素构成的。对英语识别来说,常用的音素集是卡内基梅隆大学的一套由39个音素构成的音素集。汉语一般直接用全部声母和韵母作为音素集,另外汉语识别还分为有调和无调,如"我"可以用两个音素+声调,即"WO3"表示。状态是比音素更细致的语音单位。

为了更直观地了解音素和中文词语的对应关系,我们可以从百度大脑公开数据集中下载一个示例文件,如图2.3所示。

图2.3 百度大脑公开的数据集

在 https://aistudio.baidu.com/aistudio/datasetdetail/77 中可以下载由希尔贝壳提供的178小时,400位发音人,采样率及比特率为16000Hz,16bit的数据集,这种数据集通常用于深度神经网络语言识别的训练。其中就包含已经训练好的中文词语与音素集的对应关系,如图2.4所示。

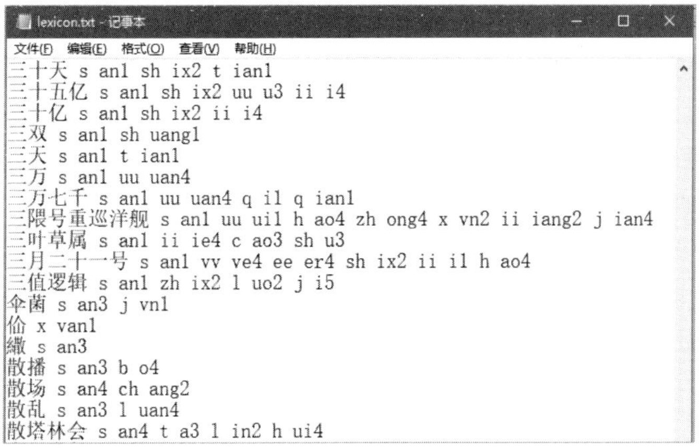
lexicon.txt - 记事本
文件(F) 编辑(E) 格式(O) 查看(V) 帮助(H)

```
三十天 s an1 sh ix2 t ian1
三十五亿 s an1 sh ix2 uu u3 ii i4
三十亿 s an1 sh ix2 ii i4
三双 s an1 sh uang1
三天 s an1 t ian1
三万 s an1 uu uan4
三万七千 s an1 uu uan4 q i1 q ian1
三隈号重巡洋舰 s an1 uu ui1 h ao4 zh ong4 x vn2 ii iang2 j ian4
三叶草属 s an1 ii ie4 c ao3 sh u3
三月二十一号 s an1 vv ve4 ee er4 sh ix2 ii i1 h ao4
三值逻辑 s an1 zh ix2 l uo2 j i5
伞菌 s an3 j vn1
傘 x van1
繖 s an3
散播 s an3 b o4
散场 s an4 ch ang2
散乱 s an3 l uan4
散塔林会 s an4 t a3 l in2 h ui4
```

图2.4　中文语音识别数据集

有了音素后，如何拼出合理的句子，是个很难的问题，如“WO3QU4NAN2JING1”，是表示“我去南京”呢，还是“我趣男晶”呢？判断一个句子是否合理，就要用这个句子在人类正常语言中出现的概率来衡量。

“我去南京”这个句子出现的概率大概是1万亿分之一，“我趣男晶”出现的概率则可能是数万亿分之一，很显然，“我去南京”比“我趣男晶”的可能性更高。如果用数学表示，可以设S为句子，句子是由汉字组成的，所以我们用$w_1,w_2,\cdots,w_n$表示有序的汉字列表。“我去南京”就可以表示为w_1 = 我，w_2 = 去，w_3 = 南，w_4 = 京。

如果想求S在人类对话中出现的可能性，最精确的办法是把中华五千年历史上所有人的对话都录音，然后手工整理好，存到计算机中，再判断S在其中出现的概率。但是这个方法显然是行不通的，于是，概率论在这种情况下就派上用场了。

概率论是研究随机现象数学规律的数学分支。随机现象是一种客观现象，当人们观察事物变化时，所得到的结果不能预先确定，而只是多种可能结果中的一种。在自然界和人类社会中存在着大量的随机现象，如掷硬币可能出现正面或反面，对于音素可能形成的各种句子也对应着不同的概率等。

我们将随机现象的实现和对它的观察称为随机试验，随机试验的每一种结果称为一个基本事件，一个或一组基本事件又通称为随机事件，或简称事件。事件的概率则是衡量该事件发生可能性的量度。一般用$P()$表示概率，设“我去南京”为S，那么$P(S)$就是这句话在人类对话中可能出现的概率了。这种模型被称为统计语言模型，它是自然语言处理的基础模型，是从概率统计角度出发，解决自然语言上下文相关特性的数学模型。统计语言模型的核心就是判断一个句子在文本中出现的概率。

由于自然语言本身是一种上下文相关的数据传输结构，因此可以把$P(S)$中的每个字按照概率论公式进行展开，S这个句子出现的概率等于每一个字出现的条件概率的乘积。

当$S=w_1,w_2,w_3,\cdots,w_n$时，

$$P(S)=P\left(w_1|<S>\right)\cdot P\left(w_2|w_1\right)\cdot P\left(w_3|w_1,w_2\right)\cdot\cdots\cdot P\left(w_n|w_1,w_2,\cdots,w_{n-1}\right)$$

以“我去南京”为例，其中$P(w_1|<S>)$是第一个字“我”出现在句子开头的概率。$P(w_2|w_1)$是已知第一个字是“我”的前提下，第二个字“去”出现的概率。同理，第三个$P(w_3|w_1,w_2)$就是已知第一个字是

"我"，第二个字是"去"时，第三个字"南"出现的概率。可以发现，第 n 个词的条件概率取决于第 1 个至第 $n-1$ 个字，也就是取决于这个字之前出现的所有字。

换成第二个例子，就是"我""趣""男""晶"四个字的条件概率了。直观上，第二个例子中的后三个字的条件概率要远远低于第一个例子中相应字的条件概率。由于总的概率等于各个条件概率的乘积，因此第二个例子的条件概率必然低于第一个例子。

虽然我们用概率论的方式将问题公式化了，但在计算概率时，算出 $P(w_1|<S>)$ 并不难，现在网上有很多包含数百万对话的语料库，只要统计"我"开头的句子数占总句子数的比例就可以了。算出第二个 $P(w_2|w_1)$ 也不难，先统计语料库中包含"我是"句子的数量，然后除以语料库中句子的总数即可。

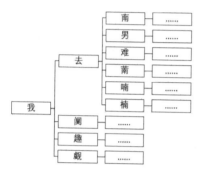

图 2.5　单词组合复杂度

WO3QU4NAN2JING1MAI3JIN1WAN3LIU4DIAN3DE5FEI1JI1PIAO4PAI4CHE1LAI2JIE1WO3BIE2WANG4LE4DAI4SHANG4WO3DE5GOU3，第一段音素"WO3"有一种可能性，就是"我"，第二段音素 QU4 有"去、阒、趣、觑"四种可能性，第三段音素 NAN2 有"男、南、难、萳、喃、楠"五种可能性。那么仅前三段音素就有 1×4×6 种可能性，即"我去难""我阒难""我趣南""我趣萳""我觑楠"等 24 种组合。

随着字数增加，计算复杂度会越来越高，如果每个字有 5 种可能性，那么 10 个字连接起来，就有 $5^{10}=9765625$ 种可能性，20 个字就要计算 $5^{20}=95367431640625$ 种可能性，直至指数爆炸，无法计算。那么该如何解决这种难题呢？

2. 马尔科夫算法

马尔科夫算法可以解决计算概率时指数爆炸的难题。马尔科夫创造的马尔科夫链是一种任性的算法，该算法认为当前的状态分布只取决于上一个状态，跟历史状态无关，也就是任意一个词 w_n 出现的概率只同它前面的词 w_{n-1} 有关，如图 2.6 所示。

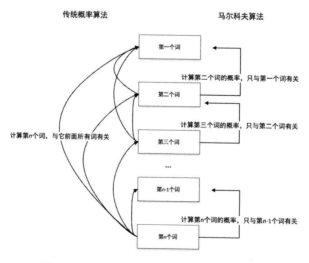

图 2.6　马尔科夫算法和传统概率算法的对比

根据马尔科夫算法，$P(S) = P(w_1|<S>) \cdot P(w_2|w_1) \cdot P(w_3|w_1,w_2)$

可以简化为 $P(S) = P(w_1|<S>) \cdot P(w_2|w_1) \cdot P(w_3|w_2)$

这个简化后的公式应用在自然语言处理中，被称为二元模型。如果我们进行扩展，假设一个字的概率由其前面 n 个字确定，那么对应的模型就被称为 n 元模型。

接下来介绍 $P(w_n|w_{n-1})$ 的具体算法。根据马尔科夫算法，

$$P(w_n|w_{n-1}) = \frac{P(w_{n-1},w_n)}{P(w_{n-1})}$$

只要求出 $P(w_{n-1},w_i)$ 和 $P(w_{n-1})$，即可求出 $P(w_n|w_{n-1})$ 了。

这时候就要借助语料库了，互联网上有很多语料库，如搜狗实验室的互联网语料库，如图2.7所示。

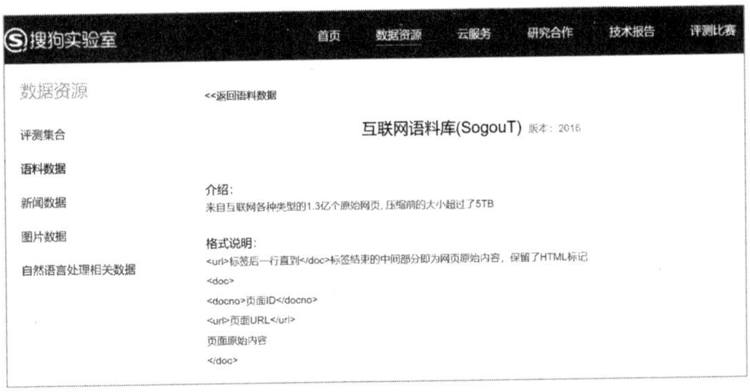

图2.7　搜狗实验室语料库

搜狗实验室的语料库涉及来自互联网各种类型的1.3亿个原始网页，压缩前的大小超过5TB。如果用这个语料库来计算 $P(w_{n-1},w_n)$，只要统计出 w_{n-1}，w_n 这对字在语料库中前后相邻出现过多少次，再计算 $P(w_{n-1})$ 即 w_{n-1} 在语料库中出现了多少次，然后用这两个数分别除以语料库的大小，最后将结果相除即可。

假设语料库有2000亿条内容，"我去"在语料库出现了1000万次，那么 $P(w_1,w_2)$ 就是1000万除以2000亿，等于2万分之一，也就是0.00005。假设"我"在语料库出现了2亿次，那么 $P(w_{n-1})$ 就是2亿除以2000亿，等于千分之一，也就是0.001。因此

$$P(w_n|w_{n-1}) = \frac{P(w_{n-1},w_n)}{P(w_{n-1})} = \frac{0.00005}{0.001} = 0.05$$

上面的计算步骤还可以精简一下。设 w_n 在语料中出现的次数为 $C(w_n)$，设 w_{n-1}，w_n 这对字前后相邻在语料库中出现的次数为 $C(w_{n-1},w_n)$，设语料库大小为 X，那么原式

$$P(w_n|w_{n-1}) = \frac{P(w_{n-1},w_n)}{P(w_{n-1})} = \frac{\dfrac{C(w_{n-1},w_n)}{X}}{\dfrac{C(w_n)}{X}} = \frac{C(w_{n-1},w_n)}{C(w_n)} = \frac{10000000}{200000000} = 0.05$$

即 $\dfrac{P(w_{n-1},w_n)}{P(w_{n-1})}$ 可以简化为 $\dfrac{C(w_{n-1},w_n)}{C(w_n)}$。

有了 $P(w_n|w_{n-1})$ 的算法支持，我们可以在语素识别过程中依次选取组合概率最高的词，就可从语素中推断出对应的中文句子了。例如，WO3QU4NAN2JING1MAI3JIN1WAN3LIU4DIAN3DE5FEI1JI1PIAO4PAI4CHE1LAI2JIE1WO3BIE2WANG4LE4DAI4SHANG4WO3DE5GOU3 中，第一个词是"我"，第二个和"我"组合概率最高的"QU4"是"去"，和"去"组合概率最高的"NAN2"是"南"，依次选取概率最高的，就识别出"我去南京买今晚六点的飞机票派车来接我别忘了带上我的狗"这句话。这种先依次选取概率最高的节点，然后推测下一个节点的算法，叫作马尔科夫链。由于音素所代表的汉字对我们是隐藏的，因此也叫作隐马尔科夫链。

马尔科夫链是一种优美的算法，它能用一个简单的公式，将复杂的语音识别问题变得如此简单。其实专注和简单一直是科学家的秘诀。"简单"可能比"复杂"更难做到。你必须努力厘清思路，从而使其变得简单。但最终这是值得的，因为一旦你做到了，便可以使用最简单的公式创造奇迹。

人工智能辅助写作程序也一样，它使用简单的矩阵联想算法，便实现了复杂的联想能力。如图2.8所示，我原本想写"它把一些复杂的问题变得如此简单"，但经过 L8AI.com 的矩阵联想算法，乔布斯先生的名言出现了，我就修改了一下，将其变成上一段的总结了。

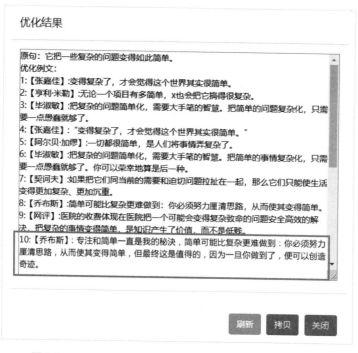

图2.8　L8AI.com 使用矩阵联想算法得到的名人名言

正如前面所说，我们之前假设每个字只与其前面一个字有关，如果我们进行扩展，假设一个字的概率由其前面最近的 N 个字确定，那么对应的模型就被称为 N 元模型或高阶模型。

例如，"我买的是飞机票"这个句子，计算"FEI1"时，如果只考虑前面的"是"，那么概率最高的组合是"是非"而不是"是飞",所以考虑前面两个字"的是"会更准确,但效果依然不好,考虑三个字"买的是",就更准确了。当我们考虑前三个字时,就是三元模型了。

马尔科夫模型可以用简单的数学模型解决语音识别、机器翻译、拼写检查、智能客服、专家系统等问题,而其衍生出的马尔科夫链蒙特卡罗(Markov Chain Monte Carlo,MCMC)也被用于动力系统、化学反应、排队论、市场行为和信息检索的数学建模。一些机器学习算法,如隐马尔科夫模型、马尔科夫随机场(Markov Random Field,MRF)和马尔科夫决策过程(Markov decision process,MDP)都是以马尔科夫链为理论基础的。

2.2.4　基于深度学习的NLP算法

思维就是经理解、判断和推理对事物进行信息加工,以表象或概念对事物加以抽象,再对表象或概念进行操作,完成高层次理性认识的过程。在多年的研究和试验中,人们终于发现了思维过程中的两个重要机制:抽象和迭代。从原始信号做底层抽象,逐渐向高层抽象迭代,在迭代中抽象出更高层的模式。

例如,在机器视觉领域,卷积神经网络可以采用深度学习技术,通过多层神经网络依次提取图像信息的边缘特征、简单形状特征(如嘴巴的轮廓)、更高层的形状特征(如脸型);而在自然语言处理领域则没有那么直观的理解,我们可以通过深度学习模型获得文本信息的语法特征和语义特征。可以说,深度学习技术标志着自然语言处理研究从机器学习到认知计算的质变。

经过几十年的研究,有很多不同的深度神经网络结构被提出,如卷积神经网络被广泛应用于计算机视觉(图像分类、物体识别、图像分割、视频分析等);循环神经网络能够对变长的序列数据进行处理,被广泛应用于自然语言理解、语音处理等。

在深度学习的驱动下,计算机视觉、语音处理、自然语言处理等技术相继取得了突破,达到或超过了人类水平。深度学习的成功秘诀有以下三点。

(1)海量数据。深度神经网络基于大数据进行训练,如商用语音助手基本上都掌握十亿甚至百亿级的对话库。从谷歌公司、微软公司和OpenAI的最新研究进展看,语料库的大小和能力成正相关,OpenAI推出的GPT-3神经网络已经学习了45TB的语料,不仅可以更好地答题、翻译、写文章,还带有一些数学计算的能力。

(2)深度神经网络模型。深度神经网络模型非常复杂,所以其学习能力也比传统的机器学习算法更强,一般以参数量表示深度神经网络模型的大小。目前最复杂的是用于NLP的GPT-3神经网络模型,其参数数量已经达到1750亿个。

(3)大规模并行计算。著名科学家理查德·萨顿(Richard S. Sutton)曾说过:"回溯70年的AI研究,从中得出最大的经验是,利用计算力的通用方法最终总是最有效的,而且遥遥领先。"

为了追求更好的效果,模型的复杂度和数据量越来越大,计算成本也越来越高。根据谷歌发布的信息,研究者估计在训练110亿个参数的T5(谷歌2019年推出的预训练模型)变体时,单次运行成本就远远超出了130万美元。

目前用于衡量运算复杂度的单位是petaflop/s-day,定义神经网络中的一次乘法或一次加法为一个操作,如果每秒钟可以进行10^{15}次操作,一天就可以进行约10^{20}次运算,这个算力消耗被称为1

petaflop/s-day，或缩写成 1 pfs-day。OpenAI 的 GPT-3 用了 3640pfs-day。

研究深度学习需要从语言模型开始讲起。自然语言处理的基础研究便是人机语言交互，以机器能够理解的算法来反映人类的语言，其核心是基于统计学的语言模型。

语言模型（Language Model，LM）是一串词序列的概率分布。通过语言模型可以量化评估一串文字存在的可能性。对于一段长度为 n 的文本来说，其中的每个单词都有通过上文预测该单词的过程，所有单词的概率乘积便可以用来评估文本存在的可能性。

如前所述，如果文本很长，一个后方的汉字概率 $P(w_n|w_1,w_2,\cdots,w_{n-1})$ 的估算会遇到指数爆炸，计算难度太高。因此便有了简化版，即基于马尔科夫算法的 N 元模型。在 N 元模型中，通过对当前词的前 N 个词进行计算来估算该词的条件概率，N 元模型常用的有 unigram、bigram 和 trigram。

（1）unigram 为一元分词，指把句子分成一个一个的汉字。如马尔科夫算法就是以一元分词为例的。

（2）bigram 为二元分词，指把句子从头到尾每两个字组成一个词语。

（3）trigram 为三元分词，指把句子从头到尾每三个字组成一个词语。

但是 N 越大，越容易出现数据稀疏问题。稀疏数据是指由于语料集不能覆盖所有词语，在计算概率时出现绝大多数的数值缺失或为零的数据。稀疏数据越多，估算结果越不准确。为了解决 N 元模型估算概率时的数据稀疏问题，研究者尝试用神经网络来研究语言模型。

2003 年，有研究者提出用神经网络研究语言模型的想法，经典代表有约书亚·本吉奥（Yoshua Bengio）等人提出的 NNLM。该模型直接通过一个神经网络结构对 N 元模型的条件概率进行评估。

2011 年，罗南·科洛伯特（Ronan Collobert）等人用一个简单的深度学习模型在命名实体识别（NER）、语义角色标注（SRL）、词性标注（POS tagging）等 NLP 任务中取得 SOTA（state of the art）成绩。基于深度学习的研究方法得到越来越多的关注。

2013 年，以 Word2vec、GloVe 为代表的词向量模型开始普及，更多的研究从词向量的角度探索如何提高语言模型的能力，研究关注词内语义和上下文语义。此外，基于深度学习的研究经历了 CNN、RNN、Transormer 等特征提取器，研究者尝试用各种机制优化语言模型的能力，包括预训练结合下游任务微调的方法。

2018 年，哈工大讯飞联合实验室（HFL）使用自主研发的语言模型，击败谷歌（Google AI）、阿里达摩院（Alibaba DAMO）、微软亚洲研究院（Microsoft Research Asia），登顶 SQuAD 2.0 排行榜。SQuAD（Stanford Question Answering Dataset）是一个阅读理解数据集，机器根据文本提供的信息回答问题，而所有的答案都来自该文本，也就是说无法通过互联网等其他渠道获取相关问题的额外信息。SQuAD 2.0 中有 15 万个人类撰写的问题，而且问题不一定有对应答案，这不仅要求机器能从对应段落中找到问题的答案，还需要在没有对应答案时选择无，而不是胡乱猜测。"不可回答的问题"进一步加大了机器在精准回答方面的难度。

2019—2020 年，谷歌公司的 BERT 模型、OpenAI 的 GPT-3 模型频频刷新 SQuAD，以及其他 NLP 任务的 SOTA，在很多指标上超越了人类。

2020 年，百度公司的 ERNIE 2.0 模型在情感分析、文本匹配、自然语言推理、词法分析、阅读理解、智能问答等 16 个公开数据集上全面超越世界领先技术，在国际权威的通用语言理解评估基准（GLUE）上得分首次突破 90 分，居全球第一。在 2020 年 3 月落下帷幕的全球最大语义评测 SemEval

2020 上，ERNIE 摘得 5 项世界冠军，该技术被全球顶级科技商业杂志《麻省理工科技评论》官方网站报道，相关创新成果也被国际顶级学术机构美国人工智能协会（AAAI）、国际人工智能联合会议（IJCAI）收录。ERNIE 在工业界得到了大规模应用，如搜索引擎、新闻推荐、广告系统、语音交互、智能客服等领域。

　　解决不同的 NLP 任务需要使用不同的模型和策略。只有理解常用的深度学习模型，才能在不同的任务中设计出最合适的解决方案。

2.3　NLP 商业技术

　　深度学习的成功秘诀是"海量数据+深度神经网络模型+大规模并行计算"，这三点都需要强大的硬件支撑，但这些硬件成本对于个人开发者或小公司来说，却是天文数字。

　　除了硬件成本，还有海量数据的问题，开源项目往往没有海量训练数据作支撑。互联网巨头们掌握着各行各业的海量数据源，能够有针对性地使用某个行业的海量数据训练出针对这个行业的专用模型，模型因此具备强大的功能。

　　这时，人工智能云服务（或叫开放平台）便应运而生，它是一种高效快捷的人工智能商业化方式，可以让使用者直接调用互联网巨头们提供的云端高性能人工智能服务 API（应用程序接口），可极大提高编程的效率。

　　综上所述，人工智能云服务依靠"海量数据+深度神经网络模型+大规模并行计算"能拿下多项 NLP 技术评测的世界第一，其能力远超开源或个人项目。

　　本节将带大家了解市场上主流的商业 NLP 技术供应商，并了解其最新的技术特点。

2.3.1　百度 NLP 技术

　　百度最新的自然语言处理技术是基于深度学习算法的 ERNIE 2.0。

　　深度学习技术需要非常昂贵的设备与海量数据作支撑，因此普通开发者很难在缺少技术和经费的情况下使用 ERNIE2.0 深度学习算法。于是"傻瓜式"的深度神经网络开发平台便应运而生。注意，"傻瓜式"通常用以表示产品便捷、易用等特征，并没有贬低使用者的意思。

　　这种开发平台不仅提供海量数据集，还提供硬件、即插即用的算法，以及简便的操作界面，即便没有编程经验的普通人，也可以像搭积木一样开发出强大的深度神经网络程序。

　　与普通平台的商业化 API"直接调用"方式不同，"傻瓜式"的深度神经网络开发平台把神经网络的配置、数据集选择、训练、评价、发布等工作全部用最简单的形式开放给使用者。

　　EasyDL 是基于飞桨（PaddlePaddle）开发的零门槛 AI 开发平台，可一站式定制高精度 AI 模型，如图 2.9 所示。很多公司已经使用 EasyDL 为自己的业务进行 AI 赋能。

中国南方电网
广东电网佛山供电局

检测输电线路安全隐患　定制车型识别　定制奖牌识别模型　实现全时安全监控　实现工业质检

家图网
idcool.com.cn

实现房源图片自动分类　实现货架陈列合规性审核　实现购物车状态监控　实现X线影像辅助诊断　实现自动识别船舶运输状态

CNPAT

实现气象自动观测　实现商标分类　判断桥梁类型及桥梁瑕疵　检测箱包内遗落物品　实现野生生物自动识别

图2.9　EasyDL用户与应用场景

注意：零门槛是指在技术上的入门要求很低。虽然目前专业版是免费的，高性能服务器也是免费的，但是当训练好模型，发布API后，免费版只能调用2万次，而且不能保证QPS（每秒钟处理的任务数）。

图2.9中的用户有点像游戏排行榜中的氪金玩家，但是与游戏中的氪金又有不同。商业公司氪金购买装备是为了给客户提供更优质的服务，从而得到更多商业利益；而游戏氪金者则绝大多数是为了满足自己的虚荣心。商业氪金和游戏氪金在本质上是双赢与零和博弈的区别。

当然，如果开发者能力很强，可以自己开发深度神经网络，便可以脱离各种开放平台和人工智能商业云服务，从而节约成本、提升产品的竞争力。在后续章节将会详细介绍自主开发深度神经网络的步骤和实现代码。

1. EasyDL 的优势

（1）强大的中文预训练模型。ERNIE是百度自主研发的预训练模型，充分利用了百度海量数据和飞桨多机多卡高效训练的优势，创新地融合了大数据及知识，显著提升了NLP各类任务的效果，少量训练数据便可达到良好效果。ERNIE提供了多种百度自研、效果领先的预训练模型技术，已累计学习10亿多条知识，中文处理效果全面领先，可以帮助用户快速提升文本模型训练效果，并适用于各类NLP应用场景。

（2）丰富的NLP预置网络，能力全面。支持全面丰富的中文处理任务，提供分类、匹配两大类型，并预置多个经典的神经网络，可根据用户需求快速选择、配置网络进行训练。

（3）简洁的网络代码封装，灵活易用。封装底层算法的逻辑细节使网络配置部分代码行数更少、更简洁。所有预置网络代码提供清晰代码注释，可降低用户学习成本，快速完成网络配置。

2. EasyDL 在自然语言处理领域的应用场景

（1）文章分类与新闻推荐。在新闻媒体等场景中,支持用户自定义文章分类体系,并完成高效训练,从而实现对文章内容的快速分类;结合短文本匹配技术,通过判断新闻标题的相似度给用户推荐更多的相关内容,完成个性化文章、资讯的推送。

（2）企业内容信息管理。在企业信息管理场景中,支持用户自定义内容信息的分类体系,并完成高效训练,从而实现企业内外部信息的高效聚合、分类管理,整体提升企业信息库的检索效率。

（3）客服问答的信息匹配。在客服问答场景中,支持用户通过训练短文本匹配的模型,快速识别知识库中与用户问题相似的相关问题,并推荐相应的答案,快速提升客服问答效率。

2.3.2　科大讯飞的NLP技术

科大讯飞是知名的智能语音和人工智能上市企业,长期从事语音及语言、自然语言理解、机器学习推理及自主学习等核心技术研究,并保持着国际前沿技术水平。

科大讯飞的人工智能云服务由“讯飞开放平台”提供,该平台是一个功能非常丰富的供应商,不仅支持最流行的 HTTP、WebSocket 协议,其数据格式也是主流的 JSON,在语音生成和语音识别方面功能很强,且提供很多适合初学者的免费服务。后续会专门针对科大讯飞 NLP 技术进行实战讲解。

我们先了解一下科大讯飞的 NLP 服务范围,如表 2.1 所示。

表2.1　科大讯飞的NLP服务范围

分　类	功　能	功能描述
语音识别	语音听写	把语音(≤60秒)转换成对应的文字信息,并实时返回
	语音转写	把语音(5小时以内)转换成对应的文字信息,并异步返回
	实时语音转写	将音频流数据实时转换成文字流数据结果
	离线语音听写	离线环境,把语音(≤20秒)转换成对应的文字信息
	语音唤醒	离线环境,设备在休眠状态下检测到用户声音,进入等待指令状态
	离线命令词识别	离线环境,用户对设备说出操作指令,设备即作出相应的反馈
语音合成	在线语音合成	将文本转化为语音,提供众多特色的发音人供选择
	离线语音合成	让应用具备离线语音合成的能力,为开发者的应用配上“嘴巴”;高品质版本离线语音合成发音人的音色、自然度表现更佳
	音库定制	赋予产品声音形象,提供可定制的整套合成服务,为产品量身打造专属音库
	娱乐变声	音色精准迁移,大叔秒变“妙音娘子”,实现语音的趣味变声
	有声阅读	适合有声书制作,效率高、成本低、合成音效稳定
语音分析	语音评测	机器对说话者的中英文发音水平进行评价
	性别和年龄识别	机器根据说话者的音频数据判定发音人的性别及年龄范围
	声纹识别	提取说话人声音特征和说话内容信息,核验说话人身份

续表

分　类	功　能	功能描述
	歌曲识别	系统自动识别并检索出所哼唱的歌曲
多语种技术	多语种识别	实现英、日、韩、法、西、俄等多个语种的语音识别
	多语种合成	实现英、日、韩、法、西、俄等多个语种的语音合成
	多语种翻译	实现英、日、韩、法、西、俄等100多个语种之间的互译
	多语种文字识别	实现英、日、韩、法、西、俄等多个语种图片里的文字识别
内容审核	色情内容过滤	利用深度神经网络，精准识别涉黄图片
	政治人物检查	利用深度神经网络，精准识别政治人物图片
	暴恐敏感信息过滤	快速分析图片中的暴恐敏感信息
	广告过滤	利用深度神经网络，精准识别广告图片
语言处理	词法分析	提供分词、词性标注、命名实体识别，定位基本语言元素
	依存句法分析	分析识别句子中语法成分及各成分之间的关系
	语义角色标注	标注句子中谓语的相应语义角色
	语义依存分析(依存树与依存图)	分析句子中各个语言单位之间的语义关联
	语义理解	理解语言的含义意图，从而进行多轮对话交互
	关键词提取	把文本中包含的信息进行结构化处理，并提取关键信息
	情感分析	计算文本所包含的情感倾向(积极、消极或中性)
	机器翻译	基于讯飞自主研发的机器翻译引擎，提供更优质的翻译接口
	机器翻译(NiuTrans)	基于小牛翻译多语种机器翻译引擎，提供100多种语言互译

科大讯飞人工智能云服务具备了从语音识别到语言处理的30余种服务，即便是没有 AI 开发经验的初学者，也能借助这些服务实现强大的功能。

由于科大讯飞的语音合成等功能需要有 Http、Websocket、JSON 的编程基础，因此我们后续进行相关的前置知识讲解后，再进行科大讯飞实战代码讲解。

2.3.3　腾讯的 NLP 技术

与其他学科相比，人工智能的科技成果转换速度更快，这主要是由于人工智能可以为传统行业带来变革。不过，由于技术难度高、专业性强，人工智能科研与应用之间依然有很大鸿沟。目前全球人工智能巨头纷纷把人工智能作为下一代科技革命的基础设施，搭建自己的人工智能生态产业，并在云计算基础上开放人工智能云服务，为广大中小公司提供服务。这些做法加速了人工智能的科技转化速度，并使其快速占领市场。

这种共赢的商业模式优势如下。

（1）使广大中小公司可以在没有技术积累的情况下快速开发出强大的人工智能服务。

（2）人工智能云服务的提供者可以根据广大中小公司的需求，在 AI 应用方面进行深入探索。合作案例越多,技术就越有可能找到实际应用场景,甚至形成生态产业链,进而反向促进人工智能技术的研发。

据统计,截至2018年,国内商业巨头百度、阿里、腾讯、科大讯飞等在顶级会议和期刊发表的人工智能论文数量排名中,腾讯以131篇稳居首位。具有雄厚研发实力的百度和科大讯飞以 B2B(Business to Business,B to B)为主,走的是巨头+中小公司的合作共赢的模式,所以在开源和开放式平台方面的实力更强,更适合读者学习和实践。

腾讯集团旗下的微信、QQ等产品有大量的用户,因此腾讯与百度和科大讯飞不同,它主要以 B2C(Business to Custumer,B to C)为主,也就是面向个人用户。当腾讯研发出新的人工智能技术后,首先会应用到自家的微信、QQ等产品上,然后才会应用到腾讯投资的700多家企业中。

上述原因使得腾讯本身的人工智能平台比较少,目前提供的与自然语言处理相关的API服务在腾讯AI开放平台上,网址为 https://ai.qq.com/。

腾讯云自然语言处理依托千亿级中文语料累积,可提供16项智能文本处理能力,包括智能分词、实体识别、文本纠错、情感分析、文本分类、词向量、关键词提取、自动摘要、智能闲聊、百科知识图谱查询等,广泛应用于用户评论、情感分析、资讯热点挖掘、电话投诉分析等场景,可满足各行各业的文本智能需求。

腾讯云自然语言处理功能的调用步骤如下。

(1)注册腾讯云账号,打开网址 https://console.cloud.tencent.com/nlp/basicguide。

(2)单击网页上方的"打开工具"按钮,即可进入如图2.10所示的页面。

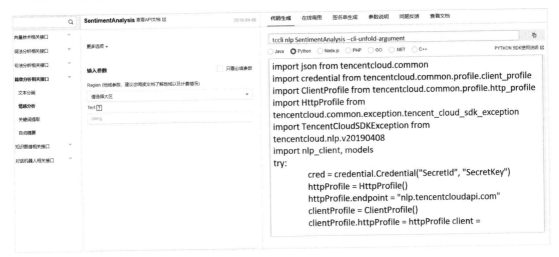

图2.10　腾讯云自然语言处理工具

(3)在打开的工具页面中,选择需要的NLP功能后,输入密钥和参数,即可自动生成Python代码。各大商业巨头的API调用方式类似,都是使用Http或Websocket协议,采用JSON数据传输格式。

2.4　小结

本章主要讲解了人工智能的本质和自然语言处理技术的重要性。请牢记以下两句话。

（1）人工智能的本质是一种生产工具。

（2）我们每个人的财富积累和事业成功，往往不是由于我们有多努力，而是抓住了科技革命带来的机遇。

那么，如何才能抓住科技革命带来的机遇呢？当然是学习与技术相关的基础知识并进行实战了。所以我们讲解了 NLP 基础知识，包括技术分类、发展阶段，以及基于规则、统计、深度学习的 NLP 算法。

本章还介绍了互联网巨头的各种商业 NLP 技术，在后续讲解具体的 Python 网络编程知识后，再进行详细实战代码讲解。

第 3 章

掌握深度学习模型

　　人工智能的洪流从我们身边奔涌而过,它将贯穿我们的心,蓬勃激烈的命运正在呼唤我们。诸多词汇时刻萦绕在我们耳边:人工智能、机器学习、深度学习。就像20世纪最后几年一样,当时有几个高校设立了电子商务专业,那时大家搞不懂到底是电子还是商务,很多人认为电子商务就是电子元器件贸易,可是几十年后,电子商务已经无处不在,人工智能就类似于当时的情况。

　　虽然大多数人对这些高频词汇的含义及其背后的关系总是似懂非懂或一知半解,但科学家与程序员听到"人工智能"等术语,就会立刻觉得整个身体沉浸在新鲜的朝霞之下,我们的心就会流露出感激之情与期待的洪流。

　　最终,我们的视野将越过障碍。尽管这时的视野并不非常明亮,但是我们的航船已经再度起航,做好了一切准备去面对重重危险;我们再度为了伟大的知识开始了无尽的旅程;未来也将向我们敞开前所未有的胸怀。

　　本章从深度学习与人工智能的关系讲起,由浅入深地引入各种神经网络模型与算法,讲解深度学习模型在自然语言处理领域的最新研究成果。

本章主要涉及的知识点

　◆ 深度学习与人工智能的关系

　◆ 深度学习的特点和应用领域

　◆ 各种深度神经网络模型的原理和应用场景

3.1 深度学习与人工智能

"数学问题"是"所有问题"的分支，"可计算问题"是"数学问题"的分支。人类发明人工智能（Artificial Intelligence）、机器学习（Machine Learning）、深度学习（Deep Learning）的目的，就是让机器自动解决"可计算问题"。

3.1.1 机器学习定义

机器学习是人工智能的一个子集，它有两种经典定义。

（1）亚瑟·塞缪尔（Arthur Samuel）提出的定义：研究在没有明确编程的情况下使计算机获得学习的能力，则该研究领域可以被称为机器学习。

（2）汤姆·米切尔（Tom Mitchell）提出的定义：每个机器学习算法都可以被精确地定义为以下三个部分，即问题 T、训练过程 E、模型表现 P。

机器学习过程则可以被拆解为为了"解决问题 T"，通过"训练过程 E"，逐渐提高"模型表现 P"的过程。也就说是，如果一个计算机程序解决问题 T 的性能达到了 P，那么就可以说它从经验 E 中学习解决任务 T，并且达到了性能 P。AI 子集划分如图 3.1 所示。

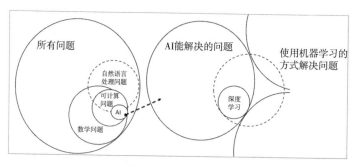

图3.1　AI子集划分

从 Arthur Samuel 和 Tom Mitchell 对机器学习的定义中不难看出，机器学习就是计算机通过模式和推理，而不是明确指令的方式，高效执行指定任务的学习算法。

机器学习本质上是用机器去学习以前的经验。在传统的编程工作中，开发人员需要预测每一个潜在的条件，而一个机器学习的解决方案可以有效地基于数据来适应输出的结果。也就是说，一个机器学习的算法并没有真正地编写代码，其内部包含科学家建立的关于真实世界中某个具体问题的可计算模型，机器可以按照学习算法自动使用数据集训练模型。

3.1.2 机器学习评估标准

为了评估机器学习的能力，行业专家们制定了 SOTA 标准，用于描述机器学习中取得某个任务的最优效果模型。例如，在图像分类任务上，某个模型在常用的数据集（如人脸识别）上取得了最优的性能表现,就可以说这个模型达到了 SOTA 标准。

(1)SOTA model:不是特指某个具体的模型,而是指在该项研究任务中目前最好/最先进的模型。

(2)SOTA result:指在该项研究任务中,目前最好模型的结果/性能/表现。

在 www.jiqizhixin.com/sota 中,你可以根据需要寻找机器学习对应领域和任务下的 SOTA 论文,平台会提供论文、模型、数据集和基准的相关信息,如图 3.2 所示。

图 3.2　SOTA 中的机器学习任务目录

机器学习是一门多领域交叉学科,它涉及计算机科学、概率统计、函数逼近论、最优化理论、控制论、决策论、算法复杂度理论、实验科学等多个理论或学科。

由于涉及很多学科,机器学习的具体定义也有许多不同的说法,但各个学科关注的核心问题是一样的,即如何用计算的方法模拟人类的学习行为。具体来说,就是如何从历史经验中获取规律(或模型),并将其应用到新的类似场景中。

3.2　深度学习模型的基础知识

深度学习是机器学习的一个子集,基于多层的非线性神经网络或决策树,深度学习可以从原始数据直接学习、自动抽取特征,通过足够多的隐藏层神经网络或决策树节点,对特征值逐层抽象,最终拟合极其复杂的函数，以实现回归、分类或排序等目的。

3.2.1　NNLM模型

基于统计的马尔科夫N元模型虽然解决了传统概率论中指数爆炸的问题，但仍存在以下问题。

（1）稀疏性。由于语料集不能覆盖所有词语，在计算概率时会出现绝大多数的数值缺失或为零的数据。

（2）没有考虑词之间的相似性。

2003年，Yoshua Bengio等人为了解决N元模型的不足，提出一种基于神经网络的语言模型NNLM，模型同时学习词的分布式表示，并基于词的分布式表示学习词序列的概率函数。有了每个词的概率，就可以通过$P(S) = P(w_1|<S>) \cdot P(w_2|w_1) \cdot P(w_3|w_2) \cdot \cdots$用词序列的联合概率来判断句子的可能性。NNLM模型如图3.3所示。

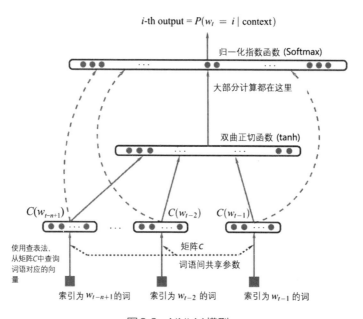

图3.3　NNLM模型

除了预测词的概率外，模型还能够产生指数量级的语义相似的句子。通过这种方式训练出来的语言模型具有很强的泛化能力，对于训练语料里没有出现过的句子，模型也能够通过见过的相似词组成的句子来学习。

NNLM模型训练中的目标函数是长度为n的词序列的联合概率，具体步骤如下。

（1）通过映射矩阵C，将词典V中的每个单词都映射成一个特征向量$C(i) \in Rm$。

（2）计算条件概率分布，通过函数g，将输入的词向量序列$(C(w_{t-n+1}), \cdots, C(w_{t-2}), C(w_{t-1}))$转化成一个概率分布$y \in R|V|$。

函数g的输出是个向量，第i个元素表示词序列第n个词是Vi的概率。网络输出层采用Softmax函数。

3.2.2　Word2vec模型

Word2vec是 Word To Vector(字转换为向量)的缩写,是一种把词转换为词向量的深度模型。

与NNLM模型相比,Word2vec模型的最终目的并不是把条件概率训练得多完美,而只关心模型训练完后的副产物——词向量模型参数(NNLM输入层映射矩阵C,也称映射矩阵C,或者输入层权值矩阵、输入层突触集合),并将这些参数作为输入词的向量化表示,这个向量便称为词向量。

最开始对复杂的自然语言任务进行建模时,使用概率模型,但在学习语言模型的联合概率函数时,发现它存在致命的维数灾难问题。假如语言模型的词典有100000个词,用独热编码表示10个连续词的联合分布,那么深度模型的参数总量可能就有10^{50}个。相应地,模型要具备足够的置信度,需要的样本量会呈指数级增加。

为了解决这个问题,1986年杰弗里·辛顿(Geoffrey Hinton)等人提出了分布式表示(Distributed Representation),其基本思想是将词表示成n维连续的实数向量。分布式表示具备强大的特征表示能力,n维向量的每维有k个值,便能表示kn个特征。例如,前面介绍NNLM模型时就使用了3维向量,每维有10万个值。实际上,常见开源的已训练好的词向量模型的n通常在数百甚至数千维。

词向量是NLP深度学习研究的基础,由于语义相似的词趋向于出现在相似的上下文中,因此在学习过程中,这些向量会努力捕捉词的邻近特征,从而学习词汇之间的相似性。

与文字相比,词向量的优势是可计算,它能够通过计算余弦距离、欧式距离等方式来度量词与词之间的相似度,甚至衍生出句子相似度、文章相似度,以及某种信念、思想、人生观的相似度,就像矩阵联想算法一样,可以把脑中无数的概念(细胞群落)想象成n维空间中的无数光点,我们在联想时,实际上就是在计算这些光点与目标概念的距离或余弦距离。

除了计算相似度,词向量还支持加减法。托马斯·米科洛夫(Tomas Mikolov)等人用 CBOW (Continuous Bag-of-Word Model)和 Skip-Gram 训练出来的词向量具有神奇的语意组合特效,词向量的加减计算结果刚好对应词的语意组合,如C(国王) - C(男人) + C(女人) = C(女王),这种意外的特效使Word2vec模型快速流行起来。为什么会有这种行为呢? 亚历克斯·希腾斯(Alex Gittens)等人对此做了研究,并尝试给出了理论假设:词映射到低维分布式空间必须是均匀分布的,词向量才能有这种语意组合效果。

CBOW 和 Skip-Gram 是 Word2vec 模型的两种不同训练方式。

(1)CBOW 的训练过程是从句子中抽出一个词$W(t)$,t的意思是target word,通过上下文单词$w(t-2)$,$w(t-1)$,$w(t+1)$,$w(t+2)$预测$W(t)$。

(2)Skip-Gram 则与 CBOW 相反,它是通过一个词预测其上下文。

我们以常用的 CBOW 为例进行讲解,CBOW 是一个简单的只包含一个隐藏层的全连接神经网络,输入层采用独热(one-hot)编码方式,隐藏层大小N代表词向量的维度;输出层通过Softmax函数得到词典里每个词的概率分布,如图3.4和图3.5所示。

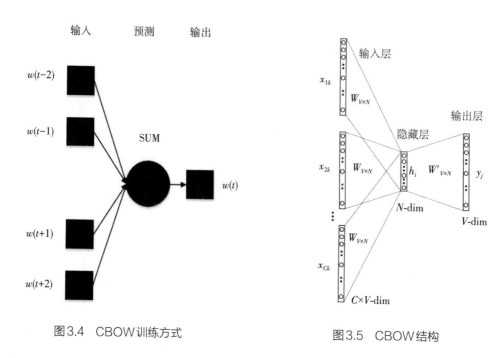

图3.4　CBOW训练方式　　　　　　图3.5　CBOW结构

在图 3.5 的输入层中，上下文单词的 one-hot 编码词典长度为 V，上下文单词个数为 C。

每个单词的 one-hot 编码分别乘以共享的输入权值矩阵 $W_{V \times N}$，W 是 V 行 $\times N$ 列的矩阵，N 为用户自定义的正整数，用于表示词向量的维度数。这里虽然是全连接，但并非像传统全连接网络一样，每个输入层与隐藏层都有单独的权值，而是多个词共享一套权值矩阵 $W_{V \times N}$，这种共享一套权值矩阵的特点是由独热编码的结构特点所决定的（见图 3.3）。

（1）输入乘权值矩阵所得的向量相加求平均值，作为隐藏层输出，size 为 $1 \times N$。

（2）隐藏层输出乘输出权值矩阵 $W'_{N \times V}$，得到向量 $\{1 \times V\}$。

激活函数处理得到 V 维概率分布，每个维度代表一个词的概率，概率最大的 index 所指示的单词为预测出的中间词 $W(t)$，把预测出 $W(t)$ 的 one-hot 编码和预期 $W(t)$ 的 one-hot 编码进行比较，求误差，做反向传播，采用梯度下降法调整 $W_{V \times N}$ 和 $W'_{V \times N}$，最终得到的 $W_{V \times N}$ 就包含了每个词的词向量。

3.2.3　fastText模型

2016 年，Mikolov 等提出一种简单轻量、用于文本分类的深度学习模型——fastText 模型，其架构与 CBOW 模型类似，不同之处如下。

（1）在词向量的基础上，补充字或字母级别的 N 元模型（N–Gram），然后将这些向量相加求平均值。

（2）用基于哈夫曼树的分层 Softmax 函数，输出对应的类别标签。

fastText 效果好、速度快的原因如下。

（1）引入 Subword N-Gram 的概念解决词态变化的问题，利用字级别的 N 元模型描述字之间的关系，以此丰富单词内部更细微的语义。例如，"apple" 和 "apples"，或者中文"炸酱面"和"炸酱"，两个词之间有公共字母或公共汉字，即它们内部形态类似，但是在传统的 word2vec 模型中，这种单词的内部形态信息因为它们被编码成不同的独热编码而丢失了。为了克服这个问题，fastText 模型使用了字符集别的 N-Grams 来表示一个单词，对于单词 "apple"，假设 N 取值为 3，则它的三元模型（trigram language model）为 " < ap" "app" "ppl" "ple" "le > "，其中，" < "表示开始符号，" > "表示结束符号。于是，我们可以用这些 trigram 来表示 "apple" 这个单词，还可以用这 5 个 trigram 的向量叠加来表示 "apple" 的词向量。这种方式的好处如下。

①因为所有单词的 N-Gram 都可以和其他词共享，所以其对于低频词生成的词向量效果会更好。

②对于训练词库之外的单词，仍然可以通过叠加其字符级 N-Gram 向量构建词向量。

（2）用基于哈夫曼树的分层 Softmax 函数，将计算复杂度从 $O(kh)$ 降低到 $O\left(h\left(\log_2(k)\right)\right)$。其中，$k$ 是类别个数，h 是文本表示的维数。相比 Char-CNN 之类的深度学习模型需要几小时或几天的训练时间，fastText 只需要秒级的训练时间。

和 CBOW 一样，fastText 模型也只有三层：输入层、隐藏层、输出层，其中隐藏层都是对多个词向量的叠加平均。不同的是，CBOW 输入的是目标单词的上下文，fastText 输入的是多个单词及其 N-Gram 特征；CBOW 输出的是目标词汇，fastText 输出的是文档对应的分类标识，如图 3.6 所示。

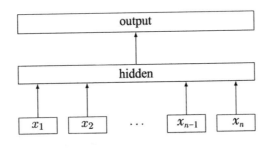

图 3.6　fastText 模型

3.2.4　TextCNN 模型

2014 年，伊金（Yoon Kim）提出基于预训练 Word2vec 模型的 TextCNN 模型用于句子分类任务。

CNN 先通过卷积操作进行特征检测，得到多个特征映射，再通过池化操作对特征进行筛选，并过滤噪声，提取关键信息用来分类。TextCNN 模型如图 3.7 所示。

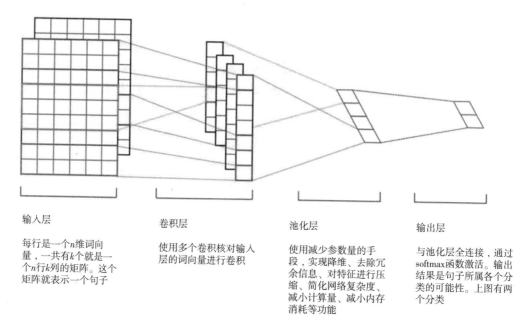

输入层

每行是一个n维词向量，一共有k个就是一个n行k列的矩阵。这个矩阵就表示一个句子

卷积层

使用多个卷积核对输入层的词向量进行卷积

池化层

使用减少参数量的手段，实现降维、去除冗余信息、对特征进行压缩、简化网络复杂度、减小计算量、减小内存消耗等功能

输出层

与池化层全连接，通过softmax函数激活。输出结果是句子所属各个分类的可能性。上图有两个分类

图3.7　TextCNN模型

TextCNN模型的详细训练过程叙述如下。

对输入长度为k、词向量维度为n的句子，有filter_size=(2, 3, 4)的一维卷积层，每个卷积核(filter)有两个通道(channel)，相当于对输入层分别提取两套的2元、3元和4元特征(前文提到的N-Gram)。

卷积操作$c_i = f(W \cdot x_{i:i+h-1} + b)$。

其中，f是激活函数，c_i表示卷积得到的特征，先通过滑动窗口W跟句子所有词向量进行卷积运算，得到特征映射$c = [c_1 \quad c_2 \quad \cdots \quad c_{n-h+1}]$，再通过最大池化(max pooling)操作提取特征映射c中的最大值，不同的卷积核可获得不同的N元模型(N-Gram)特征，最后将这些特征进行池化。池化也称亚采样、下采样或子采样，主要针对非重叠区域，包括均值池化(Mean Pooling)、最大池化(Max Pooling)。TextCNN采用最大池化，通过取邻域内特征的最大值来实现，能够抑制网络参数误差造成估计均值偏移的现象，其特点是能更好地提取纹理信息。最大池化就是求窗口中元素的最大值。池化操作的本质是降采样，其作用有以下三种。

（1）降维。即经过池化操作后，图像"变小"了。在图像处理中，把图像缩小称为下采样或降采样，由此可见池化操作的降维性质是使用减少参数量的手段，实现降维、去除冗余信息，对特征进行压缩、简化网络复杂度，减小计算量、减小内存消耗等功能。

（2）不变性。包括平移不变性(Translation Invariance)、旋转不变性(Rotation Invariance)、尺度不变性(Scale Invariance)，简单来说，池化操作能将卷积后得到的向量特征进行统一化。另外，平移不变性是指一个特征无论出现在图片的哪个位置都会被识别出来(也有人说平移不变性是权值共享带来的)。

（3）定长输出。无论经过卷积后得到的特征图有多大，使用池化操作后总能得到一个数值，再将这些数值拼接在一起，就能得到一个定长的向量。在上述例子中就使用了这个特征。

最后，通过 Softmax 函数得到分类结果。这里的通道可以是两个不同的词向量，如 Word2vec 模型和 Glove 模型也可以是 Frozen 和 Fine-tuning 两种不同处理预训练词向量的方式。TextCNN 模型不是用于提取语言、语法、语义信息的，通道可采用不同特征的表示方式，以期收益的最大化。TextCNN 模型细节如图 3.8 所示。

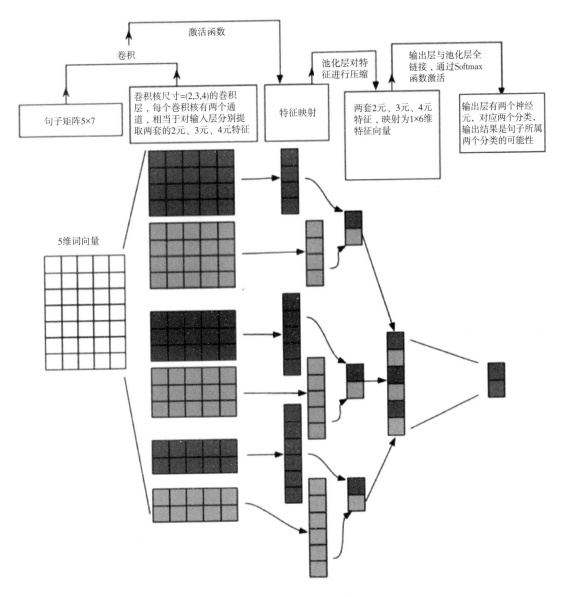

图3.8　TextCNN模型细节

3.2.5　Seq2Seq模型

Seq2Seq(Sequence to Sequence)模型是一种通用的 Encoder-Decoder 框架，表示输入一个序列，输出另一个序列。这种结构最重要的地方在于输入序列和输出序列的长度是可变的。只要能满足输入序列或输出序列，都可以称为 Seq2Seq 模型。这种模型常用于机器翻译、文本摘要、机器人聊天、阅读理解、语音识别、图像描述、图像问答等场景。Seq2Seq模型使用的具体方法属于 Encoder-Decoder 框架的范畴。

在自然语言处理领域中，Encoder-Decoder框架是"由一个句子(或段落)生成另外一个句子(或段落)的通用处理模型。"此框架的训练数据集为 <输入词序列,目标词序列>，经过训练即可实现在给定输入词序列的情况下，生成目标词序列的效果，如图 3.9 所示。

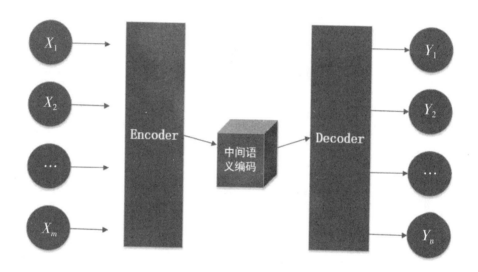

图3.9　Encoder-Decoder框架

输入词序列和目标词序列可以是同一种语言(如问答领域)，也可以是两种不同的语言(如翻译领域)。输入词序列和目标词序列分别由各自的单词序列构成。

$$输入词序列 = \left[x_1, x_2, \cdots, x_m\right]$$

$$目标词序列 = \left[y_1, y_2, \cdots, y_n\right]$$

Encoder-Decoder模型框架是由 Encoder(编码)和 Decoder(解码)组成的。

Encoder是对输入词序列进行编码，将句子通过非线性变换转化为中间语义编码 C。

$$C = f\left(x_1, x_2, \cdots, x_m\right)$$

Decoder 的功能是根据输入词序列的中间语义编码 C 和之前已经生成的历史目标词序列 $y_1, y_2, \cdots, y_{t-1}$ 来预测 t 要生成的单词 y_t。

$$y_t = G(y_{t-1}, y_{t-2}, \cdots, y_1, C)$$

每个 y_t 都依次产生,整个系统就根据输入词序列生成了目标词序列,也就是句子或文章。Encoder-Decoder 框架可以解决很多自然语言处理问题,应用领域相当广泛。

(1)用于解决机器翻译问题。输入词序列是中文句子,输出词序列是英文句子。

(2)用于文本摘要。输入词序列是一篇文章,输出词序列是概括性的描述语句。

(3)用于问答系统或智能客服。输入词序列是问句,输出词序列是回答。

(4)用于机器人聊天。输入词序列是聊天,输出词序列是回复。

Encoder-Decoder 框架不仅在文本领域使用广泛,在语音识别、图像处理等领域也经常使用。例如,对于语音识别来说,Encoder 部分输入的是语音流,Decoder 输出的是对应文本信息;对于"图像描述"与"图像分类"任务来说,Encoder 部分输入的是一幅图片,Decoder 输出的是能够描述图片语义内容的文本。

一般而言,对于文本处理和语音识别的 Encoder 部分,通常采用循环神经网络(RNN)模型,对于图像处理的 Encoder 部分一般采用卷积神经网络(CNN)模型。2014 年,Bengio 和 Bowman 等人在机器翻译领域提出了基于 RNN/LSTM 的 Seq2Seq 模型。

RNN 网络的特点是擅长对时序特征的处理。在自然语言处理领域,则是对上下文的特征处理,所以 RNN 适合解决 Seq2Seq 任务。基于 RNN 的 Seq2Seq 模型的 Encoder-Decoder 框架包括两个 RNN,分别负责 Encoder 和 Decoder。它的具体流程是,一个 RNN 解码器用来处理输入序列 X,RNN 编码器能依次读取序列 X 中的每个 X_t,并更新隐藏层状态,当读完序列的结束符号 EOS 时,即可得到最后的隐藏层状态 C,代表整个输入序列;另一个 RNN 解码器负责生成输出序列,基于隐藏层状态 h_t 预测下一个输出 y_t,其中,t 时刻的隐藏层状态 h_t 和输出 y_t 都依赖上一时刻的输出及输入序列的 C,通过 t 时刻解码器隐藏层状态计算公式 h_t,输出的概率分布为 $P(y_t|y_{t-1}, y_{t-2}, \cdots, y_1, C)$。

例如,将英语"this is a pen."翻译成汉语"这是一支钢笔。"输入 5 个英文单词序列,输出 6 个汉字序列,就属于 Seq2Seq 任务,如图 3.10 所示。

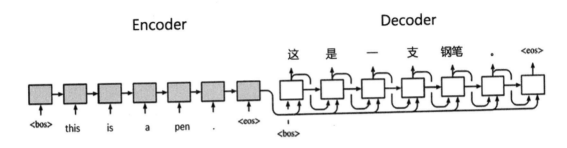

图 3.10　Encoder-Decoder 模型

在训练数据集中，我们可以在每个句子后附特殊字符 < eos > (end of sequence) 以表示序列终止，每个句子前用特殊字符 < bos > (begin of seqence) 表示序列开始。

（1）Encoder。RNN模型依次读取每个词的向量，并更新隐藏层状态。在遇到 < eos > 标记时可得到隐藏层状态 C，代表整个输入序列。

（2）Decoder。在各个时间 t 中，使用输入句子的编码信息 C 和之前 $(t-1$ 至 $1)$ 时间步的输出及隐藏层状态 C 来预测 $P(y_t|y_{t-1}, y_{t-2}, \cdots, y_1, C)$。例如，在第 y_1 预测结果中，"这"的概率最高，将"这"的词向量加入译文序列，继续预测 y_2，重复上述步骤，不断预测，直到 < eos > 被预测出来，整个译文就出来了。

虽然 Encoder-Decoder 模型适合解决 Seq2Seq 任务，但是 RNN Encoder-Decoder 不管输入序列和输出序列长度是多少，中间的隐藏层状态 C 的长度都是固定的，所以 RNN 结构的 Encoder-Decoder 模型存在长程梯度消失的问题。对于较长的句子，我们很难寄希望于将输入的序列转化为定长的向量而保存所有的有效信息，即便 LSTM 加了门控机制可以选择性遗忘和记忆，随着所需翻译的句子难度增加，这个结构的效果仍然不理想。

3.3　深度学习模型进阶知识

在基础深度学习模型之上，可以把多种深度学习模型进行组合，形成能力更强的复杂模型。这种用基础模型组成复杂模型的方式，类似于面向对象程序开发。

早期的计算机编程基于面向过程开发，如实现算术运算 1+1+2 = 4，通过设计一个算法就可以解决。随着计算机技术的不断提高，解决的问题越来越复杂，代码量也越来越大，就很难用面向过程的方法来编写复杂的程序了。

这时候，面向对象（Object Oriented，OO）的思想出现了，这对软件开发相当重要，它的概念和应用甚至超越了程序设计和软件开发，扩展到如数据库系统、交互式界面、应用结构、应用平台、分布式系统、网络管理结构、CAD 技术、人工智能等领域。面向对象是一种对现实世界理解和抽象的方法，是计算机编程技术发展到一定阶段的产物。面向对象能有效提高编程的效率，通过封装技术、消息机制的帮助，可以像搭积木一样快速开发出一个全新的系统。

深度学习程序开发与面向对象类似，也是把一个个基础神经模型视为对象，先把训练和预测封装成方法，将神经元数量、激活函数类型视为对象的属性，再像搭积木一样组建自己的深度神经模型。

在进行实战之前，我们需要进一步了解更复杂的深度学习模型，即由多种深度学习模型组合成的复杂模型，如图3.11所示。

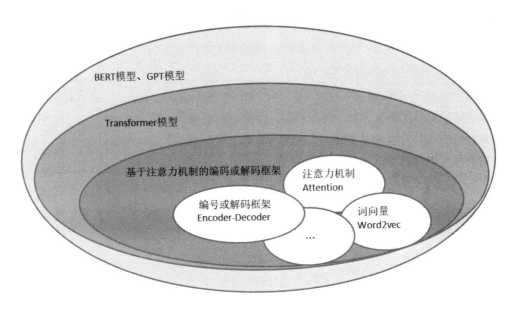

图3.11　深度学习模型组合

3.3.1　基于Encoder-Decoder框架的注意力机制

注意力(Attention)机制最早应用于计算机视觉,由谷歌团队于2014年提出,真正爆发是在 NLP 领域BERT模型和GPT模型刷新了很多自然语言处理任务的世界纪录后,Transformer 模型和 Attention 模型这些核心内容开始被人们重点关注。不同于 CNN、RNN,Attention 模型是一种关注关键信息,并将其特征提取用于学习分析的策略。

注意力的核心逻辑就是"从关注全部到关注重点"。例如,当我们看到一个人走过来,为了识别这个人的身份,眼睛的注意力就会关注在其脸上,其他区域信息会被暂时无视或不怎么重视。注意力在多个方面对于我们的感知功能起着决定性作用。对物体的特征整合过程(Feature Integration)就是把属于同一物体的各种不同特性整合起来,以形成对该物体完整的感知,这往往需要注意的控制。另外,在学习(训练)使感觉系统分辨能力提高的过程中,也离不开注意的控制。

人工智能名著《哥德尔·埃舍尔·巴赫:集异璧之大成》中也曾经说过:"每个人都知道'注意'是什么,那是若干可能同时存在的目标或思路之中的一个以清晰的形式占据了思想。意识的集中和专注是其本质,这意味着放弃对某些事情的处理从而有效地处理其他的事情。"①

简单地说,注意就是以牺牲对与行为无关的信息的处理为代价,使当前与行为直接相关的重要信息占有大脑的主要处理资源,从而获得最为有效的加工和表征。

当代神经科学对注意力的研究成果主要有以下三点内容。

(1)注意作为一个心理过程,由非随意注意、选择性注意和注意保持三个环节组成。

---

① 侯世达.歌德尔、艾舍尔、巴赫:集异璧之大成[M].北京:商务印书馆,1996.

（2）注意过程由许多层次不同的脑结构参与，形成多种脑功能网络作为结构基础。

（3）在这些网络中进行着自下而上、自上而下、循环和大范围交互的信息流，实现注意对意识的导向作用，以保持适度警觉和决策执行等功能。

在机器翻译中，为每个词赋予不同的权重，可以使深度学习变得更加灵活。最早将注意力机制引进 NLP 领域的就是机器翻译等基于 Encoder-Decoder 框架的场景。

传统的 Encoder-Decoder 框架会使一些跟当前任务无关的信息被编码器强制编码进去，尤其是在输入词序列很长或输入词序列信息量很大时，这个问题特别严重，因为选择性编码不是框架所能做到的。注意力机制刚好能解决这个痛点。

Encoder-Decoder 框架在预测输出词序列中的每个词时，所使用的都是同样的基于输入词序列生成的中间语义编码 C，公式如下。

$$y_1 = G(C)$$

$$y_2 = G(y_1, C)$$

$$y_t = G(y_{t-1}, y_{t-2}, \cdots, y_1, C)$$

这意味着不论生成哪个单词（y_1,y_2还是y_3），输入词序列中任意单词对生成某个目标单词y_t来说影响力都是相同的，所以 Encoder-Decoder 框架没有体现出注意力的特点。这类似于我们茫然地看着眼前的画面，但是眼中却没有焦点一样。

为了使语言模型能够更加准确，需要对输入的文本提取关键且重要的信息。我们可以对输入文本的每个单词都赋予不同的权重，并对携带关键且重要信息的单词偏向性地赋予更高的权重。也可以抽象地理解为，对于输入词序列，有相应的 Query 向量和 Key-value 向量集合，通过计算 Query 和 Key 关系的公式，赋予每个值不同的权重，最终得到一个正确的向量输出。

注意力机制最早是为了解决 Seq2Seq 问题，后来研究者尝试将其应用到情感分析、句对关系判别等其他任务场景中，如关注 Aspect 的情感分析模型 ATAE LSTM、分析句对关系的模型 ABCNN 等。

例如，在翻译任务中引入 Attention 模型，应该体现输出的英文单词对输入的中文单词的影响程度。

对于图 3.12 中的"请在一米线外等候"，在翻译"米"和"线"这两个汉字的时候，Encoder-Decoder 框架没有体现每个汉字的权重，每个汉字对于翻译目标单词贡献是相同的，很明显这里把"一米线"翻译成"a noodle"（一碗米线）是不合理的，正确的翻译应该是"Please wait outside the one-meter line."

图3.12 错误的翻译例子

引入 Attention 模型之后,就能体现输出的英文单词对于序列中中文单词不同的影响程度。例如,在预测输出词序列第一个词时,输入序列每个汉字的权重应该是不同的:(请,0.2)(在,0.1)(一,0.1)(米,0.1)(线,0.1)(外,0.1)(等,0.15)(候,0.15),其中"请""等""候"的权重高,所以输出预测为 please 就比 request、ask 更合理。注意,所有权重加在一起应等于1,因此也可以把各个注意力权重理解成注意力占比,即各汉字在总注意力中的占比。

在预测输出词序列最后一个词"line"的时候,又是一套不同的权重:(请,0.1)(在,0.1)(一,0.1)(米,0.1)(线,0.2)(外,0.2)(等,0.1)(候,0.1),其中"线""外"的权重高,所以输出预测为 line 就比 wire、thread、noodle 更合理。

输出词序列中的各个词都应该学习其对应的输入词序列的注意力分配权重信息。在生成每个单词 y_t 时,Attention 模型的特点就是,固定的中间语义编码 C 换成了引入注意力模型的 C_i。增加了注意力模型的 Encoder-Decoder 框架如图 3.13 所示。

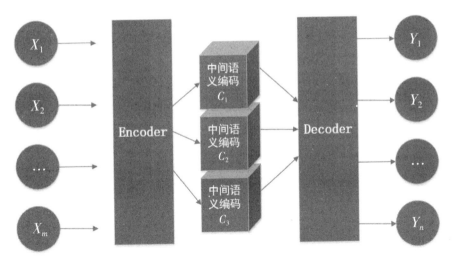

图 3.13 引入 Attention 的 Encoder-Decoder 框架

输出词序列的公式由

$$y_1 = G(C)$$

$$y_2 = G(y_1, C)$$

$$y_t = G(y_{t-1}, y_{t-2}, \cdots, y_1, C)$$

变为

$$y_1 = G(C_1)$$

$$y_2 = G(y_1, C_2)$$

$$y_t = G(y_{t-1}, y_{t-2}, \cdots, y_1, C_t)$$

每个 C_t 中都有一套不同的注意力权重，公式如下。

$$C_1 = g[\,0.2 \times f(请),0.1 \times f(在),0.1 \times f(一),0.1 \times f(米),0.1 \times f(线),$$
$$0.1 \times f(外),0.15 \times f(等),0.15 \times f(候)\,]$$

$$C_7 = g[\,0.1 \times f(请),0.1 \times f(在),0.1 \times f(一),0.1 \times f(米),0.2 \times f(线),$$
$$0.2 \times f(外),0.1 \times f(等),0.1 \times f(候)\,]$$

（1）f 函数代表 Encoder，对于输入英文单词的某种变换函数，如果 Encoder 用的是 RNN 模型，这个 f 函数的结果是时刻 t 输入词向量后隐层节点的状态值。

（2）g 代表 Encoder，用于计算整个句子的中间语义编码。一般做法中，g 函数就是对构成元素加权求和，公式为 $C_i = \sum_{j=1}^{L_x} a_{ij} h_j$。

其中，L_x 代表输入词向量的长度，a_{ij} 代表在输出词序列第 i 个单词时输入词序列句子中第 j 个单词的注意力权重，而 h_j 则是输入词序列中第 j 个单词的词向量。

词向量有一个很神奇的功能，把句子中的每个词向量加在一起，就可以表示句子。假设"我"的词向量是[0.1,0,0.1]，"爱"的词向量是[0.5,0,0.5]，"你"的词向量是[0,0.1,0]，那么"我爱你"这个句子的向量就是 [0.1+0.5+0, 0+0+0.1, 0.1+0.5+0]=[0.6, 0.1, 0.6]。有趣的是，"我喜欢你"的向量可能是[0.59，0.11.0.56]，如果用矩阵联想算法计算两个向量的相似度，那么其相似度是很近的。

中间语义编码 C 的公式为 $C_i = \sum_{j=1}^{L_x} a_{ij} h_j$。

相当于在原来计算句子向量的基础上，引入了每个词的注意力权值 a_{ij}，也就是引入了注意力。

引入了 Attention 的 Encoder-Decoder 框架，原理就介绍完了，下面我们学习如何把 Attention 机制引入其他深度学习模型。

3.3.2　引入 Attention 机制的 RNN 模型

未引入 Attention 机制的 RNN Encoder-Decoder 框架如图 3.14 所示。在预测输出词序列中每个词 Y_n 时，所使用的都是同样的基于输入词序列生成的中间语义编码 C，这说明无论是生成 Y_1、Y_2 还是 Y_n，输入词序列 $X_1,X_2,\cdots,X_n$ 中任意单词对生成某个目标单词 Y_n 来说影响力都是相同的，所以基于 RNN 的 Encoder-Decoder 框架并没有体现出注意力的特点。引入 Attention 机制后，模型会变得更符合人的思考模式。

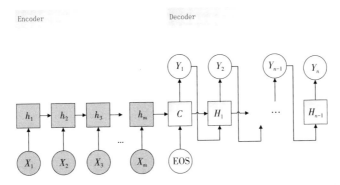

图 3.14　未引入 Attention 的基于 RNN 网络的 Encoder-Decoder 框架

对于引入 Attention 的 RNN Encoder-Decoder 框架来说,在时刻 n 中,如果要预测 Y_n 单词,已知条件是输出词序列在生成 Y_n 之前的时刻 $n-1$ 时,隐层节点在时刻 $n-1$ 的输出值为 H_{n-1},如图 3.15 所示。

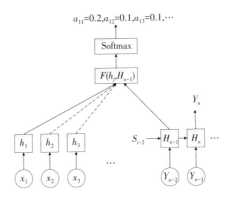

图 3.15　引入 Attention 的 RNN Encoder-Decoder 框架细节

在这些已知条件下,计算生成 Y_n 时输入词序列中的各个汉字 "请""在""一" 等词对 Y_n 的注意力权重分布,可以用已知的 H_{n-1} 与输入词序列中每个单词对应的 RNN 隐层节点状态 h_j 进行对比,即通过函数 $F(h_j, H_{n-1})$ 来获得目标单词 Y_n 和每个输入单词对应的权重。

如果用 a_{ji} 表示在输出词序列第 i 个单词时输入词序列句子中第 j 个单词的注意力权重,那么预测输出第 2 个词时,对应的输入词序列权重算法分别为

$$a_{12} = F(h_1, H_1)$$

$$a_{22} = F(h_2, H_1)$$

$$\cdots$$

$$a_{j2} = F(h_j, H_1)$$

计算输入词序列中每个词的 $F(h_j, H_{n-1})$ 后,经过 Softmax 进行归一化就得到了符合概率分布取值区间的注意力分配概率分布数值。

在训练基于 Attention 的 RNN Encoder-Decoder 框架时,采用的数据集是原句及对应的人工翻译好

的句子。对句子经过正向传播，可依次预测输出词序列，并和目标比对，求出误差后，使用误差反向传播方法进行训练。

大多数 Attention 模型都是采取上述计算框架来计算注意力分配概率分布信息的，它们的区别只是在 F 的定义上可能有所不同。

3.3.3 Attention 进阶知识

如果忽略 RNN 和 Encoder-Decoder，直接对 Attention 机制进行分析，可以帮助读者更深入地理解 Attention 机制的原理，如图 3.16 所示。

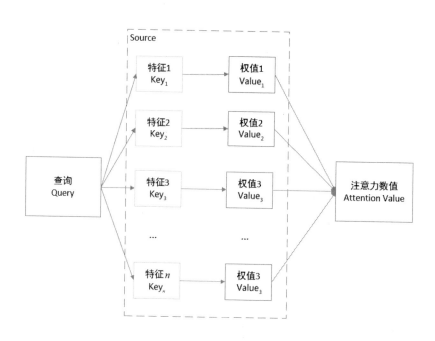

图3.16　Attention 机制原理

现在将特征集合（Source）中的内容想象为若干 < 特征,权值 > 数据对。当要计算"注意力数值"时，需要计算查询（Query）与特征集合（Source）中各个"特征"的相似性或相关性。

相似性或相关性可以用数值表示，如 1 表示极相似，0 表示毫无关联。先得到"查询"与每个特征的相似性，然后对每个特征的相似性进行加权（乘以权值）求和，即可得到这个"查询"的最终注意力数值。

所以本质上注意力机制是对各个特征的权值进行加权求和。

为了让读者能更直观地理解注意力机制，接下来举一个例子。

老八脑子里有个"爱情注意力机制"，这个机制的特征集合里有四个特征，分别是"美丽""丑陋""富有""贫穷"，其对应的权值分别是 10,-10,1,-1，那么我们可以把这个"爱情注意力机制"的原理画出来,如图 3.17 所示。

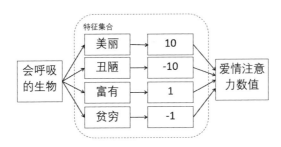

图 3.17 老八爱情注意力机制原理

注意力数值公式为

$$\text{Attention}(\text{Query},\text{Source}) = \sum_{i=1}^{l_x} \text{Similarity}(\text{Query},\text{Key}_i) \times \text{Value}_i$$

其中,Similarity 是求相似度的函数,l_x 表示特征集合中的特征总数,其中 l_x=4,也就是具有 4 个特征。

(1)Key_1 = 美丽,对应的权值为 Value_1 = 10。

(2)Key_2 = 丑陋,对应的权值为 Value_2 = −10。

(3)Key_3 = 富有,对应的权值为 Value_3 = 1。

(4)Key_4 = 贫穷,对应的权值为 Value_4 = −1。

老八认识了一个女孩,名字叫貂坑,她美若天仙,但是她的父亲涉嫌"黄赌毒",负债 100 亿人民币。把貂坑视为 Query 代入公式,则

$$\text{爱情Attention}(\text{貂坑},\text{颜值家境}) = \text{Similarity}(\text{貂坑},\text{美丽}) \times 10 + \text{Similarity}(\text{貂坑},\text{丑陋}) \times (-10) +$$
$$\text{Similarity}(\text{貂坑},\text{富有}) \times 1 + \text{Similarity}(\text{貂坑},\text{贫穷}) \times (-1)$$
$$= (1 \times 10) + (0.01 \times -10) + (0.01 \times 1) + (1 \times -1) = 8.91$$

即貂坑与"美丽"的相似度为 1,属于极度相似;与"丑陋"相似度为 0.01,属于毫无共同点;与"富有"的相似度为 0.01;与贫穷的相似度为 1。按照注意力公式对四个相似度加权求和后,老八对貂坑的爱情注意力数值是 8.91。这里探讨 Attention 机制原理时,为了做到通俗易懂,未对四个相似度进行归一化,在后续讲到 Attention 详细过程时,会引入归一化的概念。

假设貂坑身边有一个会呼吸的生物,如一只蛤蟆,蛤蟆很丑,$\text{Similarity}(\text{蛤蟆},\text{美丽}) = 0.01$,$\text{Similarity}(\text{蛤蟆},\text{丑陋}) = 0.9$。但是它的家境比貂坑好一些,即 $\text{Similarity}(\text{蛤蟆},\text{富有}) = 0.041$,$\text{Similarity}(\text{蛤蟆},\text{贫穷}) = 0.9$。

那么爱情 $\text{Attention}(\text{蛤蟆},\text{颜值家境}) = 0.01 \times 10 + 0.9 \times (-10) + 0.041 \times 1 + 0.9 \times (-1) = -9.759$。

既然自我意识=注意力+决策,那么我们得到了两个事物的注意力数值,再加上决策就完美了。

我们假设决策是比较两个事物的注意力数值,显然 8.91 > −9.759,即

$$爱情Attention(貂坑,颜值家境) > 爱情Attention(蛤蟆,颜值家境)$$

所以老八决策的结果是,爱上了貂坑,或者说注意貂坑。自我意识当然没有这么简单,也许底层神经元细胞在一瞬间进行着数亿次注意力数值计算和比较,潜意识层进行着数万次,但自我意识本质上就是注意力+决策,即注意力计算+注意力比较。有细心的读者会发现,这个算法和单个神经元算法很像。其实无论是单个神经元的算法,还是 Attention 机制,或者是矩阵联想算法,本质都是数学上的计算相似度后的加权求和,再计算相似度或比大小,其理论基础是联想主义心理学和神经元群选择理论,以及神经科学家们发现的各种神经科学基础理论。

如果从更底层的神经科学角度考虑,就是树突的"如果两个兴奋性突触分别位于树突的不同侧枝,它们的突触电位将不能在同一突触枝上叠加,不会产生放大现象"特征。也就是说,同一枝干上的突触信号可以被加权,而不同枝干上的信号则不能被加权,谁的信号强,谁就能引起自我意识更强的注意力。

如图3.18所示,信号1和信号2是两个神经元(细胞群落或皮层表征)发来的信号,如果信号1大于信号2,那么信号1引起了神经元(细胞群落或皮层表征)的兴奋,也就是说信号1所代表的事物会得到注意。当然,一个神经元的作用微乎其微,数万个神经元才能代表一个概念,人脑进行联想时,可能会有数亿个神经元参与并行计算,无数微弱的信号经过层层加权比较,才能整合成更强的信号,从而激发自我意识的注意。

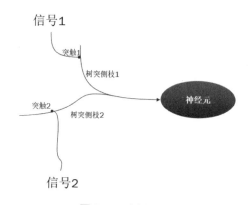

图3.18　树突侧枝

阿里技术团队对 Attention 机制有一个精彩的见解:加权求和,可以高度概括 Attention 机制,即大道至简。Attention 的发展脉络正如人类学习一门新语言的过程一样,基本经历四个阶段。

(1)死记硬背(通过阅读背诵学习语法、练习语感)。

(2)提纲挈领(简单对话,靠听懂句子中的关键词汇准确理解核心意思)。

(3)融会贯通(懂得复杂对话的上下文指代、语言背后的联系,具备了举一反三的学习能力)。

(4)登峰造极(沉浸地大量练习)。

RNN 是死记硬背时期,Attention 模型学会了提纲挈领,Transformer 进化到融会贯通,具备了优秀的表达学习能力,GPT、BERT 通过多任务大规模学习积累实战经验,战斗力爆棚。Attention 让模型开窍了,懂得了提纲挈领,学会了融会贯通。

在图3.17中,我们没有写归一化的过程,图3.19即为 Attention 机制的详细过程。

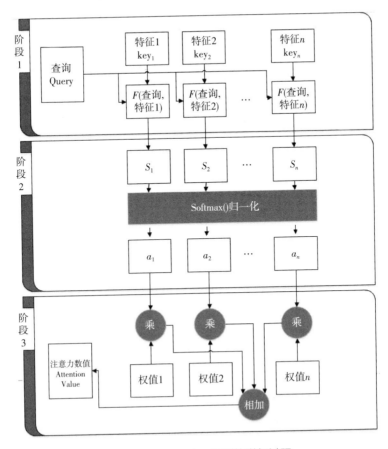

图3.19 Attention机制的详细过程

在上一个例子中,对相似性或相关性进行量化时,使用1表示极相似,0表示毫无关联。这种量化方式被称为归一化。归一化一般是将数据映射到指定的范围,用于去除不同维度数据的量纲及量纲单位,常见的映射范围有 [0, 1] 和 [-1, 1]。计算样本之间的距离(如欧氏距离)时,若一个特征值域范围非常大,就需要进行归一化。例如,以家庭净资产和身高为二维坐标系,资产100亿元和身高1.7米,距离计算就取决于100亿元而不是1.7米,从而与实际情况相悖。这时候就要把训练集中各个记录的资产特征进行归一化,映射到[0, 1]中,再将各个身高特征也做类似处理。使用归一化后的数据计算欧氏距离,就会得到更合理的结果。

除了对单个相似度做归一化,还要将所有相似度的和归一化为1。例如,在3.3.1节的"一碗米线"示例中,所有汉字权重加在一起等于1,因此也可以把各个注意力权重理解成注意力占比,即总的注意力是100%,各汉字的权重就是其占总注意力的百分比。

Attention机制的详细过程分为三个阶段,依次为"相似度计算""归一化""加权求和"。

(1)在相似度计算阶段,可以引入不同的函数和计算机制(图3.19中的函数 F),根据"查询Query"和"某个特征Key",计算两者的相似性或相关性。无论是"查询Query"还是"某个特征Key",都是采用向量方式表现的,如果是图像任务,就是向量表示图像的像素;如果是NLP任务,就是Word2vec模型训练的词向量或句子向量。最常见的相似度计算方法有以下四种。

①求两者的向量点积 $F(\text{Query},\text{Key}_i) = \text{Query}^T \cdot \text{Key}_i$；

②求两者的向量余弦 Cosine 相似度 $F(\text{Query},\text{Key}_i) = \dfrac{\text{Query}^T \cdot \text{Key}_i}{\|\text{Query}\| \cdot \|\text{Key}_i\|}$；

③把两者的向量连接起来 $F(\text{Query},\text{Key}_i) = W[\text{Query}\,;\,\text{Key}_i]$；

④通过引入额外的神经网络来求值，如用 MLP 网络 $F(\text{Query},\text{Key}_i) = \text{MLP}(\text{Query},\text{Key}_i)$。

（2）在"归一化"阶段引入 SoftMax 函数，对前一阶段的相似度进行处理，主要作用如下。

①通过归一化，将原始计算分值整理成所有元素权重之和为 1 的概率分布。

②SoftMax 函数的内在机制可更加突出重要元素的权重。

若设 $F(\text{Query},\text{Key}_i)$ 为 S_i，则采用如下公式计算。

$$a_i = \text{softmax}(s_i) = \frac{e^{s_i}}{\sum\limits_{j=1}^{l_x} e^{s_j}}$$

（3）在"加权求和"阶段，先对上一阶段的结果 a_i 进行加权，也就是乘以对应的权值 Value_i，再进行加权求和即可得到 Attention 数值，公式为 $\text{Attention}(\text{Query},\text{Source}) = \sum\limits_{i=1}^{l_x} a_i \cdot \text{Value}_i$。

通过以上三个阶段的计算，即可求出针对 Query 的 Attention 数值。

Attention 机制只是一种思想，可以用到很多任务上，目前绝大多数包含注意力机制的深度学习算法都符合上述三个阶段的抽象计算过程。只是具体的相似度计算、归一化方法或加权的算法不同。

了解 Attention 机制的原理后，接下来要学习 Attention 的各种衍生变种。

（1）根据 Attention 的计算区域，可以分成以下几种。

①软注意力（Soft Attention），也称为全局注意力（Global Attention）。它是一种最常见的 Attention 方式，对所有 Key 求权重概率，每个 Key 都有一个对应的权重，是一种全局的计算方式。这种方式比较理性，它先参考了所有 Key 的内容，再进行加权，但是计算量会比较大。

②硬注意力（Hard Attention）。由于硬注意力只选取源对象中的一个（或几个），而忽略其他大部分对象，因此后续步骤中的模型只需在被选取部分的基础上计算，这在一些候选对象范围比较大的情境中更有优势。这种方式是直接精准定位到某个 Key，其余 Key 就不管了，相当于这个 Key 的概率是 1，其余 Key 的概率全部是 0。

🌢 软注意力的特征采样权重经过 Softmax 处理后，所有的权重大小都在 0~1，大部分是小数形式，特征关系的采集是特征值和权重的累积和。

🌢 硬注意力的特征采集权重一般是将局部区域作为一个整体（权重可以理解为只有 0 和 1 两种情况）。

硬注意力的缺点是其基于最大采样或随机采样的方式来选择信息，最终的损失函数与注意力分布之间的函数关系不可导，因此很难用梯度下降法进行误差反向传播。

③局部注意力（Local Attention）。这种方式是软注意力和硬注意力的结合。对一个窗口区域进行计算，先用硬注意力的方式定位到某个地方，以这个点为中心可以得到一个窗口区域，在这个小区

内用软注意力方式来计算 Attention。这种机制选择性地关注一个小的上下文窗口，并且是可微分的。这种机制的优点如下。

- 避免了软注意力的计算开销。
- 比硬注意力更易于训练。

（2）除了根据计算区域分类，还可以根据训练时所用的信息对 Attention 进行分类。

①概括注意力（General Attention）。假设要对一段原文计算 Attention，这里原文指的是要做 Attention 的文本，包括内部信息和外部信息，其中内部信息是指原文本身的信息，外部信息是指除原文以外的额外信息。General Attention 方式利用了外部信息，常用于需要构建两段文本关系的任务，Query 一般包含额外信息，根据外部 Query 可对原文进行对齐。

例如，在阅读理解任务中，需要构建问题和文章的关联。假设现在基本任务是对问题计算出一个问题向量 Q，把这个 Q 和所有的文章词向量拼接起来，输入 LSTM 中进行建模。那么在这个模型中，文章所有词向量共享同一个问题向量。若想让文章每一步的词向量都有一个不同的问题向量，也就是说，在每一步中使用文章在该步下的词向量对问题计算 Attention，这里问题就属于原文，文章词向量就属于外部信息。

②自注意力（Self Attention）。这种方式只使用内部信息，Key 和 Value 及 Query 只和输入原文有关，在 Self Attention 中，既然没有外部信息，那么在原文中的每个词都可以跟该句子中的所有词进行 Attention 计算，相当于寻找原文内部的关系。

我们以引入 Attention 机制的 Encoder-Decoder 框架为例，如图 3.20 所示，左边是输入序列与输出序列元素之间的 Attention 机制，右边是输入序列内部元素之间的 Attention 机制。输入词序列和输出词序列的内容是不一样的，对于中英机器翻译来说，输入词序列是中文，输出词序列是对应的翻译出的英文。而 Self Attention 指的不是输出序列和输入序列之间的 Attention 机制，而是输入序列内部元素之间或输出序列内部元素之间发生的 Attention 机制，也可以理解为输入序列=输出序列这种特殊情况下的注意力计算机制。它们具体的计算过程是一样的，只是计算对象发生了变化而已。

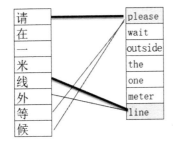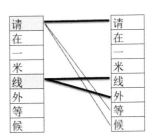

图 3.20　引入 Attention 机制的 Encoder-Decoder 框架

（3）根据结构方面是否划分层次关系，分为单层 Attention、多层 Attention 和多头 Attention。

①单层 Attention 是比较普遍的做法，即用一个 Query 对一段原文进行一次 Attention。

②多层 Attention 一般用于文本具有层次关系的模型。假设把一个段落划分为多个句子，在第一层分别对每个句子使用 Attention 计算出一个句向量（也就是单层 Attention）；在第二层对所有句向量

再做 Attention 计算出一个文档向量(也是一个单层 Attention)，最后再用这个文档向量去做任务。

③多头 Attention 于 2017 年谷歌机器翻译团队在其发表的 *Attention is All You Need* 这篇论文(以下简称论文)中提出。多头 Attention 用到了多个 Query 对一段原文进行多次 Attention，每个 Query 都关注到原文的不同部分，相当于重复做多次单层 Attention。设 Key 和 Value 的集合为如下。

$$K=[Key_1, Key_2 \cdots Key_n], \quad V=[Value_1, Value_2, \cdots, Value_n]$$

● 第 i 个 Query 的 Attention 公式为

$$head_i = Attention(Query_i, K, V)$$

● 如果总共使用了 h 个 Query，设 Query 集合为

$$Q = [Query_1, Query_2, \cdots, Query_h]$$

● 对原文计算 Attention，那么多头 Attention 公式为

$$MultiHead(Q, K, V) = Concat(head_1, head_2, \cdots, head_h)W^O$$

公式中的 W^O 是各个"头"的权值矩阵，用于对各个"头"加权，最终求出多头注意力数值。

3.3.4 Transformer 模型

在 Seq2Seq 场景中，注意力机制的引入显著提升了模型的能力，但基于 RNN 的 Seq2Seq 框架，有一个很大的不足就是编码阶段必须按序列依次处理。

为了提高运算速度，就要采用可以在 GPU 上进行的并行计算。谷歌提出了 Transformer 模型，可完全抛弃 CNN 和 RNN，只基于注意力机制捕捉输入和输出的全局关系，使框架更容易并行计算，可减少诸如机器翻译和解析等任务的训练时间，提升运算效率。

Transformer 模型的能力是有目共睹的。2018 年，谷歌 BERT 模型在 11 项 NLP 任务中取得 STOA 结果，引爆了整个 NLP 界。BERT 中 Transformer 模型强大的效率和准确率，正是 BERT 取得成功的关键因素之一。除了 BERT，Transformer 模型还被应用到 GPT、XLM 等预训练模型中，不断刷新各种 NLP 任务的 SOTA。

Transformer 模型最早用于机器翻译任务，当时就取得了 STOA 结果。Transformer 模型改进了 RNN 效率低和历史信息干扰的问题，利用 Self-Attention 机制实现快速并行，并且可以充分发掘深度神经网络模型的特性，提升模型的准确率。

Transformer 模型的总架构如图 3.21 所示。它使用 Encoer-Decoder 架构，由 Encoder 和 Decoder 两部分组成。

左侧用 N_x 框出来的是一个编码器，在论文中将 x 设置为 6，也就是说，Transformer 模型的编码工作由 6 个编码器完成，所有的编码器在结构上都是相同的，没有共享参数，只通过输入或输出连接，所以这 6 个编码器是串联起来的。

右侧用 N_x 框出来的是一个解码器。Transformer 模型的解码工作使用了 6 个解码器。

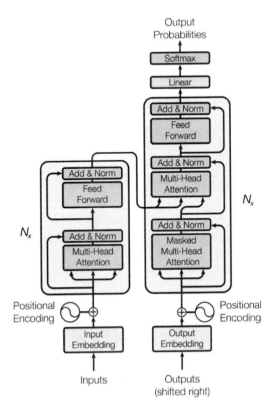

图片来源：*Attention is All You Need*

图3.21 Transformer的总架构

输入序列经过词嵌入（Word Embedding）和位置编码嵌入（Positional Encoding）相加后，输入到第一个编码器，第一个编码器处理完后，将处理好的数据传到第二个编码器，依此类推。所有的编码器都有一个相同的特点，即它们均接收一个向量列表。在第一个编码器中，向量列表是经过词嵌入和位置编码嵌入的词向量，但是在其他编码器中，向量列表是前一个编码器的输出，这个输出也是一个向量列表，向量列表维度由设置的超参数决定，一般使用训练集中最长词序列中的单词数。如果词序列表示句子，那么这个超参数就是最长的那个句子里的单词数。最后一个编码器处理完的结果被送入第一个解码器。具体的词嵌入过程和位置编码嵌入过程在后续会有详细介绍。

输出序列经过词嵌入和位置编码嵌入相加后，输入到解码器。最后，解码器输出的结果，先经过一个线性层，然后进行Softmax函数计算。

上面是总结构的介绍，Transformer模型非常复杂，涉及的概念很多，为了让读者更直观地了解其结构，下面从逐层拆解的角度来分析这个复杂的模型，即先用抽象的模型进行描述，再把模型逐步细化。

从最简单的模型开始讲起，绝大多数系统都有"输入"和"输出"，如果把Transformer模型抽象成最简单的黑盒子,那么其使用Transformer模型进行机器翻译的结构如图3.22所示。

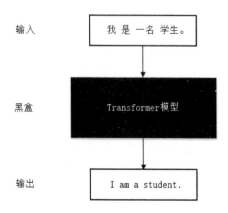

图3.22　使用Transformer进行机器翻译的结构

当然,上述简单模型仅针对训练好的Transformer机器翻译模型。在实际训练时,我们的输入会变成以下两个:给编码器的中文词序列和给解码器的英文词序列。

英文词序列中会使用序列掩码(sequence mask)的方式,这种方式是为了避免解码器看见未来的信息。也就是说,对于一个序列,在t时刻,解码输出只能依赖于t时刻之前的输出,而不能依赖t时刻之后的输出。

将Transformer的黑盒子拆开,可以看到更细化的结构,这个结构是已学过的编码解码(Encoder-Decoder)模型,如图3.23所示。

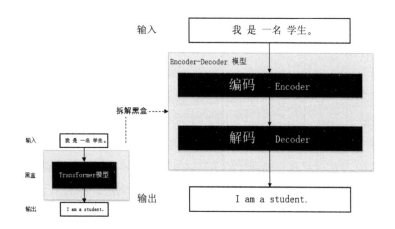

图3.23　使用Transformer进行机器翻译的拆解

将编码和解码部分进一步拆开可以发现,编码工作由N个编码器完成,编码器基于多头自我注意力机制(Multi-head Self Attention),解码工作也是由N个解码器码器完成的,如图3.24所示。

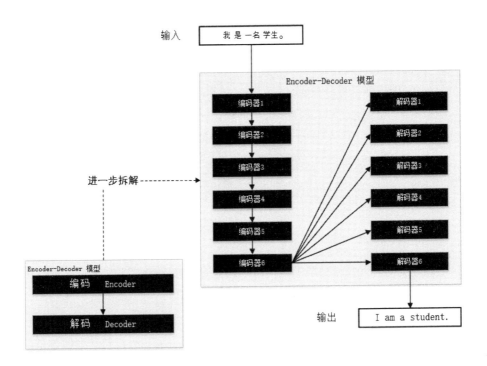

图3.24 对Encoder-Decoder拆解

在论中,设x=6,即编码和解码工作各由6个组件完成。所有的编码器在结构上都是相同的,但它们没有共享参数,实际上是通过串联的方式,使每个编码器的输出就是下一个编码器的输入。每个解码器都可以分解成两个子层。

如图3.25所示,输入词序列首先会经过一个多头自我注意力层,它可以帮助编码器在对每个单词编码时关注输入句子的其他单词。多头把输入词序列分成多个Query,每个Query都关注输入词序列的不同部分。经过自我注意力和多头后,会经过一个全连接的位置前馈神经网络,它包含两个线性变换和一个非线性函数。

解码器的结构和编码器的不同之处在于,解码器多了一个基于Encoder-Decoder 的 Attention 机制。解码器的两个 Attention 作用如下。

(1)多头自我注意力层:该层表示当前翻译和已经翻译的前文之间的关系。

(2)基于编码和解码结构的注意力机制(Encoder-Decnoder Attention):该层有助于解码器关注到输入句子的相关部分,也被称为交叉注意力(Cross Attention),即连接输入与已经预测出的输出的注意力机制,与Seq2Seq模型中引入 Attention 机制的 Encoder-Decnoder 作用相似。

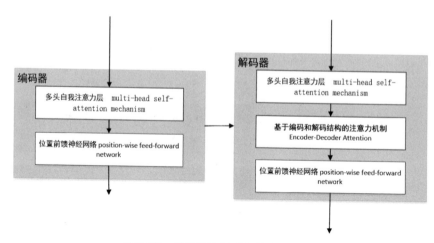

图3.25　编码器和解码器的内部结构

以上就是从逐层拆解的角度来分析Transformer模型的主要结构，接下来按照数据流，从最初的输入到最终的输出，依次讲解Transformer模型的具体数据传递过程。

1. 输入（Inputs）

以机器翻译任务来说，Inputs就是被翻译的句子（见图3.21左下角），句子中的各个词有序地排列，就是输入词序列，每个词都用独热编码表示。

2. 词嵌入（Input Embedding）

因为独热编码没有体现词的特征，所以不能直接使用，在图3.21中有个Input Embedding，就是已讲过的Word2vec模型，可以把独热编码转换为词向量。这个过程称为词嵌入，词嵌入的作用是将独热编码转换为词向量。论文中使用的Word2vec模型比较复杂，它生成的词向量维度用d_{model}表示为d_{model}=512。除了词向量的维度，还有一个重要的参数是词序列长度sequence_length，例如，"我是一名学生。"这句话，它包含四个词语和一个句号，所以这个词序列长度是5。它经过词嵌入后的矩阵是5行512列，第一行是"我"的词向量，第二行是"是"的词向量，依此类推。

但是我们不能把Transformer模型的输入参数设置为5行512列，因为训练集中肯定有其他词序列（句子），在这些词序列中肯定有长度超过5的。所以，我们要为Transformer模型设置一个名为"词序列长度"的超参数，通常是训练集中最长句子的长度。假设我们把词序列长度设置为200，那么Transformer模型可以处理的最长句子长度就是200个单词或标点符号，模型对输入矩阵的格式也确定下来，是一个200行512列的矩阵。

对于长度不足200的词序列，需要把没有信息的位置填充掩码（padding mask），给这些没有信息位置的值加上一个非常大的负数（可以是负无穷），这样经过Softmax函数运算，这些位置的概率就会接近0。

3. 嵌入位置编码（Positional Encoding）

经过词嵌入得到的词向量也不能直接使用，因为缺少一个非常关键的信息，即每个词在句子中所处的位置。为了解决这个问题，论文中在编码词向量时引入了位置编码（Position Embedding）的特征。具体地说，位置编码会在词向量中加入单词的位置信息，这样Transformer模型就知道单词的位置了。

通常位置编码是一个长度与词向量一致的特征向量，即$d_{model}=512$，这样便于位置编码和词向量进行相加的操作。论文给出的位置编码计算公式如下。

$$PE\left(pos,2i\right) = \sin\left(\frac{pos}{10000^{\frac{2i}{d_{model}}}}\right)$$

$$PE\left(pos,2i+1\right) = \cos\left(\frac{pos}{10000^{\frac{2i}{d_{model}}}}\right)$$

其中，pos 表示词语在句子中的位置，i 表示词向量的位置。位置编码算法是在每个词语的词向量的偶数位置添加 sin 变量，奇数位置添加 cos 变量，以此来填满整个 PE 矩阵，然后加到词向量中去，这样便完成位置编码的引入了。

$$\sin\left(\alpha+\beta\right) = \sin\alpha\cos\beta + \cos\alpha\sin\beta$$
$$\cos\left(\alpha+\beta\right) = \cos\alpha\cos\beta - \sin\alpha\sin\beta$$

上述公式说明，对于单词之间的位置偏移 k，PE(pos + k) 可以用 PE(pos) 和 PE(k) 的形式来表达，这就表明，我们不仅知道了单词在句子中的位置，还能知道两个单词之间的相对位置特征。显然，引入位置编码的词向量能更好地表现单词的位置特征，从而加强 Transformer 模型对于自然语言的理解能力。

4. 编码器(Encoder)和解码器的多头自我注意力机制(Multi-head Self Attention Mechanism)

经过前面三个步骤就得到输入词序列中每个单词带有位置信息的词向量了。这个词序列被表示为一个200行512列的矩阵。

下面就要把这个矩阵输入编码器中。编码器的第一项工作就是多头自我注意力机制。

多头自我注意力机制由"多头"和"自我注意力"组成，其中"自我注意力"(Self Attention)就是输入序列内部元素之间或输出序列内部元素之间发生的 Attention 机制，也可以理解为在编码器中输入序列=输出序列这种特殊情况下的注意力计算机制。其核心内容是为输入向量的每个单词之间训练一个注意力。这种机制可以使 Transformer 模型的编码器在对每个单词编码时关注输入句子的其他单词，如"这个动物没有过马路，因为它太累了"。这句话中的"它"指的是什么呢？它指的是"马路"，还是这个"动物"呢？这就只能从算法层面设计通用解决方案了。

当编码器模型处理单词"它"时，自我注意力机制会在训练中把"它"与"动物"这两个词之间建立很强的联系，如图 3.26 所示。两个词之间的联系越强，图中的线就越粗。

编码器模型处理输入序列的每个单词时，自我注意力就会关注整个输入序列的所有单词，帮助模型对单词进行更好的编码。

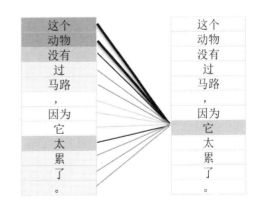

图3.26　输入向量的每个单词之间的注意力权值

论文中使用的 Self Attention 公式为 $Z = \text{Attention}\left(Q, K, V\right) = \text{Softmax}\left(\dfrac{QK^t}{\sqrt{d_k}}\right)V$。

这个公式与我们之前讲过的公式类似，相似度可用 Query 矩阵和 Key 矩阵的点积表示，唯一的不同是，这个公式里多了一个缩放因子 $\dfrac{1}{\sqrt{d_k}}$，相似度要乘这个缩放因子再进行 softmax 归一化，然后再乘权重。

而这个缩放因子因为点积得到的结果维度很大，使得结果处于 Softmax 函数梯度很小的区域。而梯度很小对误差反向传播不利。为了克服这个负面影响，乘一个缩放因子就可以缓解梯度过小的情况。具体的计算步骤如图 3.27 所示。

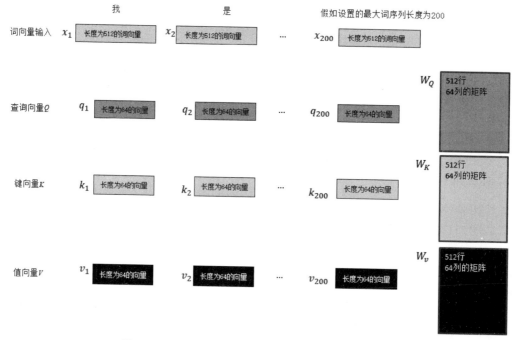

图 3.27　为输入词序列中每个词的向量生成三个向量

（1）把输入向量转换成三个向量。在机器翻译的例子中，在编码器中把"输入词序列的带有位置信息的词向量"即 $[x_1 \quad x_2 \quad \cdots \quad x_n]$ 与三个转移矩阵相乘，就创造了三个向量：查询向量 Q、键向量 K 和值向量 V。

三个转移矩阵分别是 W_q、W_k、W_v。这三个转移矩阵用随机数初始化，在训练过程中学习，不断根据误差反向传播来调整每个转移矩阵中 $512 \times 64 = 32768$ 个权值。训练完成后，这三个转移矩阵就可以为输入序列中的任意词生成"具有自我注意力特征"的向量了。

注意：不是每个词向量独享 3 个矩阵，而是输入词序列中所有词向量共享 3 个转换矩阵。

可以发现，这些新向量在维度上比词嵌入向量更低。它们的维度是 64，用 d_k 表示。而上一层输入的"带有位置信息的词向量"维度是 512。这只是一种基于架构上的选择，它可以使多头注意力的大部分计算保持不变。

（2）计算相似度。如"我是一名学生。"这个词序列，对"我"需要分别计算每个词与"我"的相似度，如图3.28所示。

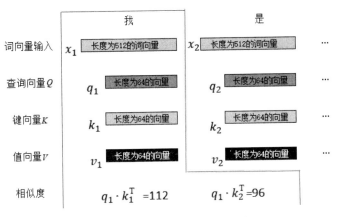

图3.28　使用点积计算相似度

第一个相似度是q_1和k_1的点积，如果$q_1 = [\begin{matrix}1 & 2 & 3 & 4 & \cdots\end{matrix}]$，$k_1 = [\begin{matrix}5 & 4 & 3 & 2 & 1 & \cdots\end{matrix}]$，那么它们之间的点积为

$$q_1 \cdot k_1^{\mathrm{T}} = [\begin{matrix}1 & 2 & 3 & 4 & \cdots\end{matrix}] \cdot \begin{bmatrix}5\\4\\3\\2\\1\\\vdots\end{bmatrix} = 1\times5 + 2\times4 + 3\times3 + 4\times2 + \cdots$$

第二个相似度是q_1和k_2的点积，依此类推。计算完第一个词与所有词的相似度之后，再计算第二个词与其他词的相似度，算法类似。

（3）乘缩放因子$\dfrac{1}{\sqrt{d_k}}$可使梯度更稳定，再进行Softmax归一化，使相似度全为正数且加和为1。d_k是64，$\sqrt{d_k}$就是8。

图3.29中归一化后的相似度分值表示第一个词"我"与其他单词的关系。很明显，"我"与"我"有最高的归一化相似度，"我"与其他词的相似度有助于表示"我"与其他词的关系。图中只演示了两个词，实际上，我们设置了词序列长度为200，所以要求对"我"这个词与其他200个词进行计算，前四次对应"我""是""一名""学生"，第五次开始，由于没有词了，因此要计算那些被填充掩码的5位符的相似度，通常用负无穷表示。由于是点积计算，其结果也是负无穷，因此对于词序列中每个词，最终都计算出了200个归一化后的相似度分值。

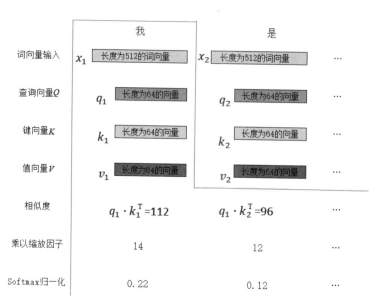

图3.29　乘缩放因子后使用Softmax归一化

(4)归一化后的相似度分值与权值v按位相乘,相当于"加权",其目的是加强相似度高的词的最终注意力得分,削弱非相关词的最终注意力得分。

(5)注意力机制的核心就是加权求和,需要将所有加权过的向量加和,产生该位置的注意力得分。

Transformer模型中有三种地方用到Self Attention,它们的算法相似,只是Query、Key、Value不同,总之,都是先根据Query和Key来决定注意力应该放在哪部分,然后再用Value加权求和。

①在编码器的Self Attention中,Q、K、V都来自同一个地方(相等),它们都是对上一个编码器的输出。对于第一个编码器,它们就是词向量和嵌入位置编码相加得到的输入。

②在解码器的Self Attention中,Q、K、V都来自同一个地方(相等),它们都是上一层解码器的输出。对于第一层解码器,它们就是词向量和嵌入位置编码相加得到的输入。但是对于解码器,其解码过程就是一个顺序操作的过程,也就是当预测第t个向量时,是按照从左到右的顺序预测的,我们不希望它能获得下一个时间点($t+1$)的输出,因此需要对t之后的数据进行掩码。论文中把这种情况下的多头自注意力称为掩码多头自我注意力(Masked multi-Head self attention)。

③在编码器和解码器之间的Attention中,Q来自解码器前一层的输出,K和V来自编码器的输出。

除了Self Attention,论文还使用了已讲过的多头机制,用到了多个Query,对输入词序列进行了多次Attention,每个Query都关注到输入词序列的不同部分,相当于重复做多次单层Attention。

如图3.30所示的多头自我注意力机制赋予Transformer"体现输入词序列的不同部分,以及输入词序列每个词之间的注意力"的特性。论文中说,若将Q、K、V通过一个线性映射后分成8份,并对

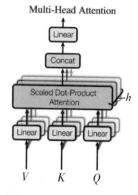

图3.30　论文中使用的 Multi-head Attention模型

每一份进行 Self Attention，效果会更好。然后把各个部分的结果合并起来，再次经过线性映射，得到最终的输出，这就是所谓的多头自我注意力。

其公式如下所示。

$$\text{MultiHead}(Q,K,V) = \text{Concat}(\text{head}_1,\cdots,\text{head}_h)W^O$$

其中 $h = 8$，即 8 个头，每个头的注意力计算公式如下。

$$\text{head}_i = \text{Attention}(QW_i^Q, KW_i^K, VW_i^V)$$

论文中，词向量的维度 $d_{\text{model}} = 512$，$h = 8$，所以每个头的 Self Attention 里面的 Q、K、V 维度是 d_{model}/h，即 512/8=64。

Multi-head Attention 的本质是，在参数总量保持不变的情况下，将同样的 Query、Key、Value 映射到原来高维空间的不同子空间中进行 Attention 计算，在最后一步再合并不同子空间中的 Attention 信息。这样可降低计算每个头的 Attention 时每个向量的维度，在某种意义上防止了过拟合。由于 Attention 在不同子空间中有不同的分布，Multi-head Attention 实际上是寻找了序列之间不同角度的关联关系，并在最后合并的步骤中，将不同子空间中捕获的关联关系再综合起来。Multi-head 的输出维度的是 8（head 数）× 64（head 输出维度）=512，即 $d_{\text{model}} = 512$。把多头合并起来就实现了与输入维度一致。如果下一步的"全连接的位置前馈神经网络"也保持这个维度，那么所有编码器的结构就都一致了，即输入 512 维，输出 512 维，可方便模型用同样的算法进行前向传播和误差反向传播，以及进行残差连接，解码器也一样。

论文中使用了 6 层编码器和 6 层解码器，底层编码和解码器训练的一般是比较简单的词汇级别的关系，而高层编码器和解码器训练的更多是短语或句子，甚至是段落级别的语义关系。层数要根据自己的需求来选择，如果 NLP 任务的训练集中输入词序列比较短，则层数也要少一些，否则会产生过拟合或拖慢训练速度的问题。

5. 编码器和解码器的其他部分

如图 3.30 所示，编码器和解码器除多头自注意力外，还包含"全连接的位置前馈神经网络"。这是一个全连接网络，它的连接顺序是先进行线性变换，然后使用 ReLU 进行非线性激活，再进行线性变换，可以表示为

$$\text{FFN} = \max\left(0, xW_1 + b_1\right)W_2 + b_2$$

FFN 相当于将每个位置的多头自注意力结果 x 映射到一个更大维度的特征空间，然后使用 ReLU 引入非线性激活，最后恢复原始维度。在抛弃了 LSTM 结构后，FFN 中的 ReLU 成为 Transformer 模型中最主要的能提供非线性变换功能的单元，其作用是在"保留多头自我注意力特征"的前提下，增加模型的表现能力"。论文中说，FFN 可以被理解为两个核大小为 1 的一维卷积，卷积的输入是 $d_{\text{model}} = 512$，中间层是 2048，输出的尺寸仍保持和编码器最开始的输入一致，即 sequence_length 行，d_{model} 列。

此外，全连接的位置前馈神经网络和多头自我注意力都会进行残差连接，然后接一个归一化层。

残差连接的实现方法是，假设网络中某层输入为 x，输出是 $F(x)$，那么增加残差连接之后，原来的输出 $F(x)$ 就变成 $F(x)+x$ 了，所以残差连接实际上就是一个"+x"的过程，然后进行误差反向传播，对 x 求偏导时，就多了一个常数项 1，使得反向传播过程中即便梯度连乘，也不会造成梯度消失，从而解决了

深度学习中的退化问题。残差连接的方法在 ImageNet 和 CIFAR-10 等图像任务上取得了非常好的效果，同等层数前提下残差网络也收敛得更快。这使深度学习模型可以采用更深的设计，尤其是对于 Transformer 模型这种复杂的深度学习模型，残差连接可以有效地提高模型的训练效果。

虽然我们会对输入数据进行归一化，但是经多层网络传递后，数据已经不再是归一化了。随着这种情况的发展，数据的偏差就会越来越大，所以加入归一化层的目的是把输入转化成均值为 0，方差为 1 的数据，应在把数据送入激活函数之前进行归一化。

6. 损失层

解码器解码之后，解码的特征向量经过一层激活函数为 Softmax 的全连接层之后，可得到反映每个单词概率的输出向量。因为模型的参数（权重）都是随机生成的（未经训练的），模型产生的概率分布与训练集中的目标肯定有差异。我们可以用训练集中的目标输出和模型的预测进行比较，然后用反向传播算法来略微调整所有模型的权重，生成更接近结果的输出。

虽然论文中将 Transformer 模型定位为一种自然语言翻译的模型，但其他论文还是倾向于将文章中利用多头自我注意力的编码器或解码器的子结构称为 Transformer，因为这部分才是 Transformer 的精髓所在。文中和源码中还包含了很多其他的优化，如学习率动态变化，忽略残差（Residual Dropout）及标签平滑（Label Smoothing），这里不再赘述，有兴趣的朋友可以阅读相关参考文献进行了解。

3.3.5　GPT模型

GPT（Generative Pre-Training）出自 2018 年 OpenAI 发布的论文 *Improving Language Understandingby Generative Pre-Training*。

图 3.31 左侧展示了 12 层的 Transformer Decoder 模型，只使用了解码器单元，未使用编码器，与 Transformer 解码器基础模型的结构一致。

图 3.31 右侧展示了微调（fine-tune）模型适应的不同任务。微调就是先找到一个同类的别人训练好的模型，换成自己的数据，调整一下参数，再训练一遍，然后就可以用于自己的商业化程序了。

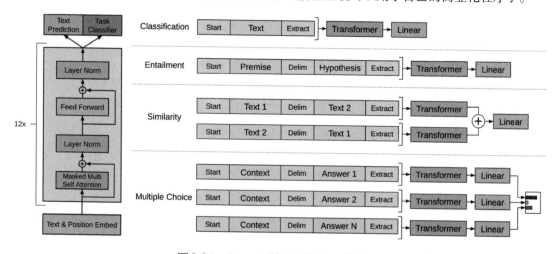

图3.31　OpenAI 论文中的 GPT 的模型

具体到 GPT 模型的微调,就是先将不同任务通过数据组合,代入 Transformer 模型,然后在基础模型输出的数据上加全连接层(Linear)以适配标注数据的格式。

(1)微调的好处如下。

①如果数据集本身很小,从头开始训练具有几千万参数的大型神经网络是不现实的,因为越大的模型对数据量的要求越大,过拟合无法避免。在没有大数据集支持的情况下,如果想用上大数据集训练好的超强特征表达能力,只能靠对训练好的模型进行微调。

②降低训练成本。如果使用导出特征向量的方法进行迁移学习,后期的训练成本会非常低,用CPU 完全无压力,没有深度学习机器也可以做。互联网巨头公司花数百万美元训练出来的模型在大概率上会比我们自己从零开始搭建的模型要强,因此没有必要重复造轮子。

(2)微调的方法如下。

①Classification:对于分类问题,不需要做什么修改。

②Entailment:对于推理问题,可以将先验与假设使用一个分隔符分开。

③Similarity:对于相似度问题,虽然模型是单向的,但相似度与顺序无关,所以可以把两个句子顺序颠倒后,将两次输入的结果相加来进行最后的推测。

④Multiple Choice:对于问答问题,可先将上下文、问题放在一起与答案分隔开,然后再进行预测。

1. 模型实现

GPT 模型使用了单向 Transformer 模型,在 Transformer 模型的论文中,提到了编码器与解码器使用的 Transformer 模块是不同的。在 Decoder 模块中,使用了 Masked Self-Attention,即句子中的每个词都只能对包括自己在内的前面所有词进行 Attention 计算,这就是单向 Transformer。GPT 使用的 Transformer 模型结构就是将编码器中的 Self-Attention 替换成 Masked Self-Attention,具体结构如图 3.32 所示。

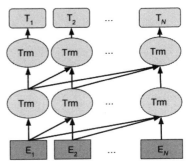

图 3.32　OpenAI 论文中的单向 Transformer 模型

由于采用的是单向 Transformer 模型,只能看到上文的词。具体计算步骤是,在预训练部分,用 u 表示每一个词(token),那么词序列就是 $U = \left\{u_1, \cdots, u_n\right\}$。设置窗口长度为 k,预测句中的第 i 个词时,则使用第 i 个词之前的 k 个词,同时也根据超参数 θ 来预测第 i 个词,即用前面的词预测后面的词。公式如下。

$$L_1(U) = \sum \log P(u_i | u_{i-k}, \cdots, u_{i-1}; \theta)$$

具体的计算步骤是,输入第一层 Transformer 解码器的数据是词编码 U 经过词嵌入参数 W_e 加上位置参数 W_p 的数据,第一层处理完后再传出到下一层,下层的 Transformer_block 表示 Transformer 解码器,解码器有 n 组(论文里 $n=12$,即使用了 12 层 Transformer 解码器)。

$$h_0 = UW_e + W_p$$

$$h_l = \text{Transformer\_block}(h_{l-1}), \forall l \in [1, n]$$

$$p(u) = \text{Softmax}(h_n W_e^{\text{T}})$$

在有监督训练微调部分，如判断感情色彩（二分类问题）的句子中包含 m 个词 $x_1,\cdots,x_m$，用预训练好的模型再加一个全连接层，用于学习描述输入信息 x 与目标 y 关系的参数 W_y，最终预测目标 y。

$$P\left(y|x_1,\cdots,x_m\right) = \text{Softmax}\left(h_l^m W_y\right)$$

$$L_2\left(C\right) = \sum_{x,y}\log P\left(y|x_1,\cdots,x_m\right)$$

兼顾上式中的 L_1 和 L_2，加入权重参数 λ 以控制其比例计算出 L_3，作为优化的依据。

$$L_3\left(C\right) = L_2\left(C\right) + \lambda \cdot L_1\left(C\right)$$

GPT 模型与基本的 Transformer 模型相比，还进行了以下修改。

（1）将 GELU（Gaussian Error Linear Unit）作为误差函数，可视为 ReLU 的改进方法。GELU 已经被很多领先的模型所采用，BERT、RoBERTa、ALBERT 等业内顶尖的 NLP 模型都使用了这种激活函数。

（2）位置编码。基础 Transformer 模型使用正余弦函数构造位置信息，位置信息不需要训练相应的参数；GPT 将绝对位置信息作为编码。

2. 模型效果

GPT 模型基于 Transformer 模型修改，在一个 8 亿单词的语料库上训练，包括 12 个 Decoder 层、12 个 Attention 头，其隐藏层维度为 768。

如图 3.33 所示，GPT 模型在自然语言推理、分类、问答、对比相似度的多种测评中均超越了之前的模型，且从小数据集如 STS-B（约 5.7k 训练数据）到大数据集（550k 训练数据）都表现优异。

3. GPT-2 模型

GPT-2 模型来自 OpenAI 的论文 *Language Models are Unsupervised Multitask Learners* 中无监督的多任务学习语言模型。

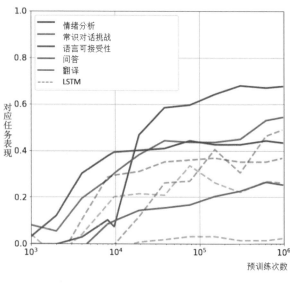

图3.33　GPT模型表现

尽管目前很多有监督学习 NLP 模型效果已经很好，但都需要有针对性地对单个任务使用大量有标注数据的训练，若目标的分布稍有变化则不能继续使用，因此只能在有限的领域起作用。

GPT-2 的想法就是使用一个容量更大、无监督训练，以及更加通用的语言模型来完成各种各样的任务。我们完全不需要去定义这个模型应该做什么任务，因为很多标签所蕴含的信息就存在于语料当中。就像一个人如果博览群书，自然可以根据看过的内容轻松地做到自动摘要、问答、续写文章等。GPT-2 模型希望通过海量数据和庞大的模型参数，训练出一个类似百科全书的模型，无须标注数据也能解决具体问题。

GPT-2 模型希望在完全不理解词的情况下建模，以便让模型可以处理任何编码语言。GPT-2 模型的这种做法可以解决 Zero-shot 训练问题。Zero-shot 训练指以前没有这个类别的训练样本，但是我们可以通过学习一个映射 $X \to Y$，来处理没有看到的类。例如，我们在训练时没有见过狮子的图像，但可以用这个映射得到狮子的特征。一个好的狮子特征可能和猫、老虎等比较接近，和汽车、飞机比较远。自然语言理解也是同样的道理，正如我们可能不知道“雷击青龙”这个词代表什么菜，但是可以猜出这道菜是被拍碎的青色长条状食物(实际就是拍黄瓜)。

有监督学习指对具有标记的训练样本进行学习，以尽可能对训练样本集外的数据进行分类预测。SVM、BP都属于有监督学习。

无监督学习指对未标记的样本进行训练学习，如发现这些样本中的结构知识。GPT-2模型在解决多种无监督学习问题时效果有很大提升，但是对于有监督学习的效果则差一些。

无监督学习和有监督学习的效果对比，就像两个学生的对比：一个是素质教育，博览群书，但他看的内容不一定考；另一个是应试教育，为考试而学习，每天就是刷历年真题，结果应试教育的学生在考试时成绩更好，素质教育的学生能力更强，可解决各种问题，尤其适用于无确定答案的问题。他们在不同的领域各具特长。

目前翻译、问答、阅读理解、总结等以文字作答的领域都可使用GPT-2模型生成结果。2019年，已有15亿个参数版GPT-2模型被两名研究生复现，做出了中文版GPT-2模型开源，可用于写小说、诗歌、新闻等，其生成小说的效果如图3.34所示。

万籁俱寂。
当林恩踏上灰堡的最后一级阶梯，起先极轻微的琴声也仿佛清晰了许多。如同弹奏者指引着自己一般，他想，有趣的隐喻。
一步一步，林恩迈上最后一级台阶，一道银色的门扉在他眼中渐渐显露，他知道这道门扉是用来开启灰堡主人宝库的钥匙。他伸手轻轻一推，只听见"咔嚓"一声，那扇银白色的门便缓缓打开了。
银白色的门后是一条幽深而又神秘的通道，通往一个他从未涉足过的领域。
这种感觉真奇妙。
林恩走到门前，抬起脚步跨进去。他没有急于行走，他在等待，等待灰堡主人的召唤。
他的身体已做好随时战斗的准备，他知道灰堡主人是一位强大的存在，他甚至可以感受到对方身上散发出的威压，但是那种威压与之前的威压却又是截然相反的，就好像一把锋利的剑正对着自己一般，令自己心惊胆寒。
门内一片昏暗。
林恩的双眸中闪烁着星光，他的视线能够穿透墙壁，看清里面的情景。在昏暗中，他隐约能够看到有一些影子。那是灰堡主人的影子吗？如果真是的话，那么这位灰堡主人的实力该有多强?
"吱呀呀！"
突然之间，一阵古怪的声响传入他的耳朵，他的身形一顿，转头向身后望去。只见那扇银色的大门竟然缓缓关闭。
"怎么回事！"
林恩惊疑一声，他不敢有丝毫迟疑，立刻向后退了几步，但是他发现自己的身后空无一物，什么都没有，这是什么情况!

图3.34 中文GPT-2模型生成的小说

4. 模型实现

GPT-2模型的结构类似于GPT模型，使用的依旧是单向的Transformer Decoder模型，只做了一些局部修改，如将归一化层移到Block的输入位置，在最后一个自注意力模块后加了一层归一化，增大了词汇量等。

与之前的实现方法最大的不同是，GPT-2模型的训练数据在数量、质量、广度上都有大幅度提高，与上一代GPT模型的数据集相比，GPT-2模型收集了一个规模更大、范围更广的数据集，经过人工筛选，最终组成了一个800万个文本，40G的数据集WebText。

有了大数据集，下一步就是预训练了。为了提高网络的容量，使其拥有更强的学习潜力，GPT-2

模型将Transformer堆叠的层数增加到48层,隐藏层的维度为1600,参数量达到了15亿个。其训练方法基本与GPT模型相同,只是在微调部分把第二阶段的有监督学习的具体NLP任务,换成了无监督学习的具体任务,这样可使预训练和微调的结构完全一致,相当于舍弃了有监督学习的微调。当问题的输入和输出均为文字时,只需用特定方法组织不同类型的有标注数据即可代入模型,如问答使用"问题+答案+文档"的组织形式;翻译使用"英文+中文"形式,用前文预测后文,而非使用有标注数据调整模型参数。这样既能使用统一的结构做训练,又可适配不同类型的任务。

GPT-2模型将词汇表提升到50257万个,最大的上下文大小从GPT模型的512个词提升到了1024个词,每轮训练的批次从512批提升为1024批。此外还对Transformer结构做了小调整,将标准化层放到每个子模块之前,最后一个Self-attention后又增加了一个标准化层;改变了残差层的初始化方法。虽然这种方式学习速度较慢,但也能达到相对不错的效果。

对于零样本学习问题,则需要考虑目标风格及分布的情况,并实现一些训练集到测试集的映射(如处理特殊符号、缩写等),从而实现从已知领域到未知领域的迁移学习。GPT-2模型在Zero-Shot(尤其是小数据集)及长文本(长距离依赖)中都表现优异。图3.35是GPT-2模型在童书词性识别测试中的成绩,虽然位于人类水平之下,却超过了之前模型的水平。

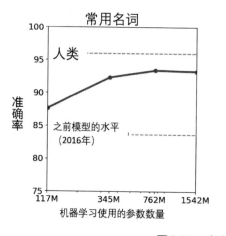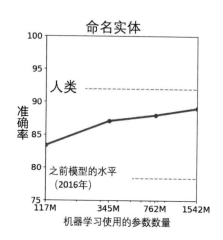

图3.35　童书词性识别测试

5. GPT-3模型

GPT-3模型延续了GPT-2模型的单向语言模型训练方式,把模型尺寸增大到了1750亿,使用45TB数据进行训练,并且训练出了更通用的NLP模型,且不经过微调步骤就能解决问题。GPT-3模型在NLU任务上超越了当前的SOTA。有关它的论文长达72页,署名作者多达31人,训练成本保守估计1000万美元,以至于出了bug,都无法重新训练了。

训练集与测试集中的重复数据是一个很严重的问题,如果测试集中包含了训练数据,就和开卷考试差不多了,所以读者在工作和学习中一定要记住,测试集和训练集要分开,绝对不能混淆。

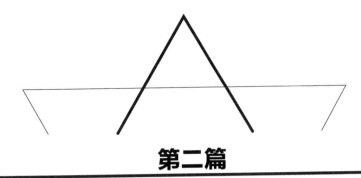

第二篇

自然语言处理系统实战篇

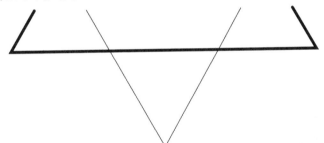

第 4 章

NLP 开源技术实战

开源代码就是每个人都参与创造并使用的公用代码,类似于众筹或是知乎问答社区,每个人都贡献自己的资源,最终所有人都可以从中受益。开源最吸引人的地方就是,你不用花时间开发别人已经开发好的代码,直接使用即可。

有很多人不理解这种无偿贡献的动机,那么多顶级开发者为何要无偿分享自己的劳动成果呢? 其实,尊重也是一种有限的资源,如同马斯洛人本主义中描述的那样,人一生的需求由生理的需求、安全的需求、归属与爱的需求、尊重的需求、自我实现的需求这五个等级构成。

当开发人员的生理、安全、归属与爱的需求都被满足后,尊重需求就显得愈加重要。只有那些无偿提供强大代码的人,才能获得别人发自内心的尊重。

互联网上有很多开源的 NLP 代码可以让初级程序员调用,进而实现各种强大的 NLP 功能。掌握开源技术对读者日后的研究和工作至关重要,所以本章的内容较多,希望读者能掌握更实用的知识,快速学以致用。

本章主要涉及的知识点

- ♦ Python 语言
- ♦ NLP 开发环境搭建
- ♦ 开源项目 jieba 的使用方法
- ♦ 开源项目 jiagu 的使用方法
- ♦ 斯坦福大学 Stanza 开源 NLP 技术
- ♦ 百度 LAC 2.0 开源 NLP 技术

4.1　NLP开发工具简介与环境搭建

　　Python是一种不受局限、跨平台的开源编程语言,其数据处理速度快、功能强大且简单易学,在人工智能、数据分析与处理中被广泛应用。

　　2017年7月20日,在IEEE(电气与电子工程师协会)发布的年度编程语言排行榜中Python高居首位。绝大多数人工智能研究者都在使用Python,如YouTube、Instagram、桌面版的Dropbox、Reddit、Bitbucket、Quora、Spotify、Pinterest、Facebook 的内部服务及PayPal都是用Python开发的。Python是世界上发展最快的编程语言之一。它一次又一次地证明了其在专业开发人员和跨行业数据科学中的实用性。

　　在薪资待遇方面,Python也没有让人失望。2019年,我国 Python 工程师的平均月薪资达19160元,其中2万元~3万元的超过了四成。

　　在不同的操作系统中,Python存在细微的差别,下面将介绍两个主要的Python版本及其安装步骤。

4.1.1　Python 2和Python 3

　　每种编程语言都会随着新概念和新技术的推出而不断发展,Python的开发者也一直致力于丰富和强化其功能。如果你的系统安装的是 Python 3,那么有些使用Python 2编写的代码可能无法正确地运行。因为 Python 3是目前的最新版本,所以在本书后续的代码中,以 Python 3为主。

4.1.2　运行Python代码片段

　　Python自带一个在终端窗口中运行的解析器,可无须保存并运行整个程序就能运行Python代码片段。

　　其运行方式非常简单,举例如下。

```
>>> print("Hello World!")
Hello World!
```

　　很多读者好奇,为什么所有编程语言都把Hello World作为第一个示例程序。据说Hello World最早出现于1972年,贝尔实验室的布莱恩·柯林汉撰写B语言的内部技术文件 *A Tutorial Introduction to the Language B* 中首次使用Hello World,之后其便作为一种文化传统继承下来,成为计算机圈子里的一种"非物质文化遗产"。另一种说法是,程序员梦想着将来有一天人工智能能通过自己思考,有意识地对真实世界说出"Hello, world"。

　　其实使用Python编写Hello World程序,只需如下一行代码。

```
print("Hello World!")
```

　　这段程序虽然简单,却有很重要的作用:如果它能够在你的系统上正确地运行,则证明你已经正确搭建了 Python 环境，你编写的任何 Python 程序都将会正确运行。下面将介绍如何在不同的系统中搭建环境和编写 Python 程序。

4.1.3　在不同操作系统中搭建 Python 编程环境

初学者面临的第一个问题就是操作系统的选型，即纠结于选用 Linux 还是 Windows。

程序员编写代码时，有 95% 的时间都在和编辑器打交道，所以，对于选择操作系统，笔者的建议是，实际工作中，选你熟练的那个就可以。但是为了学习本书，建议你使用 Windows 操作系统，因为笔者使用的是 Windows 系统，很多代码都是在 Windows 系统下开发完成的。

Python 是一种跨平台的编程语言，能够在所有安装了 Python 运行库的主流操作系统中运行。但是在不同的操作系统中，安装 Python 的方法存在细微的差别。

下面将学习如何在不同的系统中安装 Python 和运行 Hello World 程序，以及 Visual Studio Code 源代码编辑器的使用方法。

4.1.4　在 Linux 系统中搭建 Python 编程环境

1. 检测 Python 版本号

首先运行应用程序 Terminal 打开一个终端窗口（如果是 Ubuntu 系统，可按"Ctrl+Alt+T"组合键），执行 Python 命令。它指出了安装 Python 的版本。

最后的 > > > 是一个提示符，提示符后面是输入 Python 命令的位置。

```
$ python
Python 2.7.2 (default, Mar 25 2012, 22:59:38)
[GCC 5.2.1] on linux2
Type "help", "copyright", "credits" or "license" for more information.
>>>
```

上述输出表明，当前计算机默认使用的 Python 版本为 Python 2.7.2。

注意：第一个 Python 命令的首写字母是小写的 p。

要检查系统是否安装了 Python 3，还需要指定相应的版本。换句话说，如果输出的默认版本为 Python 2.7，请尝试执行 Python3 命令。

```
$ python3
Python 3.5.0 (default, Sep 17 2015, 13:05:18)
[GCC 4.8.4] on linux
Type "help", "copyright", "credits" or "license" for more information.
>>>
```

上述输出表明，系统中也安装了 Python 3。因此你可以使用这两个版本中的任何一个。

2. 安装 Python

如果 Linux 系统中没有 Python,则需要手动安装。首先要查看是否安装了编辑器 gcc。在命令行中输入"gcc --version"可以查看 gcc 是否安装。

如果 Linux 系统中没有 gcc,则要先安装 gcc(通过"yum -y install gcc"安装)。

除 gcc 外,下列依赖项也需要提前安装(zlib-devel bzip2-devel openssl-devel ncurses-devel sqlite-devel readline-devel tk-devel gdbm-devel db4-devel libpcap-devel xz-devel libffi-devel),之后通过 wget 命令下载一个 Python 3 的 tgz 包。

```
wget https://www.Python.org/ftp/Python/3.6.1/Python-3.61.tgz
```

注意:若要下载其他版本的 Python,修改代码末尾的数字即可。

下载后先通过 tgz 解压文件,再通过 mkdir 在/usr/local/下建立一个 Python 3 的文件夹。

解压后执行编译。

```
cd Python-3.6.1 ./configure --prefix=/usr/local/Python3 make && make install
```

编译完成后,建立软连接。

```
ln -s /usr/local/Python3/bin/Python3.7 /usr/bin/Python3
ln -s /usr/local/Python3/bin/pip3.7 /usr/bin/pip3
```

3. 运行 Hello World 程序

以 Python 3 为例,在终端输入 Python 3 后,进入 Python 解析器,再输入 print("Hello World!"),按回车键,即可看到执行结果。

```
$ python3
Python 3.5.0 (default, Sep 17 2015, 13:05:18)
[GCC 4.8.4] on linux
Type "help", "copyright", "credits" or "license" for more information.
>>> print("Hello World!")
Hello World!
```

注意:要关闭 Python 解析器,可按"Ctrl+D"组合键或执行 exit()命令。

4.1.5　在 Windows 系统中搭建 Python 编程环境

由于 Windows 系统中不预装 Python,因此需要按照以下步骤进行下载并安装。

1. 安装 Python

首先,检查你的系统是否安装了 Python。按键盘上的"视窗键+R"组合键,输入 cmd 打开 Windows 命令行工具,或单击开始菜单,在搜索框里输入 cmd,也可以打开命令行工具。

其次，在命令行工具中输入 Python 并按回车键。如果出现如图 4.1 所示的 Python 提示符（＞＞＞），就说明系统已安装了 Python。

图 4.1　在 Windows 中的 Python 提示符

如果显示 Python 是无法识别的命令，那么就说明系统中没有安装 Python，需要进行下载安装。

在安装之前，先要确认操作系统是 32 位的还是 64 位的。在命令行工具中输入 systeminfo，并按回车键，即可在系统类型中看到操作系统的位数。

接下来访问 http://Python.org/downloads/windows/，并在 Stable Releases 中找到与操作系统相匹配的安装包。一般的软件版本分为稳定发布版本（Stable Release）、测试版本（Beta）和开发版本（Dev），其中 Stable Release 最稳定，是最适合商业化应用和学习的版本。如果你的系统是 64 位的，就下载 x86-64 executable installer，如果是 32 位系统的，则下载 x86 executable installer，如图 4.2 所示。

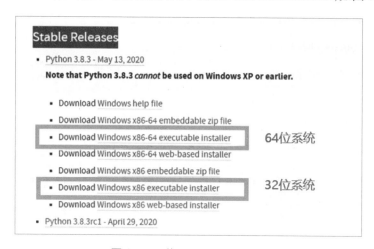

图 4.2　下载 Python 3 安装包

注意：我国访问国外网站需要通过海底光缆，速度比较慢。读者可以从本书官方网站 L8AI. com/p/32.exe 下载 32 位版 Python 安装包或从 L8AI.com/p/64.exe 下载 64 位版。

最后，下载安装包后，用鼠标左键双击安装包进行安装。请务必勾选“Add Python to PATH”复选框，安装程序会把 Python 的安装路径记录在操作系统配置中。如果安装时忘记勾选，补救办法是右击计算机，执行“属性”→“高级属性”→“环境变量”，在“环境变量”中双击 path 按钮进入编辑界面。另起一行在行首加入你的 Python 安装目录即可。

2. 测试是否已正确安装 Python

通过上一步操作,操作系统已经可以运行 Python 了。打开一个命令行工具,并在其中执行 Python 命令。如果出现 Python 提示符(＞＞＞),就说明 Windows 找到了你刚安装的 Python 版本。

如果执行结果显示如下,就说明操作系统不知道 Python 的位置。

```
C:\> Python
'Python' is not recognized as an internal or external command, operable
program or batch file.
```

Python 命令文件通常存储在 C:\Users\Administrator\ppData\Local\Programs\Python\下面。如果找不到这个文件,在 Windows 资源管理器的搜索框中输入 Python,即可准确获悉 Python 命令在系统中的存储位置。

知道 Python 的路径后,就在命令行中输入该路径进行测试。为此,打开一个命令行工具,并输入确定的完整路径,加上"Python.exe"后,按回车键。

```
C:\ >C:\Users\Administrator\ppData\Local\Programs\Python\Python38\Python.exe
Python 3.8.3 (tags/v3.8.3:6f8c832, May 13 2020, 22:37:02) [MSC v.1924 64 bit
(AMD64)] on win32
Type "help", "copyright", "credits" or "license" for more information.
>>>
```

如果可以显示 Python 的版本信息,则说明你的系统可以运行 Python 了。

3. 在终端会话中编写 Hello World 程序

在 Python 会话中输入下面的代码,并确认出现了"Hello World"。

```
>>> print("Hello World!")
Hello World!
>>>
```

每当要运行 Python 代码片段时,都要打开一个命令窗口,并启动 Python 终端会话。

要关闭该终端会话,可按"Ctrl+Z"组合键,再按回车键,也可执行 exit() 命令。

4. Hello World 程序的底层运行原理

在 Python 会话中输入 print("Hello World!") 并按回车键后,操作系统将进行如下工作。

(1)将 Python 代码 print("Hello World!") 编译成字节码。字节码(Byte-code)是一种包含执行程序,由一系列操作符/数据对组成的二进制文件。它是 Python 虚拟机能直接运行的二进制字节代码数据,并不是能让人直观理解的 Python 语言。

(2)由 Python 虚拟机来执行字节码。Python 虚拟机会从编译得到的字节码中依次读入每一条字节码指令,并在当前的上下文环境中执行该指令。

Hello World 程序便是这样被操作系统运行的,Windows 和 Linux 系统有各自的 Python 虚拟机,可以在不同的操作系统中执行用户编写的 Python 语言，Python 就是用这种方法实现的跨平台。

说得更简单些，就是将 Python 代码编译成字节码，再由 Python 虚拟机来执行编译后的字节码。

下面演示提取 print("Hello World!") 字节码的过程。

首先在 C 盘根目录下创建一个名为"lesson1.1"的文件夹，并在其中新建 demo.py 文件，然后用 Windows 记事本打开 demo.py 文件，输入 print("Hello World!") 并保存。

然后打开命令行工具，输入 cd c:\lesson1.1，这段代码的作用是把目录切换到代码文件所在的目录。依次执行下列代码片段的第 02~07 行命令。

```
01 c:\>cd c:\lesson1.1
02 c:\lesson1.1>Python
03 Python 3.8.3 (tags/v3.8.3:6f8c832, May 13 2020, 22:37:02) [MSC v.1924 64 bit
(AMD64)] on win32
Type "help", "copyright", "credits" or "license" for more information.
04 >>> file=open('demo.py').read()
05 >>> code=compile(file,'demp.py','exec')
06 >>> import dis
07 >>> dis.dis(code)
```

上述片段中，代码第 04 行是用 open 命令读取磁盘上的 demo.py 文件，并把读取结果存储到 file 对象中；代码第 05 行是把 demp.py 编译为字节码；代码第 06 行是引用 Python 的 dis 类库，dis 模块可通过反汇编技术来支持对 Python 字节码形式的分析。很多黑客破解正版软件，都是通过反汇编技术来进行的；代码第 07 行是输出 demo.py 编译后的字节码指令，其输出结果如下。

```
01    1           0 LOAD_NAME              0 (print)
02                2 LOAD_CONST             0 ('Hello World!')
03                4 CALL_FUNCTION          1
04                6 POP_TOP
05                8 LOAD_CONST             1 (None)
06               10 RETURN_VALUE
07 >>>
```

短短一句 print("Hello World!") 的字节码指令就有 6 行。字节码与 Python 语言不同，它更便于底层虚拟机理解和执行。代码第 01 行的作用是加载函数名"print"；代码第 02 行是加载字符串常量"Hello World"，用于传递给函数作为参数；代码第 03 行调用"print"的函数；代码第 04 行是从堆栈中去除无用的数据；代码第 05 行是获取函数的运行结果；代码第 06 行是将函数运行结果返回，即运行程序后看到的 Hello World!

注意：不要求读者掌握字节码命令，仅了解 Python 程序运行机制即可。

4.1.6　安装 Anaconda 科学包

Anaconda 是一个包含 1000 多种开源科学计算包及其依赖项的发行版本，其包含的科学包有

Conda、NumPy、SciPy、IPython Notebook 等常用的科学计算类库。

Anaconda 的特点如下。

(1)开源。

(2)安装过程简单。

(3)高性能使用 Python 和 R 语言。

(4)免费的社区支持。

pip(package installer for Python)是 Python 语言用于安装和管理软件包的包管理器。

Python 中默认安装的版本如下。

(1)Python 2.7.9 及后续版本:默认安装,命令为 pip。

(2)Python 3.4 及后续版本:默认安装,命令为 pip3。

Anaconda 自带一个与 pip 类似的 Conda,它比 pip 更强大,其功能是各种语言包及其依赖项和环境的管理工具,适用 Python、R、Ruby、Lua、Scala、Java、JavaScript、C/C++、FORTRAN 等语言,适用的平台有 Windows、macOS、Linux。Conda 可以帮助开发者快速安装、运行和升级包及其依赖项。此外,它还可以在计算机中便捷地创建、保存、加载和切换环境。例如,当需要使用不同版本的 Python 时,无须切换到不同的环境,因为 Conda 同样是一个环境管理器,仅需几条命令,就可以创建一个完全独立的环境来运行不同的 Python 版本。Conda 和 pip 的特性对比如表 4.1 所示。

表4.1　Conda 和 pip 的特性对比

特　　性	pip	Conda
依赖项检查	安装程序包时可能会忽略依赖项而安装,仅在安装的结果中提示错误	安装程序包时会自动列出所需其他依赖项,并询问用户是否安装,而且可以便捷地在不同版本的包中自由切换
环境管理	维护多个环境的操作比较烦琐,难度高	维护多个环境的操作简单,难度低,切换方便
对系统自带 Python 的影响	在系统自带 Python 包中进行更新、重装或卸载会影响其他包	不会影响系统自带 Python 包
适用语言	仅适用于 Python	适用于 Python, R, Ruby, Lua, Scala, Java, JavaScript, C/C++, FORTRAN

Anaconda 的安装步骤如下。

由于国外网站速度较慢,因此建议读者去清华大学开源软件镜像站进行下载,网址为 https://mirrors.tuna.tsinghua.edu.cn/anaconda/archive/。打开网址后单击"按日期降序排序"箭头,如图 4.3 所示,可以看到最新版本的下载链接。找到你操作系统对应的版本,单击下载安装即可。具体的安装细节这里不再赘述,感兴趣的读者可以翻阅 Anaconda 官方文档,网址为 https://www.anaconda.com/。

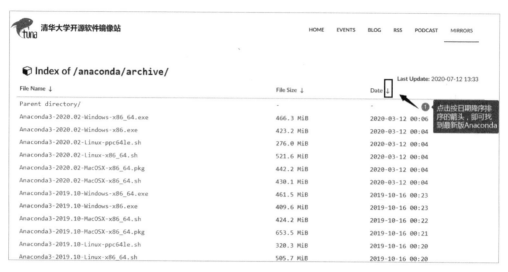

图4.3　选择对应的操作系统版本，并下载Anaconda

4.2　掌握 Visual Studio Code 源代码编辑器

Visual Studio Code（VSCode）是可以运行于 macOS、Windows 和 Linux 系统上的一款免费开源的、轻量级、跨平台代码编辑器。它功能强大，便于调试，支持多种程序语言的语法高亮、智能代码补全、自定义热键、括号匹配、代码片段、代码对比（Diff）、Git 等特性，支持插件扩展，并针对网页开发和云端应用开发进行了优化，运行流畅。

我们在学习过程中会接触各种各样的程序语言，还有可能成为一名全栈开发者（掌握多种程序语言，胜任前端与后端，能利用多种程序语言独立完成产品的人）。例如，L8AI.com 就是笔者独立完成的，使用了 PHP、JSP、Python、SQL 等语言，如果每学一种编程语言就要学一款针对这种编程语言的编辑器，无疑会浪费大量时间，所以支持多种开发语言的 VSCode 可谓适合初级到高级程序员的史诗级装备。

4.2.1　VSCode 安装与启动

1. 下载 VSCode

下载地址为 https://code.visualstudio.com/。下载后双击安装包，按照程序提示进行安装即可。

2. 改变显示语言为中文

一个编程工具仅依靠其自带的功能很难满足用户专业性的需求。VSCode 的扩展商店具有其不可或缺的重要功能，我们可以通过安装扩展的方式，让看似平庸的编辑器脱胎换骨，成为一款为自己量身定制的强大工具。

例如,把编辑器的语言改为中文,如图4.4所示。单击左侧的积木图标,然后从右侧的搜索框中查询"chinese"即可找到中文语言包。第一位是被安装了550万次的"五星"扩展包,单击"安装"按钮即可。安装完毕,重启VSCode之后,编辑器就变为纯中文了。

图4.4　从扩展商店中选择语言包

3. 安装Python插件

为VSCode安装Python插件。安装方式与语言包的安装方式类似,在扩展商店搜索Python,然后安装即可。Python插件可以方便在VSCode中进行Python开发。它的功能和特点如下。

(1)支持Python 2.7及后续版本。

(2)支持智能感知(IntelliSense),可以帮助开发者进行代码补全和显示函数提示等功能。

(3)具有代码检查器的功能。

(4)支持调试功能。

(5)支持自定义代码段。

(6)支持单元测试。

(7)自动应用虚拟环境。

(8)可在Jupyter环境和Jupyter Notebook中编辑代码。

4. 在项目文件夹中启动VSCode

在VSCode中,一个项目通常存放到文件夹中进行管理,一个文件夹就是一个项目。建立项目有如下两种方式。

(1)在命令提示符或终端上创建项目。在VSCode的"查看"菜单中选择"终端"选项,在终端中创建一个名为"Project1"的空文件夹,然后把当前路径定位到该文件夹,最后输入code,即可创建一个名为"Project1"的项目,具体命令如下。

```
C:\Users\Administrator> mkdir Project1
```

```
C:\Users\Administrator> cd Project1
C:\Users\Administrator\Project1> code
```

（2）直接用菜单创建项目。首先在磁盘上建立一个文件夹，在VSCode中的"文件"菜单中选择"打开文件夹"选项，然后选择之前已建立的文件夹，单击即可在VSCode中打开这个项目。

4.2.2 为VSCode配置Python解析器

选择Python解析器

Python是一种解释型语言，为了运行Python代码并获得Python IntelliSense，你必须告诉VSCode使用哪种解析器。

如图4.5所示，按"Ctrl + Shift + P"组合键，打开命令选项板，输入"Python select interpreter"，选择Python解析器。该命令显示当前主机可用的Python解析器列表。

图4.5 选择解析器

如图4.6所示，①如果没安装Anaconda，只能选择默认的python目录。②如果安装了Anaconda，那么就可以在解析器列表中选择Anaconda对应的解析器。

图4.6 Python解析器说明

选择需要的Python版本后，如图4.7所示，VSCode已经知道你选择的Python解析器。

图4.7　VSCode界面中的当前编辑器

除了手动选择解析器,还可以设置默认解析器。选择"VSCode菜单文件"→"首选项"→"设置",然后输入"Python.PythonPath",如图4.8所示,即可设置默认解析器的路径。

图4.8　设置默认解析器

注意:创建新项目后,VSCode会将Python.PythonPath作为默认解析器。为了方便今后的操作,建议读者将Python.PythonPath配置为自己惯用的解析器。

4.2.3　使用VSCode运行Python代码

1. 创建Python Hello World源代码文件

如图4.9所示,从VSCode资源管理器中单击PROJECT1文件夹工具栏的"新建文件"按钮,把新建文件的名称写成HelloWorld.py。VSCode是根据文件扩展名来识别其编程语言的,所以不要忘记输入扩展名".py"。VSCode识别到文件名中的py后缀,就会将文件视为Python代码,这样在编写代码时才会引发Python的智能感知功能。

图4.9　创建源代码文件

创建代码文件之后，在VSCode的代码编辑器中输入如下两行代码。

```
01 s="Hello world"
02 print(s)
```

注意：不用输入行号，行号是编辑器自动生成的，输入代码时会发现VSCode的智能感知（IntelliSense）功能可显示函数说明并将代码补全。Intelli（Intelligence）表示智力，Sense表示感觉，这种技术可在光标悬停在函数上显示其详细定义和注释，并且能直接跳转到对应的源代码。在代码编辑器中键入函数名时，IntelliSense会自动插入代码，包括结束标记、右大括号及值两边的引号。例如，当键入一个开始标记（如前括号）时，它将自动插入结束标记（如后括号）。

2. 运行Python代码

运行Python代码的方法有以下4种。

（1）按F5键即可调试运行当前代码编辑器页的代码。

（2）在编辑器中单击鼠标右键，选择"在终端中运行Python文件"选项。

（3）选择一行或多行，按"Shift + Enter"组合键或右击，并选择"在Python终端中运行选择/行"，此命令用于测试文件的一部分。

（4）执行"Python:Start REPL"命令，打开当前所选Python解析器的REPL终端。在REPL中可一次输入和运行一行代码。

4.2.4　使用VSCode调试Python代码

编程时出现问题是意料之中的事，所以对于很多Python初学者来说，学会用VSCode来调试程序很重要。VSCode调试支持自动变量追踪、watch表达式、断点、调用栈检查等功能。

用VSCode调试单个Python文件就和按F5键启动调试器一样简单。按F10键和F11键可跳出或进入函数，按"Shift+F5"组合键退出调试器。按F9键或单击编辑框左侧区域来设置断点。我们现在尝试调试之前写过的简单的HelloWorld.py，具体步骤如下。

（1）设置断点。将光标置于代码编辑器的第一行代码处，然后按F9键，或者单击编辑器左侧的行号，设置断点时会出现一个红色圆圈。

（2）单击右侧图标，如图4.10所示，选择"Python:当前文件"选项，这是使用当前选择的Python解析器运行编辑器中显示的文件配置。选择调试所用的配置文件后，再单击其右侧的齿轮图标，即可打开对应的配置文件。

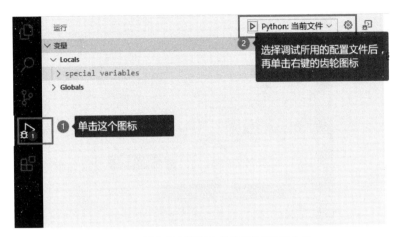

图4.10　进入调试页面,选择调试配置文件

如果想让程序启动时自动停止在第一行(按F5键继续执行),可在生成的launch.json文件中为"Python:当前文件"配置添加一个设置,整个配置如下。

```
01 {
02     // 使用 IntelliSense 了解相关属性
03     // 悬停以查看现有属性的描述
04     // 欲了解更多信息,请访问https://go.microsoft.com/fwlink/?linkid=830387
05     "version":"0.2.0",
06       "configurations":[
07         {
08             "name":"Python:当前文件",
09             "type":"Python",
10             "request":"launch",
11             "program":"${file}",
12             "console":"integratedTerminal"
13             "stopOnEntry":true
14         }
15     ]
16 }
```

这里新增的配置是第13行的"stopOnEntry":true。

(3)单击监视工具栏中的加号(+)图标,如图4.11所示,然后输入要监视的变量名称。由于HelloWorld.py中只有一个变量s,因此在变量名称处填写s即可。

(4)切换到HelloWorld.py编辑器,通过选择"调试"工具栏中的箭头或按F5键运行调试器。调试器在文件断点的第一行停止(如果配置文件中的stopOnEntry设置为true,则停在第一行)。当前调试的代码左侧有黄色箭头指示。当监视的变量内容有变化时,可以在左侧的监视窗格中看到变量的值。调试时的常用快捷键有继续(F5)、跳过(F10)、步入(F11),常用组合键有步出(Shift + F11)、重启(Ctrl + Shift + F5)和停止(Shift + F5)。

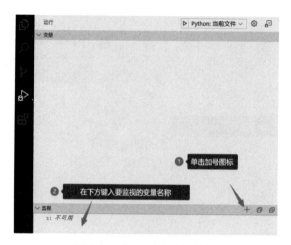

图4.11　添加对变量的监视

小技巧：通过将鼠标悬停在代码（如变量）上也可以看到调试信息。将鼠标悬停在变量s上就会在其上方的框中显示该字符串。把鼠标悬停在左侧的变量上就会显示其类型。

4.3　开源社区 GitHub 的简介与环境搭建

我们目前使用的开源程序大多来自 GitHub，它是全球最大的开源软件开发与管理社区，因为只支持 Git 作为唯一的版本库格式进行托管，所以其社区名就叫 GitHub。

GitHub 于 2008 年 4 月 10 日正式上线。Git 版本控制系统是记录一个或若干文件内容变化，以便将来查阅特定版本修订情况的系统。除基本的代码版本控制仓库托管及 Web 管理界面外，GitHub 还提供订阅、讨论组、文本渲染、在线文件编辑器、协作图谱（报表）、代码片段分享（Gist）等功能。2018 年 6 月，GitHub 被微软公司以 75 亿美元的价格收购。

截至 2019 年 GitHub 注册用户已经超过 4000 万，包括 Google、Facebook 等众多技术巨头，以及斯坦福、MIT 等顶尖大学的用户。GitHub 中有海量开源代码，当然也不乏人工智能和 NLP 相关的开源代码，综合上述原因 GitHub 已成为探究全球最前沿 NLP 技术趋势最好的窗口之一。

下面介绍如何搭建 GitHub 环境。由于本章讲解自然语言处理的入门知识，因此选择使用 GitHub 官方提供的客户端 GitHub Desktop 就可以了，不需要复杂的命令行，操作直观便捷。

4.3.1　GitHub Desktop 安装方法

访问 GitHub 官网 https://desktop.GitHub.com/，下载客户端安装即可。但是官网下载速度比较慢，可以使用迅雷等下载工具。由于下载工具会自动删除扩展名，因此需要把下载的文件重命名为 GitHub.exe。

打开 GitHub.exe，如果没有 GitHub 账号，则需要单击"Create your free account"进行账户注册，然后

单击"sign in to GitHub.com"链接使用注册的账户登录即可。

登录后,选择"File"→"New repository...",新建一个开源项目代码仓库。在弹出的页面中设置如下内容。

(1)Name:开源项目的名称。

(2)Description:开源项目的描述。如果想让更多人搜索到你的项目,可设置一些与项目相关的热搜关键词。

(3)Local path:本地存储代码的路径。

(4)Initialize this repository with a README:是否自动生成README文件。

(5)Git ignore:设置本地代码路径与GitHub服务器同步时,需要忽略哪些文件。由于有些本地神经网络训练过程中的日志文件、数据集文件过大,如果同步到GitHub会占用很多时间,因此通过设置Git ignore,可忽略这些文件。

(6)License:设置此项目所遵循的开源协议。

如图4.12所示,最开放的协议是MIT授权协议,MIT许可证的名字源于美国麻省理工学院(Massachusetts Institute of Technology),也可称为X条款或X11条款。

(1)MIT与著名的3条款版本BSD许可协议(3-clause BSD license)很相似,不过MIT的被授权人可以得到更大的权利与更少的限制。

(2)被授权人可根据程式的需要,自行修改授权条款。

(3)被授权人有权使用、复制、修改、合并、出版发行、散布、再授权及贩售软件及软件的副本。

(4)在软件和软件的所有副本中,必须包含版权声明和许可声明。

(5)此授权条款不属于自由软件的授权条款,允许在自由/开放源码软件或非自由软件中使用。

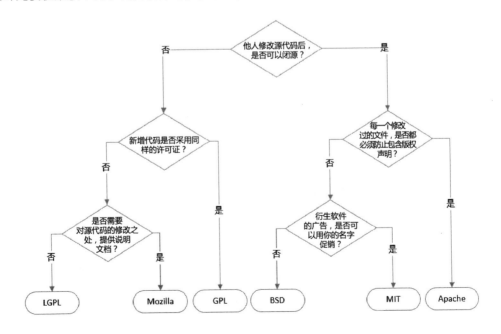

图4.12 主流开源协议的区别

从 MIT 授权协议的特点可以看出，只要在项目副本中包含了版权声明和许可声明，就可以使用这些代码，且无须承担任何责任。MIT 条款可与其他授权条款并存。另外，MIT 条款也是自由软件基金会（FSF）所认可的自由软件授权条款，与 GPL 相容。

如果你使用其他开源项目或是想自己开发开源项目，那么在进行工作之前，可以通过 GitHub 给出的许可证分类说明了解各种开源协议之间的区别，如图 4.13 所示。

我需要在社区工作

使用您所贡献或依赖的社区的首选许可证。您的项目将完全适合。

如果您的依赖项没有许可证，请要求其维护者添加许可证。

我希望它简单而宽松

MIT 许可证很短，重点突出。它使人们几乎可以对您的项目进行任何操作，如制作和分发封闭源代码版本。

Babel，.NET Core 和 Rails 使用 MIT 许可证。

我关心共享改进

在 GNU GPLV3 可以做几乎任何与你合作的项目，除了分发封闭源代码的版本。

Ansible，Bash 和 GIMP 使用 GNU GPLV3。

图 4.13　GitHub 给出的许可证分类说明

4.3.2　使用 GitHub 发布代码仓库

填写完上述选项后，单击"Create Repository"按钮，即可建立属于你自己的开源项目代码仓库了。但是这个开源项目代码仓库还在你的本地磁盘上，需要单击 GitHub Desktop 主界面上方的菜单，选择"Repository"→"Push"，才能将代码发布到 GitHub 服务器。

在发布的时候，如果只是自己使用或不想公开给其他人看，则要勾选"Keep this code private"复选框；如果想公开，则不必勾选此选项。可以在 Description 中填写项目简介，如果在其中填写了热门关键词，可以大大提高项目的曝光率。

发布完成后，如图 4.14 所示，选择"Repository"→"View on GitHub"，即可跳转到浏览器自动打开的开源项目主页。

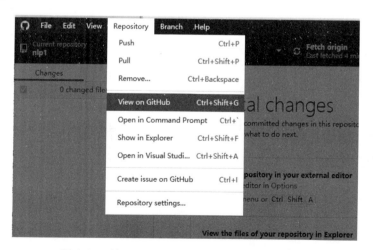

图 4.14　从 GitHub Desktop 中跳转到项目主页

如图 4.15 所示,跳转到的 URL 地址为 https://GitHub.com/您的用户名/您的开源项目名称。

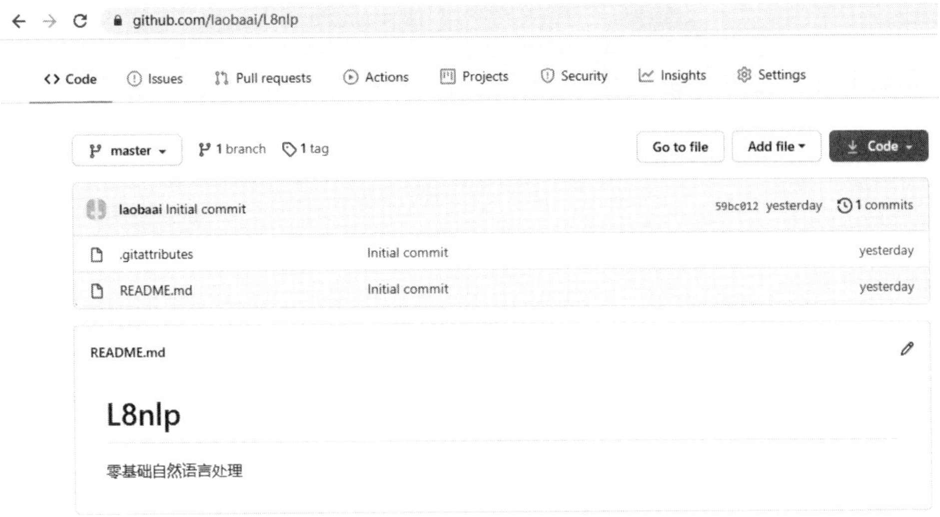

图 4.15　在 GitHub 网站中查看自己的开源项目主页

例如,我的测试账号为 laobaai,测试项目名称为 L8nlp,则对应的 URL 地址为 https://GitHub.com/laobaai/L8nlp。

如果你的项目是私有的,在网页中登出 GitHub 账号后,从浏览器中打开项目地址时,则会显示 404(找不到网页)错误。这证明私有项目无法被其他人打开,只有登录后才能在 GitHub 网站中打开。

注意:“View on GitHub”选项会打开系统配置中的默认浏览器,因为各个浏览器的登录状态是独立的,所以如果你没有在默认浏览器中登录 GitHub,系统默认浏览器在访问你的私有项目时就会显示 404 错误。

4.3.3　使 VSCode 与 GitHub 协作

下面为 VSCode 编辑器配置 GitHub 插件,配置完毕后,即可将代码编辑器与 GitHub 结合起来,在 VSCode 中编写开源项目代码,并对其进行 GitHub 版本管理。

1. Git 基础库的安装方法

为了让 VSCode 与 GitHub 的服务器通信,需要先安装 Git 基础库,可以在 https://git-scm.com/ 中进行下载。如果是 Windows 系统,可以在 https://git-scm.com/download/win 中进行下载,下载后按照提示进行安装。安装时,要记住安装目录。

2. VSCode 的 GitHub 插件安装方法

打开 VSCode 扩展商店,搜索“GitHub pull Requests”关键词,找到如图 4.16 所示的 GitHub Pull Requests and lssues 扩展插件,然后进行安装。

图4.16　在VSCode扩展商店中搜索"GitHub Pull Requests"关键词

接下来进行 GitHub Pull Requests and Issues 的配置。在 VSCode 的菜单中，选择"文件"→"首选项"→"设置"，然后在搜索框中输入 git pull hosts。

如图4.17所示，在搜索出的"GitHub Pull Requests：Hosts"下方，单击"在 Settings.json 中编辑"即可进入 VSCode 的首选项配置文件页面，看到自动生成的配置项。

图4.17　搜索配置项

在此要完善这些配置项，并追加一个"git.path"的配置项，代码如下。

```
"GitHubPullRequests.hosts":[

    {
        "host":"https://GitHub.com",
        "token":"需要填入自己的令牌",
    }
],
"git.path":"C:/Program Files/Git/bin/git.exe"
```

如上述配置项所示，其中"GitHubPullRequests.hosts"的配置是个JSON数组，关于JSON的知识将在后续章节中进行讲解。JSON数组中有两个配置，具体内容如下。

（1）Host：GitHub的服务器地址，这里填入默认的https://GitHub.com。

（2）token：填入令牌。这个令牌是GitHub服务器用来识别客户身份的字符串。打开https://GitHub.com/settings/tokens，然后单击网页中的"Generate new token（生成新令牌）"选项，在新页面中输入token的备注，并进行Select scopes（选择权限），可以把所有权限都勾选上，即可创建自己的令牌。最后把令牌字符串填在这个配置中即可。

除了GitHubPullRequests.hosts的配置，还要配置"git.path"，这个是本地Git基础库安装路径中git.exe的地址，Windows系统的默认安装地址是"C:/Program Files/Git/bin/git.exe"。

配置完毕后，使用VSCode打开，并使用GitHub Desktop建立本地项目路径，然后使用VSCode编辑器在该项目中新建一个名为"HelloWorld.py"的源码文件。

接下来就可以直接在VSCode编辑器中将新建的源码文件推送到GitHub服务器了，具体过程如下。

（1）如图4.18所示，单击VSCode编辑器左侧的源代码管理器按钮。

图4.18　进入源代码管理器

（2）如图4.19所示，在源代码管理器右上方的菜单中，选择"推送到…"选项，并在弹出的提示框中选择项目名称和输入备注，即可完成推送。

图4.19　将本地更新推送到服务器

（3）在浏览器中打开GitHub项目网页，即可看到刚刚推送的代码文件，如图4.20所示。

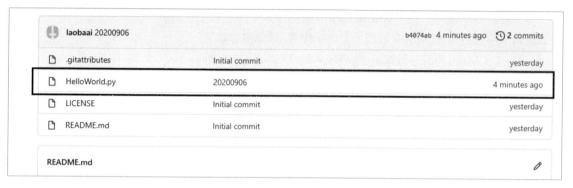

图4.20　GitHub项目页面中的新代码文件

至此，配置已全部完成，可以使用VSCode和GitHub进行版本管理了。这种简单的可视化操作方式可以让初学者无须使用复杂的Git命令，就可以方便快捷地管理或发布自己的项目。

4.4　jieba NLP技术实战

结巴（jieba）分词是GitHub中最受欢迎的开源中文自然语言处理项目之一。

4.4.1　结巴（jieba）分词简介

分词是自然语言处理的关键步骤，在英文语句中使用空格将单词进行分隔，除 How much、Los Angeles 等某些特定词外，大部分情况下并不需要考虑分词问题。

中文与英文不同，由于中文的词之间没有分隔符，因此，在进行某些中文自然语言处理时，需要先进行分词处理。中文分词是将连续的汉语文本切分成具有语义合理性和完整性的词汇序列的过程。

分词工作的重要性有如下两点。

（1）分词的准确度直接决定了后面的词性标注、句法分析、词向量及文本分析的质量。

（2）分词的速度在程序整体运行中占据很大比重，程序开发人员要衡量分词的速度与质量，为项目选择最合适的分词方法。

jieba分词是一个基于Python的中文分词开源项目，其GitHub主页链接为 https://GitHub.com/fxsjy/jieba，使用jieba可以对中文文本进行分词、词性标注、关键词抽取等操作，并且支持自定义词典。

jieba分词的速度非常快，其在一台采用i7-2600型号CPU的计算机上，每秒可以分析1MB左右的文本。结巴分词的主要特点如下。

(1)支持四种分词模式:精确模式、全模式、搜索引擎模式和 Paddle 模式。

(2)支持繁体分词。

(3)支持自定义词典。

(4)采用最宽松的 MIT 开源协议。

接下来我们将对 jieba 进行介绍。

4.4.2　在 VSCode 中安装 jieba 分词工具

为了方便源代码管理,先在 VSCode 中新建一个名为"jieba"的项目,以后与 jieba 相关的测试代码都放在该项目中。建立项目后,还需要新建一个名为"jieba 实战 .py"的文件,我们会在这个 Python 源代码文件中输入测试代码进行学习。

注意:不要用"包名"来命名 Python 源代码文件,如果将源代码文件命名为"jieba.py",那么 Python 在使用 import jieba 导入 jieba 时,就会误把 jieba.py 当成 jieba 包,从而造成引用错误。

然后在 VSCode 中安装 jieba 分词,确切地说,是在 VSCode 的终端会话中,使用 pip 命令为 Python 安装 jieba 包。

pip 是官方推荐的安装和管理 Python 包的工具,在 Python 3.4 及后续版本中已经默认安装 pip 了。使用 pip 安装开源 Python 包的命令格式如下。

```
pip install <包名>
```

如图 4.21 所示,安装结巴分词包,其对应的包名是"jieba",具体过程如下。

(1)选择 VSCode 中的"终端"tab 页,这样就能切换到终端窗口了。终端窗口与 Windows 命令行一样,可以输入各种操作系统命令。由于已安装了 Python,并且在 Python 中自带 pip 命令,因此终端窗口可以运行 pip 命令。

(2)在终端窗口的命令提示符后面输入命令:pip install jieba,并按回车键,终端便会执行这行命令,命令的执行过程从下一行开始逐步呈现在终端中。

(3)等待 pip 程序自动下载并安装 jieba 包,最终完成后,在终端窗口中会显示 Successfully installed jieba-0.42.1,表示已成功安装了结巴分词包。

安装完毕后,jieba 的源代码都会自动下载到 Lib 的 site-packages 目录下,如图 4.22 所示。使用结巴分词时,Python 就可以调用这些代码来实现需要的功能了。为了使用 jieba 的 Paddle 模式下分词和词性标注的功能,需要安装 paddlepaddle-tiny,其对应的命令是 pip install paddlepaddle-tiny==1.6.1。

图4.21　安装结巴分词的过程

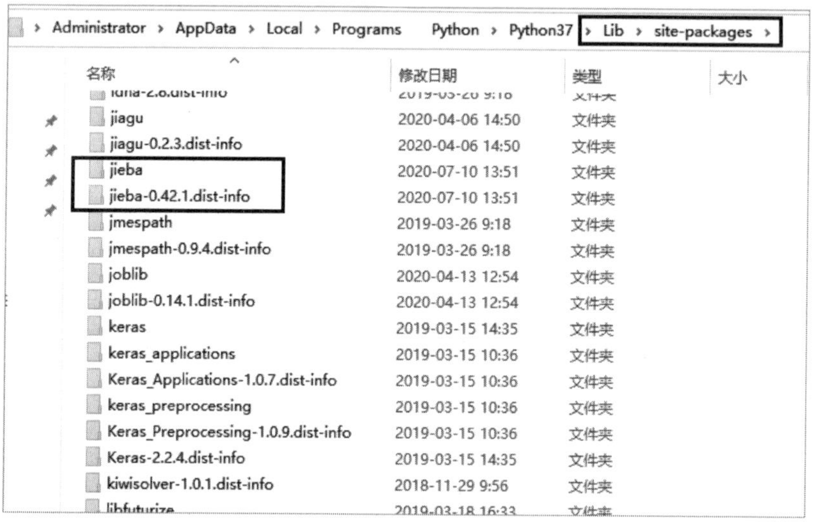

图4.22　安装好的jieba包目录

除pip工具之外，如果还需要使用Anaconda，就可以使用Conda安装jieba和Paddlepaddle，通过对比Conda和pip两种安装方式的优缺点，得出的结论是Conda比较好，但是在Conda默认的数据源中不包含结巴分词，所以不能直接使用conda install jieba，而是要先用anaconda search –t conda jieba命令查找jieba包的地址。

如图4.23所示，我们查询到12个jieba包，其中第2个conda-forge路径下的包可支持Linux、Win32，Win64、OSX-64等系统，并且支持Python3.6版，而且它的jieba包版本是最新的。综合考虑后，决定从conda-forge中安装jieba包，其命令为conda install –c conda-forge jieba。

```
(base) C:\Users\Administrator\Desktop\jieba>anaconda search -t conda jieba
Using Anaconda API: https://api.anaconda.org
Packages:
   Name                        | Version | Package Types   | Platforms       | Builds
   ------------------------- | ------ | --------------- | --------------- | ----------
   auto/jieba                  | 0.32 | conda           | linux-64, linux-32 | py27_0
                               : http://github.com/fxsjy
   conda-forge/jieba           | 0.39 | conda           | linux-64, win-32, osx-64, noarch, win-64 | py_1, py36_0
                               : Chinese Words Segmentation Utilities
   conda-forge/jieba3k         | 0.35.1 | conda          | linux-64, win-32, osx-64, win-64, noarch | py36_1001, p
                               : Chinese Words Segmentation Utilities
   creditx/jieba               | 0.38 | conda           | linux-64        | py35_0, py27_0
   hargup/jieba                |      | conda           | linux-64        | py27_0
                               : Chinese Words Segmentation Utilities
   iilab/jieba                 | 0.36.2 | conda          | linux-64, osx-64 | py34_0
                               : Chinese Words Segmentation Utilities
   iilab/jieba3k               | 0.35.1 | conda          | linux-64, osx-64 | py34_0
   jiangxiluning/jieba         | 0.36.2 | conda          | linux-64, osx-64, win-64 | py27_0
                               : Chinese Words Segmentation Utilities
   moustik/jieba               | 0.38 | conda           | linux-64        | py27_0
   r/r-jiebard                 | 0.1 | conda            | noarch          | r36h6115d3f_0
                               : jiebaR is a package for Chinese text segmentation, keyword extraction and
speech tagging. This package provides the data files required by jiebaR.
   r_test/r-jiebard            | 0.1 | conda            | noarch          | r36h6115d3f_0
                               : jiebaR is a package for Chinese text segmentation, keyword extraction and
speech tagging. This package provides the data files required by jiebaR.
   syllabs_admin/jieba         | 0.39 | conda           | linux-64        | py27ha286e51_0
Found 12 packages
```

图4.23　查找jieba包的地址

如果需要使用jieba中的Paddle模式分词,则要求jieba版本必须为0.4以上,但是Conda库中的版本只有0.39版的,所以需要从jieba官网https://pypi.org/project/jieba/中下载最新版本的jieba安装包,如图4.24所示。

图4.24　从jieba官网下载最新的安装包

下载完成后,将压缩包解压到 Anaconda 的 pkgs 目录下(最新版 Windows 的默认安装地址是 C:\ProgramData\Anaconda3\pkgs),Mac 的 Anaconda 目录名字也是 Anaconda3。如果找不到,在磁盘上搜索anaconda即可。

注意：如果已安装了低版本的 jieba，为了避免冲突，需要运行 conda uninstall jieba 命令删除低版本。

打开终端窗口，通过指令"cd 目录名"将当前文件夹定位在刚才复制的目录下，如果在 Anaconda 目录中是 C:\ProgramData\Anaconda3\pkgs，安装包文件夹名为 jieba-0.42.1，那么对应的命令如下。

```
cd C:\ProgramData\Anaconda3\pkgs\jieba-0.42.1
```

通过上述命令定位完成当前文件夹后，在终端窗口中输入如下命令，安装即可完成。

```
Python setup.py install
```

注意：如果这一步出现错误，就证明在解压和复制步骤中出错了。下载 jieba 压缩包默认解压后，会有两层文件夹，如 jieba-0.42.1\jieba-0.42.1，复制第 2 层文件夹，可确保前文所述的 cd 命令目录名执行后，在前文件夹下有 setup.py 文件。如果复制了两层文件过去，可以先试试 cd C:\ProgramData\Anaconda3\libs\jieba-0.42.1\jieba-0.42.1，再执行 Python setup.py install。

4.4.3 在VSCode中调用jieba分词的主要功能

在已建立的"jieba 实战 .py"文件中，输入如下代码。

```
01 # encoding=UTF-8
02 import jieba
03 jieba.initialize()    # 手动初始化jieba资源，以提高分词效率
04 jieba.enable_paddle() # 启动Paddle模式。jieba版本从0.4后开始支持，早期版本不支持
05 seg_list = jieba.cut("我来到北京南站北广场西路东口",use_paddle=True) # 使用Paddle模式
06 print("Paddle模式:" + '/'.join(list(seg_list)))
07 seg_list = jieba.cut("我来到北京南站北广场西路东口", cut_all=True)
08 print("全模式:" + "/ ".join(seg_list))  # 全模式
09 seg_list = jieba.cut("我来到北京南站北广场西路东口", cut_all=False)
10 print("精确模式:" + "/ ".join(seg_list))  # 精确模式
11 seg_list = jieba.cut("我来到北京南站北广场西路东口")    # 默认是精确模式
12 print("默认是精确模式:"+"/ ".join(seg_list))
13 seg_list = jieba.cut_for_search("我来到北京南站北广场西路东口")    # 搜索引擎模式
14 print("搜索引擎模式, "+"/".join(seg_list))
```

输入完毕后，运行这个代码文件。如果有缺失的包，在运行时会自动安装。若没有安装 Paddle 模式的依赖包，终端就会自动安装 Paddle 包到当前编辑器对应的目录下，如图 4.25 所示。

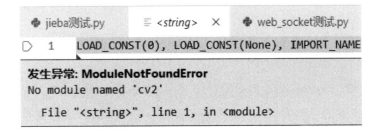

```
问题  输出  调试控制台  终端

and use the search bar at the top of the page.

PS C:\Users\Administrator\Desktop\book\代码> cd 'c:\Users\Administrator\Desktop\book\代码
6806\pythonFiles\lib\python\debugpy\wheels\debugpy\launcher' '5549' '--' 'c:\Users\Admini
Building prefix dict from the default dictionary ...
Loading model from cache C:\Users\ADMINI~1\AppData\Local\Temp\jieba.cache
Loading model cost 1.423 seconds.
Prefix dict has been built successfully.
Installing paddle-tiny, please wait a minute......
Collecting paddlepaddle-tiny
  Downloading paddlepaddle_tiny-1.6.1-cp37-cp37m-win_amd64.whl (9.7 MB)
     |████████████████████████████████| 9.7 MB 251 kB/s
Collecting graphviz
  Downloading graphviz-0.14-py2.py3-none-any.whl (18 kB)
Collecting protobuf>=3.1.0
  Downloading protobuf-3.12.2-cp37-cp37m-win_amd64.whl (1.0 MB)
     |████████████████████████████████| 1.0 MB 77 kB/s
Collecting objgraph
  Downloading objgraph-3.4.1-py2.py3-none-any.whl (17 kB)
Requirement already satisfied: decorator in c:\programdata\anaconda3\lib\site-packages (fr
Requirement already satisfied: six in c:\users\administrator\appdata\roaming\python\python
Requirement already satisfied: requests>=2.0.0 in c:\programdata\anaconda3\lib\site-packa
Requirement already satisfied: numpy>=1.12; python_version >= "3.5" in c:\programdata\ana
Requirement already satisfied: setuptools in c:\programdata\anaconda3\lib\site-packages (
Requirement already satisfied: chardet<3.1.0,>=3.0.2 in c:\programdata\anaconda3\lib\site
Requirement already satisfied: urllib3!=1.25.0,!=1.25.1,<1.26,>=1.21.1 in c:\programdata
Requirement already satisfied: certifi>=2017.4.17 in c:\programdata\anaconda3\lib\site-pa
Requirement already satisfied: idna<2.9,>=2.5 in c:\programdata\anaconda3\lib\site-package
Installing collected packages: graphviz, protobuf, objgraph, paddlepaddle-tiny
Successfully installed graphviz-0.14 objgraph-3.4.1 paddlepaddle-tiny-1.6.1 protobuf-3.12
PS C:\Users\Administrator\Desktop\book\代码> []
```

图 4.25　运行 jieba 实战 .py 后，检测到缺失的 paddle-tiny 会自动安装

自动安装完毕后，会出现如图 4.26 所示的"No module-name 'cv2'"的错误提示，这个提示是程序运行到第 04 行 jieba.enable_paddle() 准备激活 Paddle 分词模式时，编辑器调用 Paddle 的依赖项 OpenCV，寻找名为 cv2 的模块时发生的问题，一般是 OpenCV 与当前 Python 版本不匹配导致的，也有可能是因为 Paddle 或 OpenCV 开源代码中没有对这个异常进行有效的处理，所以即便用 pip 直接安装 OpenCV 也不一定能解决问题，因为 Conda 标准库里没有相应的包。

```
 jieba测试.py        <string>   ✕      web_socket测试.py

  1    LOAD_CONST(0), LOAD_CONST(None), IMPORT_NAME

发生异常: ModuleNotFoundError
No module named 'cv2'

  File "<string>", line 1, in <module>
```

图 4.26　运行 jieba 实战 .py 后，发出异常提示"No module-name 'cv2'"

对于这种版本不匹配的问题，一般的解决方案是先查找到最新版本的 Opencv 包，然后手动下载重新安装，具体步骤如下。

OpenCV 是一个基于 BSD 许可（开源）发行的跨平台计算机视觉和机器学习软件库，可以运行在

Linux、Windows、Android 和 Mac OS 操作系统上。它由一系列 C 函数和少量 C++ 类构成，同时提供 Python、Ruby、MATLAB 等语言的接口，可实现图像处理和计算机视觉方面的很多通用算法。Paddle 使用 OpenCV 提供的算法，可实现基于双向 GRU 的深度学习模型框架，并通过训练序列标注，使用训练好的模型实现分词。

安装 OpenCV 的步骤如下。

（1）在终端窗口输入 Python -i 命令，查看 Python 版本号。

笔者计算机的 Python 版本号是 3.7.6，操作系统是 64 位，显示为 AMD64，如图 4.27 所示。

```
PS C:\Users\Administrator\Desktop\book\代码> python -i
Python 3.7.6 (default, Jan  8 2020, 20:23:39) [MSC v.1916 64 bit (AMD64)] :: Anaconda, Inc. on win32
```

图4.27　查看Python版本号

有些读者会困惑，为何 Intel 的 CPU 会被识别成 AMD 的 64 位呢？实际上，无论 CPU 是哪家公司生产的，只要是 64 位系统就都称为 AMD64，因为 64 位指令集是 AMD 公司首次公开的，最初被称为 X86-64，后来改名为 AMD64。AMD64 架构在 IA-32 上新增了 64 位寄存器，并兼容早期的 16 位和 32 位软件，可使现有以 X86 为对象的编辑器转为 AMD64 版本。

注意：运行 Python -i 命令后，终端窗口会进入 Python 命令模式，需要按"Ctrl+z"组合键退出，才能运行其他的终端命令。

（2）打开 OpenCV 的下载网址 https://www.lfd.uci.edu/~gohlke/Pythonlibs/，找到与 Python 版本号一致的 whl 文件。由于网页内容很多，可以通过按"Ctrl+f"组合键搜索 OpenCV 快速找到需要的下载链接。笔者的 Python 版本是 3.7.6 的，所以下载的 whl 文件名是 OpenCV_Python-4.2.0-cp37-cp37m-win_amd64.whl，这个文件名的意思是 4.2.0 版的 OpenCV 适用于 Python3.7 版本的 Windows64 位操作系统。

whl 文件可以被视为一个压缩包，包含 py 文件和经过编译的 pyd 文件。

（3）将下载的文件复制到 Anaconda 文件夹的 Lib\site-packages 文件夹中，如 Windows 默认的 Anaconda 目录是 C:\ProgramData\Anaconda3\lib\site-packages\。

（4）在终端窗口中使用 cd 命令，将当前目录定位到上一步找到的目录下。

（5）运行 pip install + 刚才下载的 whl 文件名，笔者运行的命令如下。

```
pip install OpenCV_Python-4.2.0-cp37-cp37m-win_amd64.whl
```

通过上面 5 个步骤就可以解决 OpenCV 与 Python 的兼容性问题，进而使得 Paddle 能正常调用 OpenCV，所以 jieba 也就可以正常调用 Paddle 进行分词了。一般的开源代码包都会有各种各样的问题，这里介绍的解决方法只是针对 jieba 开源代码包，希望读者能了解其解决思路与方法，以后遇到类似问题时能做到举一反三。

按 F5 键，对"jieba实战.py"进行调试和运行。如果你使用的是 VSCode，那么其运行过程与结果会显示在 VSCode 的终端窗口中，代码如下。

```
01   (base) c:\Users\Administrator\Desktop\jieba> cd c:
\Users\Administrator\Desktop\jieba && cmd /C" C:\Anaconda3\Python.exe c:
\Users\Administrator\.VSCode\extensions\ms-Python.Python-
2020.5.86806\PythonFiles\lib\Python\debugpy\wheels\debugpy\launcher 48960 -- c:
\Users\Administrator\Desktop\jieba\jieba实战.py "
02   Building prefix dict from the default dictionary ...
03   Loading model from cache C:\Users\ADMINI~1\AppData\Local\Temp\jieba.cache
04   Loading model cost 0.597 seconds.
05   Prefix dict has been built successfully.
06   Paddle enabled successfully...
07   Paddle模式:我/来到/北京南站北广场西路东口
08   全模式:我/ 来到/ 北京/ 京南/ 南站/ 北广/ 北广场/ 广场/ 西路/ 路东/ 口
09   精确模式:我/ 来到/ 北京/ 南站/ 北广场/ 西路/ 东口
10   默认是精确模式:我/ 来到/ 北京/ 南站/ 北广场/ 西路/ 东口
11   搜索引擎模式: 我/来到/北京/南站/北广/广场/北广场/西路/东口
```

终端窗口输出代码第01行是运行调试时，VSCode自动生成的终端命令。首先通过cd命令将当前路径定位到代码所在的目录，其次使用cmd命令调用Anaconda环境中的Python.exe调试代码文件。

第02行是jieba从其默认词典中初始化词典。

第03行是jieba加载分词模型。

第04行显示加载分词模型的用时。虽然深度学习模型的训练很耗时，但是jieba这种开源代码加载和使用训练好的模型时，速度却很快。

第05行显示默认词典被成功加载。

第06行显示Paddle被成功激活。

第07行才开始运行编写的print语句，这里输出了Paddle模式的分词结果。

第08~11行依次输出了其他模式的分词结果。

4.4.4　jieba分词代码详解

我们成功运行了代码，并对"我来到北京南站北广场西路东口"这句话进行了各种方式的分词。接下来介绍4.4.3节编写的代码。

```
01 # encoding=UTF-8
```

代码第01行是指定编辑器运行代码时所使用的编码，默认情况下，Python 源码文件以 UTF-8 的编码方式处理。在这种编码方式中，世界上大多数语言的字符都可以同时用于字符串面值、变量或函数名称及注释。尽管标准库中只用常规的 ASCII 字符作为变量或函数名，但任何可移植的代码都应该遵守此约定。要正确显示这些字符，编辑器必须能识别 UTF-8 编码，而且能支持打开文件中所有字符的字体。

encoding=UTF-8可以确保编辑器用 UTF-8编码来处理代码。如果把# encoding=UTF-8替换为utf-7，那么编辑器解析就会报错（SyntaxError: 'utf7' codec can't decode byte 0xe6 in position 52: unexpected special character）。

```
02 import jieba
```

代码第02行是import语句,用于导入开源包或用户自己的源码文件。这里导入的是jieba开源包,其中包含一个或多个模块的目录,有助于我们进行分词。

```
03 jieba.initialize()    # 手动初始化jieba资源,以提高分词效率。
04 jieba.enable_paddle() # 启动Paddle模式。jieba版本从0.4后开始支持,早期版本不支持。
```

代码第03行使用上一行导入的jieba开源包中的initialize()方法,对jieba词库进行初始化。jieba采用延迟加载,import jieba 不会立即触发词典的加载,只有必要时才会开始加载以构建前缀词典。如果想用手工初始化jieba,可以使用jieba.initialize()。

代码第04行使用jieba.enable_paddle()方法启动飞桨(Paddle)模式,加载Paddle神经网络模型。

```
05 seg_list = jieba.cut("我来到北京南站北广场西路东口",use_paddle=True)
   # 使用Paddle模式
```

代码第05行使用jieba.cut方法对"我来到北京南站北广场西路东口"这句话进行Paddle分词,Cut方法可接受四个输入参数。

(1)需要分词的字符串。

(2)cut_all 参数用来控制是否采用全模式。

(3)HMM 参数用来控制是否使用 HMM 模型。HMM模型是马尔科夫模型,它是一种基于统计的语言模型,具体算法这里不再赘述。

(4)use_paddle 参数用来控制是否使用Paddle模式下的分词模式。

把鼠标移动到这行代码的变量 seg_list 上,会显示 seg_list:Generator,这说明 jieba 把分词结果以Generator形式返回了。Generator是一种可以按需生成并"返回"结果的对象,它并不立刻产生返回值,而是等到被需要时才产生返回值。

```
06 print("Paddle模式:" + '/'.join(list(seg_list)))
```

代码第06行使用Print方法把上一行Paddle模式的分词结果用反斜杠连接起来,然后输出到终端窗口中。这里的seg_list就是上一步的分词结果,直到这步需要时,才被list方法把Generator形式的seg_list转化为一个list对象,然后使用'/'.join方法,将list对象中的各个元素用反斜杠连接起来,最终在终端窗口中看到的就是分词结果,即"Paddle模式:我/来到/北京南站北广场西路东口。"与其他模式对比后可以看到,使用深度神经网络的Paddle模式可以把"北京南站北广场西路东口"这个地名识别为一个词,而不像其他分词模式那样,把这个词识别成多个短词。

```
07 seg_list = jieba.cut("我来到北京南站北广场西路东口", cut_all=True)
08 print("全模式:" + "/ ".join(seg_list))  # 全模式
09 seg_list = jieba.cut("我来到北京南站北广场西路东口", cut_all=False)
10 print("精确模式:" + "/ ".join(seg_list))  # 精确模式
11 seg_list = jieba.cut("我来到北京南站北广场西路东口")  # 默认是精确模式
12 print("默认是精确模式:"+"/ ".join(seg_list))
13 seg_list = jieba.cut_for_search("我来到北京南站北广场西路东口")  # 搜索引擎模式
14 print("搜索引擎模式, "+"/".join(seg_list))
```

代码第 07~14 行使用了其他的 jieba 分词模式,代码类似,分词结果正如 jieba 官方说明的那样。

(1)精确模式。可将句子精确地切开,适合进行文本分析。

(2)全模式。把句子中所有的可以成词的词语都扫描出来,并且速度非常快,但不能解决歧义问题。

(3)搜索引擎模式。在精确模式的基础上,对长词再次切分,可提高召回率,适合用于搜索引擎分词。

(4)Paddle 模式。利用百度 Paddle 深度学习框架效果最好,适合对准确率要求较高的场景。

读者在使用的时候,可以按照自己的需求进行选择。

4.4.5　jieba 自定义词典实战

除了基础的分词功能,jieba 还支持用户自定义词典、词性标注、关键词提取等。

jieba 自定义用户词典功能如下。

(1)开发者可以指定自己的词典,以便包含 jieba 词库里没有的词。虽然 jieba 有新词识别能力,但是自行添加新词可以保证更高的正确率。

(2)用法:jieba.load_userdict(file_name),其中 file_name 为文件类对象或自定义词典的路径。

(3)词典格式和 dict.txt 一样,一个词占一行;每一行分三部分,即词语、词频(可省略)、词性(可省略),用空格隔开,并且顺序不可颠倒。若 file_name 为路径或二进制方式打开的文件,则文件必须是 UTF-8 编码。

(4)词频省略时,使用自动计算能保证分出该词的词频。

在 jieba 文件夹下面新建"jieba 测试自定义词典 .py"文件,输入如下代码。

```
01 # encoding=UTF-8
02 import jieba
03 seg_list = jieba.cut("丹妮莉丝坦格利安,旧瓦雷利亚的后裔,安达尔人先民的女王,维斯特
洛的统治者暨全境守护者,大草原多斯拉克人卡丽熙,不焚者,弥林的女王,镣拷打破者,龙之母,阿斯塔
波的解放者,罗伊拿人和先民的女王,龙石岛公主",cut_all=False)
04 print("未加载自定义词典的分词:" + '/'.join(list(seg_list)))
05 jieba.load_userdict("dict\\jieba.txt")
06 seg_list = jieba.cut("丹妮莉丝坦格利安,旧瓦雷利亚的后裔,安达尔人先民的女王,维斯特
洛的统治者暨全境守护者,大草原多斯拉克人卡丽熙,不焚者,弥林的女王,镣拷打破者,龙之母,阿斯塔
波的解放者,罗伊拿人和先民的女王,龙石岛公主",cut_all=False)
07 print("已加载自定义词典的分词:" + '/'.join(list(seg_list)))
```

然后在 jieba 文件夹下新建 dict 文件夹,并在其中新建 jieba.txt 文件,这个文件就是自定义词典,最后在 VSCode 中打开 jieba.txt,输入如下自定义词语。

```
丹妮莉丝坦格利安
旧瓦雷利亚
安达尔人先民
全境守护者
大草原多斯拉克人
```

卡丽熙
不焚者
弥林
镣拷打破者
龙之母

运行"jieba 测试自定义词典 .py"，结果如下。

未加载自定义词典的分词:丹妮莉/丝坦/格利/安/,/旧瓦/雷利亚/的/后裔/,/安/达尔/人/先民/的/
女王/,/维斯特/洛/的/统治者/暨/全境/守护者/,/大/草原/多斯/拉克/人卡丽熙/,/不/焚者/,/弥
林/的/女王/,/镣/拷打/破/者/,/龙之母/,/阿
斯塔/波/的/解放者/,/罗伊拿人/和/先民/的/女王/,/龙/石岛/公主/
已加载自定义词典的分词:丹妮莉丝坦格利安/,/旧瓦雷利亚/的/后裔/,/安达尔人先民/的/女王/,/
维斯特/洛/的/统治者/暨/全境守护者/,/大草原多斯拉克人/卡丽熙/,/不焚者/,/弥林/的/女王/,/
镣拷打破者/,/龙之母/,/阿斯塔/波/的/解放
者/,/罗伊拿人/和/先民/的/女王/,/龙/石岛/公主/

可以看到，在未加载自定义词典的情况下，jieba 对于生僻词语的识别效果较差，如"丹妮莉丝坦格
利安"这个人名被识别为四个词:丹妮莉/丝坦/格利/安，而"旧瓦雷利亚"这个奇幻小说的朝代名被识
别为两个词:旧瓦/雷利亚，其中的旧瓦应该是旧瓦片的意思。

当把上述人名和奇幻朝代名加入自定义词典中，并利用自定义词典辅助分词，其分词效果有显著
提升。

除了使用自定义词典的方式外，还可以在程序编码中调整词典。

- 使用 add_word(word, freq=None, tag=None) 和 del_word(word) 可在程序中动态修改词典。
- 使用 suggest_freq(segment, tune=True) 可调节单个词语的词频，使其能(或不能)被分出来。

注意:自动计算的词频在使用 HMM 新词发现功能时可能无效。对于 Paddle 模式，由于使用
的是预先训练好的深度模型，因此无法加载自定义词典。后续将会介绍 Paddle 模式的训练方法。

4.4.6 jieba 词性标注实战

词性指以词的特点作为划分词类的根据，一般将汉语的词类分为名词、动词、形容词、数词、量词、
代词、区别词、副词、介词、连词、助词、叹词、语气词、拟声词，共十四类。词性标注(Part-of-Speech
tagging 或 POS tagging)是指为自然语言文本中的每个词汇赋予一个词性的过程。

词性标注在自然语言处理中属于基础性的模块，为句法分析、信息抽取等工作打下基础。词性标
注和分词一样重要，中文词性标注存在很多难点，如一词多词性、未登录词处理等诸多问题。

在自然语言处理领域有很多词性标注器，这些方法都已嵌入成型的自然语言处理工具包中，这些
工具包通过基于字符串匹配的词典查询算法或基于统计的词性标注算法，可以很好地完成词性标注
工作。

jieba 的词性标注功能说明如下。

(1)通过 jieba.posseg.POSTokenizer(tokenizer=None) 新建自定义分词器，其中 tokenizer 参数可指定

内部使用的 jieba.Tokenizer 分词器;jieba.posseg.cut 方法为默认词性标注分词器。

(2)标注句子分词后每个词的词性,可采用和 ICTCLAS(Institute of Computing Technology)兼容的标记法。ICTCLAS 是中国科学院计算技术研究所研制出的汉语词法分析系统,ICTCLAS 主要功能包括中文分词、词性标注、命名实体识别、新词识别,可同时支持用户词典。目前已经升级到 ICTCLAS 3.0,其词性标签如表4.2所示。

表4.2　jieba词性标签的含义

标签	含义	标签	含义	标签	含义	标签	含义
n	普通名词	f	方位名词	s	处所名词	t	时间
nr	人名	ns	地名	nt	机构名	nw	作品名
nz	其他专名	v	普通动词	vd	动副词	vn	名动词
a	形容词	ad	副形词	an	名形词	d	副词
m	数量词	q	量词	r	代词	p	介词
c	连词	u	助词	xc	其他虚词	w	标点符号
PER	人名	LOC	地名	ORG	机构名	TIME	时间

(3)除了 jieba 默认的分词模式外,其还提供了 Paddle 模式下的词性标注功能。Paddle 模式采用延迟加载方式,通过 enable_paddle()安装 paddlepaddle-tiny,并且可输入相关代码。

建立"jieba测试词性分析.py",并在其中键入如下代码。

```
01 import jieba
02 import jieba.posseg as pseg    #加载分词器
03 jieba.enable_paddle()    #启动Paddle模式。jieba版本从0.4后开始支持,其早期版本不支持
04 words = pseg.cut("我爱中国",use_paddle=True)    #Paddle模式
05 for word, flag in words:    #遍历word,其类型为迭代器Generator,将每条遍历结果放入两
个字符串中,两个字符串分别是word(分词)和flag(词性)
06    print('%s %s' % (word, flag))    #遍历每条结果时,在终端窗口中显示此条结果
```

运行代码,在终端窗口输出的结果如下。

```
Paddle enabled successfully...
我 r
爱 v
中国 LOC
```

每行包含两部分,首先是单词,其次是词性标记。下面对代码进行分析。

代码第02行是导入jieba分词器,并为分词器定义了简称"pseg",后续代码用简称即可调用分词器的方法。

代码第04行使用分词器对"我爱中国"进行分词和词性识别,分析结果的名称为"words",类型是迭代器 Generator。

代码第05行使用循环遍历 words 获得分词和对应的词性,每次循环都把分词放入 word 变量中,并将词性放入 flag 变量中,供循环体内的语句使用。

代码第06行使用 print 方法在终端输出分词和词性,由于第05行是 for 循环语句,因此这行代码缩

进了一个 tab 键，相当于每次循环都运行同样的命令。由于分词结果有 3 个词，因此 print('%s %s' % (word, flag)) 会运行 3 次，其中 %s 是占位符，这两个占位符分别对应 word 和 flag。

4.5　jiagu NLP技术实战

4.5.1　甲骨(jiagu)分词简介

jiagu 是以 BiLSTM 等模型为基础，使用大规模语料训练而成的。它可提供中文分词、词性标注、命名实体识别、情感分析、知识图谱关系抽取、关键词抽取、文本摘要、新词发现、情感分析、文本聚类等常用自然语言处理功能。

jiagu 与 jieba 的对比如下。

（1）功能：jiagu 比 jieba 的功能更丰富，它还具有命名实体识别、情感分析、知识图谱关系抽取、文本摘要、情感分析、文本聚类等功能。

（2）效果：如表 4.3 所示，与常见自然语言处理开源包相比较，jiagu 的各项指标均有不错的成绩。但是这些成绩是针对 2019 年之前的版本，在 jieba 使用了 paddle() 后，成绩已有显著提升。

表4.3　jiagu 与常见自然语言处理开源包的比较

分词器	准确率 P	召回率 R	$F1$ 分数
jieba	80.809	80.599	80.704
HanLP	82.36	80.973	81.661
SnowNlP	80.272	84.851	82.498
FoolNLTK	83.117	86.953	84.992
jiagu	89.746	91.771	90.747
pyltp	86.14	89.274	87.679
THULAC	82.805	87.223	84.957
NLPIR	85.981	90.524	88.194

其中，准确率算法为准确率 $(P) = \dfrac{分词结果中正确的分词数}{分词结果中所有的分词数} \times 100\%$

召回率的算法为 召回率 $(R) = \dfrac{分词结果中正确的分词数}{标准答案中所有的分词数} \times 100\%$

$F1$ 分数算法为 $F1 = \dfrac{2 \times P \times R}{P + R}$

$F1$ 分数就是准确率 P 和召回率 R 的调和平均数。

（3）速度：如表 4.4 所示，jieba 比其他自然语言处理开源包的运行速度更快，jiagu 分词的速度一般。读者可以根据自己的需求，选择合适的分词工具包，如果希望更快的速度，可选择 jieba；如需要更多的功能，可以选择 jiagu。

表 4.4　常用分词包的分词效率

单位：秒

分词器	msr 测试集运行时间	pku 测试集运行时间	其他测试集运行时间
jieba	22	13	35
HanLP	113	53	144
SnowNlp	1759	778	1851
FoolNLTK	547	219	591
jiagu	564	224	611
pyltp	44	19	50
THULAC	211	94	234
NLPIR	44	23	72

4.5.2　jiagu 安装与入门实战

先对 pip 进行安装。

```
pip install -U jiagu
```

如果安装的速度比较慢，可以使用清华的 pip 源。

```
pip install -U jiagu -i https://pypi.tuna.tsinghua.edu.cn/simple
```

安装完毕后，在 VSCode 中新建一个名为"jiagu"的项目，并在项目文件夹下建立"jiagu 实战 .py"的源代码文件，然后在源代码文件中输入以下代码。

```
01 import jiagu
02 # jiagu.init() # 可手动初始化,也可以动态初始化
03 text = '苏州的天气不错'
04 words = jiagu.cut(text)  # 分词
05 print('‘苏州的天气不错’的分词结果:'+ '/'.join(words))
06 pos = jiagu.pos(words)  # 词性标注
07 print('‘苏州的天气不错’的词性标注:'+ '/'.join(pos))
08 ner = jiagu.ner(words)  # 命名实体识别
09 print('‘苏州的天气不错’的实体名称识别:'+ '/'.join(ner))
```

```
10  # 词典模式分词
11  text = '丹妮莉丝坦格利安疯了'
12  words = jiagu.seg(text)
13  print(''丹妮莉丝坦格利安疯了'的默认分词结果:'+ '/'.join(words))
14  # jiagu.load_userdict('dict/user.dict') # 加载自定义词典,并支持词典路径、词典列表形式
15  jiagu.load_userdict(['丹妮莉丝坦格利安'])
16  words = jiagu.seg(text)
17  print('经过用户自定义词语后,'丹妮莉丝坦格利安疯了'的分词结果:'+ '/'.join(words))
18  text = '''
```

该研究主持者之一、波士顿大学地球与环境科学系博士陈池(音)表示,"尽管中国和印度国土面积仅占全球陆地的9%,但两国为这一绿化过程的贡献超过三分之一。考虑到人口过多的国家一般存在对土地过度利用的问题,这个发现令人吃惊。"

NASA埃姆斯研究中心的科学家拉玛·内曼尼(Rama Nemani)说,"这一长期数据能让我们深入分析地表绿化背后的影响因素。我们一开始以为,植被增加是由于更多二氧化碳的排放,导致气候更加温暖、潮湿,适宜植物生长。"

"MODIS的数据让我们能在非常小的尺度上理解这一现象,让我们发现人类活动也做出了贡献。"

NASA文章介绍,在中国为全球绿化进程做出的贡献中,有42%来源于植树造林工程,对于减少土壤侵蚀、空气污染与气候变化发挥了作用。

据观察者网过往报道,2017年我国全国共完成造林736.2万公顷、森林抚育830.2万公顷。其中,天然林资源保护工程完成造林26万公顷,退耕还林工程完成造林91.2万公顷。京津风沙源治理工程完成造林18.5万公顷。三北及长江流域等重点防护林体系工程完成造林99.1万公顷。完成国家储备林建设任务68万公顷。

```
    '''
19  keywords = jiagu.keywords(text, 5)   # 关键词抽取
20  print('关键词抽取:'+ '/'.join(keywords))
21  summarize = jiagu.summarize(text, 3)   # 文本摘要
22  print('文本摘要:'+ '/'.join(summarize))
23  # jiagu.findword('input.txt', 'output.txt') # 根据大规模语料,利用信息熵做新词发现
24  # 知识图谱关系抽取
25  text = '姚明1980年9月12日出生于上海市徐汇区,祖籍江苏省苏州市吴江区震泽镇,前中国职业
    篮球运动员,司职中锋,现任中职联公司董事长兼总经理。'
26  knowledge = jiagu.knowledge(text)
27  print(knowledge)
28  # 情感分析
29  text = '很讨厌,还是个懒鬼'
30  sentiment = jiagu.sentiment(text)
31  print(sentiment)
32  # 文本聚类(需要调参)
33  docs = [
        "百度深度学习中文情感分析工具Senta试用及在线测试",
        "情感分析是自然语言处理的一个热门话题",
        "AI Challenger 2018 文本挖掘类竞赛相关解决方案及代码汇总",
        "深度学习实践:从零开始做电影评论文本情感分析",
        "BERT相关论文、文章和代码资源汇总",
```

"将不同长度的句子用 BERT 预训练模型编码,并映射到一个固定长度的向量上",

"自然语言处理工具包 spaCy 介绍",

"现在可以快速测试一下 spaCy 的相关功能,我们以英文数据为例,spaCy 主要支持英文和德文"

```
    ]
34  cluster = jiagu.text_cluster(docs)
35  print(cluster)
```

运行代码,结果如下。

```
'苏州的天气不错'的分词结果:苏州/的/天气/不错
'苏州的天气不错'的词性标注:ns/u/n/a
'苏州的天气不错'的实体名称识别:B-LOC/O/O/O
'丹妮莉丝坦格利安疯了'的默认分词结果:丹妮/莉/丝/坦格利安/疯/了
经过用户自定义词语后,'丹妮莉丝坦格利安疯了'的分词结果:丹妮莉丝坦格利安/疯/了
关键词抽取:../工程/万/造林/绿化
文本摘要:"NASA 文章介绍,在中国为全球绿化进程做出的贡献中,有 42% 来源于植树造林工程,对于减
少土壤侵蚀、空气污染与气候变化发挥了作用。/该研究主持者之一、波士顿大学地球与环境科学系博
士陈池(音)表示,"尽管中国和印度国土面积仅占全球陆地的 9%,但两国为这一绿化过程的贡献超过三
分之一。
/其中,天然林资源保护工程完成造林 26 万公顷,退耕还林工程完成造林 91.2 万公顷。
[['姚明', '出生日期', '1980 年 9 月 12 日'], ['姚明', '出生地', '上海市徐汇区'], ['姚明
', '祖籍', '江苏省苏州市吴江区震泽镇']]
('negative', 0.9957030885091285)
{0:['百度深度学习中文情感分析工具 Senta 试用及在线测试', '深度学习实践:从零开始做电影评
论文本情感分析'], 1:['自然语言处理工具包 spaCy 介绍', 'BERT 相关论文、文章和代码资源汇总
', 'AI Challenger 2018 文本挖掘类竞赛相关解决方案及代码汇总', '现在可以快速测试一下
spaCy 的相关功能,我们
以英文数据为例,spaCy 主要支持英文和德文', '情感分析是自然语言处理里面一个热门话题'], 2:
['将不同长度的句子用 BERT 预训练模型编码,映射到一个固定长度的向量上']}
```

jiagu 的词性标注可以识别出 41 种词性, Jiaba 能识别出 28 种,如果对词性识别要求较高的,可以选用 jiagu,其词性代码与中文名称如表 4.5 所示。

表 4.5　jiagu 词性代码

词性代码	词性中文	词性代码	词性中文
n	普通名词	p	介词
nt	时间名词	c	连词
nd	方位名词	u	助词
nl	处所名词	e	叹词
nh	人名	o	拟声词
nhf	姓	i	习惯用语
nhs	名	j	缩略语

续表

词性代码	词性中文	词性代码	词性中文
ns	地名	h	前接成分
nn	族名	k	后接成分
ni	机构名	g	语素字
nz	其他专名	x	非语素字
v	动词	w	标点符号
vd	趋向动词	ws	非汉字字符串
vl	联系动词	wu	其他未知的符号
vu	能愿动词	k	后接成分
a	形容词	g	语素字
f	区别词	x	非语素字
m	数词	w	标点符号
q	量词	ws	非汉字字符串
d	副词	wu	其他未知的符号
r	代词		

对于 jiagu 中和 jieba 类似的功能，这里不多做介绍，下面讲解 jiagu 分词中几个独特的功能。

4.5.3 jiagu 命名实体识别、文本摘要、知识图谱、情感分析、文本聚类实战

除了与 jieba 类似的分词、自定义词典、词性标注、关键词提取外，jiagu 还支持如下功能。

1. 命名实体识别

命名实体识别（Named entity recognition，NER）简称"专名识别"，是信息提取问题的一个子任务。它是指识别自然语言文本中具有特定意义的实体，主要包括人名、地名、机构名、时间日期等。

jiagu 采用的命名实体标记规则是 BIO 标记，这种标记规则是，设命名实体为人名、地名、机构名，对于每种命名实体，有 B、I 两种分类，其中 B 表示命名实体的开头，I 表示命名实体的中间。

```
B-PER、I-PER    人名
B-LOC、I-LOC    地名
B-ORG、I-ORG    机构名
```

例如，新建名为 jiagu 命名实体实战.py 的源码文件，键入如下代码。

```
01 import jiagu
02 text = '全国绿化委员会'
```

```
03 words = jiagu.cut(text)  # 分词
04 print(''全国绿化委员会'的分词结果:'+ '/'.join(words))
05 ner = jiagu.ner(words)  # 命名实体识别
06 print(''全国绿化委员会'的实体名称识别:'+ '/'.join(ner))
```

运行结果如下。

```
'全国绿化委员会'的分词结果:全国/绿化/委员会
'全国绿化委员会'的实体名称识别:B-ORG/I-ORG/I-ORG
```

2. 文本摘要

随着互联网产生的文本数据越来越多,文本信息过载问题日益严重,对各类文本进行"降维"处理显得非常必要,文本摘要便是一个重要的手段。文本摘要旨在将文本或文本集合转换为包含关键信息的简短摘要。

jiagu 的文本摘要调用方法是 jiagu. summarize(text, topsen),其中 text 是要进行摘要的文本,topsen 是返回的句子数。

3. 知识图谱关系抽取

现有大型知识图谱如 Wikidata、Yago、DBpedia、百度百科、知乎话题库等互联网站点,都有海量的结构化知识库。通常使用节点代表现实世界中的某个实体,在它们的连线上标记实体间的关系。图 4.28 所示就是将篮球运动员姚明的相关知识以结构化的形式记录下来。

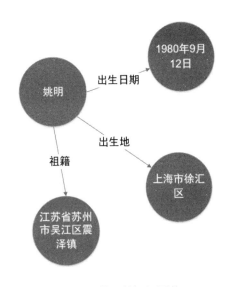

图 4.28　姚明的知识图谱

目前 jiagu 的知识图谱提取只能使用百度百科的描述进行测试,后期将开放 API,效果会更佳,其调用方法为 jiagu.knowledge(text)。

4. 情感分析

文本情感分析又称意见挖掘、倾向性分析等,它是对带有情感色彩的主观性文本进行分析、处理、归纳和推理的过程。互联网(如博客、论坛及大众点评等社会服务网络)上产生了大量用户参与的,对于诸如人物、事件、产品等有价值的评论信息,这些评论信息表达了人们的各种情感色彩和情感倾向性,如喜、怒、哀、乐和批评、赞扬等,潜在用户可以通过浏览这些评论来了解大众舆论对于某个事件或产品的看法。

目前 jiagu 可以分析文本的正面(positive)和负面(negative)程度,分值在 0.5~1,如对于"很讨厌,还是个懒鬼"这句话,其情感属于负面,且负面分值很高,达到了 0.9957030885091285。 jiagu 情感分析的方法是 jiagu.sentiment(text)。

5. 文本聚类

文本聚类就是把一些内容相似的文档聚为一类。jiagu 的文本聚类调用方法是 jiagu.text_cluster(docs)。

4.6 斯坦福大学开源NLP实战

　　斯坦福大学培养出28位图灵奖得主,可谓世界顶级的人工智能学府。斯坦福大学自然语言处理小组是一个由专业教授、博士后、专业程序员和优秀学生组成的科研团队,他们的研究集中在自然语言处理(NLP)中的自然语言理解(NLU)领域,不仅涉及计算机语言学、数字人文科学和计算机社会学的基础研究,而且在NLP的关键应用上也有很多科研成果,涵盖句子理解、自动问答、机器翻译、句法分析和标记、情感分析、文本和视觉场景模型等领域。

　　斯坦福大学自然语言处理小组最突出的特点是利用机器学习和深度学习方法,将深度语言建模、数据分析与创新的概率算法结合起来,创造出了支持多种语言的、功能强大的开源自然语言处理项目。

　　斯坦福大学自然语言处理组发布过基于Java的NLP开源工具,并与著名的自然语言处理项目NLTK进行过合作,但其功能比较单一、调用过程也比较复杂。

　　2020年3月,斯坦福大学自然语言处理组发布了基于Python的深度学习NLP工具包Stanza。

4.6.1 Stanza简介与安装

　　Stanza支持对66种语言进行分词与断句、多词标记扩展、词形还原、词性与词法标注、依存句法分析及命名实体识别。它的GitHub主页地址为https://GitHub.com/stanfordnlp/stanza。其架构如图4.29所示。

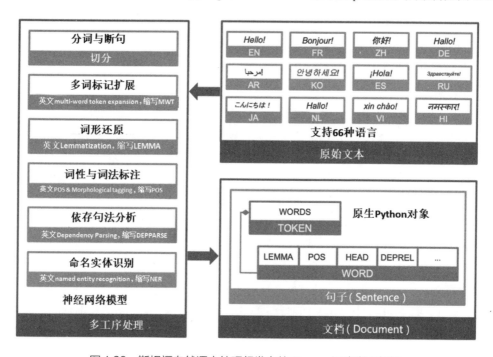

图4.29　斯坦福自然语言处理组发布的Stanza深度学习架构

Stanza是一个纯Python实现的自然语言处理工具包,它还提供了一个Python接口用于CoreNLP工具包的调用,对于一些没有在Stanza中实现的NLP功能,可以通过这个接口调用CoreNLP作为补充。

Stanza的深度学习自然语言处理模块基于PyTorch实现,用户可以基于标注的数据构建更准确的神经网络模型,用于训练、评估和使用,可支持GPU加速。

使用Stanza进行自然语言处理,第一步是安装Stanza软件包,第二步是下载中文语言模型,第三步是建立NLP流水线(pipeline)。

本小节针对安装Stanza软件包进行讲述。

使用pip命令进行安装。

Stanza支持Python 3.6或更高版本,可以在VSCode的终端窗口中进行安装,其对应的命令如下。

```
pip install stanza
```

由于pip不能自动安装关联包,若没有提前安装PyTorch,终端就会以红色字体报错。

```
ERROR:Could not find a version that satisfies the requirement torch>=1.3.0
(from stanza) (from versions:0.1.2, 0.1.2.post1, 0.1.2.post2)
ERROR:No matching distribution found for torch>=1.3.0 (from stanza)
```

这时候就需要安装PyTorch了,如果直接使用pip命令进行安装,默认版本一般会低于1.3.0,而且有可能报错,所以比较稳妥的方法还是从PyTorch官网进行安装。

PyTorch官网地址是https://PyTorch.org/,打开官网后,可以看到安装命令生成器,选择需要操作的系统版本和安装命令等参数,下方会自动生成命令代码,如图4.30所示。选中代码,先按"Ctrl+C"组合键进行复制,然后到VSCode中粘贴即可。

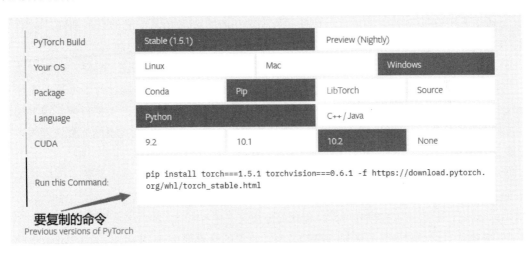

图4.30　PyTorch官网的安装命令生成

如果以前安装过CUDA,但是不知道是哪个版本,可以在VSCode终端窗口中键入如下命令进行查询。

```
nvcc --version
```

注意：如果选择 CUDA 版本，在执行安装命令时会下载 1G 左右的安装包。如果想快速体验，可选择"None"选项，这样安装时只需下载 100M 的 CPU 版本。

安装 PyTorch 后，再重新执行 pip install stanza 命令，即可完成安装。

如果以前安装了旧版 Stanza，可使用如下命令将其升级到最新版。

```
pip install stanza -U
```

使用 conda 命令进行安装。

Conda 可以自动安装依赖包。若要通过 Anaconda 安装 Stanza，可使用以下 conda 命令。

```
conda install -c stanfordnlp stanza
```

注意：通过 Anaconda 安装 Stanza 不适用于 Python 3.8。对于 Python 3.8 应使用 pip 进行安装。

如果计算机上已安装了 GitHub 客户端，也可下载 Stanza 在 GitHub 上发布的源码进行安装，对应的命令如下。

```
git clone https://GitHub.com/stanfordnlp/stanza.git
cd stanza
pip install -e .
```

4.6.2 通用依赖树库简介与下载

Stanza 的语言模型有如下两种。

（1）通用依赖关系（UD）模型可支持包括简体中文在内的 66 种语言。它的数据基础是 1993 年首次面世的通用依赖树库集合（Universal Dependencies treebanks），其覆盖了全世界绝大多数语言，每种语言都有对应的树库，有的语言甚至对应多个树库，如中文就对应了简体中文、繁体中文、文言文。

树库（Treebank）是巨大的人工标记文本数据集，为语法结构和语义内容进行了可靠的注释。它的授权大多是以"署名-相同"的方式共享，树库虽然标注难度高，但每一份劳动都可被复用于词性标注命名实体识别等任务。此外，树库还可以作为评测的标杆数据。因此，它在自然语言处理领域得到越来越多的引用。

斯坦福大学在通用依赖树库集合的基础上进行了训练，使 Stanza 的通用依赖关系模型具有了分词与断句、多词标记扩展、词形还原、词性与词法标注、依存句法分析等功能。

（2）命名实体识别（NER）模型，可支持包括简体中文在内 8 种语言的命名实体标记。

通用依赖关系模型和命名实体识别模型的中文对应的简称都是 zh，使用 stanza.download('zh') 即可下载两个模型，具体步骤如下。

①在 VSCode 终端窗口中输入 Python。

②出现 Python 命令提示符"＞＞＞"后，依次输入如下代码。

```
import stanza
stanza.download('zh')
```

模型包比较大,等待下载完毕后即可使用中文模型。下面将学习如何用 Stanza 流水线对中文模型进行自然语言处理。

4.6.3　Stanza 流水线自然语言处理实战

Stanza 使用 Pipeline 模式进行自然语言处理。Pipeline 是流水线的意思,即程序运行可以像工厂里的流水作业一样,规定自然语言处理需要经过哪些工序、每项工序的作用是什么,从而简化程序流程,降低程序的复杂度。

在 VSCode 中新建一个名为 Stanza 的文件夹,并在其中新建 Stanza 流水线实战 .py 的文件,然后在其中键入如下代码。

```
01 import stanza
02 zh_nlp = stanza.Pipeline('zh')
03 text ="美国商务部 5 月 15 日公布的对华为限制新规将正式于 9 月 15 日生效。美国规定,企业需
   获得许可证方可将美国技术提供给华为及其 114 家附属公司。"
```

代码第 01 行是引入 Sranza 库。

代码第 02 行是建立名为 zh_nlp 的流水线对象,具体做法是使用 stanza.Pipeline(语言代码)的方法来建立流水线,示例中使用的语言代码是 zh,表示建立中文流水线。

代码第 03 行是建立待分析的变量名为 text 的文本,具体做法是定义一个名为 text 的文本类型(str)变量,并为其赋值一段文本。

```
04 doc = zh_nlp(text)
05 for sent in doc.sentences:
06   print("断句(Sentence):" + sent.text) # 断句
07   print("分词(Tokenize):" + ' '.join(token.text for token in sent.tokens))
# 中文分词
08   print("词性标注(UPOS):" + ' '.join(f'{word.text}/{word.upos}' for word
in sent.words)) # 词性标注(UPOS)
09   print("词性标注(XPOS):" + ' '.join(f'{word.text}/{word.xpos}' for word
in sent.words)) # 词性标注(XPOS)
10   print("命名实体识别(NER):" + ' '.join(f'{ent.text}/{ent.type}' for ent
in sent.ents)) # 命名实体识别
```

代码第 04 行是把待分析的文本(变量 text)放到流水线(对象 zh_nlp)中进行自然语言处理,处理结果被存入名为 doc 的文档(document)类型对象中,如图 4.31 所示。

一个文档对象包含若干个句子类型的对象,如果想得到分词和词性等信息,就必须依次遍历文档中的句子,如代码第 05 行所示,先使用 for 语句对 document 进行遍历,得到其中的句子,用 sent 表示,再依次分析每个 sent,进一步输出更细化的信息。

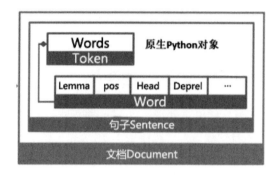

图4.31　流水线处理的结果

代码第06行是在终端窗口中输出sent的text属性，text属性就是句子的文本内容。

代码第07行，由于sent.tokens中存储着分词结果，需要先使用for语句得到该句子的所有分词结果中的词语文本，对应的代码是token.text for token in sent.tokens，然后用' '.join()方法，将这些词语文本进行拼接，每个词用空格分隔，最后在终端窗口中输出。

代码第08行，由于sent.words中存储着词性分析结果，需要用for语句遍历后在终端窗口中输出。

代码第09行与第08行类似，输出的是另一种词性。

代码第10行，由于sent.ents中存储着实体名称识别结果，同之前的方法类似，也是用for语句遍历后，才能在终端窗口中按照格式进行输出。

运行结果如下。

```
01   2020-07-18 19:29:47 INFO:"zh" is an alias for "zh-hans"
02 2020-07-18 19:29:47 INFO:Loading these models for language:zh-hans
(Simplified_Chinese):
03 ========================
04 | Processor | Package  |
05 ------------------------
06 | tokenize  | gsdsimp  |
07 | pos       | gsdsimp  |
08 | lemma     | gsdsimp  |
09 | depparse  | gsdsimp  |
10 | ner       | ontonotes |
11 ========================
12 2020-07-18 19:29:48 INFO:Use device:gpu
13 2020-07-18 19:29:48 INFO:Loading:tokenize
14 2020-07-18 19:29:50 INFO:Loading:pos
15 2020-07-18 19:29:52 INFO:Loading:lemma
16 2020-07-18 19:29:52 INFO:Loading:depparse
17 2020-07-18 19:29:54 INFO:Loading:ner
18 2020-07-18 19:29:54 INFO:Done loading processors!
19 断句(Sentence):美国商务部5月15日公布的对华为限制新规将正式于9月15日生效。
20 分词(Tokenize):美国 商务 部 5 月 15 日 公布 的 对 华为 限制 新 规 将 正式 于 9 月
15 日 生效 。
```

21　　词性标注(UPOS):美国/PROPN 商务/NOUN 部/PART 5/NUM 月/NOUN 15/NUM 日/NOUN 公布/VERB 的/PART 对华/PROPN 为/ADP 限制/VERB 新/PART 规将/NOUN 正式/ADV 于/ADP 9/NUM 月/NOUN 15/NUM 日/NOUN 生效/VERB 。/PUNCT

22　词性标注(XPOS):美国/NNP 商务/NN 部/SFN 5/CD 月/NNB 15/CD 日/NNB 公布/VV 的/DEC 对华/NNP 为/IN 限制/VV 新/PFA 规将/NN 正式/RB 于/IN 9/CD 月/NNB 15/CD 日/NNB 生效/VV 。/.

23　　命名实体识别(NER):美国商务部/ORG 5月15日/DATE 对华/GPE 9月15日/DATE

24　　断句(Sentence):美国规定,企业需获得许可证方可将美国技术提供给华为及其114家附属公司。

25　　分词(Tokenize):美国 规定 , 企业 需 获得 许可 证方 可将 美国 技术 提供 给华 为 及 其 114 家 附属 公司 。

26　　词性标注(UPOS):美国/PROPN 规定/NOUN ,/PUNCT 企业/NOUN 需/AUX 获得/VERB 许可/VERB 证方/NOUN 可将/NOUN 美国/PROPN 技术/NOUN 提供/VERB 给华/PROPN 为/VERB 及/CCONJ 其/PRON 114/NUM 家/NOUN 附属/NOUN 公司/NOUN 。/PUNCT

27　　词性标注(XPOS):美国/NNP 规定/NN ,/, 企业/NN 需/MD 获得/VV 许可/VV 证方/NN 可将/NN 美国/NNP 技术/NN 提供/VV 给华/NNP 为/VC 及/CC 其/PRP 114/CD 家/NNB 附属/NN 公司/NN 。/.

28　　命名实体识别(NER):美国/GPE 美国/GPE 给华/GPE 114家/CARDINAL

运行结果中输出了断句、分词、词性标注、命名实体识别结果,其中词性标注有两种方式,分别是UPOS和XPOS,对应的说明如表4.6所示和表4.7所示,命名实体的缩写与说明如表4.8所示。

表4.6　UPOS词性代码含义

词性代码	中文说明	词性代码	中文说明
ADJ	形容词	PART	成分词
ADP	定位	PRON	代词
ADV	副词	PROPN	专有名词
AUX	辅助	PUNCT	标点符号
CCONJ	协调连词	SCONJ	从属连词
DET	确定器	SYM	符号
INTJ	感叹词	VERB	动词
NOUN	名词	X	其他
NUM	数字		

表4.7　XPOS词性代码含义

词性代码	英文全称	中文说明
CC	conjunction,coordinatin	连词
CD	numeral,cardinal	基数词
DT	determiner	限定词
EX	existential there	存在句
FW	foreign word	外来词

词性代码	英文全称	中文说明
IN	preposition or conjunction, subordinating	介词或从属连词
JJ	adjective or numeral, ordinal	形容词或序数词
JJR	adjective, comparative	形容词比较级
JJS	adjective, superlative	形容词最高级
LS	list item marker	列表标识
MD	modal auxiliary	情态助动词
NN	noun, common, singular or mass	单数名词
NNS	noun, common, plural	复数名词
NNP	noun, proper, singular	专有名词单数（人、地、机构等的名称）
NNPS	noun, proper, plural	专有名词复数（人、地、机构等的名称）
PDT	pre-determiner	前位限定词
POS	genitive marker	所有格标记
PRP	pronoun, personal	人称代词
PRP$	pronoun, possessive	所有格代词
RB	adverb	副词
RBR	adverb, comparative	副词比较级
RBS	adverb, superlative	副词最高级
RP	particle	小品词（与动词构成短语动词的副词或介词）
SYM	symbol	符号
TO	"to" as preposition or infinitive marker	作为介词或不定式标记
UH	interjection	插入语
VB	verb, base form	动词
VBD	verb, past tense	
VBG	verb, present participle or gerund	
VBN	verb, past participle	
VBP	verb, present tense, not 3rd person singular	
VBZ	verb, present tense, 3rd person singular	
WDT	WH-determiner	WH限定词
WP	WH-pronoun	WH代词
WP$	WH-pronoun, possessive	WH所有格代词
WRB	WH-adverb	WH副词

表4.8　命名实体缩写说明

缩　写	说　明
PERSON	人,包括虚构的
NORP	民族、宗教或政治团体
FACILITY	建筑物、机场、公路、桥梁等
ORGANIZATION	公司、机构等
GPE	国家、城市、州
LOCATION	非国家、城市、州的地点,如山脉、水域
PRODUCT	产品,包括车辆、武器、食品等产品(非服务型产品)
EVENT	事件,包括被命名过的台风或战争、体育赛事等事件
WORK OF ART	艺术作品,如书名、歌名等
LAW	法律规章
LANGUAGE	语言
DATE	绝对或相对日期、时期
TIME	比日期小的时间单位
PERCENT	百分比(含"%")
MONEY	金额、货币单位
QUANTITY	测量值,如重量或距离
ORDINAL	序数词,如第一、第二等
CARDINAL	不属于其他类型的数字

4.6.4　Stanza 流水线与工序实战

1. 建立流水线(Pipeline)

在开始自然语言处理之前,需要建立流水线。建立流水线 stanza.Pipeline('zh'),除使用只输入一个语言编码参数的简单方式外,还可以指定流水线中包含哪些工序(Processor),每个工序都能完成特定的自然语言处理任务(如词性标注、命名实体识别等)。

总体流程如下。

(1)流水线接收原始文本或包含部分注释的文档。

(2)连续运行指定的工序。

(3)返回带有注释内容的文档。

创建流水线的方法是 stanza.Pipeline,这个方法可以包含表4.9中的选项。

表4.9　创建流水线的参数说明

参数名称	参数类型	默认值	说　明
lang	str	'en'	用于使用管道处理的语言代码(如en)或语言名称(如English)
dir	str	'~/stanza_resources'	指定流水线使用的语言模型目录。不同系统的目录也不一样，如在最新版的 Windows 系统中，Stanza 下载模型时，默认把模型存储在 C:\Users\Administrator\stanza_resources 下。如果需要测试不同模型的效果，可以把模型存放在不同的文件夹下，然后通过这个参数为流水线指定目录
package	str	'default'	指定工序使用的程序包。程序包通常是用不同的树库训练出来的，Stanza 提供"默认"程序包，这个程序包基本可以满足大多数用户的需求
processors	dict or str	dict()	在流水线中使用的工序。可以把工序用逗号分隔，如'tokenize,pos'，也可以用 python 的词典数据格式来配置工序，词典的键(key)用来存储处理器的名称，词典的值(Value)用来配置包名
logging_level	str	'INFO'	控制在实例化和运行流水线时显示的日志记录信息级别。可以是 'DEBUG', 'INFO', 'WARN', 'ERROR', 'CIRTICAL'或'FATAL'。'DEBUG'显示的日志信息最少，'FATAL'最多。在之前的程序中没有填写这个参数，默认为'INFO'，显示的内容就是简单的流水线使用了 CPU，还是 GPU，以及各个模型的加载状态。 INFO:Use device:gpu INFO:Loading:tokenize INFO:Loading:pos INFO:Loading:lemma INFO:Loading:depparse INFO:Loading:ner
verbose	str	None	日志记录级别的简化选项。如果是 True，则日志记录级别将设置为'INFO'；如果是 False，则日志记录级别将将设置为'ERROR'
use_gpu	bool	TRUE	如果已安装了 CUAD 版的 PyTorch，Stanza 会默认使用 GPU；如果想使用 CPU，则可将其设置为 False
kwargs	–	–	每个单独工序的选项(将在后续进行详细说明)

2. 工序(Processor)

工序是流水线的单元，它们执行特定的 NLP 功能并生成结果文档。Stanza 的自然语言处理流水线支持以下工序，如表4.10所示。

表4.10　工序说明

工序名称	工序对象名称	前置工序	工序的操作说明	简　述
tokenize	切分工序(Tokenize Processor)	无	把一个文档对象断句为若干个句子对象(Sentences)，每个句子包含若干个词符(Tokens)。这个工序还预测出哪些词是短语(MWT)，但将进一步解释的工作交由短语工序	标记文本并执行断句

工序名称	工序对象名称	前置工序	工序的操作说明	简　述
mwt	短语工序 （MWT Processor）	tokenize	当 tokenize 预测出短语时，短语工序将短语扩展为多个词。在切分工序和短语工序后，每个词符将对应一个或多个词	扩展 tokenize 预测的短语（MWT），仅适用于某些语言
pos	词性标注工序 （POS Processor）	tokenize,mwt	词性标注工序可以分析词性信息，并且把分析好的词性信息存储在 Word 对象的 pos、xpos 和 ufeats 属性中。后续会详细介绍 Word 对象	使用通用 POS(UPOS)标签、特定于树库的 POS(XPOS)标签和通用形态特征(UFeats)对词符进行标注
lemma	词形还原工序 （Lemma Processor）	tokenize,mwt,pos	使用 Word 对象的 text 属性和 UPOS 属性进行词形还原(Lemma Processor)，并将结果存储在 Word 对象的 lemma 属性中	为文档中的所有单词进行词形还原。词形还原就是去掉单词的词缀，提取单词的主干部分
depparse	依存句法工序 （Depparse Processor）	tokenize,mwt, pos,lemma	依存句法工序确定句子中每个词的中心词，并且确定单词之间的依存关系。处理结果会存储在 Word 对象的 head 属性和 deprel 属性中	提供准确的句法依存关系分析
ner	命名实体工序 （NER Processor）	tokenize 属性， mwt	通过 Document 或 Sentence 的 entities 属性或 ents 属性来读取命名实体工序的处理结果。此外,也可以通过词符的 ner 属性访问	识别所有词符的命名实体

3. 代码示例

表 4.9 和表 4.10 中列出了流水线和工序的详细说明，只需要使用简单的 Python 代码即可通过 Stanza 的流水线进行自然语言处理。下面将编写两个稍微复杂的示例，来展示在 Python 中设置更复杂的流水线和工序的方法。

（1）使用上面介绍的参数选项建立流水线。

在 stanza 文件夹下新建一个名为"流水线基础配置实战.py"的文件，并在其中键入如下代码。

```
01 import stanza
02 nlp = stanza.Pipeline('zh', processors='tokenize,pos', use_gpu=True,
pos_batch_size=3000) # 建立流水线。在流水线中pos工序的pos_batch_size配置值为3000
03 doc = nlp("刘备出生在河北涿州") # 在文本上运行流水线
04 print(doc) # 查看结果
```

代码第02行建立了一个流水线。流水线使用GPU运算，包含切分工序和词性标注工序，其中词性标注工序被限制为一次处理3000个单词，以避免过多的GPU内存消耗。

注意：当成批的文档运行流水线时，若在一个句子上运行一个for循环会非常慢。为了提高运行效率，最好的方法是将文档连接在一起，每个文档之间用一个空行（两个换行符\n\n）分隔。分词器将在句子中断时识别空白行。Stanza正在积极致力于改善多文档处理的效率。

（2）使用配置词典构建管道。

当建立流水线中配置的参数过多时，就需要使用配置词典的方式来建立流水线了。

在stanza文件夹下新建一个名为"流水线词典配置实战.py"的文件，并在其中键入如下代码。

```
01 import stanza
02 config = { #定义名为config的配置词典
03   'processors':'tokenize,mwt,pos', # 配置工序时,需将流水线所包含的工序用逗号分隔
04   'lang':'zh',    # 语言包的代码,这里使用的是汉语
05   'tokenize_model_path':r'C:\Users\Administrator\stanza_resources\zh-hans\tokenize\gsdsimp.pt',
06 # 设置分词模型的目录,格式是"{processor_name}_{argument_name}"
07
08 nlp = stanza.Pipeline(**config)    # 使用配置词典初始化流水线
09 doc = nlp("我来到北京大学")
10 print(doc)
```

代码第02行设置了一个名为config的词典，词典中包含若干个Key和Value，其中Key是配置名称，Value是配置值，如 'lang':'zh'就是把名为lang的配置值设置为zh。通过这种方法就可以方便地管理流水线的配置了。

注意：代码第05行的Value是模型文件所在的目录，如果需要指定模型目录，应确保已下载了相应的模型文件。Value值的前面有个字母r，它是Python中的特殊标识，以 r 开头的Python字符串是 raw 字符串，所以这里的所有字符都不会被转义。

4.6.5　详解Stanza中的对象

程序开发有两种方法，分别是面向过程和面向对象。

（1）面向过程（Procedure Oriented，PO）。在解决一个问题时会把事情拆分成一个个函数和数据（用于方法的参数），然后按照一定的顺序执行这些方法（每个方法都是一个过程），等方法执行完了，事情就解决了。这种程序开发方法注重过程，如C语言。

（2）面向对象（Object Oriented，OO）。在解决一个问题时会把事物抽象成"类"的概念，就是说先看这个问题里有哪些"类"，然后再把类实例化成对象，并给对象赋一些属性和方法，最后让每个对象都执行自己的方法，使问题得到解决。这种程序开发方法注重对象，如 Python、Java 等语言。

Python 是面向对象的语言,Stanza 是基于 Python 的工具包,所以 Stanza 也是面向对象的。例如,Stanza 是一个对象,它具有建立流水线的方法,建立的流水线也是一个对象。当我们使用 Stanza 的 Pipeline 方法时,就是根据 lang、use_gpu 等属性,实例化了一个流水线对象。

流水线这个"对象"生成的处理结果也是"对象",处理结果的值就在这个"对象"内部的各种属性中,下面介绍流水线生成的结果对象。

1. Document对象

流水线对文本进行处理后就会生成 Document 对象。Document 对象包含文档基本信息,以及若干句子对象(Sentences)和实体,实体内部又包含若干 Span。Python 语言可以使用 Document 对象实现对文档的操作,如图 4.32 所示。

Document 对象包含的属性如表 4.11 所示。

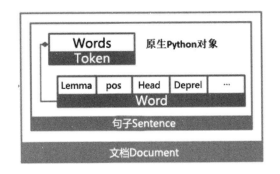

图4.32 流水线处理的结果对象

表4.11 Document对象的属性

属 性	类 型	描 述
text	str	文档的原始文本
sentences	List[Sentence]	本文档中的句子列表
entities (ents)	List[Span]	本文档中的实体列表
num_tokens	int	本文档中的词符总数
num_words	int	本文档中的单词总数

Document 对象包含的方法如表 4.12 所示。

表4.12 Document对象的方法

方 法	返回值类型	描 述
to_dict	List[List[Dict]]	将整个文档转存到词典列表中。列表中的每个词典代表一个标记,并按文档中的句子分组

在 stanza 文件夹下新建一个名为"Document实战.py"的文件,并在其中键入如下代码。

```
01 import stanza
02 zh_nlp = stanza.Pipeline('zh')
03 text ="我来到北京大学。"
04 doc = zh_nlp(text)
05 print("Document对象的text属性:" + doc.text)
06 print("Document对象的num_tokens属性:" + str(doc.num_tokens))    #num_tokens属
性的类型是数字,无法直接在终端中打印,需要使用str()方法转换为字符串
07 print("Document对象的num_words属性:" + str(doc.num_words))     #num_words属性的
```

类型也是数字

```
08  #sentences,entities属性的类型是对象，无法直接在终端中输出。
09  DocDict=doc.to_dict()    #使用Document对象的to_dict()方法,把Document对象转换为
Python的词典对象
10  print(DocDict)
```

代码运行结果如下所示。

```
Document对象的text属性:我来到北京大学。
Document对象的num_tokens属性:5
Document对象的num_words属性:5
[[{'id':'1', 'text':'我', 'lemma':'我', 'upos':'PRON', 'xpos':'PRP', 'feats':
'Person=1', 'head':2, 'deprel':'nsubj', 'misc':'start_char=0|end_char=1'},
{'id':'2', 'text':'来到', 'lemma':'来到', 'upos':'VERB', 'xpos':'VV', 'head':0,
'deprel':'root', 'misc':'start_char=1|end_char=3'}, {'id':'3', 'text':'北京',
'lemma':'北京', 'upos':'PROPN', 'xpos':'NNP', 'head':4, 'deprel':'nmod', 'misc':
'start_char=3|end_char=5'}, {'id':'4', 'text':'大学', 'lemma':'大学', 'upos':
'NOUN', 'xpos':'NN', 'head':2, 'deprel':'obj', 'misc':'start_char=5|end_char=
7'}, {'id':'5', 'text':'。', 'lemma':'。', 'upos':'PUNCT', 'xpos':'.', 'head':2,
'deprel':'punct', 'misc':'start_char=7|end_char=8'}]]
```

2. Sentence对象

一个Sentence对象代表一个句子（由切分工序分割或由用户提供）。Sentence对象包含的内容如下。

（1）若干个词符对象。

（2）若干个词语对象。

（3）若干个实体对象。

（4）实体对象内部又包含了若干个Span对象。

Sentence对象包含的属性如表4.13所示。

表4.13　Sentence对象的属性

属　　性	类　　型	描　　述
doc	Document	这个句子是哪个文档（Document）的
text	str	这个句子的原始文本
dependencies	List[(Word, str, Word)]	这个句子Word的依存关系列表，其中每个项目都包含依存关系的开头；依存关系的类型及关系词语（Word）中的依存关系
tokens	List[Token]	这个句子中的词符（Token）对象列表
words	List[Word]	这个句子中的词语（Word）对象列表
entities (ents)	List[Span]	这个句子中实体内部的Span对象列表

Sentence对象包含的方法如表4.14所示。

表4.14　Sentence对象的方法

方　法	返回类型	描　述
to_dict	List[Dict]	将此句子转储到词典列表中,其中每个词典代表句子中的标记
print_dependencies	None	打印这个句子的句法依存关系
print_tokens	None	打印这个句子中的词符
print_words	None	打印这个句子中的词语

Sentence对象属性和方法的Python代码调用方式与Document对象类似,这里不再赘述。

3. Token对象

一个词符(Token)对象包含其基础语法的Word对象的列表,有以下两种情况。

(1)当这个Token是由多个Word对象组成的短语时,Token中会包含这些Word对象的ID号。

(2)当这个Token只对应一个Word对象时,则这个Token中只包含这个词对象的ID号。

Token对象包含的属性如表4.15所示。

表4.15　Token对象的属性

属　性	类　型	描　述
id	Tuple[int]	此词符在句子中的索引从1开始。例如,当词符是短语时,对应的属性值是(1, 2);若不是复合词,那么就是(1,)
text	str	此词符对应的文本
misc	str	关于此词符的其他注释,如在流水线中处理的结果是否为复合词
words	List[Word]	关于此词符包含的词语对象列表
start_char	int	文档原始文本中此词符的起始位置索引。如果想取消分词或词性标注就可以用到这个属性
end_char	int	和start_char配套结束位置索引
ner	str	此词符的命名实体标签,采用的是BIO标记

Token对象包含的方法如表4.16所示。

表4.16　Token对象的方法

方　法	返回类型	描　述
to_dict	List[Dict]	把词符转储成一个列表,列表中包含若干个词典对象,每个词典对象表示一个单词
pretty_print	str	把词符及其对应的词语转换成一行字符串

4. Word对象

一个Word对象包含单词文本及其注释。例如,以下示例就是通过Word的text属性、upos属性来获得词的文本和词性标记。

```
print("词性标注(UPOS):" + ' '.join(f'{word.text}/{word.upos}' for word in sent.words))
```

Word对象的属性如表4.17所示。

表4.17　Word对象的属性

属　性	类型	描　述
id	int	这个词在句子中的索引从1开始，索引0代表语法上的根节点
text	str	这个词
lemma	str	这个词的词形还原
upos (pos)	str	这个词的通用词性标记（upos）
xpos	str	这个词的特殊词性标记（xpos）
feats	str	这个词的形态特征。例如，"她"这个词的形态特征是"性别=女性|人称= 第三人称"
head	int	这个词的中心词在句子中的索引从1开始，索引0代表语法上的根节点
deprel	str	这个词与其中心词之间的从属关系，示例："nmod"
deps	str	根据中心词和这个词与其句法头之间的从属关系，可查询所有语法的相关性信息，这不是Stanza流水线预测的，而是 Universal Dependencies 发布的 CoNLL-U 中所记录的
misc	str	关于这个词的其他注释。例如，流水线使用此字段可在内部存储字符的偏移信息
parent	Token	如果这个词属于某个短语的一部分，则其属性指向所属父标记的"指针"。对于短语、令牌可以是多个词的父代

Word对象的方法如表4.18所示。

表4.18　Word对象的方法

方　法	类　型	描　述
to_dict	Dict	把 Word 对象转换成词典类型的对象，并在词典内存储word的信息
pretty_print	str	把 Word 对象转换成一行字符串，并在字符串中包含 word 的信息

5. Span对象

Span 对象用来存储连续文本范围的属性，如由多个词组成的命名实体可以用 Span 对象表示。Span 对象的属性如表4.19所示。

表4.19　Span对象的属性

属　性	类　型	描　述
doc	Document	指向 Span 对象父文档"指针"
text	str	Span 对象的文本
tokens	List[Token]	与 Span 对象相对应的 Token 列表
words	List[Word]	与 Span 对象相对应的 Word 列表
type	str	Span 对象的实体类型，如" PERSON"
start_char	int	文档中此范围的起始字符偏移量
end_char	int	Span 对象在文档中的结束字符偏移量

Span对象的方法如表4.20所示。

表4.20　Span对象的方法

方　法	类　型	描　述
to_dict	Dict	把Span对象转换成词典类型的对象，叫此内容值存储对象的信息
pretty_print	str	把Span对象转换成一行字符串，并在字符串中包含Span对象的信息

4.6.6　Stanza的依存句法分析实战

句法分析（Syntactic Parsing）是自然语言理解（NLU）的关键技术之一，它是指对输入的文本句子进行分析以得到句法结构的处理过程。对句法结构进行分析，一方面是语言理解的自身需求，句法分析是语言理解的重要一环；另一方面也为其他自然语言处理任务提供支持。例如，句法驱动的统计机器翻译就需要对源语言或目标语言（或同时两种语言）进行句法分析。

语义分析通常以句法分析的输出结果作为输入，以便获得更多的指示信息。根据句法结构的表示形式不同，最常见的句法分析任务可以分为以下三种。

（1）句法结构分析（Syntactic Structure Parsing）又称短语结构分析（Phrase Structure Parsing），也叫成分句法分析（Constituent Syntactic Parsing）。其作用是识别出句子中的短语结构及短语之间的层次句法关系。

（2）依存关系分析又称依存句法分析（Dependency Syntactic Parsing），简称依存分析，其作用是识别句子中词汇与词汇之间的相互依存关系。

（3）深层文法句法分析，其作用是利用深层文法对句子进行深层的句法及语义分析，如词汇化树邻接文法（Lexicalized Tree Adjoining Grammar，LTAG）、词汇功能文法（Lexical Functional Grammar，LFG）、组合范畴文法（Combinatory Categorial Grammar，CCG）等。

上述三种句法分析中，最常用的是依存句法分析，它是由法国语言学家特尼埃尔（L.Tesniere）最先提出的。它将句子分析成一棵依存句法树，描述出各个词语之间的依存关系，即指出了词语之间在句法上的搭配关系，这种搭配关系是和语义相关联的。

在自然语言处理程序中，用词与词之间的依存关系来描述语言结构的框架称为依存语法（Dependence Grammar），又称从属关系语法。利用依存句法进行句法分析是自然语言理解的重要技术之一。

Stanza的依存句法分析功能可以根据输入的句子自动把句子中的词语按照树形方式组织，组织的依据是词语之间的依存关系。

Stanza的依存句法分析功能也是依靠通用依赖关系（UD）模型来实现的，流水线中对应的工序名称是depparse，如表4.21所示。

表4.21　依存句法分析工序说明

工序名称	工序对象名称	前置工序	工序的操作说明	简　述
depparse	依存句法工序（Depparse Processor）	tokenize、mwt、pos、lemma	依存句法工序可确定句子中每个词的中心词，并且确定单词之间的依存关系。处理结果会存储在 Word 对象的 head 属性和 deprel 属性中	提供准确的句法依存关系分析

这个方法有两个参数，相关说明如表4.22所示。

表4.22　依存句法分析工序的参数说明

	类型	默认值	描　述
depparse_batch_size	int	5000	此参数指定要处理的最大字数，以作为有效处理的最小批量。……（GPU、RAM 取决于计算……的设备）。该参数应设置为大于输入大小的……外错误
depparse_pretagged	bool	False	当文档已被标记时，仅在文档上运行依赖项解析

依存关系的缩写与说明如表4.23所示。

表4.23　依存关系的缩写与说明

缩写	英文全称	说明
abbrev	abbreviation modifier	缩写
acomp	adjectival complement	形容词的补充
advcl	adverbial clause modifier	状语从句修饰词
advmod	adverbial modifier	状语
agent	agent	代理，一般有 by 的时候会出现这个
amod	adjectival modifier	形容词
appos	appositional modifier	同位词
attr	attributive	属性
aux	auxiliary	非主要动词和助词，如 be、have should/could 等
auxpass	passive auxiliary	被动词
cc	coordination	并列关系，一般取第一个词
ccomp	clausal complement	从句补充
complm	complementizer	补语
conj	conjunct	连接两个并列的词
cop	copula	系动词，如 be,seem,appear 等，命题主词与谓词间的关系
csubj	clausal subject	从主关系
csubjpass	clausal passive subject	主从被动关系

缩写	英文全称	说明
dep	dependent	依赖关系
det	determiner	决定词,如冠词等
dobj	direct object	直接宾语
expl	expletive	主要抓取 there
infmod	infinitival modifier	动词不定式
iobj	indirect object	非直接宾语,也就是所说的间接宾语
mark	marker	主要出现在有 that、whether、because、when 的情况下
mwe	multi-word expression	本中叫的表示
neg	negation modifier	否定词
nn	noun compound modifier	名词组合形式
npadvmod	noun phrase as adverbial modifier	名词作状语
nsubj	nominal subject	名词主语
nsubjpass	passive nominal subject	被动的名词主语
num	numeric modifier	数值修饰
number	element of compound number	组合数字
parataxis	parataxisparataxis	并列关系
partmod	participial modifier	动词形式的修饰
pcomp	prepositional complement	介词补充
pobj	object of a preposition	介词宾语
poss	possession modifier	所有形式,所有格,所属
possessive	possessive modifier	表示所有者和's的关系
preconj	preconjunct	常常出现在有 either、both、neither 的情况下
predet	predeterminer	前缀决定,常常是表示所有
prep	prepositional modifier	介词修饰语
prepc	prepositional clausal modifier	介词从句修饰语
prt	phrasal verb particle	动词短语
punct	punctuation	这个虽然保留下来了但很少见,在结果中不会出现这种情况
purpcl	purpose clause modifier	目的从句
quantmod	quantifier phrase modifier	数量短语
rcmod	relative clause modifier	相关关系
ref	referent	指示物,指代关系
rel	relative	指代前面的名字、句子或名字的一部分
root	root	最重要的词,从它开始,表示根节点
tmod	temporal modifier	时间修饰词

续表

缩写	英文全称	说明
xcomp	open clausal complement	开放子句的补语
xsubj	controlling subject	掌控者

不同中心语的依存关系缩写与说明如表4.24所示。

表4.24　不同中心语的依存关系缩写与说明

中心语	缩写	关系表示
谓语	subj	主语
	nsubj	名词性主语(nominal subject)，例如"Clinton defeated Dole" nsubj(defeated, Clinton)
	top	主题(topic)
	npsubj	被动型主语(nominal passive subject)，专指由"被"引导的被动句中的主语
	csubj	从句主语(clausal subject)，中文不支持·谓语动词与主语从句中的主要成分之间的关系，如"What she said makes sense" csubj(makes, said)
	xsubj	controlling subject，开放从句的动词与实际控制对象(名词)之间的关系，如"Tom likes to eat fish" xsubj(eat, Tom)
	ccomp	被补充说明的词 与 补语从句的主要成分(决定语义的词) 之间的关系，如"He says that you like to swim" ccomp(says, like)
	xcomp	开放从句(缺少主语的从句)，补语(xclausal complement)，开放从句的补足对象(动词)与 开放从句的动词之间的关系，如"He says that you like to swim" xcomp(like, swim)
	acomp	形容词补语(adjectival complement)，用于动词的形容词补语；动词与形容词之间的关系，如"She looks very beautiful" acomp(looks,beautiful)
	tcomp	时间补语(temporal complement)
	lccomp	位置补语(localizer complement)或结果补语(resultative complement)
谓语或介词	obj	对象
	dobj	动词(给予)与直接宾语之间的关系，如"She gave me a raise" dobj(gave, raise)
	iobj	动词(给予)与间接宾语之间的关系，如"She gave me a raise" iobj(gave, me)
	range	间接宾语为数量词，又称为与格
	pobj	介词的宾语，如"I sat on the chair" pobj(on, chair)
	lobj	时间介词
名词	mod	修饰语(modifier)
	pass	被动修饰(passive)
	tmod	时间修饰(temporal modifier)，句子主要词(通常是动词)与时间词之间的关系，如"Last night, I swam in the pool" tmod(swam, night)
	rcmod	关系从句修饰(relative clause modifier)，名词短语的第一个词与关系动词的主要词之间的关系，如"I saw the man you love" rcmod(man, love)

名词	nummod	数量修饰(numeric modifier),名词与数量之间的关系,如"Sam ate 3 sheep" num(sheep, 3)
	ornmod	序数修饰(numeric modifier)
	clf	类别修饰(classifier modifier)
	nmod	复合名词修饰(noun compound modifier)
	amod	形容词修饰(adjetive modifier),修饰名词短语的形容词修饰语;名词短语与形容词修饰语之间的关系,如"Sam eats big meat" amod(meat, big)
	advmod	副词修饰(adverbial modifier),(非从句)副词;被修饰者与副词之间的关系,如"Genetically modified food" advmod(modified, genctically)
	vmod	动词修饰(verb modifier, participle modifier),修饰对象与非谓语动词之间的关系,如"Points to establish are……" vmod(points, establish)
	prnmod	插入词修饰(parenthetical modifier)
	neg	否定修饰(negative modifier),被修饰词与否定词之间的关系,如"Bill is not a scientist" neg(scientist, not)
	det	限定词修饰(determiner modifier),名词短语与限定词之间的关系,如"The man is here" det(man, the)
	possm	所属标记(possessive marker),拥有者与拥有物品之间的关系,如"their offices" poss(offices, their)
	poss	所属修饰(possessive modifier),拥有者与′s之间的关系,如"Bill's clothes" possessive(Bill, 's)
	dvpm	DVP标记(dvp marker)
	dvpmod	DVP修饰(dvp modifier)
	assm	关联标记(associative marker)
	assmod	关联修饰(associative modifier)
	prep	介词修饰(prepositional modifier),名词与介词之间的关系,如"I saw a cat in a hat" prep(cat, in)
	clmod	从句修饰(clause modifier)
	plmod	介词性地点修饰(prepositional localizer modifier)
	asp	时态标词(aspect marker)
	partmod -	分词修饰(participial modifier),不存在
	etc	等关系(etc)
实词	conj	联合(conjunct),协同连词(and、or)连接两个元素;第一个元素与第二个元素之间的关系,如"Bill is big and honest" conj(big, honest)
	cop	系动(copula),表语与系动词之间的关系,如"Bill is big" cop(big, is)
	cc	连接(coordination),指中心词与连词,第一个并列词与协同关系词之间的关系,如"Bill is big and honest" cc(big, and)
其他	attr	属性关系(是,工程)

续表

cordmod	并列联合动词（coordinated verb compound）
mmod	情态动词（modal verb）
ba	把字关系
tclaus	时间从句
cpm	补语成分（complementizer），一般指"的"引导的补语成分

下面开始编写代码并使用Stanza来进行依存句法分析。在Stanza文件夹下新建一个名为"依存句法分析实战.py"的文件，并在其中键入如下代码。

```
01 # encoding=UTF-8
02 import stanza
03 from graphviz import Digraph    #载入绘图工具
04 nlp = stanza.Pipeline(lang='zh', processors='tokenize,mwt,pos,lemma,depparse')
05 doc = nlp('会议宣布了首批资深院士名单')
06 print(*[f'id:{word.id}\tword:{word.text}\thead id:{word.head}\thead:{sent.words
[word.head-1].text if word.head > 0 else "root"}\tdeprel:{word.deprel}
' for sent in doc.sentences for word in sent.words], sep='\n')
```

上述代码第01行和第02行已介绍过，这里不多做解释，代码第03行引入了一个绘图工具Graphviz，后续要使用它绘制依存关系图。

代码第04行建立流水线，在其工序配置processors中包含了参数名称为depparse的依存句法工序（DepparseProcessor），此外还包含了依存句法工序的前置工序：tokenize、mwt、pos、lemma。

代码第05行把"会议宣布了首批资深院士名单"输入流水线。

代码第06行比较复杂，其输出结果如下。

```
2020-07-21 21:08:02 INFO:Use device:gpu
2020-07-21 21:08:02 INFO:Loading:tokenize
2020-07-21 21:08:04 INFO:Loading:pos
2020-07-21 21:08:06 INFO:Loading:lemma
2020-07-21 21:08:06 INFO:Loading:depparse
2020-07-21 21:08:08 INFO:Done loading processors
id:1    word:会议        head id:2       head:宣布       deprel:nsubj
id:2    word:宣布        head id:0       head:root       deprel:root
id:3    word:了          head id:2       head:宣布       deprel:case:aspect
id:4    word:首批        head id:7       head:名单       deprel:nummod
id:5    word:资深        head id:7       head:名单       deprel:amod
id:6    word:院士        head id:7       head:名单       deprel:nmod
id:7    word:名单        head id:2       head:宣布       deprel:obj
```

可以看出，代码的前6行显示了工序模型的加载情况和使用的计算设备（GPU），从第07行开始输出依存关系，每行是一个词（word），分别显示了这个词（word）的属性。

（1）编号（id）属性。每个词都有一个固定的不重复的编号。

（2）中心词编号（word.head）属性。其用于存储当前词的中心词编号,如"会议"的中心词编号是2,其对应的词语是"宣布"。

（3）中心词文本属性。通过 sent.words[word.head−1].text if word.head > 0 else "root" 来实现。这段代码比较复杂,稍后转换为更简单的代码来解释。

（4）依存关系（word.deprel）属性。其用于存储当前词和中心词的依赖关系。

前文的代码比较复杂,下面用更简单的方式进行重写,以更清晰的方式来展示词语之间的依存关系。继续在"依存句法分析实战 .py"中键入如下代码。

```
07    G_words=[]
08    G_heads=[]
09    G_relation=[]
10    for sent in doc.sentences:
11        for word in sent.words:
12            G_words.append(word.text)
13            if word.head > 0:
14                G_heads.append(sent.words[word.head-1].text)
15            else:
16                G_heads.append("Root")
17            G_relation.append(word.deprel)
18    for i in range(len(G_words)):
19        print(G_relation[i] + '(' + G_words[i] + ', ' + G_heads[i] + ')')
```

其中,代码第07~09行建立了三个列表对象,分别用于存储"当前词文本列表""中心词文本列表""依存关系列表"。

代码第10行是第一层循环,遍历处理结果文档对象中的句子。

代码第11行是第二层循环,遍历句子中的词。

代码第12行使用 Append 方法,把当前词文本插入"当前词文本列表"中。

代码第13行准备读取当前词的中心词。

如果 word.head > 0,则说明当前词不是根节点,可以有中心词,这时就会进入代码第14行,使用 sent.words[word.head−1].text 根据中心词的编号从 words 中找到中心词对象,之后再调用其 text 属性,即可得到中心词对应的文本了,将这个文本插入"中心词文本列表"中。

代码第15行针对 word.head ≤0 的情况。如果 word.head ≤0,会进入代码第16行的 else:语句体中执行,但实际上并没有 word.head < 0 的情况,除了 > 0 就是=0。如果 word.head=0 就证明中心词是根节点,所以第16行会把"Root"插入"中心词文本列表"中。

代码第17行把 word.deprel 插入"依存关系列表"。

这样,代码第10~17行就遍历了结果中所有的词,并且取出了每个词的文本、每个词对应的中心词文本,以及每个词与其中心词的依存关系。其与代码第06行的原理一样,这时再看第06行代码,就容易理解了。

代码第18行使用 for 循环遍历"中心词文本列表"。

代码第 19 行在循环体中,每次都按照"依存关系(当前词,中心词)"的格式在终端窗口中进行输出,输出结果如下。

```
nsubj(会议，宣布)
root(宣布，Root)
case:aspect(了，宣布)
nummod(首批，名单)
amod(资深，名单)
nmod(院士，名单)
obj(名单，宣布)
```

按照表 4.23 对依存关系缩写进行翻译,结果如下。

```
名词主语(会议，宣布)
根节点(宣布，Root)
例外情况(了，宣布)
数量装饰(首批，名单)
形容词(资深，名单)
复合名词修饰(院士，名单)
宾语(名单，宣布)
```

虽然这种输出格式与前一种相比更简单清晰,但是还有一种更好的方法,就是使用 Graphviz 工具包把依存关系用图形的方式展现出来。

4.6.7 Graphviz&NetworkX 依存句法图形化实战

Graphviz 是一款由 AT&T Research 和 Lucent Bell 实验室开源的可视化图形工具,可以用来绘制结构化的图形网络,支持多种格式输出,使用十分方便。

Graphviz 的输入是一个用 DOT 语言编写的绘图脚本,先通过对输入脚本的解析,分析出其中的点、边及子图,再根据属性进行绘制。由于 Graphviz 支持 Python,因此可在 VSCode 编辑器中使用 Python 语言生成 DOT 脚本并显示对应的图形,图形的格式既可以是适合网页的 Images 或 SVG,也可以是适合文件传递的 PDF 或 Postscript 格式。

Graphviz 的安装方法

(1)安装 Graphviz 包,执行 pip install graphviz 命令。如果已安装 Anaconda 3,那么系统会默认安装了 Graphviz 包。

(2)仅有 Python 的 Graphviz 包是不够的,还需要从 Graphviz 官网下载 Graphviz 安装包。打开网址 https://graphviz.org/download/,找到与操作系统对应的安装包进行下载安装,如果找不到,可以打开网址 https://graphviz.gitlab.io/_pages/Download/windows/graphviz-2.38.zip。

如果下载的是压缩包文件,建议将其解压到系统的 Anaconda 3 安装目录下的 Lib 文件夹里。如笔者的目录是 C:\Anaconda3\Lib\,解压后完整路径是 C:\Anaconda3\Lib\graphviz-2.38,Graphviz 的应用程序路径则是 C:\Anaconda3\Lib\graphviz-2.38\release\bin,其中存放了 Graphviz 所有工具的可执行文件。

(3)在操作系统环境变量中添加 Graphviz 的应用程序路径。对于 Windows 系统,右键单击"我的电脑"图标,选择"属性"→"高级系统设置",如图4.33所示,在"系统属性"页面的"高级"选项卡中单击"环境变量"按钮,在弹出的"环境变量"窗口中把Graphviz应用程序路径加入用户变量和系统变量的Path字段。

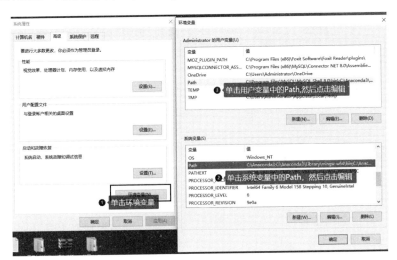

图4.33　在环境变量中把Graphviz应用程序路径加入用户变量和系统变量的Path字段

(4)由于Graphviz默认配置中没有配置字体文件路径,因此会产生乱码,为了解决这个问题,打开Graphviz安装目录中release文件夹的fonts文件夹,如图4.34所示,找到fonts.conf文件,并用记事本打开。更改字体文件夹的路径,如果使用的是Windows系统,其对应的字体路径是C:\Windows\Fonts,如图4.35所示。

图4.34　Graphviz字体配置文件

图4.35　Graphviz字体配置项

安装好Graphviz,即可在VSCode中使用Graphviz绘制依存关系图了。下面继续在"依存句法分析实战.py"中键入如下代码。

```
20  g = Digraph('依存图')
21  g.node(name='Root')
22  for word in G_words:
23      g.node(name=word,fontname="SimSun")
24  for i in range(len(G_words)):
25      if G_relation[i] not in ['root']:
26          g.edge(G_words[i], G_heads[i], label=G_relation[i])
```

```
27        else:
28            if G_heads[i] == 'Root':
29                g.edge(G_words[i], 'Root', label=G_relation[i])
30            else:
31                g.edge(G_heads[i], 'Root', label=G_relation[i])
32    g.view()
```

代码第20行是建立一个Graphviz对象，用g表示。

代码第21行是添加一个名为Root的节点。

代码第22行开始遍历已生成的词列表，并在代码第23行的循环体中，依次把每个词都以节点的形式加入图中。

注意，在使用node方法时，需要指定字体名称。如果不指定，则有可能出现中文乱码的情况。这里使用的是宋体(SimSun)。

只有节点并不能绘制出依存代码关系图，还需要把节点之间的依存关系告诉Graphviz对象，所以从代码第23行开始遍历词列表，在代码第24行的循环体里，判断依存关系是否为根节点，如果不是根节点，则在代码第25行中调用edge方法为节点之间绘制线段，并将节点之间的依存关系显示在线段上的标签中，最后调用view方法显示依赖关系图。

图4.36是根据代码生成的原图，进行翻译后的依存关系图可清晰地展现句子中词汇之间的依存关系，但是仅展现出关系并不能对图进行计算，如无法算出两个节点之间的距离。

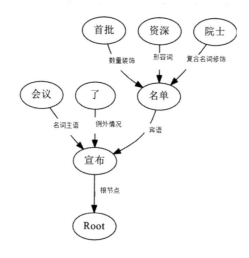

图4.36　依存关系图

为了弥补Graphviz的不足，可以使用NetworkX工具包来做更深入的开发。NetworkX主要用于创造、操作复杂的网络，以及学习复杂网络的结构、动力学及其功能，用于分析网络结构、建立网络模型、设计新的网络算法、绘制网络等。如果已安装了Anaconda 3，那么系统中会默认安装了NetworkX；如果没有安装，可以使用pip或Conda进行安装。

下面使用NetworkX进行依存关系可视化及计算，得出两个节点之间的最短路径。下面继续在"依存句法分析实战.py"中键入如下代码。

```
33 import networkx as nx
34 import matplotlib.pyplot as plt
35 from pylab import mpl
36 mpl.rcParams['font.sans-serif'] = ['Arial Unicode MS']   # 指定默认字体
37 G = nx.Graph()   # 建立无向图 G
38 # 添加节点
39 for word in G_words:
40   G.add_node(word)
41   G.add_node('Root')
42 # 添加边
43 for i in range(len(G_words)):
44   G.add_edge(G_words[i], G_heads[i])
45 source = '宣布'
46 target1 = '名单'
47 distance1 = nx.shortest_path_length(G, source=source, target=target1)
48 print("'%s'与'%s'在依存句法分析图中的最短距离为: %
s" % (source, target1, distance1))
49 target2 = '院士'
50 distance2 = nx.shortest_path_length(G, source=source, target=target2)
51 print("'%s'与'%s'在依存句法分析图中的最短距离为: %
s" % (source, target2, distance2))
52 nx.draw(G, with_labels=True,node_size=900,node_color="#A0CBE2")
53 plt.savefig("graph.png")
```

运行结果如下。

```
'宣布'与'名单'在依存句法分析图中的最短距离为: 1
'宣布'与'院士'在依存句法分析图中的最短距离为: 2
```

此外,我们还可以在程序运行目录中找到如图 4.37 所示的关系图。

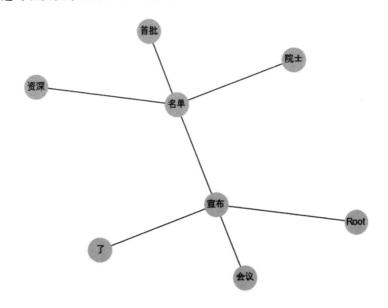

图 4.37　关系图

以上就是依存句法分析与图形化的实战内容。依存句法分析是一种很实用的技术,应用场景非常广泛,在搜索引擎用户日志分析和关键词识别、信息抽取、自动问答、机器翻译、智能仿写等应用中都要用到依存句法分析。

结合对大规模文本数据进行句法结构分析的方法,从中抽取实体、概念、语义关系等信息,还可以为专家系统构建专业领域知识或通用知识库。

4.7 百度开源中文词汇分析LAC 2.0实战

4.7.1 LAC 2.0简介

LAC(Lexical Analysis of Chinese)是百度自然语言处理部研发的一款开源的词法分析工具,可实现中文分词、词性标注、专名识别等功能。2020年6月,百度公司又推出了ALC 2.0版本,据官方宣传,该工具有如下特点与优势。

(1)效果好。通过深度学习模型可联合学习分词、词性标注、专名识别任务,整体效果F1值超过0.91分,词性标注F1值超过0.94分,专名识别F1值超过0.85分,效果为业内领先。

(2)效率高。精简模型参数,结合Paddle预测库的性能优化,CPU单线程性能可达800QPS,效率为业内领先。

(3)可定制。LAC 2.0可以实现简单可控的干预机制,能够精准匹配用户词典对模型进行干预。由于词典支持长片段形式,可使干预更为精准。

(4)调用便捷。LAC 1.0仅支持 C++和 Python,调用相对复杂。LAC 2.0 则同时提供了Java、Android、C++和 Python语言,可重构相关代码,相比 LAC 1.0版本使用更便捷。同时,LAC 2.0支持一键安装,开发者可以实现快速调用和集成。

(5)支持移动端。定制的超轻量级模型体积仅为2M,主流千元手机单线程每秒查询率性能可达200QPS,能够满足大多数移动端应用的需求,在同等体积量级中效果为业内领先。

4.7.2 LAC 2.0 安装与基础功能实战

本节主要介绍Python安装与使用。LAC 2.0的代码兼容Python2/3,安装方式有如下三种。

(1)使用Pip命令安装:pip install lac。

(2)手动安装:先下载http://pypi.Python.org/pypi/lac/,解压后运行 Python setup.py install,安装完成后在命令行中输入 lac 或 lac-segonly 启动服务,进行快速体验。

(3)在国内网络下可使用更快的百度源安装,对应的命令是 pip install lac -i https://mirror.baidu.com/pypi/simple。

接下来,先建立一个名为 LAC 的文件夹,并在其中新建名为"LAC 实战 .py"的源码文件,在键入代码之前,请确保已安装了 Opencv 库,然后在源码文件中键入如下代码。

```
01 from LAC import LAC
02 # 装载分词模型
03 lac = LAC(mode='seg')
04 # 单个样本输入,输入为Unicode编码的字符串
05 text = u"985、211、双一流的名头真的那么重要吗? "
06 seg_result = lac.run(text)
07 print(seg_result)
08 # 批量样本输入, 输入为多个句子组成的list,平均速率会更快
09 texts = [u"985、211、双一流的名头真的那么重要吗? ",  u"有人说,随着工作经验的增长,学校
的名头慢慢就没那么重要了,成功人士并不都是名校出身;",  u"但谁又知道,如果当初你通过高考去了
更高一档的学校,或许你今天的人生又能更上一层楼呢? "]
10 seg_result = lac.run(texts)
11 print(seg_result)
```

运行结果如下。

```
['985', '、', '211', '、', '双一流', '的', '名头', '真', '的', '那么重要', '吗',
'? ']
[['985', '、', '211', '、', '双一流', '的', '名头', '真', '的', '那么重要', '吗', '?
'], ['有人', '说', ',', '随着', '工作经验', '的', '增长', ',', '学校', '的', '名头
', '慢慢', '就', '没', '那么重要', '了', ',', '成功', '人士', '并不', '都是', '名校
', '出身', ';'], ['但',
'谁', '又', '知道', ',', '如果', '当初', '你', '通过', '高考', '去', '了', '更高',
'一档', '的', '学校', ',', '或许', '你', '今天', '的', '人生', '又', '能', '更', '
上', '一层楼', '呢', '? ']]
```

代码第03行使用LAC(mode='seg')方法建立了一个分词器,之后在代码第06行使用分词器的run方法进行分词,并在代码第10行演示了批量处理的方法。

LAC方法有如下三个参数。

(1)model_path:指定模型路径,默认是LAC安装目录下的seg_model文件。

(2)mode:有两种选择,如果mode='seg',则创建出的对象用于分词;如果mode='lac',则创建出的对象用于分词与标签。

(3)use_cuda:表示是否使用GPU加速,默认不使用。

run方法只有一个参数,可以接收文本类型或List类型的变量,根据LAC初始化对象时选择参数的不同,对象的run方法输出结果也不同。如果mode='seg',则返回结果只有分词;如果mode='lac'则返回分词与标签。

下面演示使用mode='lac'来创建LAC对象,并对文本进行分词和词性标注,代码如下。

```
12  # 装载LAC模型
13  lac = LAC(mode='lac')
14  # 单个样本输入,输入为Unicode编码的字符串
15  text = u"985、211、双一流的名头真的那么重要吗? "
16  lac_result = lac.run(text)
```

```
17    print(lac_result)
18    # 批量样本输入，输入为多个句子组成的list，平均速率更快
19    texts = [u"985、211、双一流的名头真的那么重要吗？", u"有人说，随着工作经验的增长，学
校的名头慢慢就没那么重要了，成功人士并不都是名校出身;"]
20    lac_result = lac.run(texts)
21    print(lac_result)
```

运行代码，输出结果如下。

```
[['985', '、', '211', '、', '双一流', '的', '名头', '真', '的', '那么重要', '吗', '?
'], ['m', 'w', 'm', 'w', 'a', 'u', 'n', 'a', 'u', 'a', 'xc', 'w']]
[[['985', '、', '211', '、', '双一流', '的', '名头', '真', '的', '那么重要', '吗', '?
'], ['m', 'w', 'm', 'w', 'a', 'u', 'n', 'a', 'u', 'a', 'xc', 'w']], [['有人', '说
', '，', '随着', '工作经验', '的', '增长', '，', '学校', '的', '名头', '慢慢', '就',
'没', '那么重要', '了', '，
'，', '成功', '人士', '并不', '都是', '名校', '出身', ';'], ['r', 'v', 'w', 'p',
'n', 'u', 'vn', 'w', 'n', 'u', 'n', 'ad', 'd', 'v', 'a', 'xc', 'w', 'a', 'n',
'd', 'v', 'n', 'v', 'w']]]
```

对应的标签含义如表4.25所示。

表4.25　词性标签与含义

标签	含义	标签	含义	标签	含义	标签	含义
n	普通名词	f	方位名词	s	处所名词	nw	作品名
nz	其他专名	v	普通动词	vd	动副词	vn	名动词
a	形容词	ad	副形词	an	名形词	d	副词
m	数量词	q	量词	r	代词	p	介词
c	连词	u	助词	xc	其他虚词	w	标点符号
PER	人名	LOC	地名	ORG	机构名	TIME	时间

从输出结果可以看出，985、211被识别为数量词，实际上，我们都知道985和211指的是985工程和211工程，并非数量词，单独看时属于其他专名，在句子中结合上下文的"名头"来看，"985""211"和"双一流"一样，都属于代词。对于这种情况可以通过自定义词典的方式解决。在模型输出的基础上，LAC支持用户配置定制化的切分结果和专名类型输出。当模型预测匹配到词典中的item时，就会用定制化的结果替代原有结果。为了实现更加精确的匹配，需要支持由多个单词组成的长片段作为一个item。

通过装载词典文件的形式可实现该功能。词典文件每行表示一个定制化的item，由一个单词或多个连续的单词组成，每个单词后使用"/"表示标签。如果没有"/"标签则会使用模型默认的标签。每个item的单词数越多，干预效果就越精准。

在LAC文件夹下建立custom.txt作为用户自定义词典，然后在其中输入如下文本。

```
985/a
211/a
成功人士/在自己的行业内有建树的人
```

继续在"LAC实战.py"中键入如下代码。

```
22   lac = LAC()
23   # 装载干预词典，sep参数表示词典文件采用的分隔符，为None时默认使用空格或制表符'\t'
lac.load_customization('custom.txt', sep=None)
24   # 干预后结果
25   custom_result = lac.run(u"985、211、双一流的名头真的那么重要吗？有人说，随着工作经
验的增长，学校的名头慢慢就没那么重要了，成功人士并不都是名校出身;")
26   print(custom_result)
```

输出结果如下。

```
[['985', '、', '211', '、', '双一流', '的', '名头', '真', '的', '那么重要', '吗', '?
', '有人', '说', ',', '随着', '工作经验', '的', '增长', ',', '学校', '的', '名头',
'慢慢', '就', '没', '那么重要', '了', ',', '成功人士', '并不', '都是', '名校', '出身
', ';'], ['a', 'w', 'a', 'w', 'a', 'u', 'n', 'a', 'u', 'a', 'xc', 'w', 'r',
'v', 'w', 'p', 'n', 'u', 'vn', 'w', 'n', 'u', 'n', 'ad', 'd', 'v', 'a', 'xc',
'w', '在自己的行业内有建树的人。', 'd', 'v', 'n', 'v', 'w']]
```

4.8　小结

本章主要讲述了开源技术的常用工具及四种最流行的 NLP 开源工具包。开源社区的资源非常多，感兴趣的读者可以前往 Github 寻找需要的开源工具包。

笔者强力推荐"NLP民工的乐园"，其几乎是最全的中文 NLP 资源库，地址是 https://github.com/fighting41love/funNLP。

这个 NLP 资源库包含 300 多个常用的 NLP 开源工具包，不仅可以满足你的收集欲，还能为你的工作提供充足的战略代码储备。

这些开源工具包大都是用 Python 语言开发的，只要掌握了本章知识，并能举一反三，即可轻松调用这些开源工具包，实现各种强大的中文 NLP 功能。

第 5 章

Python 神经网络计算实战

　　使用开源代码或商业人工智能云服务,快速拼装出强大的商业软件的公司被称为 AI 软件集成商;如果是个人开发者,就被称为 AI 软件集成开发者。我们正处于人工智能技术爆发初期,如果学会使用这种技术,那么我们就已经超过大部分的开发者了。

　　但是作为 AI 程序员,不应该局限于只会调用别人的代码,必须掌握更底层的人工智能神经网络编程技术,才能开发出具有技术壁垒并具有强大市场竞争力的低成本人工智能商业产品。

本章主要涉及的知识点

- ⬥ TensorFlow 的环境搭建方法
- ⬥ Keras 手写识别实战
- ⬥ 神经网络定义,以及输入和输出实战
- ⬥ 掌握 PyTorch

5.1　TensorFlow

TensorFlow 是一个端到端的开源机器学习平台。它拥有一个全面而灵活的生态系统,其中包含各种工具、库和社区资源,可助力研究人员推动先进机器学习技术的发展,并使开发者能够轻松地构建和部署由机器学习提供支持的应用。

Tensor 是张量的意思,Flow 是流水线的意思,TensorFlow 就是张量流水线。结合斯坦福大学的开源自然语言工具包 Stanza 流水线可以看出,Stanza 流水线是比较简单的自然语言处理流水线,输入的是文本,输出的是处理结果。与 Stanza 的文本处理流水线比起来,张量流水线中流动的是更底层的张量,其运算方法和能力也比文本处理流水线更强大。

那么,什么是张量呢? 为什么要把张量放到流水线里处理呢? 本章将陆续回答这些问题。

5.1.1　TensorFlow 生态系统和社区资源

Google 公司在处理大规模数据方面有着丰富的经验,其运用机器学习和深度学习为消费者和企业创造有价值的服务。开源手机操作系统 Android 就是 Google 公司发布的,2020 年其每月活跃用户数已超 25 亿人。当 Google 公司发布开源软件时,业界都会比较关注。

2011 年,Google 内部使用名为 DistBelief 的系统进行深度学习,该系统能够使用“大规模机器集群在深度网络中分发训练和推理”。

凭借多年运营平台的经验,2015 年 11 月 9 日起,TensorFlow 依据阿帕奇授权协议(Apache 2.0 Open Source License)开放源代码。如图 5.1 所示,TensorFlow 包含表达机器学习算法的界面(Tensorboard),以及用于执行这种算法的实现(Python、C++、Nvidia cuda)。使用 TensorFlow 表达的计算可以在各种各样的异构系统上执行,在移动设备(如手机和平板电脑)、大型分布式系统(数百台机器)及数千个计算设备(如 GPU)上都可以实现。

自 2015 年年底至 2020 年年初,TensorFlow 的全球下载量突破 1 个亿,仅 2020 年 5 月,便有超过 1000 万次的下载。几乎所有的指标都证明了 TensorFlow 是深度学习领域中最活跃的开源项目。

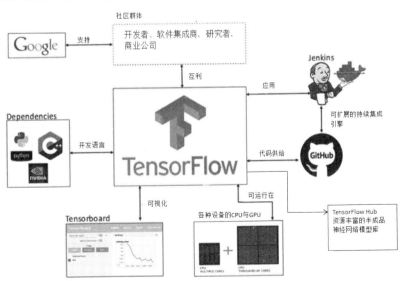

图5.1　TensorFlow 生态系统和社区资源

现在已经出版了相当多有关TensorFlow的书籍。谷歌公司在网络技术和软件工程方面的技术积累和推广能力,不仅可以让学术界充分灵活地进行深入研究,还可以让工业界快速进行生产部署,当然也适合个人开发者快速入门。

2019年,谷歌公司发布了TensorFlow 2.0版本。为了提高易用性,TensorFlow 2.0进行了许多修改,如取消了一些被认为是多余的API,对TensorFlow 1.x版本做了一次大的瘦身,默认开启Eager Execution,并使用Keras作为默认高级API。这些改进大大降低了TensorFlow的使用难度。本书后续介绍以TensorFlow 2.x版本为主。

TensorFlow的学习资源有如下两种。

(1)官方社区资源都在https://TensorFlow.google.cn/?hl=zh-CN中,不仅有丰富的学习资源,还有火热的交流版块,可以解决开发者在开发过程中遇到的各种问题。

(2)除了官方社区,我们还可以在GitHub上找到大量的开源TensorFlow代码。

5.1.2　TensorFlow 2.x的版本与特性

TensorFlow由谷歌人工智能团队谷歌大脑(Google Brain)开发和维护,有六种类型的库,具体内容如下。

(1)TensorFlow:一个核心开源库,可以开发和训练机器学习模型。

(2)TensorFlow.js:一个JavaScript库,用于在浏览器和Node.js上训练和部署模型。

(3)TensorFlow Lite:一个精简库,用于在Android、iOS、Edge TPU和Raspberry Pi等移动设备和嵌入式设备上部署模型,进行神经网络计算。

(4)TensorFlow Extended:一个端到端的平台,用于在大型生产环境中准备数据及训练、验证和部署模型。

(5)TensorFlow Keras:TensorFlow包含底层神经网络开发API,适用于中高阶开发者,除了底层神经网络开发API外,还有更方便的Keras库。TensorFlow的高阶API基于Keras API标准,用于定义和训练神经网络。Keras可通过用户友好的API实现快速原型设计、先进技术的研究和生产。

(6)Swift for TensorFlow:专门针对OS X和iOS的应用开发。

TensorFlow拥有多层级结构,可部署各类服务器、PC终端和网页,并支持GPU和TPU的高性能数值计算,被广泛应用于产品开发和各领域的科学研究。它们的操作原理类似,只要掌握了最基础的TensorFlow库,学习其他库就不难了,在商业化应用时,要根据实际需求选择对应的库,各种开发方式与库的对应关系如表5.1所示。

表5.1　开发方式与库的对应关系

开发方式	加载和预处理数据	构建、训练和重复使用模型	部署
Python 开发	TensorFlow:使用 TensorFlow 输入流水线	TensorFlow:使用 Keras 构建和训练模型	TensorFlow:使 用 Python 部署模型

续表

开发方式	加载和预处理数据	构建、训练和重复使用模型	部署
JavaScript 开发	—	TensorFlow.js：导入 Python 模型，或使用 JavaScript 编写模型	TensorFlow.js：在浏览器或 Node.js 中部署模型
Swift 开发	使用 Swift for TensorFlow 在 Swift 中以原生方式部署模型		
安卓、苹果、树莓派等设备	—	—	TensorFlow Lite：在移动设备或嵌入式设备上部署模型
端到端生产	使用 TensorFlow Extended 进行数据验证与特征工程	使用 TensorFlow Extended 进行建模和训练，并通过 TF 模型分析了解模型性能	通过 REST API 和 TF Serving 应用模型
工具	Tensorboard：一款可视化训练过程和结果的工具，TensorFlow Hub：一个资源丰富的现有模型库		

5.2　CPU\GPU 环境搭建

5.2.1　TensorFlow 的 CPU 环境搭建

由于 TensorFlow 是基于 VC++2015 开发的，所以需要下载安装 VisualC++ Redistributable for Visual Studio 2015 来获取 MSVCP140.DLL 的支持，下载地址是 https://www.microsoft.com/en-us/download/confirmation.aspx?id=48145。

在 Python 中安装 TensorFlow 很简单，只需要运行如下命令。

```
pip install TensorFlow
```

如果在国内用上述命令安装，速度应该在每秒20k左右，非常慢，而且经常会断开连接，而从清华镜像服务器进行安装，其速度能达到每秒1000k左右，比使用国外服务器快50倍，而且更稳定。

常见的国内镜像服务器有如下4个。

（1）阿里云 http://mirrors.aliyun.com/pypi/simple/。

（2）中国科技大学 https://pypi.mirrors.ustc.edu.cn/simple/。

（3）豆瓣(douban) http://pypi.douban.com/simple/。

（4）清华大学 https://pypi.tuna.tsinghua.edu.cn/simple/。

使用清华大学镜像服务器时，只要标明 TensorFlow 版本号，以及清华的镜像服务器连接即可，改后的pip命令如下。

```
pip install TensorFlow==2.1.0 -i https://pypi.tuna.tsinghua.edu.cn/simple
```

TensorFlow有大量依赖库，对于依赖库的版本要求也比较严格，如果Python库的版本比较旧，那么使用Pip安装TensorFlow时，在依赖库自动升级与安装方面都会遇到困难。

正如我们之前介绍的那样，由于Conda的安装比Pip更自动化，可以自动安装或升级依赖包，所以可以使用如下conda命令来安装默认版本的TensorFlow。

```
conda install
--channel https://mirrors.tuna.tsinghua.edu.cn/anaconda/pkgs/main TensorFlow
```

上述代码不用换行，这里换行显示是由于写在一行会导致字体太小。TensorFlow的默认版本较低，现在最新版是TensorFlow 2.1.0。如果没有，可以使用如下命令进行安装。

```
conda install --channel https://mirrors.tuna.tsinghua.edu.cn/anaconda/pkgs/main
TensorFlow==2.1.0
```

上面代码一行放不下，所以分成了两行，实际输入时不用换行。如果报错，说明VSCode的终端权限不足。

```
EnvironmentNotWritableError:The current user does not have write permissions to
the target environment. environment location:C:\ProgramData\Anaconda3
```

针对上述情况，有如下两种解决方案。

（1）关闭VSCode，右键单击VSCode图标，选择以管理员身份运行。之后在VSCode的终端窗口中重新键入之前的安装命令并执行，如图5.2所示。

图5.2　使用管理员权限运行VSCode

（2）找到Anaconda 3文件夹，右键单击文件夹图标，在弹出的菜单中选择"属性"选项并在其属性页面单击"安全"选项卡，然后单击"编辑"按钮，找到名为user的用户，把权限都打钩即可。最后回到VSCode终端窗口中，重新键入安装命令并执行，如图5.3所示。

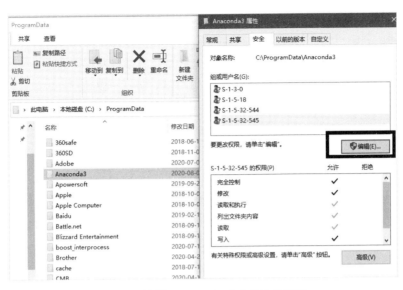

图 5.3　设置 Anaconda 3 文件夹的权限

5.2.2　TensorFlow 的 GPU 环境搭建

如果计算机上已有 GPU，可以使用如下命令安装 2.1.0 的 GPU 版。

```
conda install --channel https://mirrors.ustc.edu.cn/anaconda/pkgs/main/
TensorFlow-gpu==2.1.0
```

Conda 安装过程非常轻松，它不仅会自动升级旧版的 TensorFlow，还会检查 VS2015 运行库，如果版本过低，会在征求同意后再自动升级，如图 5.4 所示。如果已安装 GPU 版本的 TensorFlow，Conda 还会安装 GPU 运行时需要的 Cudnn-7.6.5、Cudatoolkit 和其他依赖包，但是显卡驱动还需要手动安装。

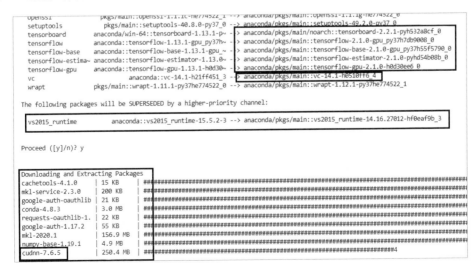

图 5.4　Conda 安装过程

如果使用pip命令安装，则不会自动安装Cudnn等依赖项，需要手动安装GPU运算所需的工具包。TensorFlow 的 GPU 运算是基于 CUDA（Compute Unified Device Architecture）的。CUDA 是显卡厂商 NVIDIA 推出的通用并行计算架构，该架构使GPU能够解决复杂的计算问题。它包含 CUDA 指令集架构（ISA）及 GPU 内部的并行计算引擎。如果要使用GPU版本，请确认显卡为 CUDA，计算能力为 3.5 或更高的 NVIDIA GPU 卡。此外如果没有使用 Conda 自动安装依赖项，或者 Conda 安装 TensorFlow 依赖项失败，则必须在系统中手动下载并安装 NVIDIA 软件，然后再重新运行 Pip 安装 TensorFlow。

需要安装的 NVIDIA 软件有如下三个。

（1）NVIDIA GPU 显卡驱动程序。CUDA 10.1 需要 418.x 或更高版本。无论是 Conda 还是 Pip 都需要手工下载安装。登录 NVIDIA 官网 https://www.nvidia.com/en-us/进行注册后，打开网址 https://www.nvidia.com/en-us/geforce/drivers/进行下载安装即可。

如图 5.5 所示，笔者的笔记本显卡是 GeForce gtx1050，操作系统是 64 位 Windows10，那么就要在下拉列表中选择对应的型号和操作系统，语言选择 Chinese Simplified，单击"START SEARCH"按钮稍等片刻后，下方会列出驱动程序列表，如果平时玩游戏，可以选择 GEFORCE GAME READY DRIVER - WHQL；如果只是编程用，选择 NVIDIA STUDIO DRIVER 即可。

（2）CUDA 工具包：TensorFlow 支持 CUDA 10.1（TensorFlow 2.1.0 及更高版本）。下载地址 https://developer.nvidia.com/cuda-toolkit-archive。请牢记你的本地 CUDA 10.1 安装地址。

（3）cuDNN SDK（8.0.2 版本）。下载地址 https://developer.nvidia.com/cudnn。

下载前注册并登录网站，打开下载地址后，还要填一些问卷。在选择 cuDNN 版本时，一定要选择和你的 CUDA 版本匹配的，如果下载的 CUDA 版本是 10.1 的，那么如图 5.6 所示，对应的 cuDNN 版本就是 8.0.2。下载后进行安装，在安装过程中，请牢记你的本地 cuDNN SDK 安装地址。

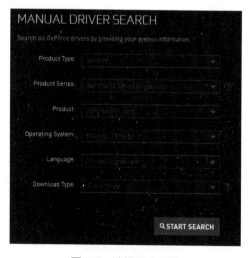

图5.5　选择显卡驱动

图5.6　选择cuDNN版本

安装完上述软件后，将 CUDA、CUPTI 和 cuDNN 安装目录添加到 %PATH% 环境变量中。例如，将 CUDA 工具包安装到 C:\Program Files\NVIDIA GPU Computing Toolkit\CUDA\v10.1，同时将 cuDNN

安装到 C:\tools\cuda,则需更新 %PATH% 以匹配路径。更新环境变量中的%PATH%有如下两种方式。

(1)右键单击"我的电脑"图标,选择"属性"→"高级系统设置"。在"系统属性"页面的"高级"选项卡中单击"环境变量"按钮,并在弹出的"环境变量"窗口中,把上述路径加入用户变量和系统变量的 Path 字段。

(2)使用终端命令行的 SET PATH 命令,操作如下。

```
SET PATH=C:\Program Files\NVIDIA GPU Computing Toolkit\CUDA\v10.1\bin;%PATH%
SET PATH=C:\Program Files\NVIDIA GPU Computing Toolkit\CUDA\v1
0.1\extras\CUPTI\libx64;%PATH%
SET PATH=C:\Program Files\NVIDIA GPU Computing Toolkit\CUDA\v10.1\include;%PATH%
SET PATH=C:\tools\cuda\bin;%PATH%
```

完成下载并安装上述 NVIDIA 软件后,在终端使用 pip 命令再次尝试安装 TensorFlow。

```
pip install TensorFlow==2.1.0 -i https://pypi.tuna.tsinghua.edu.cn/simple
```

安装完毕后,使用 conda list 命令,查看已经安装的包,如果看到如下信息,证明已成功安装。

```
tensorboard            2.1.1                    pypi_0      pypi
TensorFlow             2.1.0                    pypi_0      pypi
TensorFlow-estimator   2.1.0                    pypi_0      pypi
```

或者使用 pip list 命令,查看已经安装的包,如果看到如下信息,证明已成功安装。

```
tensorboard                2.1.1
TensorFlow                 2.1.0
TensorFlow-estimator       2.1.0
```

5.3　Keras 手写识别实战

TensorFlow 提供多个抽象级别,底层抽象级别的 API 比较复杂,虽然提供了极大的灵活性和深度定制化功能,但初学者仍难以快速掌握。为了让初学者快速掌握神经网络运算,TensorFlow 的高阶 API 基于 Keras API 标准,Keras 通过简单易懂的 API,不但可以让初学者实现快速原型设计与训练,而且适用于神经网络技术研究或开发商业化应用。

"手写识别"是众多 Keras 教程中最简单的例子。手写识别的数据集名为 MNIST ,很多 TensorFlow 第一课的教程都是使用 MNIST 作为示例数据集。它是美国国家标准与技术研究所(National Institute of Standards and Technology, NIST)发布的,其训练集 (training set) 由来自 250 个不同人手写的数字构成,其中 50% 是高中学生,50% 是人口普查局的工作人员。在测试集(test set)中也是同样比例的手写数字数据。

5.3.1 神经网络输入、输出实战

在 Keras 中实现手写识别很简单，从数据集下载到神经网络模型定义，再到训练及最后的评估与结果输出，只需要短短的 15 行代码。

新建一个名为 Keras 的文件夹，并在其中新建一个"Keras 手写识别实战 .py"的文件，然后在其中键入如下代码。

```
01   import TensorFlow as tf
02   mnist = tf.keras.datasets.mnist
03   (x_train, y_train),(x_test, y_test) = mnist.load_data()
04   x_train, x_test = x_train / 255.0, x_test / 255.0
05   model = tf.keras.models.Sequential([
06     tf.keras.layers.Flatten(input_shape=(28, 28)),
07     tf.keras.layers.Dense(128, activation='relu'),
08     tf.keras.layers.Dropout(0.2),
09     tf.keras.layers.Dense(10, activation='softmax')
10   ])
11   model.compile(optimizer='adam',
12                 loss='sparse_categorical_crossentropy',
13                 metrics=['accuracy'])
14   model.fit(x_train, y_train, epochs=5)
15   model.evaluate(x_test, y_test)
```

代码第 02 行使用 tf.keras.datasets.mnist 方法定义了一个手写识别数据集。在 keras.datasets 中提供了很多测试数据集（也称为小玩具集，就是初学者用来玩的数据集），里面的数据都是已经向量化的 Numpy 格式，直接通过 keras.datasets 类即可在代码中实例化出对象。在这个例子中，就是实例化了一个名为 mnist 的类型为 tf.keras.datasets.mnist 的对象。

代码第 03 行使用对象的 Load_data() 方法从服务器加载数据集。

keras.datasets 提供的常用测试数据集列表如下。

（1）MNIST 手写数字分类数据集支持 load_data 方法。

（2）CIFAR10 小图像分类数据集支持 load_data 方法。

（3）CIFAR100 小图像分类数据集支持 load_data 方法。

（4）IMDB 电影评论情感分类数据集支持 load_data 方法和 get_word_index 方法。

（5）路透社新闻分类数据集支持 load_data 方法。

（6）时尚 MNIST 数据集，替代 MNIST 支持 load_data 方法和 get_word_index 方法。

（7）波士顿房屋价格回归数据集支持 load_data 方法。

使用的 MNIST 手写数字分类数据集规格如下。

（1）训练集：60000 张灰度图像，大小为 28×28，共 10 类（0~9）。

（2）测试集：10000 张灰度图像，大小 28×28，共 10 类（0~9）。

当代码第 03 行读取数据时，分别读出了如下四个数据集。

（1）x_train。训练用灰度图像数据集：包括数据 60000 条，每条有 28 行 28 列。

（2）y_train。训练用分类数据集：包括数据60000条，每条用0~9表示十个分类，也就是手写识别数字0~9。

（3）x_test。测试用灰度图像数据集：包括数据10000条，每条有28行28列。

（4）y_test。测试用分类数据集：包括数据10000条，每条用0~9表示十个分类，也就是手写识别数字0~9。

将四个数据集组成两类，一类是训练集，包含60000条数据，另一类是测试集，包含10000条数据。训练集用于建立模型，测试集用来确定网络结构或控制模型复杂程度的参数，以及检验选择的最优模型性能如何。神经网络训练时训练集和测试集是分开的，即训练时不用测试数据，测试时也不用训练数据。

为了更直观地了解数据集，可以使用matplotlib.pyplot绘图库把一条训练数据转化为图像，其代码如下（为了避免和"Keras手写识别实战.py"中的行号混淆，这段测试代码就不标注行号了，本节后续提到的代码行号都是指"Keras手写识别实战.py"中的行号）。

```
import TensorFlow as tf
import matplotlib.pyplot as plt
mnist = tf.keras.datasets.mnist
(x_train, y_train),(x_test, y_test) = mnist.load_data()
plt.figure()
plt.imshow(x_train[0])
plt.colorbar()
plt.grid(False)
plt.show()
```

代码最关键的一行就是plt.imshow(x_train[0])，其作用是把测试集x_train中的第一条取出来，然后用plt.imshow的方式，以图形的形式展示第一条测试集中28×28的二维张量。

28行28列的数据是灰度图像数据，一般将白色与黑色按对数关系分成若干级，称为"灰度等级"。其范围一般从0~255，白色为255，黑色为0，故黑白图片也称灰度图像。它在医学、图像识别领域有很广泛的用途。

在数学世界中，28行28列的数值被称为矩阵或二维张量，如图5.7所示，对应现实世界中一幅28行像素×28列像素组成的灰度图像。

如果有一群雕塑家用大理石雕刻了几万个数字雕像，把现实世界中的每个三维雕像都用数字表示，就是比矩阵（或二维张量）多了一个维度，故只能用矩阵数组或三维张量表示。在TensorFlow中使用了张量（Tensor）的概念，张量是向量和矩阵在维度上的概括定义。

如图5.8所示，从数据结构上来看，张量可以表示多维数据，而张量流水线（TensorFlow）就是把张量输入神经网络流水线中，经过多层网络（工序）的计算，

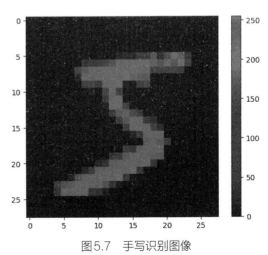

图5.7　手写识别图像

最终输出预测结果。

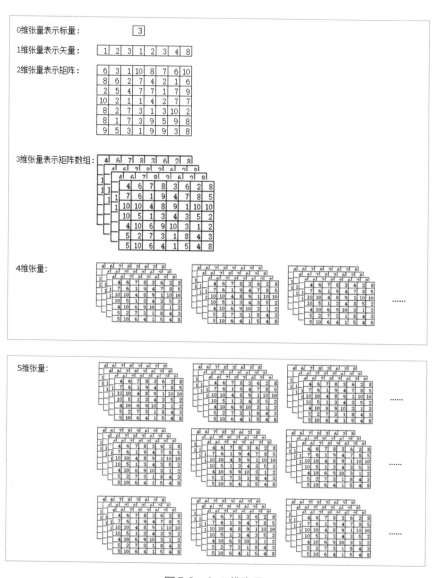

图 5.8　0~5 维张量

在实际训练时都会进行归一化，归一化的必要性已讲过，这里不再赘述。灰度数据中的数据取值范围是 0~255，在代码第 04 行使用代码 x_train / 255.0 和 x_test / 255.0 将数据集除以 255.0，即可将数据归一化到 0~1。这里使用 255.0，而不是使用 255，原因是除得结果需要是小数，如果使用 255，则整数除以整数的默认数据类型需要还是整数，就不能满足把结果归一化到 0~1 的小数需求了。

5.3.2　神经网络的结构定义

代码第 05~10 行定义了神经网络模型结构。

```
05  model = tf.keras.models.Sequential([
06    tf.keras.layers.Flatten(input_shape=(28, 28)),
07    tf.keras.layers.Dense(128, activation='relu'),
08    tf.keras.layers.Dropout(0.2),
09    tf.keras.layers.Dense(10, activation='softmax')
10  ])
```

其中,代码第05行定义了一个名为model的Sequential类型的对象。顺序模型(Sequential)适用于简单的层堆叠,其每一层正好有一个输入张量和一个输出张量。

顺序模型不适用于如下几种情况。

(1)模型中有多个输入或输出。

(2)任何一层都有多个输入或输出。

(3)需要进行图层共享。

(4)需要非线性拓扑(如残余连接、多分支模型)。

在定义的顺序模型中,包含压平层(Flatten)、Relu激活函数的全连接层(Dense Relu)、丢失层(Dropout)、Softmax激活函数的全连接层(Dense Softmax)这四层神经网络。

(1)压平层。把N维张量展开成1维数组,并将多维的输入一维化。它常用于从卷积层到全连接层的过渡,或者从多维输入层到全连接层的过渡。例如,28×28的图像展开后就变成一个含有784个元素的数组了。定义压平层使用的代码如下。

```
tf.keras.layers.Flatten(input_shape=(28, 28))
```

为了更直观地了解压平层的作用,编写测试代码如下。

```
#测试压平层Flatten
import TensorFlow as tf
from TensorFlow import keras
mnist = tf.keras.datasets.mnist
(x_train, y_train),(x_test, y_test) = mnist.load_data()
model = tf.keras.models.Sequential([
  tf.keras.layers.Flatten(input_shape=(28, 28))
])
print('原始数据,由于篇幅有限,每条训练数据都包含28个一维张量,这里只显示第一条训练数据的
前两个一维张量:')
print(x_train[0][0:2])
print('压平后的数据,由于篇幅有限,每条训练数据压平后都是一个包含784个标量的一维张量,这里
只显示前56个:')
print(model.predict(x_train)[0][0:56])
```

这段代码在定义神经网络模型时,只包含一个压平层,然后使用model.predict的方法,把训练集28×28的数据输入压平层,经过压平,作为神经网络的输出,其运行结果如下。

```
原始数据由于篇幅有限,每条训练数据包含28个一维张量,这里只显示第一条训练数据的前两个一维
张量:
  [[0 0 0 0 0 0 0 0 0 0 0 0 0 0 0 0 0 0 0 0 0 0 0 0 0 0 0 0]
```

```
[0 0 0 0 0 0 0 0 0 0 0 0 0 0 0 0 0 0 0 0 0 0 0 0 0 0 0 0]]
```

压平后的数据，由于篇幅有限，每条训练数据压平后都是一个包含784个标量的一维张量，这里只显示前56个：

```
[0. 0. 0. 0. 0. 0. 0. 0. 0. 0. 0. 0. 0. 0. 0. 0. 0. 0. 0. 0. 0. 0. 0. 0. 0.
 0. 0. 0. 0. 0. 0. 0. 0. 0. 0. 0. 0. 0. 0. 0. 0. 0. 0. 0. 0. 0. 0. 0. 0.
 0. 0. 0. 0. 0. 0. 0.]
```

（2）Relu激活函数的全连接层。这里使用代码tf.keras.layers.Dense(128, activation='relu')定义了一个包含128个神经元，采用Relu激活函数的全连接层。全连接层起到"分类器"的作用，训练后的全连接网络具有把特征表示映射到样本的标记空间的作用，也就是把特征高度提纯，以方便交给最后的分类器或回归。

如果用10个数字总结成128种写法，用每个神经元表示一种写法的话，每个手写图像与这128种写法都有相似度，训练后，全连接层每个神经元与上一层784个神经元之间的权值矩阵及Relu激活函数就体现了这种相似度的概念。

为了更直观地感受全连接层的运行效果，需要建立一个只包含压平与全连接层的模型。

```
#测试第一个全连接层
import TensorFlow as tf
from TensorFlow import keras
mnist = tf.keras.datasets.mnist
(x_train, y_train),(x_test, y_test) = mnist.load_data()
model = tf.keras.models.Sequential([
  tf.keras.layers.Flatten(input_shape=(28, 28)),
  tf.keras.layers.Dense(128, activation='relu')
])
print('原始数据，由于篇幅有限，每条训练数据都包含28个一维张量，这里只显示第一条训练数据的
前两个一维张量：')
print(x_train[0][0:2])
print('压平后的数据再经过全连接层，每条训练数据经过压平和全连接后都是128个标量，由于全连
接层初始权值是随机数，所以未经训练的全连接层输出的也是随机数')
print(model.predict(x_train)[0])
```

输出结果如下。

```
原始数据，由于篇幅有限，每条训练数据都包含28个一维张量，这里只显示第一条训练数据的前两个一
维张量：
[[0 0 0 0 0 0 0 0 0 0 0 0 0 0 0 0 0 0 0 0 0 0 0 0 0 0 0 0]
 [0 0 0 0 0 0 0 0 0 0 0 0 0 0 0 0 0 0 0 0 0 0 0 0 0 0 0 0]]
```

压平后的数据再经过全连接层，每条训练数据经过压平和全连接后都是128个标量，由于全连接层初始
权值是随机数，所以未经训练的全连接层输出的也是随机数：

```
[1.46496567e+02 2.91882706e+01 0.00000000e+00 2.82444977e+02
 1.73404221e+02 1.30109085e+02 0.00000000e+00 1.07548935e+02
 0.00000000e+00 1.55732559e+02 2.41458778e+01 0.00000000e+00…篇幅有限，一共128个
```

浮点数就不全显示了。

（3）丢失层（Dropout）。在机器学习模型中，如果模型的参数太多，而训练样本又太少时，训练出来的模型很容易产生过拟合的现象。

　　在训练神经网络时经常会遇到过拟合的问题。过拟合具体表现为模型在训练数据上损失函数较小,预测准确率较高,但是在测试数据上损失函数比较大,预测准确率较低。为了解决过拟合的问题,谷歌公司提出了丢失层的概念,并且申请了专利。

　　丢失层可以随机屏蔽本层的一部分神经元(输出置零),也不更新这些被屏蔽的神经元的权重(但不会删除神经元的权重,只是本次训练不参与 bp 传播),其他过程不变。在代码中使用 tf.keras.layers.Dropout(0.2)方法建立丢失层,其方法参数设置为 0.2,指的是每次训练时,可随机屏蔽本层 20%的神经元。

　　在分类任务中,丢失层一般加在全连接层上,用来防止过拟合,以提升模型泛化能力,并在一定程度上达到正则化的效果,使模型稳定性和鲁棒性能大大提高。由于丢掉了一部分信息,所以训练速度也有显著提升。

　　我们之前介绍过神经元群选择理论(Theory of Neuronal Group Selection)。根据神经元群选择理论,神经系统有数量巨大的、不同的、可选择的神经元群,它是大脑意识到事件复杂性特性的一个必要基础。正是因为大脑神经元群的选择机制形成了能产生特殊意识现象的大脑。物种为了生存往往会倾向于适应这种环境,环境突变则会导致物种难以做出及时反应,"适者生存"的自然选择理论可有效地阻止过拟合,即避免环境改变时物种可能面临的灭绝。丢失层与神经元群选择理论很相似,可以视为一种随机选择算法(也称为随机进化算法)。

　　具体的测试代码这里不再赘述,感兴趣的读者可以根据已学过的例子,自己编写代码进行测试。

　　(4)Softmax 激活函数的全连接层。在前三层,神经网络把尺寸为 28×28 的数据进行了压平、特征高度提纯(128 个分类),以及丢失层的随机进化算法的加持,连接到最后一个分类器,即 Softmax 激活函数的全连接层。这一层有十个神经元,分别代表数字 0~9,经过训练后,神经网络接受 28×28 的图像输入信号,输出端激活的神经元就是预测结果。Softmax 常用于多分类过程中,它将多个神经元的输出归一化到(0, 1) 区间内。因此可以将 Softmax 的输出看成概率,从而进行多分类。

　　为了直观地了解神经网络总的输出结果及神经网络结构,我们编写如下测试代码。

```
#测试训练前后的神经网络输出
import TensorFlow as tf
mnist = tf.keras.datasets.mnist
(x_train, y_train),(x_test, y_test) = mnist.load_data()
x_train, x_test = x_train / 255.0, x_test / 255.0
model = tf.keras.models.Sequential([
    tf.keras.layers.Flatten(input_shape=(28, 28)),
    tf.keras.layers.Dense(128, activation='relu'),
    tf.keras.layers.Dropout(0.2),
    tf.keras.layers.Dense(10, activation='softmax')
])
print('训练前的神经网络对第一条训练数据的预测:')
print(model.predict(x_train)[0])
model.compile(optimizer='adam',
    loss='sparse_categorical_crossentropy',
    metrics=['accuracy'])
model.fit(x_train, y_train, epochs=5)
```

```
model.evaluate(x_test, y_test)
print('训练后的神经网络对第一条训练数据的预测:')
print(model.predict(x_train)[0])
tf.keras.utils.plot_model(model, "神经网络结构图.png",show_shapes=True)
```

如果运行时出现 ImportError: Failed to import pydot. You must install pydot and graphviz for `pydotprint` to work，则说明你的系统没有安装 Graphviz，需要下载安装。此外，还需要安装 Pydot，命令是 pip install pydot。

如果还是报错，就是 Pydot 的代码出现问题了，需要修改一下 bug。

在计算机的磁盘文件中搜索"pydot.py"文件，并用 VSCode 打开，然后用 VSCode 在 pydot.py 中搜索"self.prog"，可以找到一行代码：self.prog = 'dot'，如图 5.9 所示，需要把这行代码改为 self.prog ='dot.exe'。

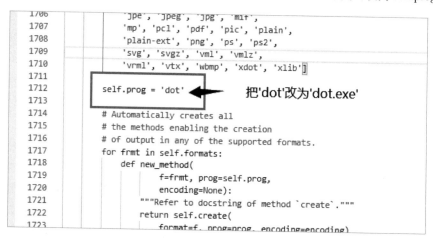

图 5.9　为 Pydot 改 bug

输出结果如下。

```
训练前的神经网络对第一条训练数据的预测:
[0.06752982 0.18346335 0.09222402 0.07055032 0.04921559 0.12762041
 0.11818208 0.17232455 0.03743682 0.081453   ]
训练后的神经网络对第一条训练数据的预测:
[3.1842706e-11 9.7530773e-08 3.7504500e-07 6.9569922e-03 3.7486575e-17
 9.9304247e-01 8.9665292e-13 4.4759726e-10 4.5351478e-10 1.2845071e-07]
```

可以看到，由于训练前是默认随机数初始化的神经网络参数，所以张量经过流水线四道工序后的结果也是随机数。

训练后，预测第一条训练数据，Softmax 激活函数的全连接层的第六个神经元的值最高，为 0.993，科学计数法为 9.9304247e-01。第六个神经元对应的数字是 5，与图 5.7 中的第一条训练数据一样。

5.3.3　经典神经网络模型

我们在之前的学习中，使用 KerasAPI，通过短短六行代码就可定义前文所述的四层顺序深度学习模型。

```
05  model = tf.keras.models.Sequential([
06    tf.keras.layers.Flatten(input_shape=(28, 28)),
07    tf.keras.layers.Dense(128, activation='relu'),
08    tf.keras.layers.Dropout(0.2),
09    tf.keras.layers.Dense(10, activation='softmax')
10  ])
```

　　Keras 让普通开发者也可以快速构建复杂的神经网络。为了更直观地了解神经网络模型结构，可以对神经网络进行可视化（绘图）。

　　使用 tf.keras.utils.plot_model 方法可以绘制出神经网络结构，输出结果如图 5.10 所示。图中的问号是训练集与测试集的条数，训练为 60000 条，测试为 10000 条。值得注意的是，虽然丢失层屏蔽了 20% 的数据，但它的输出依然是 128 个标量。屏蔽不等于删除，屏蔽的神经网络节点也有输出，只不过输出是 0。其余的神经网络层与之前介绍过的一样，这里不再赘述。

　　著名的数据科学、机器学习、人工智能顾问查尔斯·马丁（Charles Martin）曾经说过："机器学习算法我们已经使用了 10 余年，这些算法并不是很容易掌握和运用。在我看来，这些年最重要的一项进展就是 keras 的出现，它让此前被人们认为并不现实甚至遥不可及的人工智能产品实现了落地应用，发挥出了它们的价值。"

　　采用已学习过的使用 Keras 定义神经网络的方法，读者可以自行定义经典神经网络模型。但是在实际工作中，很多复杂的工作并不需要从零干起，这也是现在如此多深度神经网络模型库纷纷问世的原因。开发者可以通过这些深度神经网络模型库中的代码进行深入学习，大多数机器学习任务都能在其中找到相同或近似功能的实现，再按照自己的需求进行微调，就可以在已有模型的基础上快速开发出强大的人工智能应用。

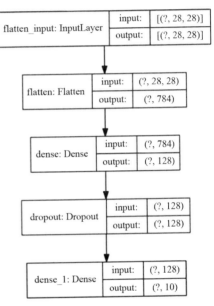

图 5.10　神经网络结构

　　在 GitHub 项目 https://GitHub.com/TensorFlow/models 中包含官方及社群所发布的一些基于 TensorFlow 实现的模型库，用于解决各式各样的机器学习问题。其项目子节点 https://GitHub.com/TensorFlow/models/tree/master/official 中包含官方发布的模型。自然语言处理领域包含如下深度神经网络模型的代码。

　　（1）BERT（Bidirectional Encoder Representations from Transformers）。即双向 Transformer 的 Encoder，因为 Decoder 是不能获得预测信息的。模型的主要创新点都在 pre-train 方法上，即用 Masked LM 和 Next Sentence Prediction 两种方法分别捕捉词语和句子级别的 Representation。

　　（2）ALBERT（A Lite BERT）。语言表征学习领域的最新进展表明，大模型对于实现 SOTA 性能表现极其重要。因此，预训练大模型，并在实际应用中将它们提炼成更小的模型已经成为一种常见的作法。谷歌公司的研究者设计了一个精简的 BERT,其参数量远远少于传统的 BERT 架构。

(3)新闻标题生成模型(News Headline generation model)。针对新闻标题生成过程中的连贯性、一致性不佳的难题,提出了一种新闻标题生成模型,结合 LSTM(Long Short-Term Memory)和注意力机制从新闻的文本中产生标题。模型编码部分使用了 BiRNN(bidirectional RNN)模型,解码部分使用了注意力机制,文章选用 Gigaword 数据集进行模型训练。实验表明,提出的方法比基于 RNN 的模型在新闻标题的生成问题上更为简明扼要。

(4)Transformer。即第三章介绍过的只基于注意力机制捕捉输入和输出的全局关系的神经网络模型,这个模型也是 BERT 的核心。

(5)XLNet。通过最大化所有的因式分解顺序的似然函数,可以学习双向的语境信息。由于其自回归的特点,克服了 BERT 本身的局限性。

除了官方模型库外,还有很多饱受赞誉的开源项目,其中也有很多配置好的经典神经网络模型。https://GitHub.com/erhwenkuo/deep-learning-with-keras-notebooks 就是一个基于 Keras 的著名开源项目,其中包含如下经典神经网络模型与实现代码。

(1)词嵌入(word embeddings)。

(2)Gensim 训练中文词向量(Word2vec)。

(3)One-hot 编码工具程序。

(4)循环神经网络(RNN)。

(5)LSTM 深度学习模型。

TensorFlow & Keras 是目前深度学习的主要框架,也是初次接触深度学习必须掌握的内容,但是官方文档内容相对较多而且以英文为主,导致初学者无从下手。使用上文所述的开源项目,利用其中的代码示例与数据集,只要把开源代码运行一次,再结合本书与官方文档,初学者就可以很快理解和运用 TensorFlow & Keras 了。

5.3.4 神经网络评价函数

本书继续讲解 Keras 手写识别实战。神经网络模型搭建完后,需要对网络的训练过程进行配置(也称为编译),否则在调用 fit(训练)或 evaluate(评估)时会抛出异常。

(1)配置:代码第 11~13 行对神经网络模型训练过程中使用的参数进行配置。

(2)训练:代码第 14 行使用配置完成的参数进行训练。

(3)评估:代码第 15 行对训练结果进行评估。

```
11  model.compile(optimizer='adam',
12              loss='sparse_categorical_crossentropy',
13              metrics=['accuracy'])
14  model.fit(x_train, y_train, epochs=5)
15  model.evaluate(x_test, y_test)
```

代码第 11 行中名为 model 的对象属于 keras.models.Sequential 类,是之前实例化的顺序模型,其中包含 5.3.3 节搭建的四层神经网络。

如表5.2所示,顺序模型支持各式各样的方法,最常用的就是compile(配置)、fit(训练)、evaluate(测试)、predict(预测)四个方法。前三个方法是训练神经网络用的,最后一个predict方法是训练好神经网络后,在生产环境中进行预测时用到的方法。

表5.2　顺序模型支持的方法列表

方法名称	方法说明	返回值
compile	用于配置训练模型	
fit	以固定数量的轮次(数据集上的迭代)训练模型	一个 History 对象。它的 History.history 属性是连续 epoch 训练损失和评估值,以及验证集损失和评估值的记录(如果适用)
evaluate	在测试模式中返回误差值和评估标准值	标量测试误差(如果模型只有单个输出且没有评估指标)或标量列表(如果模型具有多个输出和/或指标),属性 model.metrics_names 将提供标量输出的显示标签
train_on_batch	一批样品的单次梯度更新	
test_on_batch	在一批样本上评估模型	
evaluate_generator	在数据生成器上评估模型。这个生成器应该返回与 test_on_batch 所接收的相同数据	
predict	为输入样本生成输出预测	预测结果类型为 Python 的 Numpy 数组
predict_on_batch	返回一批样本的模型预测值	
fit_generator	使用 Python 生成器或 Sequence 实例逐批生成的数据,按批次训练模型。生成器与模型并行运行,可以提高效率。例如,在 CPU 上对图像进行实时数据增强,以训练模型	一个 History 对象。它的 History.history 属性是连续 epoch 训练损失和评估值,以及验证集损失和评估值的记录(如果适用)
get_layer	根据名称(唯一)或索引值查找网络层。如果同时提供 name 和 index,则 index 优先。根据网络层的名称(唯一)或其索引返回该层。索引是基于水平图遍历的顺序(自下而上)	一个层实例

下面介绍compile方法。

compile方法定义为compile(optimizer, loss=None, metrics=None, loss_weights=None, sample_weight_mode=None, weighted_metrics=None, target_tensors=None)。

compile方法定义中各个参数的含义如下。

(1)optimizer:字符串(优化器名)或优化器对象。

(2)loss:字符串(目标函数名)或目标函数。如果模型具有多个输出,则可以通过传递损失函数的词典或列表在每个输出中使用不同的损失。模型最小化的损失值将是所有单个损失的总和。

(3)metrics:在训练和测试期间的模型评估标准,通常会使用 metrics = ['accuracy']。当为多输出模型的不同输出指定不同的评估标准时,还可以传递一个词典,如 metrics = {'output_a':'accuracy'}。

(4)loss_weights:指定标量系数(Python 浮点数)的可选列表或词典,用于加权不同模型输出的损失贡献。模型最小化的损失值将是所有单个损失的加权和,由 loss_weights 系数加权。如果是列表,则期望与模型的输出具有 1∶1 映射的关系。如果是张量，则期望将输出名称(字符串)映射到标量系数中。

(5)sample_weight_mode：如果需要执行按时间步采样权重(2D 权重)，则将其设置为 temporal，默认 None 为采样权重(1D)。如果模型有多个输出，则可以通过传递 mode 的词典或列表在每个输出上使用不同的 sample_weight_mode。

(6)weighted_metrics：在训练和测试期间，由 sample_weight 或 class_weight 评估和加权的度量标准列表。

(7)target_tensors：默认情况下，Keras 会为模型的目标创建一个占位符，在训练过程中将使用该目标数据。相反，如果想使用自己的目标张量(Keras 在训练期间会载入这些目标张量的外部 Numpy 数据)，可以通过 target_tensors 参数来指定。它应该是单个张量(对于单输出 Sequential 模型来说)。

(8)**kwargs：当使用 Theano/CNTK 后端时，这些参数将被传入 K.function。当使用 TensorFlow 后端时，这些参数将被传递到 tf.Session.run。

在配置神经网络模型时，使用的参数有三个，分别是 loss(损失函数)、optimizer(优化器)和 metrics(性能评估)。

(1)代码 loss='sparse_categorical_crossentropy'设置了模型的损失函数(或称目标函数、优化评分函数)，是编译模型时必需的参数之一。在实际运行中，损失函数是定义在单个样本上的，可计算一个样本的神经元输出结果和正确结果之间的差异度。在手写识别的例子中，由于自然图像本身为稀疏信号，因此在示例中使用的是适用于对稀疏数据分类的多类交叉熵损失函数(sparse_categorical_crossentropy)。交叉熵损失函数描述了两个概率分布之间的距离，交叉熵损失函数越小说明二者之间越接近。将已建立神经网络输出层的 Softmax 输出看成概率，从而进行多分类，所以多类交叉熵损失函数常用于对 Softmax 激活函数的结果进行评估。其他的常用损失函数如下。

①categorical_hinge：计算预测值与真值的绝对铰链损失。

②cosine_similarity：计算预测值与真值的余弦相似性。

③huber_loss：计算预测值与真值的胡伯损失，适用于作为回归问题的损失函数，其优点是能增强平方误差损失函数(Mean Square Error，MSE)对离群点的鲁棒性。

④kl_divergence：计算预测值与真值的相对熵损失。

⑤log_cosh：计算预测值与真值的双曲余弦的对数损失。

⑥mean_squared_error：计算预测值与真值的均方差。

⑦mean_absolute_error：计算预测值与真值的平均绝对误差。

⑧mean_absolute_percentage_error：计算预测值与真值的平均绝对误差率。

⑨mean_squared_logarithmic_error：计算预测值与真值的平均指数误差。

⑩hinge：计算预测值与真值的 hinge loss，通常被用于最大间隔算法(maximum-margin)。最大间隔算法是前文讲过的基于统计的 NLP 算法中支持向量机(Support Vector Machines，SVM)用到的重要算法。

⑪ squared_hinge：计算预测值与真值的平方 hinge loss。

⑫ categorical_crossentropy：计算预测值与真值的多类交叉熵(crossentropy)损失。

⑬ sparse_categorical_crossentropy：与多类交叉熵相同，适用于稀疏分类的情况。

⑭ binary_crossentropy：计算预测值与真值的交叉熵。

⑮ poisson：计算预测值与真值的泊松损失。

⑯ 代码中使用了 optimizer='adam'，来设置神经网络的优化器。优化器的作用是用来计算和更新影响模型训练和输出的网络参数（w 和 b），从而最小化（或最大化）损失函数（Loss）。例子中优化器使用 Adam 算法来最小化 Loss 函数（适用于对稀疏数据分类的多类交叉熵损失函数 sparse_categorical_crossentropy）。Adam 算法即自适应时刻估计方法（Adaptive Moment Estimation），能计算每个参数的自适应学习率。这个方法不仅存储了 AdaDelta 先前平方梯度的指数衰减平均值，而且保持了先前梯度 M(t) 的指数衰减平均值。其他的常见优化器如下。

- Adagrad：优化实现了 Adagrad 算法。它为每个参数提供自适应的学习率，可以为频率低的参数每次提供更大更新，为频率高的参数每次提供更小更新。正因如此，它十分适用于处理稀疏数据。

- Adadelta：解决了 Adagrad 过度激进的衰减学习率的问题，不同于累加过去所有梯度的平方，它限制了累加过去的梯度到一个固定窗口宽度 。

- Adam：自适应时刻估计方法。

- Adamax：优化实现了 Adamax 算法。

- Ftrl：优化实现了的 FTR1 算法。

- Nadam：是 Nesterov accelerated gradient（NAG）和 Adam 的结合。NAG 是一种 Momentum（动量）算法的变种，Momentum 在计算当前时刻的更新向量时，引入上一次更新向量。NAG 的核心思想是利用"下一步的梯度"确定"这一步的梯度"，这里的下一步梯度指的是根据动量项更新后位置的梯度。

- RMSprop：优化实现了 RMSprop 算法。

- SGD：梯度下降（动量）的优化。

（2）代码中使用了 metrics=['accuracy']）来设置神经网络的评价函数，评价函数用于评估当前训练模型的性能。与损失函数不同，损失函数是定义在单个样本上的，计算的是一个样本的误差；而评价函数是定义在整个训练集上的，是所有样本误差的平均，如使用 60000 条数据进行训练，那么评价函数就是这 60000 条数据的损失函数的平均值。所以评价函数的结果不会用于训练过程中，而是训练过后对当前训练结果进行评估。常见的评价函数如下。

①Accuracy：准确率。如有 6 个样本，其真实标签 y_true 为[0, 1, 2, 2, 2, 2]，但被一个模型预测为[0, 1, 2, 3, 3,3]，预测对了 3 个，那么该模型的 accuracy=3/6=50%。

②binary_accuracy：它和 accuracy 最大的不同就是它适用于二进制（二分类）。

③categorical_accuracy：categorical_accuracy 和 Accuracy 很像，不同的是 Accuracy 针对的是 y_true 和 y_pred 都为具体标签的情况，而 categorical_accuracy 针对的是 y_true 为 onehot 标签，y_pred 为向量的情况。例如，有 4 个样本，y_true 为[[0, 0, 1], [0, 1, 0], [0, 1, 0], [1, 0, 0]]，y_pred 为[[0.1, 0.6, 0.3], [0.2, 0.7, 0.1], [0.3, 0.6, 0.1], [0.9, 0, 0.1]]，则 categorical_accuracy 为 75%。具体计算方法如下。

- 将 y_true 转为非 onehot 的形式，即 y_true_new=[2, 1, 1, 0]；

- 根据 y_pred 中的每个样本预测的分数得到 y_pred_new=[1, 1, 1, 0]；

- 使用 Accuracy 计算 y_true_new 和 y_pred_new，得到最终的 categorical_accuracy=75%。

④sparse_categorical_accuracy：它和 categorical_accuracy 功能一样，只是 y_true 为非 onehot 的形式。

如有4个样本，y_true为[2，1，1，0]；y_pred为[[0.1, 0.6, 0.3]，[0.2, 0.7, 0.1]，[0.3, 0.6, 0.1]，[0.9, 0, 0.1]]，则其categorical_accuracy为75%。具体计算方法如下。

- 根据y_pred中的每个样本预测的分数得到y_pred_new=[1, 1, 1, 0]；
- 使用Accuracy计算y_true和y_pred_new，得到最终的categorical_accuracy=75%。

⑤top_k_categorical_accuracy：当预测值的前k个值中存在目标类别即认为预测正确，Keras中计算top_k_categorical_accuracy时默认的k值为5。

⑥sparse_top_k_categorical_accuracy：它和top_k_categorical_accuracy功能一样，只是y_true为非onehot的形式。

以上就是compile方法的详解。下面使用compile方法对模型的训练参数进行配置。

5.3.5 运行神经网络

把神经网络配置好以后，下一步就是运行神经网络进行深度学习训练。

```
11  model.compile(optimizer='adam',
12                loss='sparse_categorical_crossentropy',
13                metrics=['accuracy'])
14  model.fit(x_train, y_train, epochs=5)
15  model.evaluate(x_test, y_test)
```

手写识别示例代码中，代码第14行、第15行就是训练与评估，其中fit方法以固定数量的轮次（数据集上的迭代）训练模型。

```
14  model.fit(x_train, y_train, epochs=5)
```

下面介绍fit方法。

fit方法定义为fit(x=None, y=None, batch_size=None, epochs=1, verbose=1, callbacks=None,validation_split=0.0, validation_data=None, shuffle=True, class_weight=None,sample_weight=None, initial_epoch=0, steps_per_epoch=None, validation_steps=None, validation_batch_size=None, validation_freq=1, max_queue_size=10, workers=1, use_multiprocessing=False)

fit方法定义中各参数的含义如下。

（1）参数x：输入数据。它可以包含如下内容。

①Numpy数组（或类似数组的数组）或数组列表（如果模型具有多个输入）。

②TensorFlow张量或张量列表（如果模型具有多个输入）。

③如果模型已在输入层为数据命名，则可以使用词典将输入名称映射到相应的数组/张量。

④一个tf.data数据集，它应该包含(inputs, targets)或(inputs, targets, sample_weights)。

⑤生成器或keras.utils.Sequence。它应该包含(inputs, targets)或(inputs, targets, sample_weights)。

（2）参数y：目标数据，可以像参数x一样输入数据。它可以是Numpy数组或TensorFlow张量，与参数x（不能有Numpy输入和张量目标，或者相反）保持一致。如果x是keras.utils.Sequence，则参数y不应该指定生成器或实例（因为将从中获取目标x）。

（3）参数batch_size：整数或None。它是每个梯度更新的样本数。如果未指定，则默认为32。如果数据是以数据集、生成器或实例的形式（因为它们生成批次），则不要指定。

（4）参数 epochs：训练模型迭代轮次。一个轮次是在整个参数 x 和参数 y 数据集上的一轮迭代。注意 epochs 与 initial_epoch 一起，被理解为"最终轮次"。模型并不是训练 epochs 轮，而是到第 epochs 轮停止训练。

（5）参数 verbose：日志显示模式。0=安静模式，1=进度条模式，2=每轮一行。

（6）参数 callbacks：keras.callbacks.Callback，即实例列表。训练期间要应用的回调列表。

（7）参数 validation_split：在 0 到 1 之间浮动。将训练数据的分数用于验证数据。模型将分开训练数据的这个部分，不对其进行训练，并且将在每个时期结束时评估此数据的损失和任何模型度量。在改组之前，从参数 x 和参数 y 提供的最后一个样本中选择验证数据。当参数 x 是数据集、生成器或 keras.utils_Sequence 实例时，不支持此参数。

（8）参数 validation_data：在每个时期结束时用于评估损失的数据和任何模型指标。该模型将不会根据此数据进行训练，仅仅是评估。

（9）参数 shuffle：布尔值（是否在每轮迭代之前混洗数据）或 字符串（batch）。batch 是处理 HDF5 数据限制的特殊选项，可对一个 batch 内部的数据进行混洗。 当 steps_per_epoch 非 None 时，这个参数无效。

（10）参数 class_weight：可选的词典映射类索引（整数）到权重（浮动）值，用于加权损失函数（仅在训练期间）。这可能有助于告诉模型"更多关注"来自代表性不足的类的样本。

（11）参数 sample_weight：训练样本可选 Numpy 权重数组，用于对损失函数进行加权（仅在训练期间）。在传递与输入样本长度相同的平坦（1D）Numpy 数组（权重和样本之间的 1∶1 映射），或时序数据的情况下，可以传递尺寸为（samples, sequence_length）的 2D 数组，以对每个样本的每个时间步施加不同的权重。 在这种情况下，应该确保在 compile() 中指定 sample_weight_mode="temporal"。

（12）参数 initial_epoch：整数。它表示开始训练的轮次（用于恢复以前的训练运行）。

（13）参数 steps_per_epoch：整数或 None。它指声明一个轮次完成并开始下一个轮次之前的总步数（一批样品）。在使用 TensorFlow 数据等输入张量进行训练时，默认 None 值等于数据集中的样本数除以批次大小；如果无法确定，则默认为 1。 如果参数 x 是 tf.data 数据集，并且'steps_per_epoch'为 None，则该轮次将运行直到输入数据集用尽。传递无限重复的数据集时，必须指定参数。数组输入不支持此参数。

（14）参数 validation_steps：只有在指定 steps_per_epoch 时才有用。它指停止前要验证的总步数（批次样本）。

（15）参数 validation_batch_size：整数或 None。它指每个验证批次的样品数量。如果未指定，则默认为不要指定数据是数据集、生成器，还是实例的形式（因为它们生成批次）。

（16）参数 validation_freq：仅在提供验证数据时才相关，为整数或实例（如列表，元组等）。如果是整数，则指定在执行新的验证运行之前要运行多少个训练时期，如每 2 个时期运行一次验证，参数的写法为 collections_abc.Containervalidation_freq=2。如果是容器，则指定要运行验证的时期，如在第一个、第二个和第十个时期的末尾运行验证，参数的写法为 validation_freq=[1, 2, 10]。

（17）参数 max_queue_size：整数，作为生成器队列元素的数量上限。如果未指定，则默认为 10。

（18）参数 workers：整数。keras.utils.Sequence 仅用于生成器或输入。使用基于进程的线程时，要启动的最大进程数。如果未指定,workers 则默认为 1。如果为 0,将在主线程上执行生成器。

(19)参数 use_multiprocessing:布尔值。keras.utils.Sequence 仅用于生成器或输入。如果为 True,则使用基于进程的线程。如果未指定,则默认为 False。注意,由于此实现依赖于多处理,所以不应将不可拾取的参数传递给生成器。

神经网络经过配置与训练就可以评估了。

下面介绍 evaluate 方法。

evaluate 指使用测试集对训练好的神经网络进行评估,并返回误差值和评估标准值。

evaluate 方法定义为 evaluate(x=None, y=None, batch_size=None, verbose=1, sample_weight=None, steps=None)。

evaluate 方法定义中的各参数含义如下。

(1)参数 x:与 fit 方法的参数 x 一样。

①Numpy 数组(或类似数组的数组)或数组列表(如果模型具有多个输入)。

②TensorFlow 张量或张量列表(如果模型具有多个输入)。

③如果模型已在输入层为数据命名,则可以使用词典将输入名称映射到相应的数组/张量。

④一个 tf.data 数据集。它应该包含(inputs, targets)或(inputs, targets, sample_weights)。

⑤生成器或 keras.utils.Sequence。它应该包含(inputs, targets)或(inputs, targets, sample_weights)。

(2)参数 y:目标(标签)数据的 Numpy 数组,或 Numpy 数组的列表(如果模型具有多个输出)。若模型中的输出层被命名,则可以传递一个词典,将输出层名称映射到 Numpy 数组。 如果从本地框架张量馈送(如 TensorFlow 数据张量)数据,参数 y 则可以是 None(默认)。

(3)参数 batch_size:整数或 None,它是每次评估的样本数。如果未指定,则默认为 32。

(4)参数 verbose:0 或 1,为日志显示模式。 0 = 安静模式,1 = 进度条。

(5)参数 sample_weight:测试样本的可选 Numpy 权重数组,用于对损失函数进行加权,可以传递与输入样本长度相同的扁平(1D)Numpy 数组(权重和样本之间的 1:1 映射),或在时序数据的情况下,传递尺寸为 (samples, sequence_length) 的 2D 数组,以对每个样本的每个时间步施加不同的权重。 在这种情况下,应该确保在 compile() 中指定 sample_weight_mode="temporal"。

(6)参数 steps:整数或 None,是声明评估结束之前的总步数(批次样本),默认值为 None。

执行完配置、训练、评估后,代码运行结果如下。

```
Train on 60000 samples
Epoch 1/5
2020-08-10 01:07:48.732897:I TensorFlow/stream_executor/platform/default/
dso_loader.cc:44] Successfully opened dynamic library cublas64_10.dll
60000/60000 [==============================] - 4s 72us/sample - loss:0.3035 -
accuracy:0.9114
Epoch 2/5
60000/60000 [==============================] - 4s 61us/sample - loss:0.1458 -
accuracy:0.9570
Epoch 3/5
60000/60000 [==============================] - 3s 57us/sample - loss:0.1082 -
accuracy:0.9677
```

```
Epoch 4/5
60000/60000 [==============================] - 4s 59us/sample - loss:0.0877 -
accuracy:0.9728
Epoch 5/5
60000/60000 [==============================] - 4s 59us/sample - loss:0.0737 -
accuracy:0.9770
```

正如我们配置的那样,在训练过程中首先输出 Train on 60000 samples,说明训练集中有 60000 个样本,然后用 Epoch 1/5 输出对这 60000 个样本第一轮训练的结果,一直到第五轮,每次都输出这一轮训练后的损失函数计算结果及评价结果。最后一轮的稀疏数据分类的多类交叉熵损失函数为 0.0737,准确率为 0.977,即 60000 条数据中,有 58620 条数据都预测正确。但是评估一个网络是否能用于真正的生产环境,还要考虑它在测试集上的表现,所以又输出了测试集 10000 条数据的评估结果。

```
10000/10000 [==============================] - 1s 58us/sample - loss:0.0719 -
accuracy:0.9766
```

模型在测试集上的评估结果与训练集的评估结果相差无几,证明这个模型已经具有一定的泛化能力,可以拟合训练集之外的数据了。

经过配置、训练、评估后,如果模型的准确率达到了项目要求,即可投入实际生产环境。通过使用模型的 save 方法将其存盘,然后将模型复制到生产环境中,并使用 load_model 进行读取。测试代码如下。

```
from keras.models import load_model
model.save('my_model.h5')
del model  # returns a compiled model
model = load_model('my_model.h5')
```

下面介绍通过 predict 方法使用模型对输入数据进行预测。

读取模型后,即可调用 model.predict 方法,对输入数据进行预测。

predict 方法是用来对大数据进行预测的,如果是小批量数据的快速预测,可以使用 model(x) 的方式,或者 model(x, training=False) 方法。

为了让读者更好地理解训练与部署的区别,下面举例进行说明。小明是一名人工智能工程师,他负责定义和训练神经网络。神经网络被训练好后,小明使用 model.save('my_model.h5') 的方法,将模型存储到文件里,然后用 U 盘或网络把模型复制给实施工程师小芳。小芳在代码中,使用 load_model('my_model.h5') 方法即可读取模型,并将其部署在服务器,就可以使用 predict 方法为用户或其他程序提供服务了。当小明对神经网络进行升级后,还可以用类似的方式进行部署。

对小芳来说,'my_model.h5' 就像一个神奇的黑盒子,可以进行手写识别,具体的细节他不需要明白,就如开源和商业化的 NLP 技术一样,直接拿过来用即可。

5.4　其他神经网络工具包

目前互联网上常见的神经网络开发工具包有 Theano、TensorFlow & Keras、PyTorch、MXNet，其中最流行的是 TensorFlow & Keras 和 PyTorch。

Facebook、witter、GMU、Salesforce 等机构都采用了 PyTorch 工具包。此外，很多大学如斯坦福大学的开源 NLP 代码也是基于 PyTorch 的。PyTorch 与 Keras 很像，同样是一个基于 Python 的科学计算包。除了支持神经网络开发外，PyTorch 还可以使用 GPU 加快科学计算速度，所以很多科研工作者喜欢用 PyTorch 替代 Python 默认的 numpy（科学运算库）。

与 Keras 相比，PyTorch 的优势在于版本管理和调试功能，Keras 的优势在于商业支持。

5.4.1　PyTorch 简介

PyTorch 的安装步骤比较简单，没有安装的读者可以访问 PyTorch 官网 https://PyTorch.org/进行安装。

在用 PyTorch 实现一个 LSTM 之前，需要先说一下它的基本原理。浅层网络、深度网络和 CNN 是对空间上特征的提取，只能单独处理一个个输入，前一个输入和后一个输入是完全没有关系的，也就是说，网络根本不维持任何状态。但是，某些任务需要更好地处理序列信息，即前面的输入和后面的输入是有关系的。

我们已介绍过，RNN（递归神经网络，也叫循环神经网络）是维持某种状态的网络。它的输出可以用于下一个输入的部分，以便信息随着网络在序列上传递而进行传播。

但是在 RNN 中，序列依次进入网络中，之前进入序列的数据会保存信息，并对后面的数据产生影响，所以 RNN 有着记忆的特性。排在序列前面的数据进入 LSTM 的时间越早，对后面数据的影响就越弱，导致当前数据会更大程度地受到其临近数据的影响，但实际上需要的是更长时间之前的信息，这就是长期依赖问题。长期依赖在算法层面的解释是，经过许多阶段传播后的梯度倾向于消失（大部分情况）或爆炸（很少，但对优化过程影响很大）。于是就产生了 LSTM 这个变体。

例如，下面这两句话。

这只狗，已经吃了一个骨头、一个馒头、三个馅饼、五个鸡蛋，它饱了。

这群狗，已经吃了一个骨头、一个馒头、三个馅饼、五个鸡蛋，它们饱了。

对于这两句话，在最后选择用"它"还是"它们"时，需要依赖词序列最前面是"这只狗"还是"这群狗"来判断。在传统的 RNN 中，最前面的词对后面的词影响很弱，所以需要引入新的神经网络结构来解决这个问题。

LSTM 是在 RNN 基础上进行改进的神经网络，主要加入了三个门：输入门、遗忘门和输出门，如图 5.11 所示。LSTM 中对于序列中的每个元素都有一个对应的隐藏状态 h_t，这个隐藏状态是根据三个门的状态来决定的，原则上可以包含序列中任意点的信息。通过使用这种带有隐藏状态的 LSTM 网络，可以预测语言模型中的单词、词性标签、机器翻译等自然语言处理任务。

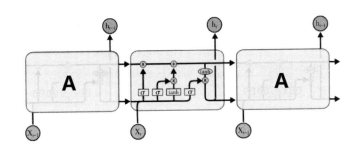

图5.11 LSTM神经网络结构

复习完原理,下面开始进行代码实战,用PyTorch实现一个LSTM神经网络。

新建一个名为pytorch的文件夹,并在其中新建一个名为"pytorch_Lstm实战.py"的源码文件,在其中键入如下代码。

```
1. import torch
2. torch.manual_seed(1)
```

代码第1行引入torch(也就是pytorch)库,代码第2行设置随机种子。在神经网络建立完毕后,初始突触的权值默认是进行随机初始化的。如果不设置则每次训练时的初始化权值都是随机的,导致结果不确定,无法进行对比。如果使用torch.manual_seed(1)设置初始化,则每次初始化都是固定的。

```
3. lstm = torch.nn.LSTM(3, 3)
```

代码第3行设置一个LSTM模型,模型的输入维度是3,输出维度也是3。

```
4. inputs = [torch.randn(1, 3) for _ in range(5)]
```

代码第4行将输入层的词序列长度设置为5。

这里使用了torch.randn(*sizes, out=None)方法,这个方法返回一个张量,包含从标准正态分布(均值为0,方差为1)即高斯白噪声中抽取的一组随机数。张量的形状由参数sizes定义。

其参数如下。

(1)sizes (int...):整数序列,定义了输出张量的形状。

(2)out (Tensor, optinal):结果张量。

下面开始设置隐藏层状态。

```
5. hidden = (torch.randn(1, 1, 3), torch.randn(1, 1, 3))
6. for i in inputs:
7.   out, hidden = lstm(i.view(1, 1, -1), hidden)
```

代码第5行设置隐藏层结构并使用随机数初始化。代码第6行为循环迭代输入序列。在使用Lstm网络处理每个输入后,将状态存入隐藏层,即将上一时间点的状态保存起来,参与下一次神经网络计算。

```
8. inputs = torch.cat(inputs).view(len(inputs), 1, -1)
9. hidden = (torch.randn(1, 1, 3), torch.randn(1, 1, 3))   #和第8行一样,随机初始化
隐藏层。
```

```
10. out, hidden = lstm(inputs, hidden)
11. print(out)
12. print(hidden)
```

代码第10行表示可以一次处理整个"输入词序列"。LSTM 返回的第一个值是整个序列中的所有隐藏状态，第二个值是最近的隐藏状态。

代码的第11行和第12行进行了如下输出。

```
tensor([[[-0.0187,  0.1713, -0.2944]],
        [[-0.3521,  0.1026, -0.2971]],
        [[-0.3191,  0.0781, -0.1957]],
        [[-0.1634,  0.0941, -0.1637]],
        [[-0.3368,  0.0959, -0.0538]]], grad_fn=<StackBackward>)
(tensor([[[-0.3368,  0.0959, -0.0538]]], grad_fn=<StackBackward>), tensor([[[-
0.9825,  0.4715, -0.0633]]], grad_fn=<StackBackward>))
```

可以看到，将"out"的最后一个片段与下面的"hidden"进行比较，它们是相同的。这是因为"out"存放着序列中的所有隐藏状态，而"hidden"是最后一个隐藏状态，后续环节将其作为参数传递给LSTM，就相当于让 LSTM 具有了前文所述的"维持状态"的特性。

从代码第8~10行，以及代码第3行可见，Pytorch 非常强大，短短4行代码即可配置并运行 LSTM 神经网络。而实际运行 LSTM 的代码只有一行，就是第10行的 lstm(inputs, hidden)。

用 Pytorch 可以实现一个用于词性识别的 LSTM 神经网络。

5.4.2 使用 PyTorch 编写 LSTM 词性识别实战

本节将使用 LSTM 来训练词性识别。建立一个名为"pytorch_LSTM 词性识别实战 .py"的源码文件，并在其中键入以下代码，相关说明都写在代码批注里了。

准备数据代码如下。

```
1.  import torch
2.  import torch.nn as nn
3.  import torch.nn.functional as F
4.  import torch.optim as optim
5.  torch.manual_seed(1)
6.  def prepare_sequence(seq, to_ix):
7.  idxs = [to_ix[w] for w in seq]
8.  return torch.tensor(idxs, dtype=torch.long)
9.  training_data = [
10. ("The cat ate the fish".split(), ["DET", "NN", "V", "DET", "NN"]),
11. ("Everybody Sing the Song ".split(), ["NN", "V", "DET", "NN"])
12. ]
13. word_to_ix = {}
14. for sent, tags in training_data:
15. for word in sent:
16. if word not in word_to_ix:
```

```
17. word_to_ix[word] = len(word_to_ix)
18. print(word_to_ix)
19. tag_to_ix = {"DET":0, "NN":1, "V":2}
20. EMBEDDING_DIM = 6
21. HIDDEN_DIM = 6
```

数据预处理的结果(十进制词符化)如下。

```
{'The':0, 'cat':1, 'ate':2, 'the':3, 'fish':4, 'Everybody':5, 'Sing':6, 'Song':7}
```

建立模型的代码如下。

```
22  class LSTMTagger(nn.Module):
23      def __init__(self, embedding_dim, hidden_dim, vocab_size, tagset_size):
24          super(LSTMTagger, self).__init__()
25          self.hidden_dim = hidden_dim
26          self.word_embeddings = nn.Embedding(vocab_size, embedding_dim)
27  #LSTM以字嵌入为输入,输出的隐藏状态
28  # 设置隐藏层的维度(示例中参数传递的是6)
29          self.lstm = nn.LSTM(embedding_dim, hidden_dim)
30  #设置从隐藏层到目标词性标签的线性层
31          self.hidden2tag = nn.Linear(hidden_dim, tagset_size)
32    def forward(self, sentence):     #定义前向传播方法
33        embeds = self.word_embeddings(sentence)
34        lstm_out, _ = self.lstm(embeds.view(len(sentence), 1, -1))
35        tag_space = self.hidden2tag(lstm_out.view(len(sentence), -1))
36        tag_scores = F.log_softmax(tag_space, dim=1)
37        return tag_scores
```

训练模型的代码如下。

```
38  model = LSTMTagger(EMBEDDING_DIM, HIDDEN_DIM, len(word_to_ix), len
(tag_to_ix))
39  loss_function = nn.NLLLoss()
40  optimizer = optim.SGD(model.parameters(), lr=0.1)
41  #下面这段代码的作用是查看训练之前的分数是多少,注意训练输出的元素i,j是标签j对单词i
的得分。
42  #因为这里不需要训练,所以代码被写在torch.no_grad()方法标记的范围中
43  with torch.no_grad():
44      inputs = prepare_sequence(training_data[0][0], word_to_ix)
45      tag_scores = model(inputs)
46      print(tag_scores)
47  for epoch in range(300):
48  #由于只使用了很少的训练集,所以没必要进行很多轮训练。为了便于演示,此处设置了300轮训练
49      for sentence, tags in training_data:
50  #第1步,因为Pythorch会累计梯度,我们每次都要把上一个训练数据的梯度清理干净
51          model.zero_grad()
52          #第2步,为神经网络准备好需要输入的数据,因为神经网络只接收张量,所以通过这行代
码可将字符串转换成单词索引的张量
```

```
53          sentence_in = prepare_sequence(sentence, word_to_ix)
54          targets = prepare_sequence(tags, tag_to_ix)
55          #第3步，前向传播
56          tag_scores = model(sentence_in)
57          #第4步，计算损失、梯度，并通过 optimizer.step()的方法更新参数：
58          loss = loss_function(tag_scores, targets)
59          loss.backward()
60          optimizer.step()
61  # 经过训练，查看训练后的分数
62  with torch.no_grad():
63      inputs = prepare_sequence(training_data[0][0], word_to_ix)
64      tag_scores = model(inputs)
66    print(tag_scores)
```

训练前的词性预测结果如下。

```
tensor([[-1.0069, -1.3650, -0.9696],
        [-0.9032, -1.3852, -1.0657],
        [-0.9662, -1.4467, -0.9567],
        [-0.9634, -1.4139, -0.9803],
        [-0.9329, -1.4961, -0.9608]])
```

训练后的词性预测结果如下。

```
tensor([[-0.1203, -2.7833, -2.9660],
        [-2.3937, -0.1111, -4.2765],
        [-3.0920, -3.7881, -0.0705],
        [-0.0623, -3.6769, -3.3484],
        [-3.0049, -0.0688, -4.0783]])
```

第 i 行第 j 列的数，就是输入词序列中第 i 个词对于第 j 个词性标签的得分，也就是最后一层 Softmax 给出的得分，分数越接近 0，就表示概率越高。结合之前定义的标签 tag_to_ix = {"DET": 0, "NN": 1, "V": 2}，可以得出，对于 The cat ate the fish 来说，因为第 0 个词性标签是第 1 个词的最高分词性，第 1 个词性标签是第 0 个词的最好分词性，所以正确的结果是"DET"，"NN"，"V"，"DET"，"NN"，对应的数字标签是 0，1，2，0，1。可见，与训练前相比，训练后的 LSTM 可以学习到词序列中各个词语的词性。

和 Keras 一样，PyTorch 也有很多已经配置好的开源神经网络模型，对应的开源项目地址是 https://GitHub.com/yunjey/pytorch-tutorial。这个开源项目为人工智能开发者提供了学习 PyTorch 的教程代码，其中大多数深度学习模型都可以在 30 行代码以内实现，非常适合初学者快速上手。

5.5　小结

本章讲解了 Python 神经网络计算的相关内容，目前 TensorFlow、Keras、PyTorch 是最流行的三大神经网络开发包。

在 5.3 节和第 5.4 节对 Keras 和 PyTorch 进行了实战讲解，并且提供了相应的开源神经网络模型代码。强烈建议初学者把开源项目中的代码示例运行一下，有不懂的地方就查找官方文档，可以很快地理解并运用 Keras 和 PyTorch。

虽然 Keras 是 TensorFlow 的高级 API，利用 Keras 可以快速开发神经网络，但是对更复杂的大型神经网络进行深度自定义，就需要使用更底层的 TensorFlow 了。

第 6 章

AI语音合成有声小说实战

2020年8月10日,《财富》发布了2020世界500强排行榜。中国有133家企业上榜,位列第一,历史上第一次超过美国。美国是121家企业上榜,位居第二名,中国企业实现了历史性跨越。

随着国家的崛起,早在2019年3月,我国人工智能领域论文数量就已经超过美国,中国AI领域的论文占全球的28%。而欧盟占此类论文的27%,中国的人工智能技术,尤其是在中文自然语言处理方面绝对是第一。

有强大的知识积累,必定会诞生优秀的公司,中国的AI创业公司比美国同类创业公司融资情况更好。2019年中国初创公司吸引了166亿美元的投资,比美国多200%。

全球主要国家都高度重视人工智能的发展。毕竟,人工智能就像工业革命的电力一样,是一项能促使不同领域发展的技术。通过将AI解决方案引入生产的现代化和优化中,一个国家可以在全球价值链中迈上几个台阶。

对于开发者来说,为了享受时代的红利,就必须学习如何调用商业巨头的人工智能服务。由于目前绝大多数人工智能云服务的运算都在云服务器集群上进行,所以需要开发者编写程序与云服务供应商的服务器通信。要先学习使用Python与服务器通信的技术,再学习通信的数据格式,最后学习各大商业化NLP服务的使用方法并进行实战。

本章主要涉及的知识点

- 掌握Python互联网编程
- 掌握JSON数据交换格式原理与编程方法
- AI语音合成有声小说实战

6.1 Python 互联网编程实战

互联网是网络与网络之间串连成的庞大网络,这些网络以一组通用的协定相连,形成逻辑上的巨大的单一国际网络。这种将计算机网络互相联结在一起的方法称为"网络互联",在这基础上发展出的覆盖全世界的全球性互联网络称"互联网",即"互相连接起来的网络"。互联网的用处很多,人工智能云服务就是其中之一。

互联网是基于 TCP/IP 实现的,TCP/IP 由很多协议组成,不同类型的协议又被放在不同的层,其中,Python 互联网编程主要集中在应用层,应用层的协议有很多,如 FTP(文件传输协议)、SMTP(电子邮件传输的协议)、HTTP(超文本传输协议)、WebSocket(Web 双向数据传输协议)等。

在与人工智能云服务通信时,最常用的就是 HTTP 和 WebSocket 。掌握了 HTTP 与 WebSocket 编程方法,不仅可以轻松调用人工智能云服务,快速实现强大的功能,还可以为以后开发其他互联网应用打下坚实的技术基础。

6.1.1 Python 的 HTTP 编程实战

超文本传输协议(HyperText Transfer Protocol,HTTP)是互联网上广泛应用的一种网络传输协议,所有的 WWW 文件都必须遵守这个标准。设计 HTTP 最初的目的是提供一种发布和接收 HTML 页面的方法,HTTP 定义 Web 客户端如何从服务器请求 Web 页面,以及服务器如何把 Web 页面传送给客户端。

HTTP 采用了请求/响应模型。客户端向服务器发送一个请求报文,请求报文包含请求的方法、URL、协议版本、请求头部和请求数据。服务器以一个状态行作为响应,响应的内容包括协议的版本、成功或错误代码、服务器信息、响应头部和响应数据。

用户之所以偏爱 Python,是因为 Python 不仅简单易学,还具有强大的官方与第三方库的集合,这些库使它可以保持活力和高效。例如,使用 Python 调用人工智能云服务时需要进行 HTTP 编程,而 Python 的 Urllib 库可以帮助你在不用了解互联网底层原理的情况下,快速地进行 HTTP 编程。

Urllib 库包含多个涉及 HTTP 编程模块的包,具体内容如下。

(1)urllib.request 可以用来发送请求(request)和获取请求的结果。

(2)urllib.error 包含 urllib.request 抛出的异常。

(3)urllib.parse 用于解析 URL。

(4)urllib.robotparser 用于解析 robots.txt 文件。

1. 简单的 HTTP 编程实战

我们在 HTTP 编程时最常用的是 urllib.request 模块。为了便于大家理解,下面编写一个简单的程序,从知乎服务器中获取一篇知乎文章。

我们要获取的知乎文章是笔者写的关于 AI 写作工具介绍的文章,网址是 https://zhuanlan.zhihu.com/p/77121641。新建一个名为 urllib 的文件夹,并在其中新建一个名为"urllib 实战 .py"的文件,由于

urllib模块是Python自带的库，所以不用安装。

在"urllib实战.py"里键入如下代码。

```
01    from urllib import request
02    import re
03    def extract_chinese(txt):
04        pattern = re.compile(r'[^\x00-\xff]')
05        return "".join(pattern.findall(txt))
06  with request.urlopen('https://zhuanlan.zhihu.com/p/77121641') as req:
07     data = req.read()
08     print('Status:', req.status, req.reason)
```

代码第01行引入urllib包中的request模块，代码第02行引入正则表达式模块。

代码第03~05行定义了一个方法。它使用正则表达式的compile方法提取中文字符。

代码第06行使用request模块的urlopen方法，建立一个名为req的属于HTTPResponse类的对象。顾名思义，Response的意思就是服务器响应对象，用于表示服务器响应结果。这里使用了with语句，with语句提供了一个有效的对象上下文管理机制，可让代码更简练，同时在使用完HTTPResponse对象时，能自动进行清理。

request模块的urlopen通过urllib.request.urlopen()函数实现对目标URL的访问。

函数原型如下。

```
urllib.request.urlopen(url, data=None, [timeout, ]*, cafile=None, capath=None,
cadefault=False, context=None).
```

常用参数说明如下。

（1）url 参数：目标资源在网络中的位置。它可以是一个表示 URL 的字符串，也可以是一个urllib.request对象。

（2）data 参数：用来指明发往服务器请求中的额外参数信息（如云服务 ID、用户标识等）。data 参数默认是 None，此时以 GET 方式发送请求；当用户给出 data 参数时，应改为 POST 方式发送请求。

（3）timeout：设置网站的访问超时时间。

（4）cafile 参数、capath 参数、cadefault 参数：用于实现可信任的 CA 证书的 HTTP 请求。

（5）context 参数：实现 SSL 加密传输。

注意：直接用 urllib.request 模块的 urlopen()获取页面，用 read 方法读取的数据格式为 bytes 类型，需要使用 decode()解码，并转换成 str 类型。

代码第07行使用HTTPResponse类的read方法，读取从服务器端返回的结果。

代码第08行HTTP的状态码status由三位数字表示，其状态分为五类：信息响应、成功响应、重定向、客户端错误和服务器错误。状态码的首位依次是1、2、3、4、5，其对照关系如表6.1所示。

表6.1　HTTP状态码分类

状态码首位	类　别	说　明
1	信息响应	接受的请求正在处理

续表

状态码首位	类　别	说　明
2	成功响应	请求正常处理完毕
3	重定向	需要进行附加操作以完成请求
4	客户端错误	客户端请求出错,服务器无法处理请求
5	服务器错误	服务器处理请求出错

```
09      for k, v in req.getheaders():
10          print('%s:%s' % (k, v))
11      print('Data:', extract_chinese(str(data.decode('UTF-8'))))
```

代码第09行,"HTTP头"由主键/值对组成,用于描述客户端或服务器的属性、被传输的资源及应该实现的连接。

使用getheaders()方法获取HTTPResponse的头文件后,在代码第10行中向终端输出"HTTP头"所包含的各项键/值对。

代码第11行,先通过decode('UTF-8')方法,使用UTF-8编码对服务器返回的数据进行解析,然后使用extract_chinese()方法提取其中的中文。

程序运行结果如下。

首先输出 req.status, req.reason,200,表示服务器与客户端正常通信。

```
Status:200 OK
```

然后输出"HTTP头"中所包含的各项键/值对,结果如下。

```
Date:Mon, 27 Jul 2020 05:58:14 GMT
Content-Type:text/html; charset=UTF-8
Content-Length:78706
Connection:close
Server:CLOUD ELB 1.0.0
Cache-Control:must-revalidate, proxy-revalidate, no-store
Vary:Accept-Encoding
Vary:Accept-Encoding
Vary:Accept-Encoding
set-cookie:_zap=88686dd2-3824-49e2-b769-a5afcc8ebca5; path=/; expires=Wed, 27
Jul 2022 05:58:14 GMT; domain=.zhihu.com
set-cookie:_xsrf=f1804bb8-8b01-43a7-afd2-4c63ddc1c0e9; path=/; domain=.zhihu.com
```
…其他键值对太多,这里就不全部显示了。

最后输出的是服务器返回结果的中文(文章)内容。

```
Data:写作工具知乎写作自媒体生活我给大家做了一个写作工具。它已经理解并记忆了鲁迅、胡适、徐
志摩、朱自清、茅盾、太宰治、拜伦、莎士比亚、雨果、泰戈尔、列夫托尔斯泰、高尔基、金庸、张爱玲、三毛、
老舍等名人的文学作品
…
```

2.　进阶 http 编程实战

除了在简单示例中使用URL建立HTTP连接,还可以在建立连接时附加其他内容,如body(附加

数据）、timeout（超时时间）、HTTP 头。在人工智能自然语言处理云服务的客户端与服务端交互过程中，一般在 body 中附加需要分析的文本，并在 HTTP 头中附加用户的账户、NLP 功能选择、账户权限校验码等参数。

附加 body 和 HTTP 头的方法很简单，在"urllib 实战 .py"的文件中继续键入如下代码。

```
12    import urllib
13    body = urllib.parse.urlencode({'传给服务器的1号文本':'给时光以生命','传给服
务器的2号文本':'给岁月以文明'}).encode('UTF-8')
14    print(body)
15    head={'param1':"1",
16              'param2':"2",
17              'param3':"3",
18              'param4':"4"}
```

代码第 13 行的目的是建立 body（附加数据），其过程如下。

（1）声明一个名为 body 的对象，用于存储测试数据，这里仅演示代码运行过程。在实际的人工智能自然语言处理云服务的客户端与服务端交互过程中，一般会附加需要分析的文本等信息。

（2）body 对象包含了词典类型的数据，为了解决 URL 地址不能传递中文和特殊字符的问题，使用 urllib.parse.urlencode 方法，将词典转换为 HTTP 可以传递的参数字符串，并使用 .en encode('UTF-8') 将参数字符串设定为 UTF-8 编码。

（3）词典{'传给服务器的1号文本':'给时光以生命','传给服务器的2号文本':'给岁月以文明'}被转换为 UTF-8 编码的参数字符串如下。

%E4%BC%A0%E7%BB%99%E6%9C%8D%E5%8A%A1%E5%99%A8%E7%9A%841%E5%8F%B7%E6%96%87%E6%9C%AC=%E7%BB%99%E6%97%B6%E5%85%89%E4%BB%A5%E7%94%9F%E5%91%BD&%E4%BC%A0%E7%BB%99%E6%9C%8D%E5%8A%A1%E5%99%A8%E7%9A%842%E5%8F%B7%E6%96%87%E6%9C%AC=%E7%BB%99%E5%B2%81%E6%9C%88%E4%BB%A5%E6%96%87%E6%98%8E

（4）"UTF-8(8-bit Unicode Transformation Format)是一种针对 Unicode 可变长度字符的编码，又称万国码，由肯·汤姆森(Ken Thompson)于 1992 年创建。可以看到，每个汉字用一个百分号+两位十六进制表示，如"传"对应的是"%E4"，采用的是两位十六进制。因为 UTF-8 是八位二进制表示的汉字编码，正好可以用两位十六进制表示。

代码第 15 行定义了一个词典，里面存储了四个键值对，用于存储客户端向服务器传递的 HTTP 头。

```
19    r=urllib.request.Request('http://httpbin.org/post', body,head)
20    with urllib.request.urlopen(r) as req:
21        data = req.read()
22    print('返回值:', str(data.decode('UTF-8')))
```

代码第 19 行使用 urllib.request.Request 方法，建立了一个 Request 对象，方法的参数有三个，分别是服务器地址、body（附加数据）及 HTTP 头。这里使用的是一个用来学习 HTTP 的公益网站，地址是 http://httpbin.org/post。

代码第 20 行使用 urllib.request.urlopen 方法，该方法的参数是之前创建好的 Request 对象。之后的操作和前文类似，这里不再赘述。

输出时，这里并没有像原先那样依次输出 HTTP 头和 HTTP 状态码，而是直接将服务器所有的返回结果输出到终端。

```
返回值:{
  "args":{},
  "data":"",
  "files":{},
  "form":{
    "\u4f20\u7ed9\u670d\u52a1\u5668\u76841\u53f7\u6587\u672c":"\u7ed9\u65f6\u5149\u4ee5\u751f\u547d",
    "\u4f20\u7ed9\u670d\u52a1\u5668\u76842\u53f7\u6587\u672c":"\u7ed9\u5c81\u6708\u4ee5\u6587\u660e"
  },
  "headers":{
    "Accept-Encoding":"identity",
    "Content-Length":"275",
    "Content-Type":"application/x-www-form-urlencoded",
    "Host":"httpbin.org",
    "Param1":"1",
    "Param2":"2",
    "Param3":"3",
    "Param4":"4",
    "User-Agent":"Python-urllib/3.7",
    "X-Amzn-Trace-Id":"Root=1-5f1fb44d-b932535ac241d7c22b23c332"
  },
  "json":null,
  "origin":"103.238.133.112",
  "url":"http://httpbin.org/post"
}
```

服务器返回的结果是一个 JSON 字符串，关于 JSON 的具体操作方法，将在后续相关内容中进行详细介绍。可以看到，在返回结果中的 "headers" 下面列出了 HTTP 头，里面除了 HTTP 标准的头参数外，还多了自定义的四个参数。在 form 下面是提交的 body 内容，证明服务器已经接收了传递的 body 和 HTTP 头。

3. HTTP 编程中的异常处理实战

在 HTTP 编程时，采用有效的异常处理能使程序更加健壮、易于调试。异常处理之所以强大，在于其解决了程序运行中的两个痛点：①出了什么错误？②出了错怎么处理？

为了更直观地展现 Python 在 HTTP 编程中的异常处理过程，下面在"urllib 实战 .py"的文件中继续键入如下代码。

```
23      import socket
24      import urllib.error
```

```
25      try:
26          with urllib.request.urlopen('http://httpbin.org/get',timeout=
0.1) as req:
27              data = req.read()
28      except urllib.error.URLError as e:
29          if isinstance(e.reason, socket.timeout):
30              print('TIME OUT')
```

代码第25行使用了try语句，即在尝试时遇到问题，可在第28行把urllib模块出错的内容抛出。

代码第26行建立了一个Response对象，设置timeout=0.1，timeout参数设置超时时间，单位是秒。如果请求超过这个时间还没有得到响应，就会抛出异常。如果没有设定的话，就会使用全局的默认时间，一般是60秒。

代码第28行，如果超时，就会抛出一个类别为urllib.error.URLError的异常对象。

代码第29行处理这个对象，如果对象的异常原因（reason）属性的值是socket.timeout，就说明超时了，会在终端输出TIME OUT。

urllib.error.HTTPError对象有如下三个属性。

（1）code：一个 HTTP 状态码，具体定义见已介绍过的 RFC 2616标准。 这个数字的值对应存放在 http.server.BaseHTTPRequestHandler.responses 代码词典中的某个值。

（2）Reason：一个解释本次错误原因的字符串。

（3）Headers：导致 HTTPError 的特定 HTTP 请求的 HTTP 响应头。

至此，我们介绍了 Python 的 Http 编程方法，使用 urllib 方法可以轻松地实现 HTTP 编程。除 urllib 外，另一个比较著名的 HTTP 编程库是 Requests 库，它是用 Python 语言基于 urllib 模块编写的，采用的是 Apache2 Licensed 开源协议的 HTTP 库。

与 urllib 模块相比，Requests 库更加方便，可以节约大量的工作，但是由于 Requests 库不是 Python 自带的官方标准库，所以很多人工智能云服务的官方示例代码都是由 urllib 模块编写的，所以感兴趣的读者可以自行研究 Requests 库，以充实自己的编程能力。

6.1.2 Python 的 WebSocket 编程实战

在一般的自然语言处理任务中，只要向服务器发送文本，等待服务器返回处理结果即可，HTTP 就足够了。但在一些特殊的自然语言处理任务中，需要和服务器保持长时间的连接，不断向服务器推送消息或等待服务器给客户端推送消息。

例如，在实时语音分析任务中，需要智能语义分析客户端和电话服务器 CTI（Computer Telecommunication Integration）建立长连接，当电话服务器收到客户拨入的电话时，电话服务器要主动把语音推送给智能语义分析客户端，让电话客服看到实时的语义分析结果。

而 HTTP1.0 中的生命周期通过 Request 来界定，就是客户端发送一个 Request，服务器返回一个 Response，客户端不发，服务器就不回。

虽然 HTTP1.1 进行了改进，使它有一个 keep-alive，也就是说在一个 HTTP 连接中可以发送多个 Request，接收多个 Response，但是在 HTTP 中永远是一个 Request 只能有一个 Response，也就是一对一的。而且 Response 也是被动的，不能由服务器主动发起。

为了弥补 HTTP 的不足，WebSocket 协议诞生了，它是一种在单个 TCP 连接上进行全双工通信的协议。WebSocket 协议使客户端和服务器之间的数据交换变得更加简单，并允许服务端主动向客户端推送数据。

使用 WebSocket 协议进行通信，浏览器和服务器只需要完成一次"握手"，两者之间就可以直接创建持久性的连接，并进行双向数据传输。Websocket 其实是一个新协议，跟 HTTP 基本没有关系，只是为了兼容现有浏览器的"握手"规范而已，也就是说它是 HTTP 的一种补充。

在 Python 中进行 Websocket 服务器与客户端编程，可以使用 Websockets 库。如果只编写 Websocket 客户端，那么推荐使用 Websocket-client 库。这两个库的安装方法不再赘述。

接下来，使用 Websockets 库编写一个服务端，该服务端的作用是"夸人"。新建一个名为 wensocket 的文件夹，在其中新建一个名为"websockets_server实战.py"的文件，在其中键入如下代码。

```
01 import asyncio
02 import websockets
03 #定义一个list,用于存储推送给客户端的消息
04 话术list=[]
05 话术list.append("您的修改意见,给了我改稿的动力,使我的工作更上一层楼！")
06 话术list.append("您给的brief简直充满了想法,肯定能得诺贝尔文学奖！")
07 话术list.append("您对稿子真是太负责了,来来回回修改25次,您比曹雪芹还认真呀！")
08 话术list.append("跟您聊天真让我受益匪浅,让我感受到了一个文学家的坚持。")
09 话术list.append("从业50年,我终于听到一个想改变世界的伟大创意了。")
10 async def hello(websocket, path):
11     name = await websocket.recv()
12     print(f"< {name}")
13     greeting = f"{name}你好！"
14     await websocket.send(greeting)
15     for s in 话术list:
16         await websocket.send(s)
```

为了演示服务器主动推送的效果，先在代码第 03 行定义一个 list 对象，用于存储一系列文本，并在之后逐一主动推送给客户端。

代码第 10 行使用 Async 定义了一个服务端方法，其参数有两个，分别是 websocket 和 path。这两个参数是该函数被回调时自动传过来的，不需要自己传。

Python 3.4 引入 asyncio 模块，增加了异步编程，可实现异步任务的处理。在 Python 2 中，由于只有一个线程，就不能多个任务同时运行。

asyncio 模块是"多任务合作"模式（Cooperative Multitasking），在服务端使用 async def 关键词即可定义异步方法。这种方法允许在一个线程中通过异步任务交出执行权给其他任务，等到其他任务完成后，再收回执行权继续往下执行。例如代码第 11 行就是等待 Websocket 得到客户端消息（recv）后，hello 方法才被唤醒，执行下一步操作。如果客户端没有消息发过来，就挂起当前任务，把线程资源给其他任务。由于代码的执行权在多个任务之间交换，所以看上去好像多个任务同时运行，其实底层只是一个线程，多个任务分享运行时间。这种在单线程上实现多任务的技术简化了很多问题，使得代码

逻辑变得简单，写法符合直觉，可以节约服务端资源。

```
17    start_server = websockets.serve(hello, "localhost", 8888)
18    asyncio.get_event_loop().run_until_complete(start_server)
19    asyncio.get_event_loop().run_forever()
```

代码第 17 行使用 websockets.serve 方法建立了一个名为 start_server 的服务端对象。该方法的参数有 3 个，分别是异步方法名称（hello）、服务器地址及端口号。其中，把服务器地址设置为"localhost"，指"这台计算机"，其对应的 IP 地址为 127.0.0.1。

代码第 18 行把包含异步方法 hello 的 start_server 对象传给 asyncio.get_event_loop() 的 run_until_complete() 方法。asyncio.get_event_loop() 可以获取事件循环对象，事件循环是 asyncio 模块的核心，异步任务的运行、任务完成之后的回调、网络 IO 操作、子进程的运行，都是通过事件循环完成的。loop.run_until_complete(start_server) 的作用是运行事件循环，直到 start_server 运行结束。

代码第 19 行使用 asyncio.get_event_loop().run_forever() 方法让事件循环一直运行，一旦检测到客户端消息，就会激活在第 18 行安排的 start_server 对象。

编写完服务端再编写客户端代码，服务端和客户端可以使用不同的库，甚至使用不同的编程语言，只要遵循 Websocket 协议即可。因为 Python 语言中 websocket-client 包的口碑很不错，websocket-client 在 GitHub 上得到了 2000 多个星星，它的 GitHub 网址是 https://GitHub.com/websocket-client/websocket-client。我们使用 websocket-client 编写客户端代码，在 wensocket 文件夹下新建一个名为"websocket_client 实战 .py"的文件，并在其中键入如下代码。

```
01 import time
02 import datetime
03 import websocket
04 def on_message(ws, message):
05     print('接收信息:')
06     print(message)
07 def on_error(ws, error):
08     print('出现错误')
09     print(error)
10 def on_close(ws):
11     print(ws)
12     print("### closed ###")
13 def on_open(ws):
14     name = input("你叫什么名字? ")
15     ws.send(name)
16 websocket.enableTrace(True)
17 ws = websocket.WebSocketApp("ws://localhost:8888",
18                             on_message=on_message,
19                             on_error=on_error,
20                             on_close=on_close,
21                             on_open=on_open)
22 ws.run_forever()
```

客户端的代码很简单,从代码第 17 行开始看,它定义了一个 WebSocketApp,是 Websocket 中的一个类。建立 WebSocketApp 时,要指定 WebSocket 客户端在接收服务器消息、遇到异常、WebSocket 关闭、WebSocket 打开时要执行的方法,具体做法是在实例化该类时,为 on_open、on_message、on_error、on_close 等属性指定相应的自定义方法,例子中指定的方法和属性名称一样。

构造函数是面向对象程序设计的一种特殊方法,主要用来在使用类创建对象时初始化对象,即为对象成员变量赋初始值,如在代码第 17~21 行,就使用 websocket.WebSocketApp 的构造函数创建了一个 WebSocketApp 对象。以下是 websocket.WebSocketApp 类的构造函数定义。

```
def init(self, url, header=[],
on_open=None, on_message=None, on_error=None,
on_close=None, on_ping=None, on_pong=None,
on_cont_message=None,
keep_running=True,get_mask_key=None, cookie=None,
subprotocols=None,
on_data=None)
```

WebSocketApp 构造函数各个参数的说明如下。

(1)url:服务器 Websocket 的地址,这里使用的是 ws://localhost:8888。以 ws 开头,说明是 websocket 协议。在 HTTP 编程中,以 http 或 https 开头,说明是 http 协议。

(2)header:客户发送 Websocket 握手请求的请求头,{'head1:value1','head2:value2'}。

(3)on_open:在建立 Websocket 握手时调用的方法,这个方法只有一个参数,就是该类本身。在代码中指定的方法是 on_open,对应的方法定义如下。

```
13 def on_open(ws):
14     name = input("你叫什么名字? ")
15     ws.send(name)
```

这个方法的作用是,在建立 Websocket 客户端与服务端的连接后,使用 input("你叫什么名字?"),在终端窗口中显示一个"你叫什么名字?"的提示,等待用户在提示后输入自己的名字,并保存在 name 对象中,然后在代码第 14 行中使用 ws.send 方法将 name 通过 Websocket 协议传给服务器。

(1)on_message:在接收服务器返回的消息时调用的方法。在代码中指定的方法是 on_message,它有两个参数:一个是该类本身;另一个是从服务器获取的字符串(UTF-8格式)。

```
04 def on_message(ws, message):
05     print('接收信息:')
06     print(message)
```

如代码第 04 行中 message 就是服务器返回的消息字符串。

在代码第 06 行中使用 print 函数将 on_message 方法接收的服务器消息(message)输出到终端。

(2)on_error:在遇到错误时调用,它有两个参数:一个是该类本身;另一个是异常对象。

(3)on_close:在遇到连接关闭的情况时调用,它的参数只有一个,就是该类本身。

(4)on_cont_message:在接收连续帧数据时被调用,它有三个参数,分别是类本身、从服务器接受的字符串(UTF-8)和连续标志。

(5)on_data:从服务器接收消息时被调用,它有四个参数,分别是该类本身、接收到的字符串(UTF-8)和数据类型、连续标志。

(6)keep_running:一个二进制的标志位。它如果为True,则这个APP的主循环将持续运行,默认值为True。

(7)get_mask_key:用于产生一个掩码。

(8)subprotocols:一组可用的子协议,默认为空。

编写完服务端与客户端代码后,先运行服务端代码,再运行客户端代码,然后在客户端的终端键入您的名字,即可得到服务器主动对您发送的夸赞了。

```
--- request header ---
GET / HTTP/1.1
Upgrade:websocket
Connection:Upgrade
Host:localhost:8888
Origin:http://localhost:8888
Sec-WebSocket-Key:D2du0m0/ksTtjasBm5zgLg==
Sec-WebSocket-Version:13
-----------------------
--- response header ---
HTTP/1.1 101 Switching Protocols
Upgrade:websocket
Connection:Upgrade
Sec-WebSocket-Accept:oDXKI9b6jYAUOMO/zk2FVgF8gWw=
Date:Tue, 28 Jul 2020 15:44:13 GMT
Server:Python/3.7 websockets/8.1
-----------------------
你叫什么名字? 艾浒
send:b'\x81\x86\x90Yhvx\xd0\xd6\x90%\xcb'
接收信息:
艾浒你好!
接收信息:
您的修改意见,给了我改稿的动力,使我的工作更上一层楼!
接收信息:
您给的brief简直充满了想法,肯定能得诺贝尔文学奖!
接收信息:
您对稿子真是太负责了,来来回回修改了25次,您比曹雪芹还认真呀!
接收信息:
跟您聊天真让我受益匪浅,让我感受到了一个文学家的坚持。
接收信息:
从业50年,我终于听到一个想改变世界的伟大创意了。
...
```

6.2　JSON 数据结构原理与实战

程序之间通信的格式几乎都是 JSON 格式。绝大多数商业化 API 接口及人工智能云服务的数据传输格式使用的也是 JSON。如图 6.1 所示，在著名的 Stack OverFlow（IT 问答网站）中，JSON 已经成为最流行的数据传输格式。

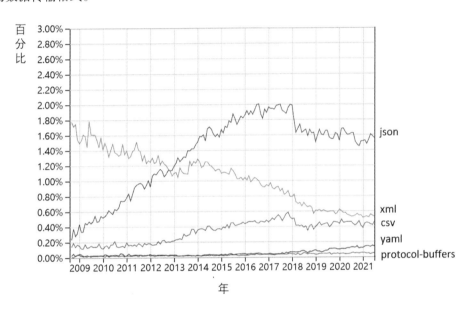

图 6.1　在 Stack OverFlow 中使用各种传输格式热度的统计

JSON（JavaScript Object Notation）是一个用于数据交换的文本格式，目前的标准为 ECMA-404。虽然 JSON 源于 JavaScript 语言，但它只是一种数据格式，可用于任何编程语言。JSON 格式的优点如下。

（1）简洁：JSON 使用名称/值对表示数据，使用简单的{和}标记对象，[和]标记数组，用","表示数据的分隔，":"表示名称和值的分隔。它易于理解，可读性高。

（2）易于处理：JSON 支持多种语言，包括 ActionScript、C、C#、ColdFusion、Java、JavaScript、Perl、PHP、Python、Ruby 等服务器端语言，便于服务器端的解析。

（3）占用空间小：在人工智能云服务的调用过程中，网络传输速度是程序运行效率的瓶颈。由于 JSON 格式占用空间小，所以传输速度要比其他格式快。

6.2.1　JSON 数据交换格式原理

为了更直观地了解 JSON 数据结构，下面以常见的天气服务 API 为例，看看 JSON 是如何表达数据的。新建一个名为 json 的文件夹，在其中新建一个名为"json 实战 .py"的源码文件，并键入如下代码。

```
01 from urllib import request
02 from io import BytesIO
03 import gzip
```

代码第02行引入 Python 标准库 io 包中的 BytesIO 用于操作二进制数据，BytesIO 可实现在内存中读写 bytes。

代码第03行引入 Python 标准库中的 gzip 包，用于和 BytesIO 配套，解压服务器返回的数据。

```
04 with request.urlopen('https://devapi.heweather.net/v7/weather/3d?location=
101010100&key=205f41a3ae584ed384f83ca0b026dca7') as req:
05     data = req.read()
06     buff = BytesIO(data)
07     f = gzip.GzipFile(fileobj=buff)
08     result=f.read().decode('UTF-8')
09     print(result)
```

代码第04行与天气服务器 https://devapi.heweather.net/v7/weather/3d 建立 HTTP 连接，并在 body 中附加了两个参数，具体内容如下。

（1）location=101010100：用来说明客户端想查询哪个地理位置的天气。

（2）key=205f41a3ae584ed384f83ca0b026dca7'：客户端的标识，类似于身份证，表明客户端的身份。一般的商业化 API 服务都使用这种方式识别调用者的身份。205f41a3ae584ed384f83ca0b026dca7 是笔者申请的免费测试 key，每天限制10000次调用，超过这个数量，就只能第二天再调用了。

代码第05行获取服务器返回的数据。由于数据是 gzip 压缩过的，所以在代码第06行将数据转换为二进制流，然后在代码第07行使用 gzip.GzipFile 方法，建立数据解压对象。

最后在第08行、第09行将解压后的数据进行 UTF-8 解码为中文，并且在终端窗口中进行如下输出。

```
{"code":"200","updateTime":"2020-07-30T21:57+08:00","fxLink":"http://hfx.link/
2ax1","daily":[{"fxDate":"2020-07-30","sunrise":"05:12","sunset":"19:28",
"moonrise":"15:48","moonset":"00:50","moonPhase":"盈凸月","tempMax":"34",
"tempMin":"25","iconDay":"101","textDay":"多云","iconNight":"302","textNight":"雷
阵雨","wind360Day":"174","windDirDay":"南风","windScaleDay":"3-4","windSpeedDay":
"18","wind360Night":"217","windDirNight":"西南风","windScaleNight":"1-2",
"windSpeedNight":"1","humidity":"59","precip":"0.0","pressure":"1001","vis":"
25","cloud":"25","uvIndex":"8"},{"fxDate":"2020-07-31","sunrise":"05:13",
"sunset":"19:27","moonrise":"16:54","moonset":"01:33","moonPhase":"盈凸月",
"tempMax":"33","tempMin":"24","iconDay":"302","textDay":"雷阵雨","iconNight":"
154","textNight":"阴","wind360Day":"183","windDirDay":"南风","windScaleDay":"1-
2","windSpeedDay":"5","wind360Night":"93","windDirNight":"东风","windScaleNight":
"1-2","windSpeedNight":"1","humidity":"81","precip":"6.3","pressure":"998",
"vis":"25","cloud":"85","uvIndex":"2"},{"fxDate":"2020-08-01","sunrise":"05:14",
"sunset":"19:26","moonrise":"17:55","moonset":"02:22","moonPhase":"盈凸月",
"tempMax":"33","tempMin":"24","iconDay":"302","textDay":"雷阵雨","iconNight":"
302","textNight":"雷阵雨","wind360Day":"203","windDirDay":"西南风",
"windScaleDay":"1-2","windSpeedDay":"5","wind360Night":"3","windDirNight":"北风",
```

```
"windScaleNight":"1-2","windSpeedNight":"6","humidity":"79","precip":"1.0",
"pressure":"995","vis":"24","cloud":"55","uvIndex":"2"}],"refer":{"sources":
["Weather China"],"license":["no commercial use"]}}
```

终端窗口中的JSON数据的易读性并没有想象的那么好。

这时候就需要借助在线JSON编辑器,它可以规范JSON格式,以树状结构展现JSON数据,并支持在树节点中进行编辑。打开在线JSON编辑器网站https://jsoneditoronline.org/,把JSON字符串粘贴到网站里,即可看到如图6.2所示的规范后的JSON格式和树形结构的JSON数据了。

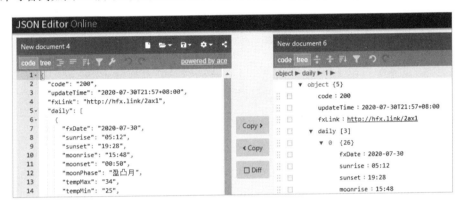

图6.2　在线编辑器的左侧为规范后的JSON数据,右侧为树状JSON数据

这个例子中的JSON数据有两类,具体内容如下。

（1）[和]标记的数组,如示例天气预报数据中的"daily":[{"fxDate":"2020-07-30"…},{"fxDate":"2020-07-31"…},{"fxDate":"2020-08-01"…}],就是一个名称为daily的数组。这个数组中有三个daily类型的对象,每个daily类型的对象表示某一天的天气预报。

（2）{ 和 } 标记的对象,如示例天气预报数据中的代码如下。

```
{
    "fxDate":"2020-07-30",
    "sunrise":"05:12",
    "sunset":"19:28",
    "moonrise":"15:48",
    "moonset":"00:50",
    "moonPhase":"盈凸月",
    "tempMax":"34",
    "tempMin":"25",
    "iconDay":"101",
    "textDay":"多云",
    "iconNight":"302",
    "textNight":"雷阵雨",
    ...
}
```

上述代码表示了一天的天气预报对象,这个对象内有很多键值对,每个键值对都表示了一组属性名称和属性值,如"fxDate":"2020-07-30"就表示这个对象的fxDate（预报日期）属性,属性值为2020-

07-30。这样客户端就知道这个对象是预报日期为2020-07-30日的天气数据了。

Daily 对象的部分属性如表6.2所示，当调用者得到这个属性说明后，即可理解 JSON 数据，并在编写程序时从中读取自己需要的数据。

表6.2　Daily 对象部分属性说明

参　　数	描　　述	示例值
daily.fxDate	预报日期	2020−07−31
daily.sunrise	日出时间	7：34
daily.sunset	日落时间	17：21
daily.moonrise	月升时间	16：09
daily.moonset	月落时间	4：21
daily.moonPhase	月相名称	满月
daily.tempMax	预报当天最高温度	4
daily.tempMin	预报当天最低温度	−5

6.2.2　Python 语言的 JSON 编程实战

为了读取 JSON 中的数据及掌握 Python 对 JSON 的其他操作，先在"json实战.py"文件的代码开头处引入必要的库。

```
import json
```

然后在代码的最后位置继续键入如下内容。

```
10    with open('天气json文件.json','w') as file_obj:
11        json.dump(result,file_obj,ensure_ascii=False)
12    with open('天气json文件.json','r+') as f:
13        print('读取文件中的json数据:')
14        print(json.load(f))
15    result_dict = json.loads(result)
16    print('状态码:'+result_dict['code'])
17    print('更新时间:'+result_dict['updateTime'])
18    for daily in result_dict['daily']:
19        print('─────────────────────────────────────')
20        print('预报日期:'+daily['fxDate'])
21        print('日出时间:'+daily['sunrise'])
22        print('日落时间:'+daily['sunset'])
23        print('月升时间:'+daily['moonrise'])
24        print('月落时间:'+daily['moonset'])
25        print('月相名称:'+daily['moonPhase'])
26        print('预报当天最高温度:'+daily['tempMax'])
27        print('预报当天最低温度:'+daily['tempMin'])
28 #定义Python词典对象
```

```
29 data = {
30     '用户名':'张三',
31     '种族名称':'AI程序员',
32     '种族特征':'星辰大海最强赚钱种族',
33     '年龄':21,
34     '亲属':['张一','张二','张四','张五'],
35     '三围':(95,130,140)
36 }
37 #将Python对象编码成JSON字符串
38 print(json.dumps(data,ensure_ascii=False ,indent=4))
```

运行结果如下。

读取文件中的json数据:
{"code":"200","updateTime":"2020-07-30T23:57+08:00","fxLink":"http://hfx.link/
2ax1","daily":[{"fxDate":"2020-07-30","sunrise":"05:12","sunset":"19:28",
"moonrise":"15:48","moonset":"00:50","moonPhase":"盈凸月","tempMax":"34",
"tempMin":"25","iconDay":"101","textDay":"多云","iconNight":"302","textNight":"雷
阵雨","wind360Day":"174","windDirDay":"南风…
状态码:200
更新时间:2020-07-30T23:57+08:00
━━━━━━━━━━━━━━━━━━━━━━━━━━━━━━

预报日期:2020-07-30
日出时间:05:12
日落时间:19:28
月升时间:15:48
月落时间:00:50
月相名称:盈凸月
预报当天最高温度:34
预报当天最低温度:25
━━━━━━━━━━━━━━━━━━━━━━━━━━━━━━

预报日期:2020-07-31
日出时间:05:13
日落时间:19:27
月升时间:16:54
月落时间:01:33
月相名称:盈凸月
预报当天最高温度:33
预报当天最低温度:24
…
{
    "用户名":"张三",
    "种族名称":"AI程序员",
    "种族特征":"星辰大海最强赚钱种族",
    "年龄":21,
    "亲属":[
        "张一",

```
            "张二",
            "张四",
            "张五"
        ],
        "三围":[
            95,
            130,
            140
        ]
}
```

代码第10~14行演示了如何把JSON存储为磁盘文件。

```
10      with open('天气json文件.json','w') as file_obj:
11          json.dump(result,file_obj,ensure_ascii=False)
12      with open('天气json文件.json','r+') as f:
13          print('读取文件中的json数据:')
14          print(json.load(f))
```

如表6.3所示,使用json.dump()方法可以将JSON字符串保存为文件,一般在爬网程序中用的比较多,在语音分析中也很常见。在一些常见的数据处理项目中,用单独的程序把服务器返回的结果存储到文件中,方便后续用另外一个程序做进一步处理。与json.dump()方法对应的json.load()方法可以把磁盘文件转换为Python对象。

表6.3　JSON库常用方法列表

方　　法	描　　述
json.dumps()	将 Python 对象编码成 JSON 字符串
json.loads()	将已编码的 JSON 字符串解码为 Python 对象
json.dump()	将 Python 内置类型序列化为 JSON 对象后写入文件
json.load()	读取文件中JSON形式的字符串元素转化为Python类型

json.dump()方法的参数列表如下。

```
dump(obj, fb,skipkeys=False, ensure_ascii=True, check_circular=True,
        allow_nan=True, cls=None, indent=None, separators=None,
        default=None, sort_keys=False, **kw):
```

参数说明如下。

（1）obj：要存盘的Python对象。

（2）fb：目标磁盘文件对象。

（3）skipkeys：如果为True,则只能是词典对象,否则会出现TypeError错误;默认为False。

（4）ensure_ascii：确定是否为ASCII编码。

（5）check_circular：如果为True,则执行循环类型检查。

（6）allow_nan：确定是否为允许的值。

（7）indent：以美观的方式进行打印,可实现缩进效果。

（8）separators：对象分隔符，默认为英文逗号。

（9）encoding：编码方式，默认为 UTF-8 。

（10）sort_keys：如果是词典对象，选择 True 就会按照键的 ASCII 码来排序。

代码第 15 行使用 json.loads 方法，将天气预报 JSON 字符串转化为名为 result_dict 的 Python 词典对象，以方便后续使用 Python 语言进行数据读/写等操作。

```
15    result_dict = json.loads(result)
```

json. loads ()方法的参数列表如下。

```
loads(s, encoding=None, cls=None, object_hook=None, parse_float=None,
      parse_int=None, parse_constant=None, object_pairs_hook=None, **kw)
```

参数说明如下。

（1）s：待转换为 Python 对象的 JSON 字符串。

（2）encoding：字符串 s 可以是 str 类型，也可以是 unicode 类型。如果 s 是以 ASCII 编码的字符串，则需要手动通过参数 encoding 指定编码方式；如果不是以 ASCII 编码的字符串，则必须转为 unicode。例子中的字符串是 str 类型，不用指定。

（3）object_hook：可选参数。它可将（loads）的返回结果词典替换为指定的类型，这个功能可用来实现自定义解码器。

（4）object_pairs_hook：可选参数。它可将结果以 key-value 有序列表的形式返回，形式如[(k1, v1), (k2, v2), (k3, v3)]，如果 object_hook 和 object_pairs_hook 同时指定，则优先返回 object_pairs_hook。

（5）parse_float：可选参数。它如果被指定，在解码 JSON 字符串时，就会将符合 float 类型的字符串转为指定的数据类型，如指定为适应于科学运算的 numpy.float 64。

（6）parse_int：可选参数。它如果被指定，在解码 JSON 字符串时，就会将符合 int 类型的字符串转为指定的数据类型。

（7）parse_constant：可选参数。它如果被指定，在解码 JSON 字符串时，如果出现字符串:-Infinity, Infinity, NaN，那么指定的 parse_constant 方法将会被调用，用于处理这些特殊值。

代码第 16~27 行读取 result_dict 中的信息。result_dict 是词典类型，词典是一种可变容器模型，且可存储任意类型对象，适合用于表示 JSON 数据结构。

```
16 print('状态码:'+result_dict['code'])
17 print('更新时间:'+result_dict['updateTime'])
18 for daily in result_dict['daily']:
19     print('————————————————————————————————————')
20     print('预报日期:'+daily['fxDate'])
21     print('日出时间:'+daily['sunrise'])
...
```

使用词典对象['键名']的方式，可以获取对应的键值，如 result_dict['code']，即可获取键名为 code 的键值。print('状态码:'+result_dict['code'])的结果如下。

```
状态码:200
```

词典可存储任意类型的对象，在 result_dict 的 'daily' 键中就存储了一个对象数组，只要使用 for 循环语句就可遍历其中的 daily 对象。daily 对象的类型也是词典，如代码 18~27 行，每次遍历出一个 daily 对象，就可以使用词典对象['键名']的方式，获取该对象的各个属性值（键值）。词典对象支持的函数及功能如表 6.4 所示。

表6.4　词典对象支持的函数列表

函　数	描　述
cmp(dict1, dict2)	比较两个词典元素
len(dict)	计算词典元素个数，即键的总数
str(dict)	输出词典可打印的字符串内容
type(variable)	返回输入的变量类型，如果变量是词典就返回词典类型

除强大的函数外，词典对象本身还具有很多实用的方法，如表 6.5 所示。

表6.5　词典对象支持的方法列表

方　法	描　述
dict.clear()	删除词典内的所有元素
dict.copy()	返回一个词典的浅复制
dict.fromkeys(seq[, val])	创建一个新词典，以序列 seq 中元素做词典的键，val 为词典所有键对应的初始值
dict.get(key, default=None)	返回指定键的值，如果值不在词典中则返回 default 值
dict.has_key(key)	如果键在词典 dict 中，则返回 true，否则返回 false
dict.items()	以列表返回可遍历的(键,值)元组数组
dict.keys()	以列表返回一个词典所有的键
dict.setdefault(key, default=None)	虽然和 get() 类似，但如果键不存在于词典中，则会添加键并将值设为 default
dict.update(dict2)	把词典 dict2 的键/值对更新到 dict 里
dict.values()	以列表返回词典中的所有值
pop(key[,default])	删除词典给定键 key 所对应的值，返回值为被删除的值。key 值必须给出，否则返回 default 值
popitem()	返回并删除词典中的最后一个键/值对

至此，我们介绍了从服务器读取压缩的 JSON 字符串，把 JSON 字符串存盘、读盘，以及把 JSON 字符串转换为 Python 词典对象并读取其中信息的方法。可以看出，JSON 的读取方式非常简单，JSON 就像一条强大的纽带，可以把服务器的数据表述与数值结合到一起，传递给客户端，使客户端与服务器之间实现无缝对接。

客户端可以使用 JSON 数据实现自己的功能，如在天气预报方面，不仅可以在手机客户端和网页中实现天气预报页面，还可以在树莓派这种低成本设备上实现强大的天气预报功能，如图 6.3 所示。这些程序和设备所采用的数据交换格式都是 JSON。

图6.3　客户端可以使用JSON数据实现各种相关应用

除了处理服务器传回的JSON,客户端本身也可以把Python对象转换为JSON字符串,以便回传给服务器或传递给其他客户端。代码第28行~第38行演示了定义Python词典对象,并将其转换为JSON字符串的方法。

```
28  #定义Python词典对象
29  data = {
30      '用户名':'张三',
31      '种族名称':'AI程序员',
32      '种族特征':'星辰大海最强赚钱种族',
33      '年龄':21,
34      '亲属':['张一','张二','张四','张五'],
35      '三围':(95,130,140)
36  }
37  #将Python对象编码成JSON字符串
38  print(json.dumps(data,ensure_ascii=False ,indent=4))
```

代码第30~32行在词典中定义了字符串类型的值。代码第33行定义了数值类型的值,代码第34行定义了词典类型的值,代码第35行定义了元组类型的值。可以发现,虽然词典中的数据类型非常多,但使用json.dumps方法后,这些复杂的数据类型就自动转换为JSON字符串了,代码如下。

```
{
    "用户名":"张三",
    "种族名称":"AI程序员",
    "种族特征":"星辰大海最强赚钱种族",
    "年龄":21,
    "亲属":[
        "张一",
        "张二",
        "张四",
        "张五"
    ],
```

```
    "三围":[
        95,
        130,
        140
    ]
}
```

json.dumps 方法与已介绍的 json.dump 方法的参数类似，只是少了一个 fb 参数（目标磁盘文件对象），可见两个方法的区别就是 json.dumps 方法将对象转换为 JSON 字符串，而 json.dump 方法将对象转换为磁盘文件。ensure_ascii=false 可以确保 JSON 字符串正确显示中文，indent=4 则使字符串的格式更易于观察。

6.3 AI 语音合成实战

经过本章前两节的学习，我们已经掌握了 Python 与服务器通信的方法，以及 HTTP 和 WebSocket 的编程方法，还有 JSON 数据结构的原理与编程方法，在这些技术基础上，就可调用商业化的人工智能云服务了。

目前国内比较大的人工智能云服务供应商有科大讯飞、百度、阿里、腾讯等，它们的调用方式类似。科大讯飞是亚太地区知名的智能语音和人工智能上市企业，长期从事语音及语言、自然语言理解、机器学习推理及自主学习等核心技术研究，并保持了国际前沿技术水平。最关键的是其对中文的支持非常好，而且有一些适合初学者的免费服务，因此我们选择科大讯飞进行实战。科大讯飞的工智能云服务由"讯飞开放平台"提供，这个平台是一个功能非常丰富的供应商，可支持 HTTP 和 WebSocket 协议，数据格式为 JSON，很适合初学者快速上手。

6.3.1 科大讯飞 NLP 服务

我们在第二章介绍过科大讯飞的 NLP 服务，通过这种商业化服务，可以实现很多强大的人工智能程序。如借助语音合成服务可以实现文本转语音，将小说变成有声小说，再发布到各种听书软件中获取收益；可以为短视频、影视解说提供配音，甚至可以自己编写文本转语音的 APP，向使用者收取一定的费用。

接下来我们就学习一下用 AI 合成有声小说的方法。

6.3.2 AI 语音合成有声小说实战

为了调用语音合成服务，先要登录科大讯飞官网 https://www.xfyun.cn/，注册账号并登录平台后，单击右上角的"控制台"，或选择右上角下拉菜单的"我的应用"选项进入控制台。若你的账户未曾创建过应用,网站会引导你创建第一个应用。

请为你的应用起一个名字,并填写相关的信息。单击"提交"按钮后,应用就创建完毕。应用一般与你的产品一一对应,一个应用中包含多个服务 API。API(Application Programming Interface,应用程序接口)是一些预先定义的函数,或指软件系统不同组成部分衔接的约定,用来提供应用程序与开发人员基于某软件或硬件进行访问的一组例程,并且无须访问源码或理解内部工作机制的细节。例如,我们可以把同声传译机视为一个应用,这个应用包含以下 API。

(1)调用 NLP 供应商或自己编写的实时语音转写 API,将语音转换为文字。

(2)调用 NLP 供应商或自己编写的机器翻译 API,将一种语言的文字翻译成另一种语言的文字。

(3)调用 NLP 供应商或自己编写的语音合成 API,将翻译好的文字转化为音频。

如图 6.4 所示,应用创建完成之后,就可以通过左侧的服务列表选择需要使用的服务(API)了。因为离线版不支持 Python,所以选择"在线语音合成(流式版)API"选项。在右侧服务管理面板中,可以看到这个服务对应的可用量、历史用量、服务接口的验证信息,使用这些信息就可以调用在线语音合成(流式版)的 API 了。记住 APPID、APISecret 和 APIKey,这是你自己的服务标识,类似于身份证,服务器会根据这些信息对你的身份进行验证,在后续调用 API 时会用到。

单击图 6.5 中的"文档"按钮,找到 Python 的示例文档,然后在本机新建一个名为 xfyun 的文件夹,把下载的 Python 示例文档复制到 xfyun 文件夹下,并把源码文件重命名为"tts实战 .py",然后更改以下两个部分。

(1)填写自己的 APPID、APISecret 和 APIKey。

(2)编写代码读取小说文本。

(3)由于默认的语音格式在个人计算机上无法播放,所以需要将服务配置中的语音格式更改为 mp3。

图6.4　创建应用页面

图6.5　服务管理面板

改后的代码如下。

```
01 import websocket
02 import datetime
03 import hashlib
04 import base64
05 import hmac
06 import json
```

```python
07 from urllib.parse import urlencode
08 import time
09 import ssl
10 from wsgiref.handlers import format_date_time
11 from datetime import datetime
12 from time import mktime
13 import _thread as thread
14 import os
15 STATUS_FIRST_FRAME = 0  # 第一帧的标识
16 STATUS_CONTINUE_FRAME = 1  # 中间帧标识
17 STATUS_LAST_FRAME = 2  # 最后一帧的标识
18 class Ws_Param(object):
19     # 初始化
20     def __init__(self, APPID, APIKey, APISecret, Text):
21         self.APPID = APPID
22         self.APIKey = APIKey
23         self.APISecret = APISecret
24         self.Text = Text
25         # 公共参数(common)
26         self.CommonArgs = {"app_id":self.APPID}
27         # 业务参数(business),更多个性化参数可在官网查看
28         self.BusinessArgs = {"aue":"lame", "sfl":1,"auf":"audio/L16;rate=
16000", "vcn":"xiaoyan", "tte":"utf8"}
29         self.Data = {"status":2, "text":str(base64.b64encode(self.Text.encode
('UTF-8')), "UTF8")}
        #使用小语种应使用以下方式,此处的unicode指的是 utf16小端的编码方式,即"UTF-
16LE""
30         #self.Data = {"status":2, "text":str(base64.b64encode(self.Text.
encode('utf-16')), "UTF8")}
    # 生成URL
31     def create_url(self):
32         url = 'wss://tts-api.xfyun.cn/v2/tts'
33         # 生成RFC1123格式的时间戳
34         now = datetime.now()
35         date = format_date_time(mktime(now.timetuple()))
36         # 拼接字符串
37         signature_origin = "host:" + "ws-api.xfyun.cn" + "\n"
38         signature_origin += "date:" + date + "\n"
39         signature_origin += "GET " + "/v2/tts " + "HTTP/1.1"
40         # 对hmac-sha256进行加密
41         signature_sha = hmac.new(self.APISecret.encode('UTF-
8'), signature_origin.encode('UTF-8'),
42                                  digestmod=hashlib.sha256).digest()
43         signature_sha = base64.b64encode(signature_sha).decode(encoding=
'UTF-8')
44         authorization_origin = "api_key=\"%s\", algorithm=\"%s\", headers=\"%
s\", signature=\"%s\"" % (
```

202

```
45            self.APIKey, "hmac-sha256", "host date request-
line", signature_sha)
46            authorization = base64.b64encode(authorization_origin.encode('UTF-
8')).decode(encoding='UTF-8')
        # 将请求的鉴权参数组合为词典
47            v = {
48                "authorization":authorization,
49                "date":date,
50                "host":"ws-api.xfyun.cn"
51            }
52            # 拼接鉴权参数,生成URL
53            url = url + '?' + urlencode(v)
54            # print("date:",date)
55            # print("v:",v)
56            # 此处打印出建立连接时的URL,参考本demo时可取消上方打印的注释,比对相同参数
时生成的URL与自己代码生成的URL是否一致
        # print('websocket url :', url)
57            return url
58 def on_message(ws, message):
59      try:
60            message =json.loads(message)
61            code = message["code"]
62            sid = message["sid"]
63            audio = message["data"]["audio"]
64            audio = base64.b64decode(audio)
65            status = message["data"]["status"]
66            print(message)
67            if status == 2:
68                print("ws is closed")
69                ws.close()
70            if code != 0:
71                errMsg = message["message"]
72                print("sid:%s call error:%s code is:%s" % (sid, errMsg, code))
73            else:
74                with open('./demo.mp3', 'ab') as f:
75                    f.write(audio)
76      except Exception as e:
77            print("receive msg,but parse exception:", e)
# 收到websocket错误的处理
78 def on_error(ws, error):
79      print("### error:", error)
# 收到websocket关闭的处理
80 def on_close(ws):
81      print("### closed ###")
# 收到websocket连接建立的处理
82 def on_open(ws):
83      def run(*args):
```

```
84          d = {"common":wsParam.CommonArgs,
85              "business":wsParam.BusinessArgs,
86              "data":wsParam.Data,
87              }
88          d = json.dumps(d)
89          print("------>开始发送文本数据")
90          ws.send(d)
91          if os.path.exists('./demo.mp3'):
92              os.remove('./demo.mp3')
93      thread.start_new_thread(run, ())
94  if __name__ == "__main__":
95      txt=open('weicheng2000.txt',encoding='UTF-8').read()
    # 测试时在此处正确填写相关信息即可运行
96      wsParam = Ws_Param(APPID='5e8aXXX', APIKey='6d4bb45aba1ffd522abaa6a1843
XXX',                      APISecret='6057e717111adfe8c866602d9e95XXX,
97                      Text=txt)
98      websocket.enableTrace(False)
99      wsUrl = wsParam.create_url()
100     ws = websocket.WebSocketApp(wsUrl, on_message=on_message, on_error=
on_error, on_close=on_close)
102     ws.on_open = on_open
103     ws.run_forever(sslopt={"cert_reqs":ssl.CERT_NONE})
```

这段代码使用的是Websocket-client库，与服务器建立连接并验证身份后，客户端先读取小说文本发送到服务器，然后得到服务器返回的音频流，客户端再把音频流转换为demo.mp3文件。

商用人工智能云服务平台一般会提供完整的文档和培训视频，即便是零基础的初学者也能很快掌握接口的调用方法，我们可以在之前demo代码下载页面的"文档中心→语音合成→在线语音合成→WebAPI文档"中找到详细的代码说明文档和培训视频。本书不再赘述每行代码的含义，仅就笔者更改的部分做进一步解释。

(1)在代码第96行填写自己的APPID、APISecret和APIKey信息。在客户端向服务器发送身份信息进行"握手"时，为了避免黑客从中途截获，所以不能直接用明文将APISecret和APIKey发送出去，而是需要客户端进行加密签名，如代码第40行使用hmac-sha256对客户端身份信息进行加密，Python内置的Hmac模块实现了标准的Hmac算法，它利用一个key对message计算"混淆"后的Hash。使用Hmac算法比标准Hash算法更安全，因为针对相同的message，不同的key会产生不同的Hash，服务端通过加密后的签名来校验请求的合法性。

(2)为了把小说文本文件转换为语音文件，需要编写代码读取小说的文本文件。

代码第95行使用我们在4.2节介绍过的方法，读取磁盘上的小说文件，如表6.6所示。注意实时语音合成接口支持的文本长度为2000个汉字，当小说文件过大时，可以编写程序对文本进行分段，或者删掉多余的文字进行测试。

表6.6　实时语音合成API调用说明

内　容	说　明
请求协议	ws[s]（为提高安全性，强烈推荐wss）
请求地址	ws[s]://tts-api.xfyun.cn/v2/tts
请求行	GET /v2/tts HTTP/1.1
接口鉴权	签名机制，详情请参照接口鉴权
字符编码	UTF8、GB2312、GBK、BIG5、UNICODE、GB18030
响应格式	统一采用JSON格式
开发语言	任意，只要可以向讯飞云服务发起Websocket请求的均可
操作系统	任意
音频属性	采样率为16k或8k
音频格式	pcm、mp3、speex(8k)、speex-wb(16k)
文本长度	单次调用长度需小于8000字节（约2000汉字）

（3）由于默认的语音格式在个人计算机上无法播放，所以需要将API接口的参数设置中的语音格式更改为mp3。

如表6.7所示，需要把aue参数设置为lame，并且增加一个sfl:1的参数键值对，才能让实时语音合成的接口返回能够播放的mp3格式文件，更改后的参数列表如代码第28行。其中tte被设置为UTF-8，如果小说文件编码是其他编码格式，也可以通过这个参数来设定。

表6.7　实时语音合成API参数说明

参数名	类型	必传	描　述
aue（音频编码）	string	是	raw：未压缩的pcm
			lame：mp3（当aue=lame时需传参sfl=1）
			speex-org-wb;7：标准开源speex（for speex_wideband，16k），其数字代表指定压缩等级（默认为8）
			speex-org-nb;7：标准开源speex（for speex_narrowband，8k），其数字代表指定压缩等级（默认为8）
			speex;7：压缩格式，压缩等级为1~10，默认为7（讯飞定制speex为8k）
			speex-wb;7：压缩格式，压缩等级为1~10，默认为7（讯飞定制speex为16k）
sfl	int	否	需要配合aue=lame使用，开启流式返回mp3格式音频
			取值：1 开启
auf（音频采样率）	string	否	audio/L16;rate=8000：合成8K的音频
			audio/L16;rate=16000：合成16K的音频
			auf不传值：合成16K的音频
vcn	string	是	发音人，需要单独购买
speed	int	否	语速，可选值为"0~100"，默认为50

续表

参数名	类型	必传	描　述
volume	int	否	音量,可选值为"0~100",默认为 50
pitch	int	否	音高,可选值为"0~100",默认为 50
bgs	int	否	合成音频的背景音 0:无背景音(默认值) 1:有背景音
tte	string	否	文本编码格式 GB2312、GBK、BIG5、UNICODE、GB18030、UTF8
reg	string	否	设置英文发音方式 0:自动判断处理,如果不确定将按照英文词语拼写处理(默认) 1:所有英文按字母发音 2:自动判断处理,如果不确定将按字母朗读 默认按英文单词发音
rdn	string	否	合成音频数字的发音方式 0:自动判断(默认值) 1:完全数值 2:完全字符串 3:字符串优先

将代码执行后,即可得到有声小说的 mp3 文件了。打开收听一下,可以发现机器人的语言流畅、断句时间也很合理。收费版的播音效果更好,完全听不出是机器人读的。

6.3.3　NLP 商业 API 的 HTTP 调用实战

除 Websocket 外,科大讯飞的很多语言理解类 API,如分词、词性标注、实体名称识别都是以 HTTP 方式调用的,我们按照前文讲述的方式,申请好相应的 API 接口即可使用。为了方便在其他代码中调用,可以把代码封装一下,自定义一个包。下面在 xfyun 文件夹下建立一个名为"语言理解包 .py"的文件,并在其中键入如下代码。

```
01 # -*- coding:UTF-8 -*-
02 import time
03 import urllib.request
04 import urllib.parse
05 import json
06 import hashlib
07 import base64
```

```
08  #开放平台应用ID
09  x_appid = "5e8a66xx"
10  #开放平台应用接口密钥
11  api_key = "e009d5468xxxxx"
12  #词性识别,用于识别中文的词性
13  def 词性识别p(TEXT):
14      url ="http://ltpapi.xfyun.cn/v1/pos"
15      body = urllib.parse.urlencode({'text':TEXT}).encode('UTF-8')
16      param = {"type":"dependent"}
17      x_param = base64.b64encode(json.dumps(param).replace(' ', '').encode
('UTF-8'))
18      x_time = str(int(time.time()))
19      x_checksum = hashlib.md5(api_key.encode('UTF-8') + str(x_time).encode
('UTF-8') + x_param).hexdigest()
20      x_header = {'X-Appid':x_appid,
21                  'X-CurTime':x_time,
22                  'X-Param':x_param,
23                  'X-CheckSum':x_checksum}
24      req = urllib.request.Request(url, body, x_header)
25      result = urllib.request.urlopen(req)
26      result = result.read()
27      result=result.decode('UTF-8')
28      result_dict = json.loads(result)
29      return result_dict['data']['pos']
30  #中文分词(Chinese Word Segmentation, CWS)指的是将汉字序列切分成词序列。因为在汉语
中,词是承载语义的最基本单元。分词是信息检索、文本分类、情感分析等多项中文自然语言处理任务
的基础。
31  def 中文分词p(TEXT):
32      url ="http://ltpapi.xfyun.cn/v1/cws"
33      body = urllib.parse.urlencode({'text':TEXT}).encode('UTF-8')
34      param = {"type":"dependent"}
35      x_param = base64.b64encode(json.dumps(param).replace(' ', '').encode
('UTF-8'))
36      x_time = str(int(time.time()))
37      x_checksum = hashlib.md5(api_key.encode('UTF-8') + str(x_time).encode
('UTF-8') + x_param).hexdigest()
38      x_header = {'X-Appid':x_appid,
39                  'X-CurTime':x_time,
40                  'X-Param':x_param,
41                  'X-CheckSum':x_checksum}
42      req = urllib.request.Request(url, body, x_header)
43      result = urllib.request.urlopen(req)
44      result = result.read()
45      result=result.decode('UTF-8')
46      result_dict = json.loads(result)
47      return result_dict['data']['word']
48  def 命名实体识别p(TEXT):
```

```
49      url ="http://ltpapi.xfyun.cn/v1/ner"
50      body = urllib.parse.urlencode({'text':TEXT}).encode('UTF-8')
51      param = {"type":"dependent"}
52      x_param = base64.b64encode(json.dumps(param).replace(' ','').encode
('UTF-8'))
53      x_time = str(int(time.time()))
54      x_checksum = hashlib.md5(api_key.encode('UTF-8') + str(x_time).encode
('UTF-8') + x_param).hexdigest()
55      x_header = {'X-Appid':x_appid,
56                  'X-CurTime':x_time,
57                  'X-Param':x_param,
58                  'X-CheckSum':x_checksum}
59      req = urllib.request.Request(url, body, x_header)
60      result = urllib.request.urlopen(req)
61      result = result.read()
62      result=result.decode('UTF-8')
63      result_dict = json.loads(result)
64      return result_dict['data']['ner']
```

代码中定义了三个方法,分别是代码第13行的词性识别p(TEXT),第31行的中文分词p(TEXT)和第48行的命名实体识别,每个方法都包含以下五个步骤。

(1)让服务器知道处理什么内容。这三个方法都能接收一个名为TEXT的参数,该参数就是待分析的文本,为了把TEXT传递给服务器,需要将它附加到body中,如代码第15行、第33行、第50行,使用urllib.parse.urlencode方法,把TEXT转换成名为body并可在HTTP协议中传递的字符串对象。

(2)调用什么功能处理这些内容。不同的URL地址对应不同的语言理解API,这三个方法的URL地址对应的语言理解API如下。

①"http://ltpapi.xfyun.cn/v1/pos"表示词性识别。

②"http://ltpapi.xfyun.cn/v1/cws"表示中文分词。

③"http://ltpapi.xfyun.cn/v1/ner"表示命名实体识别。

URL的格式为http[s]://ltpapi.xfyun.cn/v1/{API代码}。科大讯飞提供的API代码功能说明如表6.8所示。

表6.8　API代码与功能说明

API代码	API名称	API功能说明
cws	中文分词 (Chinese Word Segmentation,CWS)	将汉字序列切分成词序列。在汉语中,词是承载语义的最基本的单元;分词是信息检索、文本分类、情感分析等多项中文自然语言处理任务的基础
pos	词性标注 (Part-of-speech Tagging, POS)	给句子中每个词一个词性类别的任务。这里的词性类别可能是名词、动词、形容词或其他

续表

API代码	API名称	API功能说明
ner	命名实体识别（Named Entity Recognition，NER）	在句子的词序列中定位，并识别人名、地名、机构名等实体的任务
dp	依存句法分析（Dependency Parsing，DP）	通过分析语言单位内成分之间的依存关系揭示其句法结构，如句子中的"主谓宾""定状补"这些语法成分，并分析各成分之间的关系
srl	语义角色标注（Semantic Role Labeling，SRL）	一种浅层的语义分析技术，可标注句子中某些短语为给定谓词的论元（语义角色），如施事、受事、时间和地点等。它能够对问答系统、信息抽取和机器翻译等应用产生推动作用
sdp	语义依存树分析（Semantic Dependency Parsing，SDP）	分析句子各个语言单位之间的语义关联，并将语义关联以依存结构呈现。使用语义依存树分析句子语义，其好处在于不需要抽象词汇本身，只是通过词汇所承受的语义框架来描述该词汇，而论元的数目相对词汇来说数量总要少很多。语义依存树分析目标是跨越句子表层句法结构的束缚，直接获取深层的语义信息
sdgp	语义依存图分析（Semantic Dependency Graph Parsing，SDGP）	在语义依存树基础上进行了突破，对连动、兼语、概念转位等汉语中常见现象的分析更全面深入

（3）让服务器知道我是谁。x_header中的X-CheckSum是令牌，可以让服务器验证客户端的身份，令牌的计算方法如代码第54行。

```
hashlib.md5(api_key.encode('UTF-8') + str(x_time).encode('UTF-8') + x_param).
hexdigest()
```

代码的作用是使用Hashlib库的md5 (APIKey + X-CurTime + X-Param)方法，将APIKey（接口密钥）、当前时间、业务参数这三个值拼接的字符串进行MD5哈希（Hash）计算，生成32位十六进制哈希值。

MD5是一种哈希算法，可以将任意长度的信息转换成一个固定长度的二进制数据。通常使用十六进制值来表示转换后的信息，这个转换后的信息被称为哈希值。

● 哈希算法的特点如下。

①无碰撞（不重复）：不同信息在理论上得到的 Hash 值不同，我们称之为"无碰撞"，或者发生"碰撞"的概率非常小。

②不可逆：哈希算法是单向的，从hash值反向推导出原始信息是很困难的。所以，有些系统中，我们可以使用哈希算法对密码进行处理后保存。

● 哈希算法的主要应用如下。

①数据完整性校验：将原始数据和经过哈希算法得到的数据一起发送给对方，对方收到数据之后，对数据使用相同的哈希算法进行计算，如果得到的哈希值和发过来的相同，那么就说明数据没有经过篡改。很多程序或视频下载网站都附有哈希值，用户下载文件后可以生成哈希值进行对比，以避免黑客篡改数据。

②数字签名：先对原始数据进行哈希处理，然后对处理后的数据使用私钥进行加密。将原始数据

和加密后的数据发送给接收方。接收方使用公钥解密，然后对数据进行哈希处理，最后通过对比实现用户身份的验证。

虽然网络上有很多 MD5 破解网站，依靠其数据库中存储的大量哈希值和原始信息，根据哈希值反向查询出原始信息，但是原始信息中包含当前时间戳，即代码 str(x_time).encode('UTF-8')后，就把时间信息附加到原始信息中了，破解网站不可能存储所有附带时间戳的原始信息，所以就不能进行破解。

（4）服务器处理。使用 urllib.request.Request(url, body, x_header)方法，即可把前文提到的"让服务器知道处理什么内容（body），调用什么功能处理这些内容（url），让服务器知道我是谁（x_header）"变成一个 HTTP 请求，发送给服务器。

（5）获得服务器的返回结果。按照已学的方法读取服务器返回值，因为服务器返回值是 JSON 字符串，所以要将 JSON 字符串转换为 Python 对象。

JSON 参数说明如表6.9所示。

表6.9　服务器返回 JSON 参数说明

参　数	类　型	说　明
code	string	结果码，用于表示服务器处理的状态
data	json 对象	对应具体的文本分析结果，如分词结果
desc	string	描述
sid	string	会话 ID（如果你的调用出现了问题，在与讯飞平台的技术支持沟通时会用到）

Data 各字段说明如表6.10所示。

表6.10　Data 各字段说明

参　数	类　型	说　明
word	json 数组	中文分词结果
pos	json 数组	词性标注结果
dp	json 数组	依存句法分析结果，对象中字段 parent 和 relate 分别是父节点和标注关系
ner	json 数组	命名实体识别结果
srl	json 数组	语义角色标注结果，对象中字段 beg、end、id、type 分别是语义角色的开始位置、结束位置、谓词位置、角色标签名
sdp	json 数组	语义依存（依存树）分析结果，对象中字段 parent 和 relate 分别是父节点和语义关系
sdgp	json 数组	语义依存（依存图）分析结果，对象中字段 id、parent、relate 分别是弧指向节点词索引、弧父节点词索引、语义关系

例如，当调用 http://ltpapi.xfyun.cn/v1/ner 进行命名实体识别，把服务器返回的 JSON 字符串转换为 Python 对象后，如代码第64行，可使用 return 方法，把 result_dict['data']['ner']返回给方法调用者。

以上就是"语言理解包.py"中封装的三个方法，下面使用其他代码来调用这个"语言理解包.py"。在 xfyun 文件下新建一个名为"调用实战.py"的源码文件，并在其中键入如下代码。

```
01 import 语言理解库包
02 import time
03 txt='我来到北京南站北广场西路东口'
04 s=time.time()
05 print(语言理解库包.中文分词p(txt))
06 print(语言理解库包.命名实体识别p(txt))
07 print(语言理解库包.词性识别p(txt))
08 print("讯飞总用时"+str(time.time()-s))
```

代码第01行使用import语句引入自己编写的"语言理解包.py",随后用"语言理解包.方法名称"的方式来调用"语言理解包.py"中的方法,运行结果如下。

```
['我', '来到', '北京', '南', '站北', '广场', '西', '路', '东口']
['O', 'O', 'B-Ns', 'I-Ns', 'I-Ns', 'E-Ns', 'O', 'O', 'S-Ns']
['r', 'v', 'ns', 'nd', 'ns', 'n', 'nd', 'n', 'ns']
讯飞总用时0.25188684463500977
```

通过这种方式可以把复杂的代码封装在其他源码文件中。这样做的好处是,可以复用代码,而且调用代码时更清晰易读。运行结果中,词性识别的编码与说明如表6.11所示,命名实体标记与前缀说明如表6.12所示。

表6.11　词性识别编码与说明

编码	含义描述	举例	编码	含义描述	举例
r	代词	我们	e	语气词	哎
n	名词	苹果	b	状态词	大型, 西式
ns	地名	北京	a	形容词	美丽
wp	标点	,。!	nd	方位词	右侧
k	后缀	界,率	nl	处所词	城郊
h	前缀	阿,伪	o	拟声词	哗啦
u	助词	的,地	nt	时间词	近日,明代
c	连词	和,虽然	nz	其他专名	诺贝尔奖
v	动词	跑,学习	nl	机构团体	保险公司
p	介词	在,把	i	成语	百花齐放
d	副词	很	j	缩写词	公检法
q	量词	个	ws	外来词	CPU
nh	人名	杜甫,汤姆	g	词素	茨,甥
m	数词	一,第一	x	非词位	萏,翱

表6.12　命名实体标记与前缀说明

标 记	说 明	前缀标记	前缀说明
Nh	人名	B	开始
Ns	地名	I	中间
Ni	机构名	E	结束
		S	独立

为了比较讯飞与jieba的效率和效果，继续在"调用实战.py"中键入如下代码。

```
09 import jieba
10 jieba.initialize()  # 手动初始化jieba资源,提高分词效率
11 jieba.enable_paddle() # 启动Paddle模式。jieba 0.40版之后开始支持,早期版本不支持,
12 s=time.time()
13 seg_list = jieba.cut("我来到北京南站北广场西路东口",use_paddle=True) # 使用
Paddle模式
14 print("jieba工具包的Paddle模式:" + '/'.join(list(seg_list)))
15 print("jieba总用时"+str(time.time()-s))
```

运行结果如下。

```
jieba工具包的Paddle模式:我/来到/北京南站北广场西路东口
jieba总用时0.014925241470336914
```

可见，在这个测试用例中，讯飞商业化人工智能云服务的效果比不上开源代码，不过这仅仅是在分词方面的对比上，讯飞在语音合成、语音识别等领域提供的收费服务效果还是不错的。在开发项目时可以根据自己的需求，选择不同的人工智能云服务供应商。

在效率方面，由于网络传输速度的制约，人工智能云服务的运行速度取决于数据传输到服务器的时间+服务器运算时间+服务器结果返回客户端时间。而本地运行开源代码只取决于本地计算机运算时间，所以本地运行开源代码的速度一般比人工智能云服务快。在一些实时性要求不高的场合适合使用人工智能云服务，反之则建议使用本机运行开源代码。

只要掌握了 Python 的 HTTP、Websocket 协议和操作 JSON 的方法，即可轻松使用市面上绝大多数的人工智能云服务了。因为要收费，所以一般的人工智能云服务都有详尽的文档和教学视频，大家很容易轻松掌握，本书就不再赘述了。

第 7 章

玩转词向量

　　词向量是NLP深度学习研究的基础,由于语义相似的词趋向于出现在相似的上下文。因此在学习过程中,这些词向量会努力捕捉词的邻近特征,从而学习词汇之间的相似性。

　　在词向量技术的基础之上,人工智能自然语言处理技术爆发,市场上涌现了一大批商业化的优秀应用。

本章主要涉及的知识点

- ♦ 掌握词向量的原理
- ♦ 掌握词向量数据的结构优化
- ♦ 词向量使用方法实战

7.1 词向量原理

词向量是为了解决独热编码的缺陷而诞生的。词向量技术的最早理论基础是 1986 年杰弗里·辛顿（Geoffrey Hinton）等人提出的分布式表示法（Distributed Representation），即将词表示成 n 维连续的实数向量。分布式表示法具备强大的特征表示能力，有 n 维向量，且每维有 k 个值，便能表示 kn 个特征。

分布式表示法，解决了独热表示法的以下三个缺点。

（1）一个词语的独热编码为稀疏表示，词汇表的大小决定了向量的维度大小（二进制位数多少），当词汇表里单词很多时，向量的维度会很大，就会存在维数灾难的问题。例如，当词汇表中有上千万个词汇时，就要用上千万位二进制数字表示。

（2）独热编码表示能力弱，n 维度大小的向量仅能表示 n 个单词。

（3）不同的单词使用独热表示得到的向量是相互独立的，这就造成了"语义鸿沟"的现象，即独热编码无法体现单词之间的语义相似度。

7.1.1 词向量技术的发展

在词向量被提出后，受限于当时的计算机硬件水平和神经网络理论的发展，该技术未得到重视，直到 21 世纪初才有了进一步发展。

2003 年，在分布式表示法的启发下，本希奥（Bengio）等人提出一种基于神经网络的语言模型 NNLM（Neural Network Language Model），第一次提出了词向量的概念，将文本用稠密、低维、连续的向量表达。

NNLM 的主要任务是利用前 $n-1$ 个词汇，预测第 n 个词汇。具体的原理图和论文公式已在第三章介绍过，为了让读者更好地了解 NNLM 模型的运作方式，下面举例说明。

假设：①词典中有 10 万个常用词；②训练集合中有数万条句子，这些句子都是从网页爬取或从语料库中挑选的合理句子。把训练集中的句子一条一条地处理，输入神经网络中进行有监督训练。

既然是有监督训练，那么训练就必须设定目标。假设训练集中有一个句子"我喜欢自然语言处理"，这个句子是合理的，可以用它进行训练。再假设使用第 5 个词训练，那么我们的目标就是"处理"这个词的条件概率。如果训练三元模型，那么神经网络输入就取"处理"前面的三个词，即输入"喜欢""自然""语言"。也就是利用前 $n-1$ 个词汇，预测第 n 个词汇。

确切地说，就是预测词典中每个词的条件概率。假设词典中有 10 万个常用词，那么在神经网络预测出 10 万个概率中，概率最高的那个词就是预测结果。NNLM 输入和输出示意图如图 7.1 所示。

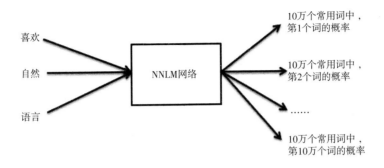

图7.1 NNLM输入和输出示意图

当然不能把汉字直接输入神经网络,而是需要对汉字进行编码。NNLM采用的是One-Hot编码,即"独热编码",也就是一串二进制中,只有一位是1,其余位全是0。

假设词典中只有3个词:"艾浒""俊逸""无匹",那么这个词典的独热编码就是3位,示例如下。

$$\begin{pmatrix} 艾浒 \\ 俊逸 \\ 无匹 \end{pmatrix} \rightarrow \begin{pmatrix} 001 \\ 010 \\ 100 \end{pmatrix}$$

其中,"艾浒"这个词对应的独热编码就是001,"俊逸"对应的独热编码就是010,"无匹"对应的独热编码就是100。如果把词典扩充到10万,示例如下。

$$\begin{pmatrix} 艾浒 \\ 俊逸 \\ 无匹 \\ 北京 \\ 八套 \\ 房 \\ \vdots \\ (第10万个词) \end{pmatrix} \rightarrow \begin{pmatrix} 00\cdots(一共10万位)\cdots000001 \\ 00\cdots(一共10万位)\cdots000010 \\ 00\cdots(一共10万位)\cdots000100 \\ 00\cdots(一共10万位)\cdots001000 \\ 00\cdots(一共10万位)\cdots010000 \\ 00\cdots(一共10万位)\cdots100000 \\ \vdots \\ 10\cdots(一共10万位)\cdots000000 \end{pmatrix}$$

独热编码的特点如下。

(1)能够处理机器学习算法不好处理的离散特征值。

(2)在一定程度上增加了特征的维度,如词典里有10万个词,就是10万个维度。

(3)将离散特征的取值范围扩展到欧式空间,使离散特征的某个取值对应欧式空间的某个点。离散型特征使用独热编码可以让特征之间的距离计算更加合理。

(4)独热编码会丢失顺序信息。

1. 输入层

假设常用词有10万个,那么用独热编码表示示例中的三个词就需要输入30万位,这个数量实在太大了,需要进行降维。我们在1.2.3节讲过卷积核,卷积网络使用卷积核对输入数据进行逐层抽象、抽取数据特征。NNLM 使用特征映射的方法，通过映射矩阵 C，将词典 V 中的每个单词都映射成一个特征向量 $C(i) \in Rm$（其中 i 是词的序号，m 是特征向量的列数），从而起到对独热编码抽象、抽取数据特征的作用。

示例的输入层中一共有 3 个词汇的输入，词典中有 10 万个常用词，所以每个词汇都将进行独热编码，每个词的独热编码就是 1 行 10 万列的向量，NNLM 会将一个词的独热编码与 10 万行 m 列的映射矩阵 C 相乘，即可得到这个词的 1 行 m 列的特征向量，如图 7.2 所示。

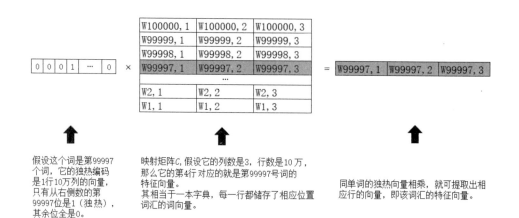

图 7.2　NNLM 特征矩阵运算示意

这个例子中，独热编码是 10 万位二进制数字，特征向量是 3 个十进制实数，这个特征向量就称为"词向量"。

在之前的例子中，将"喜欢""自然""语言"这三个词预测为"理解"，那么 $n=4$，$n-1=3$，即输入三个词，每个词特征向量都有三列，映射矩阵 C 作为神经网络的输入层，实际上是将 10 万×3 个词=30 万输入全连接到 3 个神经元上，总共有 90 万个突触。按照已讲过的反向传播训练算法对输入层的 90 万个权值进行训练，使这些突触连接的强度不断优化，会使 C 变成更符合词特征的权值矩阵，从而得到更符合词意的词向量，具备更优秀的近义词或条件概率方面的表达能力。

经过训练后的词向量能够表征词语之间的关系。例如，虽然在音素表示法中，"菠萝"和"波罗"是一个音素序列，但训练好的词向量中"菠萝"和"椰子"之间的距离，会比"菠萝"和"波罗"之间的距离近。

2. 隐藏层

得到 $n-1$ 个词的特征向量后，为了利用所有词的特征，可将他们连接得到一个 $(n-1)m$ 的向量，这个向量就是隐藏层的输入向量，称为词向量 x。

$$x = (C(W_{t-1}) \quad C(W_{t-2}) \quad \cdots \quad C(W_{t-n+1}))$$

其中，t 是目标词在句子中的位置下标，是"我喜欢自然语言处理"中的第 5 个词。$C(W_{t-1})$ 是句子中第 4 个词"语言"的词向量，依此类推。

设隐藏层使用的激活函数是 tanh，若神经元数量为 H，偏置量为 d，则隐藏层的输出公式为

$$hidden = \tanh(Hx + d)$$

其中，H是一个h行$(n-1)m$列的权值矩阵，表示输入层到h个隐藏层神经元的突触连接的权值。

3. 输出层

输出层使用了隐藏层的输出及特征合并词向量x，经过输出层的Softmax激活函数，其公式为

$$y = b + W \cdot x + U \cdot \tanh(Hx + d)$$

目标词W_t的条件概率就是$\hat{P}(W_t|W_{t-1}, \cdots, W_{t-n+1}) = \dfrac{e^{y_{wt}}}{\displaystyle\sum_i e^{yi}}$

输出层的维度信息如下。

（1）U：$|V| \times h$。其中$|V|$是词典中的单词数量，例子中是10万个，h是输出层神经元的数量。权值矩阵U是个10万行h列的矩阵，用于连接隐藏层传来的$\tanh(Hx + d)$。

（2）W：$|V| \times (n-1)m$。其中$|V|$是词典中的单词数量，在$(n-1)m$中，一共使用了4个词，其中将一个词的条件概率作为目标，其余4-1=3个词作为输入。m是词向量的维度，即$m=3$。所以$(n-1)m=(4-1)\times3=9$。权值矩阵W是个10万行9列的矩阵，用于连接从输入层传来的词向量x。

（3）b：$|V| \times 1$。其中的偏置量b也是10万行1列的矩阵，用于对输出层进行偏置。

（4）y：$|V| \times 1$。表示输出层的第一步计算结果，得到y后输入Softmax计算得到的是预测词的概率，输出的是$1\times V$维，表示在词汇表中最大概率出现的词即为预测的下一个词。

在训练过程中，使用误差反向传播和梯度下降的方式，优化如下参数。

$$\theta = (b,d,W,U,H,C)$$

以上就是NNLM的具体训练过程，在神经网络训练完成之后，即可得到一个能预测句子出现概率的模型，也能得到一份词向量（训练好的映射矩阵C），通过词向量表示词语之间的关系。

2013年，在分布式表示法和NNLM的启发下，以Word2vec、Glove为代表的词向量模型开始普及，更多的研究从词向量的角度探索如何提高语言模型的能力，以及研究词内语义和上下文语义。Word2vec的训练方式有两种，分别是CBOW和Skip-gra。

（1）CBOW（Continuous Bag-of-Word Model）是从句子中抽出一个词$W(t)$来进行训练，其中t（Target Word）是指通过上下文单词$W(t-2),W(t-1),W(t+1),W(t+2)$来预测$W(t)$。

（2）Skip-gram则与CBOW相反，它是指通过一个词来预测其上下文。

我们在第三章讲过CBOW的原理，现在进一步讲解CBOW示例。

假设词典里只有四个词，对应的独热编码如下。

$$\begin{pmatrix} 我 \\ 去 \\ 草原 \\ 骑马 \end{pmatrix} \rightarrow \begin{bmatrix} [1\,0\,0\,0] \\ [0\,1\,0\,0] \\ [0\,0\,1\,0] \\ [0\,0\,0\,1] \end{bmatrix}$$

训练集中有一句话："我去草原骑马"，输入"我""去""骑马"，目标词是"草原"。

设词特征向量维度为3，即$N=3$。随机初始化为$W_{4\times3}$。

$$W = \begin{bmatrix} -1 & 1 & 1 \\ 1 & 2 & 2 \\ 1 & 1 & 3 \\ 1 & 2 & 0 \end{bmatrix}$$

输入层：每个单词的独热编码分别乘以共享的输入权值矩阵 $W_{V \times N}$，"我"的独热编码是 $[1000]$，乘以权值矩阵 W。

$$[1000] \times \begin{bmatrix} -1 & 1 & 1 \\ 1 & 2 & 2 \\ 1 & 1 & 3 \\ 1 & 2 & 0 \end{bmatrix} = [-111]$$

得到"我"的词向量为 $[-1\ 1\ 1]$

依次算出"去""骑马"的词向量。

$$"去": [0100] \times \begin{bmatrix} -1 & 1 & 1 \\ 1 & 2 & 2 \\ 1 & 1 & 3 \\ 1 & 2 & 0 \end{bmatrix} = [122]$$

$$"骑马": [0001] \times \begin{bmatrix} -1 & 1 & 1 \\ 1 & 2 & 2 \\ 1 & 1 & 3 \\ 1 & 2 & 0 \end{bmatrix} = [120]$$

求三个词向量的平均值，即隐藏层的输出。

$$U = \frac{[-1 + 1 + 1 \quad 1 + 2 + 2 \quad 1 + 2 + 0]}{3} = [0.33\ 1.67\ 1]$$

随机初始化输出层权值矩阵。

$$W'_{3 \times 4} = \begin{bmatrix} -1 & -1 & 2 & 0 \\ 2 & 2 & 2 & 2 \\ 1 & -1 & 1 & 0 \end{bmatrix}$$

用隐藏层输出 U 乘以 W' 得到 U'。

$$U' = [0.33\ 1.67\ 1] \times \begin{bmatrix} -1 & -1 & 2 & 0 \\ 2 & 2 & 2 & 2 \\ 1 & -1 & 1 & 0 \end{bmatrix} = [4.01\ 2.01\ 5\ 3.34]$$

把结果 U' 传到输出层 Softmax 激活函数中，求输出 y。

$$y = \text{Softmax}(U') = [0.23\ 0.03\ 0.62\ 0.12]$$

y 就是词典中四个词的条件概率，概率最高的是 index=3 的词，即"草原"。如果不是草原，则要利用反向传播算法调整 W' 和 W，最终训练好的 W 就是词向量矩阵，W 的每一行都对应着词典中的一个词。词典中任何一个单词的 one-hot 表示乘以这个矩阵都将得到自己的词向量。

上面的示例只是一个直观的计算过程，便于读者了解其运作原理。实际应用的词典不可能只有四个词，词向量的维度也不能只是三个。词典数量过大时，可以采用 Negative Sample 计算或 Hierarchical Softmax 计算对训练进行加速。Hierarchical Softmax 计算从输出 Softmax 层的概率计算变成一棵二叉霍夫曼树,那么Softmax概率计算只需要沿着树形结构进行就可以。

如图 7.3 所示,Skip-gram 与 CBOW 训练方式相反,它通过一个词来预测上下文,算法类似,这里不再赘述。

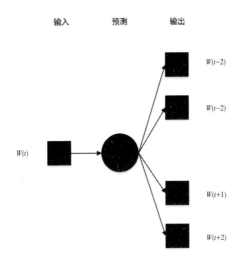

图 7.3　Skip-gram 训练方式

词向量是用概率模型训练出来的产物,对于训练语料库出现频次很低甚至不曾出现的词,词向量很难准确表示。词向量是词级别的特征表示方式,单词内的形态和形状信息同样有用,研究者提出了基于字级别的表征方式,甚至更细粒度的基于 Byte 级别的表征方式。

2017 年,米科洛夫(Mikolov)提出用字级别的信息丰富词向量信息。此外,在机器翻译相关任务里,基于 Byte 级别的特征表示方式 BPE 还被用来学习不同语言之间的共享信息,主要以拉丁语系为主。

2019 年,朗普尔(Lample)提出基于 BERT 优化的跨语言模型 XLM,用 BPE 编码方式来提升不同语言之间共享的词汇量。

虽然一个单词通过词向量能够很容易找到语义相似的单词,但对于单一词向量来说,不可避免地会出现一词多义的问题。解决这个问题最常用的方式是基于预训练模型,结合上下文表示单词,代表模型有 EMLo、OpenAI 的 GPT 和 Google 的 BERT。

词可以通过词向量进行表征,句子、文章也可以用类似的方法进行训练。

2014 年,Mikolov 将词向量扩展到句子和文章,模型训练的方式类似词向量。

2015 年,奇洛斯(Kiros)提出 Skip-thought,即可以通过一句话来预测该句话的上一句和下一句,生成的向量称为 Skip-thought vector。2018 年,洛格斯瓦兰(Logeswaran)提出改进版 Quick-thought。

7.1.2　掌握开源词向量技术

https://GitHub.com/Embedding/Chinese-Word-Vectors 是迄今为止最庞大的开源词向量项目的网址。

词向量的好坏与训练数据集的大小正相关,数据集越大,词向量就能学习更多的上下文,并将词语间的关系映射到数百个维度中。

上述开源项目使用的数据集如表7.1所示。

表7.1　训练词向量使用的数据集

语料库	文本语料大小	词符数	词汇量	描　　述
百度百科	4.1G	745M	5422K	中文百科全书数据 https://baike.baidu.com
中文维基百科	1.3G	223M	2129K	中文维基百科数据 https://dumps.wikimedia.org
《人民日报》新闻	3.9G	668M	1664K	《人民日报》的新闻数据(1946—2017)
搜狗新闻	3.7G	649万	1226K	搜狗实验室提供的新闻数据 http://www.sogou.com/labs
金融新闻	6.2G	1055M	2785K	从多个新闻网站收集的财经新闻
知乎问答	2.1G	384M	1117K	知乎中文问答社区 https://www.zhihu.com
微博	0.73G	136M	85万	NLPIR 实验室提供的中文微博数据 http://www.nlpir.org/wordpress/download/weibo.7z
文学作品	0.93G	177M	702K	8599部中国现代文学作品
混合语料库	22.6G	4037M	10653K	通过合并上述语料库建立的超大型语料库
四库全书	1.5G	714M	21.8K	中国古代最大的文献收藏

由于语料中有很多繁体字，并且没有分词，所以这个开源项目使用以下两个工具进行预处理。

(1)分词任务使用HanLP工具，项目地址为https://GitHub.com/hankcs/HanLP。这是一个面向生产环境的多语种自然语言处理工具包，基于 TensorFlow 2.x，目标是普及落地前沿的 NLP 技术。HanLP工具有功能完善、性能高效、架构清晰、语料时新、可自定义的特点，其内部算法经过了工业界和学术界的考验。目前，基于深度学习的HanLP 2.0正处于 Alpha 测试阶段，未来将实现知识图谱、问答系统、自动摘要、文本语义相似度、指代消解、三元组抽取、实体链接等功能。

(2)繁简转换任务使用OpenCC工具，项目地址为https://GitHub.com/BYVoid/OpenCC。这是一个中文繁简转换的开源项目，可支持词条级别的转换、异体字转换和地区习惯用词转换。目前还不支持普通话与粤语的转换。

上述开源项目使用的算法是Skip-gram，具体算法已介绍过，这里不再赘述。这个开源项目所使用的开源词向量工具包是Ngram2vec，地址是https://GitHub.com/zhezhaoa/ngram2vec/。Ngram2vec工具包是Word2vec工具箱和Fasttext工具箱的超集，可支持任意上下文功能和模型。

上述项目训练后的词向量有以下功能。

(1)词法计算(Morphological)：词法是特定文本内语词的构成和使用的法则。词法计算就是把词语的向量进行计算，使得出的向量结果符合词法规则，如 apples-apple+car=cars。

(2)语义计算(Semantic)：语义就是词向量所对应的客观现实世界中事物所代表的概念或含义，以及它们之间的关系。语义计算就是把词语的向量进行计算，使得出的向量结果符合语法规则 king-man+woman≈queen。

在这个开源词向量项目中，开发者从四个方面提出了28个语义关系，如图7.4所示。

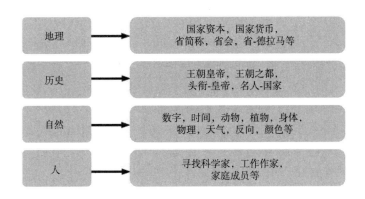

图7.4 四个方面的语义关系示例

下一节将下载这个开源项目的词向量,后续章节还会围绕这些词向量进行实战代码讲解。

7.1.3 词向量下载

打开开源词向量项目地址 https://GitHub.com/Embedding/Chinese-Word-Vectors,可以看到这个项目开源了以下预训练的词向量,如表7.2所示。

表7.2 开源词向量选择

训练集	内容特点			
	词向量	词向量+ N 元模型	词向量+ 字向量	词向量+N 元模型+ 字向量
Baidu Encyclopedia (百度百科)	300d	300d	300d	300d / PWD:5555
Wikipedia_zh (中文维基百科)	300d	300d	300d	300d
People's Daily News (人民日报)	300d	300d	300d	300d
Sogou News (搜狗新闻)	300d	300d	300d	300d
Financial News (金融新闻)	300d	300d	300d	300d
Zhihu_QA (知乎问答)	300d	300d	300d	300d
Weibo (微博)	300d	300d	300d	300d
Literature (文学作品)	300d	300d	300d	300d
Complete Library in Four Sections(四库全书)	300d	300d	NAN	NAN
Mixed-large 综合语料 (Baidu Netdisk / Google Drive)	300d	300d	300d	300d

各个训练集针对不同的领域,如果项目是百科问答领域的,可以选择百度百科或中文维基百科训练的词向量;如果是时政类的,可以选择人民日报或搜狗新闻、金融新闻。本书本着数据集越大、词向量越强的原则,选择 Mixed-large 综合语料的词向量,这个词向量汇聚了上述训练集的特点,适合于各种应用场景,具有三种上下文特征,即单词、N-gram 和字符这些内容在词嵌入文献中很常用。大多数

词表征方法本质上利用了词-词的共现统计，即使用词作为上下文特征（词特征）。受语言建模问题的启发，开发者将 N-gram 特征引入了上下文中，词到词和词到 N-gram 的共现统计都被用于训练 N-gram 特征。对于中文而言，字符（汉字）通常表达很强的语义，为此，开发者考虑使用词-词和词-字符的共现统计来学习词向量。字符级的 N-gram 的长度范围是 1~4 个字符。

除词、N-gram、字符或汉字外，还有其他对词向量的属性具有重要影响的特征。例如，使用整个文本作为上下文特征能将更多的主题信息引入词嵌入向量中，使用依存关系解析树作为上下文特征能为词向量添加语法信息等。本项目考虑了 17 种同现类型。

N 元模型和字向量暂时不需要学习，如果读者对其他深度学习任务感兴趣，可以利用 *N* 元模型和字向量训练自己的神经网络。

Mixed-large 综合语料的词向量下载地址是 https://pan.baidu.com/s/1luy-GlTdqqvJ3j-A4FcIOw。

除开源的词向量外，互联网上还有其他商业巨头提供的词向量。

腾讯词向量提供 800 多万中文词条，每个词条可展开成 200 维向量。它使用 Directional Skip-gram（Skip-gram 的改进版）训练而成，可使用 Ginsim 调用。下载地址是 https://ai.tencent.com/ailab/nlp/embedding.html。

这些开源或商业的词向量格式一般是 UTF-8 的字符串文件。

使用 Windows 自带的记事本很难打开这些动辄数 G 的大文件。使用 VSCode 也会提示内存不足或未知错误。这时候就要使用 UltraEdit 文本编辑器了。UltraEdit 可以在数秒内打开巨大的字符串文件，是开发者必不可少的文本编辑器，如图 7.6 所示。

图 7.5　预览词向量文件

使用 UltraEdit 打开 Mixed-large 综合语料的词向量后，可以发现，每行是一个词文本和对应的词向量，每列用空格分隔。

在后续章节中将会讲解操作词向量文件的方法。

7.2　词向量数据结构优化

20 世纪 50 年代以前，计算机行业使用计算机磁盘文件管理数据，相关的系统被称为文件系统。

文件系统所管理的数据是文件,如我们上一节下载的词向量文件。在文件系统看来,这种文件中存放的就是一串子节或字符,仅此而已。

文件系统的简单性让它具有更加广泛的适用性,但是如果用文件系统的方式来读取和操作词向量,无疑是十分艰难的。

数据库技术弥补了文件系统的不足,如今几乎所有的商用系统都离不开数据库。下面通过词向量来讲述数据库技术概念和使用 Python 操作数据库的基本方法。

7.2.1　掌握数据库技术

数据库管理系统(DBMS)可以管理特定数据模型的数据,最普遍的是关系数据模型(Relational Data Model)。

使关系模型的 DBMS 成为 RDBMS,如在关系数据模型中,文章的数据是一个个"关系表",每个表都是数据行的集合,而这些数据行均具有相同的结构。

这个结构主要是指一个关系表包含若干个列,每个列具备一些属性和特征,包括数据类型、完整性约束(是否允许 null 值,unique)、用户自定义的约束等,这些特征决定了一个列的数据格式、数据使用方法、允许的操作类型和方法,以及确保数据正确的约束条件等。

例如,用关系型数据库存储文章,可以建立一个文章表,每个文章可以用一条数据来存储。文章表可以包含若干列,如作者编号、发表方式、发表日期、售价、字数、文章全文等。

由于是关系型数据库,所以还可以建立作者表,作者表包含作者编号、姓名、笔名、籍贯、出生年份等信息。

而作者表的作者编号与文章表的作者编号之间存在着一对多的关系,当用关系型数据库建立这种关系后,即可查询作者出版的所有作品,如可查询籍贯是北京的作者在 2020 年 9 月出版的作品。

常见的关系型数据库系统有以下四个。

1. Oracle(甲骨文)

Oracle Database,又名 Oracle RDBMS,简称 Oracle。它是甲骨文公司的一款关系数据库管理系统,在数据库市场中占有主要份额。劳伦斯·埃里森和鲍勃·米勒(Bob Miner),以及埃德·奥德斯(Ed Oates)在 1977 年创建了软件开发实验室咨询公司。埃里森开发了 Oracle 的最初版本。目前,Oracle 几乎支持市面上所有的操作系统,举例如下。

(1)AppleMac OS X Server:PowerPC。

(2)HPHP-UX:PA-RISC,Itanium。

(3)HPTru64 UNIX:Alpha。

(4)HPOpenVMS:Alpha,Itanium。

(5)IBMAIX5L:IBM POWER。

(6)IBMz/OS:zSeries。

(7)Linux:x86,x86-64,PowerPC,zSeries,Itanium。

(8)MicrosoftWindows:x86,x86-64,Itanium。

（9）SunSolaris：SPARC，x86，x86-64。

2. MySQL

MySQL是一个流行的开源关系数据库管理系统。原开发者为瑞典的MySQL AB公司，该公司于2008年被Sun公司收购。2009年，甲骨文公司收购Sun公司，MySQL成为Oracle旗下产品。MySQL官网地址是https://www.mysql.com/。MySQL是目前流行的免费数据库系统，广泛应用于各种中小公司和个人开发者的项目中。

3. SQL Server

SQL Server是由美国微软公司推出的关系数据库解决方案，最新的版本是SQL Server 2019。SQL Server数据库的内置语言原本是采用美国标准局和国际标准组织所定义的SQL（Structured Query Language，结构化查询语言），SQL的主要功能就是同各种数据库建立联系，并进行沟通。目前大多数关系型数据库都支持SQL。

2020年，微软公司主推Azure SQL，这是一种使用SQL Server引擎构建的SQL云数据库系列，使用云数据库可以节约一部分硬件成本，稳定性也比本地数据库更高一些。但是很多企业对数据安全性要求较高，尤其是一些保密数据是不可能放到云服务器上的。不过对于普通开发者来说，选用云服务器确实能节省一些硬件成本，降低管理成本。

4. DB2

DB2是美国IBM公司发展的一套关系型数据库管理系统。它的主要运行环境为UNIX、Linux、IBM i、Z/OS，以及Windows服务器版本。DB2也提供性能强大的IBM InfoSphere Warehouse版本。DB2主要用于大型项目，稳定性好且效率高。

由于SQL Server的文件导入功能很方便，十分适合导入词向量文件，所以本书后续介绍主要以SQL Server为主。

在使用SQL Server之前，先要进行安装，SQL Server的安装主要有以下两个步骤。

（1）安装SQL Server数据库引擎。由于商业化的SQL Server有完善的安装说明和教程，读者参照https://www.w3cschool.cn/sqlserver/中的教程说明进行安装即可。

（2）安装SMSS SQL Server管理套件。它是SQL Server的主管理控制台，可以使用SMSS创建数据库对象（如数据库、表、存储过程、视图等）。在数据库中查看该数据，并配置用户账户、执行备份、复制，进行数据库之间的数据传输等工作。

注意：安装过程中，要记住数据库的账户名和密码，并尽量采用默认安装选项。

7.2.2　使用Pymssql操作数据库

使用Python操作数据库需要安装第三方工具包，目前的第三方数据管理工具包大多遵循Python DB-API规范。在没有 Python DB-API 规范之前，各数据库之间的应用接口非常混乱，实现方式也各不相同。当开发者需要更换数据库时，还要做大量的修改，非常不便。Python DB-API规范最主要的目的就是实现数据库接口的一致性，使得开发者更换数据库时无须做大量的修改就可无缝迁移到新的数据库上。

目前,绝大多数 Python 数据库接口程序都遵守 Python DB-API 规范,这个规范定义了一系列必需的对象和数据库存取方式,以便为各种各样的底层数据库系统和多种多样的数据库接口程序提供一致的访问接口。Python DB-API 标准数据库操作流程如图 7.6 所示。

Python DB-API 规范规定数据库接口模块必须实现一些全局的属性和方法,以保证其兼容性。在这个规范中,常见的数据库操作方法包含如下几个。

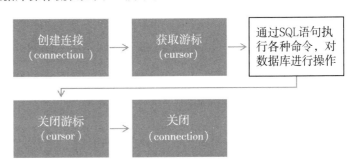

本书示例使用的是 SQL Server 数据库,所以需要使用开源工具包 Pymssql 才能操作数据库,其安装命令很简单,只需要执行下列代码即可完成安装。

图 7.6　Python DB-API 标准数据库操作流程

```
pip install pymssql
```

Pymssql 遵循 Python DB-API 规范,因此它对于数据库的操作非常简单。新建一个名为"Pymssql 代码"的文件夹,在其中新建一个名为"pymssql 基础功能实战 .py"的文件,并在其中键入如下代码。

```
01  import pymssql
02  #使用list对象存储数据库连接信息
03  #database[0]:sql 服务器名,一般计算机默认是127.0.0.1,也就是本地数据库IP。由于作者
    的计算机安装了好几套SQLServer,所以使用的是计算机名称+"\"+实例名称
04  #database[1]:sql 登录用户名
05  #database[2]:sql 登录密码
06  #database[3]:sql 登录默认数据库名称
07  database=['DESKTOP-4IK6DRM\MS2','sa','***', "tempdb"]
08  #建立连接并获取 cursor
09  conn = pymssql.connect(database[0], database[1], database[2], database[3])
10  cursor = conn.cursor()
11  # 创建测试表 persons,包含字段:ID、name、salesrep
12  cursor.execute("""
13  IF OBJECT_ID('persons', 'U') IS NOT NULL
14      DROP TABLE persons
15  CREATE TABLE persons (
16      id INT NOT NULL,
17      name VARCHAR(100),
18      salesrep VARCHAR(100),
19      PRIMARY KEY(id)
20  )
21  """)
22  # 使用insert语句,插入三条测试数据
23  cursor.executemany(
```

```
24      "INSERT INTO persons VALUES (%d, %s, %s)",
25      [(1, 'John Smith', 'John Doe'),
26       (2, 'Jane Doe', 'Joe Dog'),
27       (3, 'Mike T.', 'Sarah H.')])
28  # 如果连接时没有设置autocommit为True,则必须主动调用commit() 来保存更改
29  conn.commit()
30  # 使用查询语句,查询记录
31  cursor.execute('SELECT * FROM persons ')
32  # 获取查询语句的返回结果
33  row = cursor.fetchone()
34  # 循环打印记录(由于插入了三条,所以打印出来也是三条)
35  while row:
36      print("ID=%d, Name=%s" % (row[0], row[1]))
37      row = cursor.fetchone()
# 连接用完后,应关闭以释放资源
38  conn.close()
```

代码含义在注释中已做说明,运行结果如下。

```
ID=1, Name=John Smith
ID=2, Name=Jane Doe
ID=3, Name=Mike T.
```

打开SMSS并连接数据库后,在SQL编辑器中输入如下代码。

```
SELECT TOP (1000) [id],[name],[salesrep] FROM [tempdb].[dbo].[persons]
```

查询结果如图7.7所示。

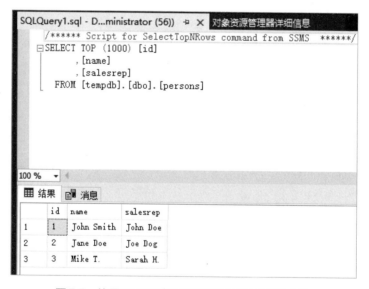

图7.7　使用SMSS查看程序运行时所创建的表格

使用数据库必须遵循以下3个步骤。

1. 创建连接

为了创建连接，在代码中调用pymssql.connect()方法，这个方法会返回一个Connection对象。代码中使用了如下方式进行验证。

```
conn = pymssql.connect((database[0], database[1], database[2], database[3])
```

之所以把参数都放到一起，是为了方便以后修改。如果定义四个变量，那么修改数据库链接后，就需要分别找到这四个变量进行修改，不仅费时费力，还容易出错。

使用List对象来存储验证信息，可以建立不同的list。

```
Database1=['DESKTOP-4IK6DRM\MS2','sa','xxxx', "tempdb1"]
Database2=['DESKTOP-4IK6DRM\MS2','sa','xxxx', "tempdb2"]
```

这样在Python中同时操作多个数据库，就变得很轻松了。

如果将SQL Server设置成Windows身份认证，那么建立链接时，就不用输入账户和密码了。

```
conn = pymssql.connect(server = serverName , database = "tempdb")
```

connect方法的其他参数如下。

（1）as_dict(bool)：如果设置为True，则查询结果将返回词典，关键字为查询结果的列名；否则（默认）返回的数据类型为list。

（2）autocommit(bool)：默认为False。如果对数据表进行更改，则需要手动调用commit来提交操作。

（3）port(str)：指定服务器的TCP端口默认为1433。出于安全性考虑，一般需要自定义为其他端口号。

2. 获取游标

在连接建立成功后，与数据库的交互主要是通过游标（Cursor对象）进行的。Cursor对象是通过Connection的cursor()方法建立的。

```
cursor = conn.cursor()
```

3. 执行命令

当需要向数据库中插入大量数据时，使用Cursor对象的executemany方法，可以快速批量插入。

当执行查询语句时，使用Cursor对象的execute方法。

如果要调用存储过程，则使用Cursor对象的callproc方法获取结果，代码如下。

```
# 创建一个存储过程
cursor.execute("""
CREATE PROCEDURE FindPerson
    @name VARCHAR(50)
 AS BEGIN
    SELECT * FROM persons WHERE name = @name
END
""")
# 调用上面的存储过程
```

```
cursor.callproc('FindPerson', ('Jane Doe',))
```

如果执行的是有返回值的SQL语句，则可以通过Cursor对象的fetch系列方法来获取结果，结果默认为元组类型。

```
# 查询persons表中记录数
cursor.execute("SELECT COUNT(*) FROM persons")
# 结果为3
cnt = cursor.fetchone()[0]
```

如果返回多条记录，则有四种方式遍历多条记录。

（1）使用while row方式。

```
cursor.execute('SELECT * FROM persons')
# 查询表中所有的数据
row = cursor.fetchone()
while row:
    print("ID=%d, Name=%s" % (row[0], row[1]))
    row = cursor.fetchone()
```

（2）使用for循环方式。

```
# 这里写SQL语句和上例不完全一样，只是为了示例execute的其他用法
cursor.execute('SELECT * FROM persons WHERE salesrep=%s', 'John Doe')
for row in cursor:
    print('row = %r' % (row,))
```

（3）使用词典类型方式。如果为cursor指定as_dict属性为True，则返回结果变为词典类型，这样就能通过列名来访问结果了。

```
# 除了在建立连接时指定，还可以在这里指定as_dict=True
cursor = conn.cursor(as_dict=True)
cursor.execute('SELECT * FROM persons')
for row in cursor:
    print("ID=%d, Name=%s" % (row['id'], row['name']))
```

（4）使用fetchmany和fetchall一次性获取指定数量或所有的结果。

学习完基本的pymssql操作，即可进行下一步：将词向量入库。

7.2.3　词向量入库

我们在6.1.2节下载了Mixed-large综合语料的词向量，由于词向量存储在一个大文件中，很难规范化管理和操作，所以本节讲解如何将词向量文件插入数据库。

将词向量入库后，可以使用关系型数据库系统提高词向量的查询速度和使用的便捷性。

词向量入库的方法很简单，打开SMSS工具，连接已安装的数据库，如图7.8所示，选择左侧"对象资源管理器"中的"数据库"选项，并在弹出的菜单中选择"新建数据库"选项。

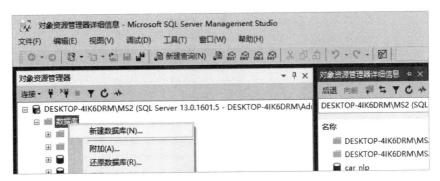

图7.8 使用SMSS新建数据库

先在新建数据库的配置页面中输入数据库名称"word2vec",然后在"数据库文件"配置页面中将数据库的路径配置到计算机读写速度最快的硬盘上,如图7.9所示。

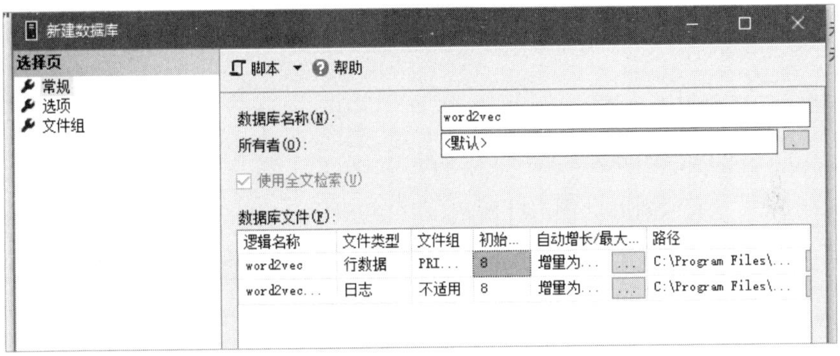

图7.9 新建数据库配置

对于数据库系统来说,硬盘速度至关重要。由于数据库占用磁盘的空间远大于内存容量,所以在数据库操作时,就不可避免地经常调用磁盘。IOPS(Input/Output Per Second)即每秒的输入/输出量(或读/写次数),是衡量磁盘性能的主要指标之一。具体来说,IOPS是指单位时间内系统能处理的I/O请求数量,一般以每秒处理的I/O请求数量为单位,I/O请求通常为读/写数据操作请求。目前,主流的nvme接口固态硬盘的IOPS在400k左右,即每秒处理40万次读/写操作请求。最新款PCIe 4.0固态硬盘的IOPS能达到百万以上。

如图7.10所示,建好数据库后,可以发现在左侧的对象资源管理器中,出现了新建的"word2vec"数据库,右键单击这个数据库,在弹出的菜单中选择"任务"→"导入平面文件",即可打开数据导入工具。在导入平面文件的向导页面按提示选择文件,之后在设置列类型时勾选"允许Null值"复选框,否则导入时会因为数据格式而报错。

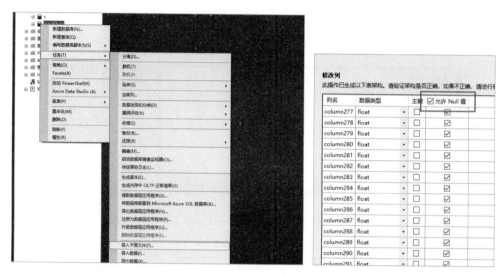

图7.10　SMSS导入数据

导入完毕后,在SMSS中运行SQL语句。

```
SELECT top 10 * FROM [word2vec].[dbo].[sgns.merge]
```

单击工具栏中的"执行"按钮,如图7.11所示,即可在SMSS"结果"窗格中看到导入的词向量。

图7.11　查看导入结果

如图7.12所示,查询以"比"开头的词语数量,查询结果为555个,可见这个词向量库的词汇量很大。

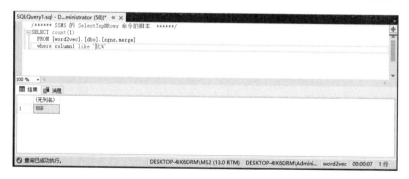

图7.12　查询结果

如果使用其他类型的数据库,就要用Python编写代码进行数据导入。

首先要在数据库中建立空表,空表应包含301个字段,第一个字段是nvarchar(中文文本)类型,用于存储词的文本,其余300个是float类型,用于存储300维词向量,对应的SQL语句如下。

```
USE [word2vec]
GO
CREATE TABLE [dbo].[word2vec_t]([word] [nvarchar](max) NULL,[c1] [float] NULL,
[c2] [float] NULL,[c3] [float] NULL,[c4] [float] NULL,[c5] [float] NULL,[c6]
[float] NULL,[c7] [float] NULL,[c8] [float] NULL,[c9] [float] NULL,(为了节约篇幅,
我就不把300个都列出来了,读者可以按"字段名 空格 数据类型 空格 是否允许为空"的格式进行编
写),[c294] [float] NULL,[c295] [float] NULL,[c296] [float] NULL,[c297] [float]
NULL,[c298] [float] NULL,[c299] [float] NULL,[c300] [float] NULL
) ON [PRIMARY] TEXTIMAGE_ON [PRIMARY]
GO
```

然后,在"Pymssql代码"的文件夹中新建一个名为"词向量入库.py"的文件,并在其中键入如下代码。

```
01  import numpy as np
02  import pymssql
03  database=['DESKTOP-4IK6DRM\MS2','sa','***', "word2vec"]
04  conn = pymssql.connect(database[0], database[1], database[2], database[3])
05  cursor = conn.cursor()
06  with open(r'E:\sgns.merge.word','r',encoding='UTF-8') as f:
07      i=0
08      for line in f.readlines():
09          if(len(line)>300):
10              vectorlist = line.split()
11              vectuple=tuple(vectorlist)
12              cursor.execute("INSERT INTO word2vec_t VALUES (%s,%d,%d,%d,%d,%
d,%d,%d,%d,%d,%d,%d,%d,%d,%d,%d,%d,%d,%d,%d,%d,%d,%d,%d,%d,%d,%d,%d,%d,%d,%
d,%d,%d,%d,%d,%d,%d,%d,%d,%d,%d,%d,%d,%d,%d,%d,%d,%d,%d,%d,%d,%d,%d,%d,%d,%
d,%d,%d,%d,%d,%d,%d,%d,%d,%d,%d,%d,%d,%d,%d,%d,%d,%d,%d,%d,%d,%d,%d,%d,%d,%
d,%d,%d,%d,%d,%d,%d,%d,%d,%d,%d,%d,%d,%d,%d,%d,%d,%d,%d,%d,%d,%d,%d,%d,%d,%
d,%d,%d,%d,%d,%d,%d,%d,%d,%d,%d,%d,%d,%d,%d,%d,%d,%d,%d,%d,%d,%d,%d,%d,%d,%
d,%d,%d,%d,%d,%d,%d,%d,%d,%d,%d,%d,%d,%d,%d,%d,%d,%d,%d,%d,%d,%d,%d,%d,%d,%
d,%d,%d,%d,%d,%d,%d,%d,%d,%d,%d,%d,%d,%d,%d,%d,%d,%d,%d,%d,%d,%d,%d,%d,%d,%
d,%d,%d,%d,%d,%d,%d,%d,%d,%d,%d,%d,%d,%d,%d,%d,%d,%d,%d,%d,%d,%d,%d,%d,%d,%
d,%d,%d,%d,%d,%d,%d,%d,%d,%d)",vectuple)
13              conn.commit()
14              i+=1
15              print(i)
```

其中大部分的代码已介绍过,还有如下一些新代码。

代码第06行,使用with语句打开词向量文件,之后的代码全部在with语句块中。在代码执行完毕后,文件对象f会自动释放。

代码第07行、14行、15行，使用了计数器i，每插入一条数据，就打印当前累计插入的记录数。

代码第08行，使用for语句，遍历文件对象f中所有的行。

代码第09行，当前遍历行的字符数＞300时，再执行插入语句。如果行的字符数<300，则说明这一行可能是注释，不需要进行处理。

代码第10行，使用split方法，将词语和各个维度的词向量分开，变为301个元素的List对象。

代码第11行，将List对象转换为元组，以便后续传递给insert语句。

代码第12行，使用了游标的execute方法，将一条记录插入数据库。

示例代码中采用了单条插入的方式，感兴趣的读者可以尝试按照cursor.executemany方法将词向量批量入库，这样可大大缩短词向量入库时间。

注意，在建立数据表时，如果没有设置索引，后续查询数据表的速度就会非常慢。但是，如果在建立数据表时设置索引，那么当后续插入数据时，又会由于每次插入数据都会重新为这条数据分配索引而导致插入速度变慢。因此最佳策略是，对于海量数据需要插入的数据表，建立数据表时不设置索引，而是把所有数据都插入后，再设置索引。

7.3　词向量使用方法

介绍了词向量的入库方法后，下面讲述如何使用Python结合数据库系统查询存储的词向量。

7.3.1　掌握数据库的查询方法

SQL是一种结构化查询语言，它主要用于管理数据库中的数据，如存取数据、查询数据、更新数据等。目前大多数关系型数据库都支持SQL语言。

为了查询词向量，就必须掌握SQL查询语言。SQL查询语言就是select语句，语句的语法可简单归纳如下。

```
SELECT select_list [INTO new_table_name] [FROM table_source]
[WHERE search_condition] [GROUP BY group_by_expression]
[HAVING search_condition] [ORDER BY order_expression [ASC | DESC]]
```

其中，方括号内的都是可选查询子句，select_list是要查询的字段列表或内容。

最简单的查询语句如下。

```
select 1
```

如图7.13所示，最简单的SELECT语句后面只有一个select_list，其内容是1，查询结果是个无列名的值为1的结果。

图 7.13 最简单的查询示例

为了实现更强的查询功能,就必须在SELECT语句中加入其他子句。常用的子句有FROM子句和WHERE子句,其作用是告诉数据库"从哪里查询"和"按什么条件查询"。

1. FROM子句

FROM子句用于指定查询的数据源表,示例如下。

```
SELECT TOP (1) [word] as '词文本',[c1] as '词向量第一个值',[c2] as '词向量第二个值
' FROM [word2vec].[dbo].[word2vec_t]
```

在上述查询语句中使用了 FROM 子句。这个子句指定了查询的数据源为[word2vec].[dbo].[word2vec_t],数据源的格式为[数据库名称].[分类].[表名]。

示例中使用的分类[odb]表示用户数据表,在 SQL Server 中,常见的分类还有[sys],表示系统数据表。

由于数据很大,所以除了 FROM 子句,示例中的select语句还包括top(1)语句,表示只返回前 1 条查询结果。

此外,为了演示自定义查询结果的列名,还使用了[wordvec] as '词文本',[c1] as '词向量第一个值',[c2] as '词向量第二个值',将数据库原本的列名在查询结果中显示为自定义的列名。加入FROM子句的查询结果如图7.14所示。

```
/****** SSMS 的 SelectTopNRows 命令的脚本  ******/
SELECT TOP (1) [wordvec] as '词文本',[c1] as '词向量第一个值',[c2] as '词向量第二个值' FROM [word2vec].[dbo].[word2vec_t]
```

词文本	词向量第一个值	词向量第二个值
这时候	0.019132	0.119388

图 7.14 加入FROM子句的查询结果

2. WHERE子句

WHERE 子句用于指定查询条件,示例如下。

```
SELECT TOP (1) [word] as '词文本',[c1] as '词向量第一个值',[c2] as '词向量第二个值
' FROM [word2vec].[dbo].[word2vec_t]
where [wordvec] like '这%' and ([c1]+[c2]>0.1 or [c1]*[c2]<1)
```

这个查询语句中使用WHERE子句定义了三个查询条件。查询条件之间使用逻辑运算符连接,

常见的逻辑运算符如下。

（1）NOT：取反。

（2）AND：逻辑与。如果有 A、B 两个条件，那么 A and B 的含义就是查询结果必须同时满足 A 与 B。

（3）OR：逻辑或。如果有 A、B 两个条件，那么 A or B 的含义就是查询结果必须满足 A 或满足 B。

为了约束逻辑运算的顺序，通常使用括号把优先级高的括起来优先计算。

在查询子句的每个条件或 select 语句中，可以加入比较运算符、数学运算符，或者函数。

常见的比较运算符：(=、< >、!=、>、>=、!>、<、<=、!<)。

常见的数学运算符：+、-、*、/、%(取余)。

加入 WHERE 子句的查询结果如图 7.15 所示。

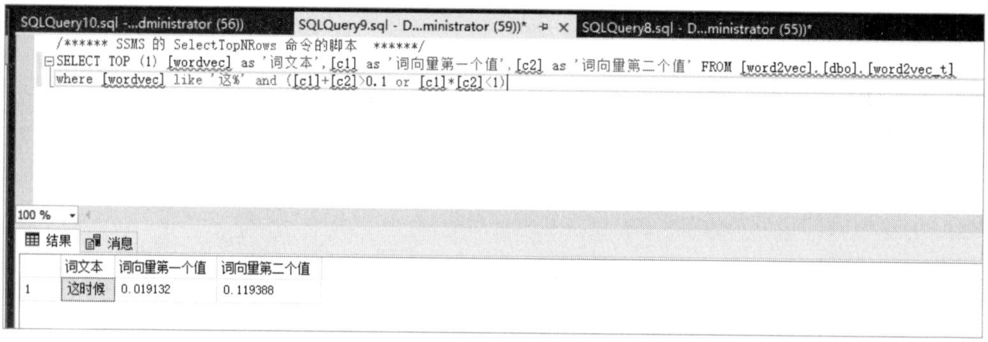

图 7.15　加入 WHERE 子句的查询结果

常见的 SQL 函数及作用如表 7.3 所示。

表 7.3　常见 SQL Server 函数

函　数	作　用
ABS(x)	返回 x 的绝对值
SIGN(x)	当 x 为负数、零、正数的时候分别返回 x 的符号-1、0 或 1
MOD(x,y)	返回 x 除以 y 的余数，跟 x%y 作用一样
FLOOR(x)	返回小于或等于 x 的最大整数
CEILING(x) 或 CEIL(x)	返回大于或等于 x 的最小整数
POWER(x,y)	返回 x 的 y 次方的数值
ROUND(x)	返回最接近于 x 的数
ROUND(x,d)	返回小数点数为 4 的接近于 x 的数
SQRT(x)	返回 x 的平方根

以上就是基本的数据库查询语句，掌握了这些语句后，就可以按实际需求在数据库中查询词向量了。

为了提高词向量的查询速度，一般会在经常查询的字段上加索引。一个好的索引设计可以使查询速度提高数十甚至数百倍(取决于数据量大小)。

SQL索引包括聚集索引和非聚集索引两种。索引的主要目的是提高SQL Server系统的性能,加快数据的查询速度与减少系统的响应时间。聚集索引和非聚集索引的根本区别是磁盘存储的表记录(表的磁盘物理结构)的排列顺序和与索引的排列顺序是否一致。

(1)聚集索引:索引顺序和表的物理排列顺序是一样的。

(2)非聚集索引:索引顺序和表的物理排列顺序不一样,就像查字典一样,首先要在部首表或拼音表中查到页码范围,才能在相应的页码(对应数据库就是磁盘物理地址)查到对应的字。

在词向量查询过程中,查询频率最高的字段是[word]字段,因为一开始,我们并不知道词向量文件中最长词语的长度,所以为了容错,建表时,要把[word]字段设置为nvarchar(max)类型。但这种数据类型由于占用空间太大,因此不能建立聚集索引。

这时候就要在SMSS中运行如下语句。

```
SELECT max(len([word])) FROM [word2vec].[dbo].[word2vec_t]
```

这条语句可以查询词语的最大长度,查询结果是98。

运行以下语句,更改[word]字段的数据类型为nvarchar(98)。

```
alter table [word2vec].[dbo].[word2vec_t] alter column [word] nvarchar(98) not
null
```

更改数据类型后,就可以使用SMSS管理器来建立索引了。右击表名,然后选择"索引"→"新建索引"→"聚集索引",之后按照提示为[word]字段建立聚集索引。

在加入索引时要注意,由于词向量中有重复的词语,所以不能勾选"唯一(Q)"这个复选框,其余选项选择默认参数即可。

7.3.2 使用Python操作数据库查询结果

我们以Pymssql为例讲解如何使用Python查询词向量。在"Pymssql代码"的文件夹中新建一个名为"单个词向量查询.py"的文件,然后在其中键入如下代码。

```
01  import numpy as np
02  import pymssql
03  #数据库连接参数
04  database=['DESKTOP-4IK6DRM\MS2','sa','***', "word2vec"]
05  def init_u_w(word):
06      u_w_v = np.zeros((1,300),np.float32)
07      with pymssql.connect(database[0], database[1], database[2], database
[3]) as conn:
08          with conn.cursor(as_dict=True) as cur:
09              strsql='select * from [word2vec].[dbo].
[word2vec_t] where [word] = %s'
10              cur.execute(strsql,word)
11              rows= cur.fetchall()
12              #获取查询结果,如果结果不为空则填充词向量
```

```
13              if rows != []:
14                  for n in range(1, 300):
15                      u_w_v[0][n]=rows[0]["c%d"%(n)]
16                      #循环赋值
17          return u_w_v
18  if __name__ == "__main__":
19      u_w_v=init_u_w("北京")
20      print(u_w_v)
```

代码前4行是引入必要的库，以及配置数据库连接参数，其中numpy是科学计算库，可以把查询结果转换为数组，后续要把数据库查询结果的词向量转为数组，才能对词向量进行计算。

代码第05行定义了一个init_u_w的方法，方法有一个参数，这个参数就是需要查询的词语。该方法只适用于一个词的情况，如果是多个词，则需要更复杂一些的算法。这里先了解单个词的处理方法，后续会讲解如何获取多个词。

代码第06行使用np.zeros方法定义了一个1行300列的float32类型的数组，这个数组后续用来存储词向量。

numpy.zero的用法是 zeros(shape, dtype=float, order='C')。

方法返回值是返回一个给定形状和类型的用0填充的数组。

方法的参数有三个，具体内容如下。

（1）shape：形状。

（2）dtype：数据类型，可选参数，默认为 numpy.float64，其他常见类型如下。

①t：位域，如t4代表4位。

②b：布尔值，true or false。

③i：整数，如i8（64位）。

④u：无符号整数，u8（64位）。

⑤f：浮点数，f8（64位）。

⑥c：浮点负数。

⑦o：对象。

⑧s：a，字符串，s24。

⑨u：unicode，u24。

（3）order：可选参数，其中c代表与c语言类似，即行优先；f代表列优先。

numpy.zero的示例代码如下。

```
>>>np.zeros(5)
array([ 0., 0., 0., 0., 0.])
>>>np.zeros((5,), dtype=np.int)
array([0, 0, 0, 0, 0])
>>>np.zeros((2, 1))
array([[ 0.],
    [ 0.]])
>>>s = (2,2)
```

```
>>>np.zeros(s)
array([[ 0., 0.],
    [ 0., 0.]])
>>>np.zeros((2,), dtype=[('x', 'i4'), ('y', 'i4')]) # 自定义列类型
array([(0, 0), (0, 0)],
    dtype=[('x', '<i4'), ('y', '<i4')])
zeros(shape, dtype=float, order='C')
```

代码第07~13行比较简单，即使用Pymssql建立连接和游标对象。

代码第14行使用for循环在1~300内循环，也就是循环300次。

代码第15行，每次都把查询结果中一个维度的词向量存储到之前建立的数组中。因为列名是从c1开始的，计数器n也是从1开始，所以每次都通过rows[0]["c%d"%(n)]的方式进行赋值。例如，当n=1时，"c%d"%(n)就等于c1，对应数据库的c1字段。

以上就是单个词向量查询的代码，接下来进行多个词向量查询的实战演示。

在"Pymssql代码"的文件夹中新建一个名为"批量词向量查询.py"的文件，然后在其中键入如下代码。

```
01  import numpy as np
02  import pymssql
03  import jieba
04  database=['DESKTOP-4IK6DRM\MS2','sa','***', "word2vec"]
05  #获取请求的w批量查询结果
06  def init_u_w(paper):
07      u_w_l=['']*1000
08      u_w_v = np.zeros((1000,300),np.float32)
09      with pymssql.connect(database[0], database[1], database[2], database
[3]) as conn:
10          with conn.cursor(as_dict=True) as cur:
11              #使用jieba分词,之后把多个词拼接成查询条件按
12              wordstr=''
13              words=jieba.cut(paper)
14              for word in words:
15                  wordstr+='\''+word+'\','
16              nwordstr=wordstr[:-1]
17              strsql='select * from [word2vec].[dbo].
[word2vec_t] where [word] in ('+nwordstr+')'
18              cur.execute(strsql)
19              rows= cur.fetchall()
20              i=0
21              if rows != []:
22                  for row in rows:
23                      u_w_l[i]=row["word"]
24                      for n in range(0, 300):
25                          u_w_v[i][n]=row["c%d"%(n+1)]
26                      i+=1
27      return i,u_w_l,u_w_v
28  if __name__ == "__main__":
```

```
29      i,u_w_l,u_w_v=init_u_w("我在北京西站等人。")
30      print(i)
31      print(u_w_l)
32      print(u_w_v)
```

多个词向量查询与单个词向量查询的不同之处在于以下几点。

代码第03行引入了jieba分词，用于将用户输入的多个词或句子进行分词。

代码第07行建立了一个长度为1000的list，做了一些允余，用于存储分词后的词语文本。

代码第12~16行使用jieba分词把词语文本拼接成"词语1"，"词语2"，"词语3"的逗号分隔形式，方便后续在数据库中批量查询。因为多拼了一个逗号，所以使用wordstr[:-1]的方式去掉了最后一个字符（逗号）。实际上，Python在存储字符串时，将字符串用字符数组的方式存储，所以可以使用[x:y]的方式截取以x位置开始，以y位置结束的部分字符串。

代码第17行以字符串拼接的形式构造SQL语句，这里的WHERE子句中使用了过滤符号in，即凡是字段内容符合in后面的内容都会被查询出来。例如，select * from [word2vec].[dbo].[word2vec_t] where [word] in ('我','北京西站')，就会查询出词语"我"和"北京西站"两条记录（词向量）。

后续代码就比较简单了，与单个词向量查询相比，只是多了一个维度。

最终，方法返回三个对象，具体内容如下。

I：词语数量。

U_W_L：user_word_list，表示存储了用户输入的所有词语列表。

U_W_V：user_word_vector，表示存储了用户输入的所有词语对应的向量列表。

7.4　小结

本章我们学习了词向量的技术发展，介绍了强大的开源词向量技术，读者学习了如何下载词向量，以及如何使用数据库存储和查询词向量。

数据库是本章新引入的概念，由于篇幅有限，仅仅做了基础示例，实际上数据库技术是现代信息系统的核心技术。它是一种计算机辅助管理数据的方法，这种技术可以有效地组织和存储数据，并且高效地获取和处理数据，只要是和数据打交道的应用场景都离不开数据库。目前互联网上有很多学习资源，读者应在力所能及的情况下，尽可能多地掌握数据库技术。

本章讲解了如何使用Pymssql操作数据库。Pymssql是针对SQL Server数据库的专用工具库，对于常见的MySQL数据库，读者可以使用Pymysql来编程。由于各种数据库工具库都遵循Python DB-API规范，所以只要掌握了Pymssql，那么Pymysql也不在话下了。

下一章将利用本章的词向量实现近义词查询系统。

第 8 章

近义词查询系统实战

近义词是指词汇的意义相同或相近的词语,如"幸福"和"美好"、"愚蠢"和"无知"、"消瘦"和"干瘪"、"海洋"和"大海"。与"近义词"意思相近的词为"同义词"。

由于词向量隐含着词语间的近似关系,并且词向量可以进行计算,所以近义词系统实战是个很典型、很简单的词向量应用场景,通过近义词查询系统实战,读者可以进一步掌握词向量的应用知识。

在近义词计算过程中,除词向量的基本计算外,还涉及数百万词向量的计算与排序。通过本章的学习,读者可以掌握使用 Python 计算海量数据的技巧。

本章主要涉及的知识点

- 近义词查询系统原理
- 中文词语相似度计算的原理与实现方法
- 近义词向量加载、近义词查询、相似度排序与效率优化

8.1　近义词查询系统原理

8.1.1　近义词向量相似度

在讲解同义词向量相似度前,我们先讲解一下文本表示的方法。

文本表示是语言表示的分支。语言表示是对人类的语言进行一种描述或约定,是认知科学、人工智能、现代语言学等诸多领域共同面对的问题。

(1)认知科学。语言在人脑中的表现形式被称为语言表示,主要研究人类如何理解和产生语言。

(2)人工智能领域。语言中的文本表示是重要的研究领域,它是人工智能自然语言处理的基础,主要指用于语言的形式化或数学化的描述,以便在计算机中表示语言,并能让计算机程序自动处理。

(3)现代语言学领域。数理逻辑学和现代语言学的交叉学科被称为语义学,它是关于符号或语言符号(词语、句子等表达式)与其所指对象关系的学科。

词向量是一种人工智能领域最新的文本表示方法,是用向量的形式来表示一个词,以达到计算机存储和计算的目的。词向量的训练是通过深度学习实现的。

假设我们看到如下两句话,我们希望通过深度学习,让神经网络学习到某种规律。

(1)图灵在实验室里研究密码学。

(2)卡哈尔在实验室里研究神经元。

图灵和卡哈尔的后面都有"实验室"这个词语,那么图灵和卡哈尔这两个词之间有某种语义上的联系,其相似度接近。

假设再追加如下两个训练数据。

(1)图灵解决了人工智能难题。

(2)卡哈尔解决了人工智能难题。

由于卡哈尔和图灵都出现在了主语的位置,而且后续的词语完全一致,所以两个主语的相似度再次增加。相应地,"密码学""神经元"与图灵和卡哈尔接近,而图灵和卡哈尔与"人工智能难题"接近,所以"密码学""神经元"与"人工智能难题"应该也是有联系的。这就是语义相似性。语义相似性可以将没见过的数据与已经见过的数据联系起来,其理论基础是语义学的基本假设,即出现在相似文本中的词汇,在语义上是相互联系的。

为了把语义相似性转化为计算机可以存储和计算的向量,就要设置向量的每个维度,如可以设置图灵和卡哈尔的向量是三维,分别是"智商""天赋""努力",每个维度的数值取值范围为0~1,那么图灵的词向量可能是(0.9,0.97,0.80);而卡哈尔由于每天在实验室工作15个小时,所以卡哈尔的词向量可能是(0.9,0.80,0.99)。

但是,我们不可能手工为所有词汇定义词向量,这样做不仅费时费力,而且收效甚微,这时就要借助深度学习,让神经网络学习特征表示,而不用人为指定特征。

具体做法是将词向量作为神经网络的参数,让神经网络在训练过程中学习词向量。神经网络学到的词向量就是潜在语义属性。

也就是说,如果两个词在某个维度上有近似值,虽然我们并不知道这个维度代表什么属性,但是知道这两个词在这个维度上相近似,这就是深度学习隐藏层拟合潜在语义属性的含义。

总之,词向量是一个词的语义表示,可有效编码词的语义信息,在词向量的基础上可以计算近义词。

8.1.2　文本相似度

在做自然语言处理的过程中,我们经常会遇到需要对比文本相似度的场景,这时就要把类似的文本归到一起。其中就涉及文本相似度计算,本节就来讲解常见的文本相似度实现方法。

对于长文本或文章来说,如果文本长度达到数万字,则无法直接计算相似度。这时一般采用的方式是,先从两个文章中提取关键词,然后比较两个文章的关键词重合程度。

下面讲解 jieba 关键词提取的实战方法。

关键词是能够表达文档中心内容的词语,常用于计算机系统标引论文内容特征、信息检索、系统汇集以供读者检阅。关键词提取是文本挖掘领域的一个分支,是文本检索、文档比较、摘要生成、文档分类和聚类等文本挖掘研究的基础性工作。

jieba 的关键词提取功能有两种方式,分别是基于 TF-IDF 算法的关键词抽取和基于 TextRank 算法的关键词抽取。

TF-IDF(Term Frequency-Inverse Document Frequency)算法用一种统计学的方法来衡量一个词语在文本中的重要程度,常被用于信息提取、文本挖掘等场景。

在关键词提取任务中,我们需要一些文本中的重要词而不是文本中的所有词语来进行分析,关键词有以下两点特征。

(1)这个词应该在文本中出现的次数比较多。

(2)这个词应该不那么常见,若是在很多文档中都出现,显然不能用来作为代表某个文档的重要词汇。

基于这两个特点,TF-IDF算法的核心便是计算一个文本中某个词语的TF值与IDF值。

(1)TF(Term Frequency)指文本中的词频。衡量一个词语在文档中的出现频率有很多方法,公式如下。

$$TF = \frac{目标词在文档中出现的次数}{文章的总词数}$$

(2)IDF(Inverse Document Frequency)指逆文档频率,是用来衡量一个词常见程度的值。这个值的计算不应该基于单个文档,而应该考虑所有要进行分析的文档来得出结果。

$$IDF = \log \frac{语料库中文档的总数}{包含该词的文档数 + 1}$$

TF值与IDF值显然都与一个词的重要程度正相关,所以将TF值与IDF值直接相乘,即可计算出这个词的重要程度。

使用jieba基于 TF-IDF 算法的关键词抽取，需要使用jieba的 Analyse 对象。引用这个对象的代码如下。

```
import jieba.analyse
```

关键词提取的方法是jieba.analyse.extract_tags(sentence, topK=20, withWeight=False, allowPOS=())，这个方法中有四个参数，具体内容如下。

（1）sentence：指待提取的文本。

（2）topK：返回几个 TF/IDF 权重最大的关键词，默认值为 20。

（3）withWeight：是否一并返回关键词权重值，默认值为 False。

（4）allowPOS：指仅包括指定词性的词，默认值为空，即不筛选。

新建 TFIDF 实例的方法是jieba.analyse.TFIDF(idf_path=None)。新建 TFIDF 实例，idf_path 为 IDF 频率文件。

接下来，我们编写代码对文章进行关键词提取。先找到一个 txt 格式的小说（如钱锺书的《围城》），然后把该文件复制到jieba项目的目录下。

随后，建立一个名为"jieba测试关键词提取.py"的源代码文件，并在其中键入如下代码。

```
01 # encoding=UTF-8
02 import jieba
03 import jieba.analyse as analyse
04 lines=open('围城.txt',encoding='UTF-8').read()
05 print ("  ".join(analyse.extract_tags(lines, topK=10, withWeight=
False, allowPOS=())))
```

运行代码的输出结果如下。

鸿渐　辛楣　--　小姐　孙小姐　柔嘉　方鸿渐　自己　李梅亭　唐小姐

如果运行过程中如图 8.1 所示，报错 UTF-8 codec can't decode byte，就说明 txt 文件编码不正确。

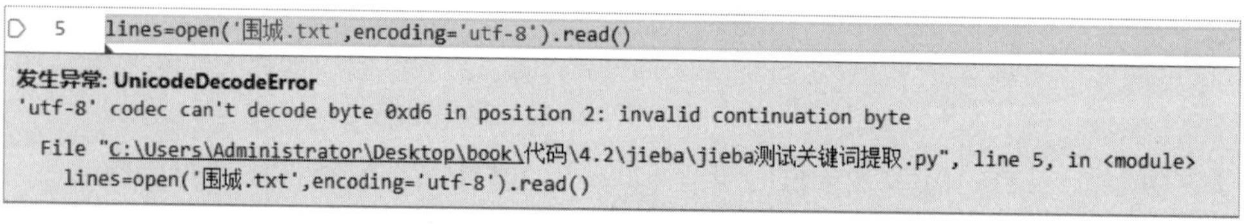

图8.1　运行"jieba测试关键词提取.py"后，发出异常提示：UTF-8 codec can't decode byte

更改 txt 文件编码的方法如下。

（1）新建一个 txt 文本文件，打开后，选择"另存为"选项，并在"另存为"对话框中选择编码为"UTF-8"。

（2）把编码错误的 txt 文件打开，按"Ctrl+A"组合键将文本全选，然后按"Ctrl+C"组合键，将文本复制到剪贴板。

（3）打开另存的编码正确的空文档，然后按"Ctrl+V"组合键将剪贴板里的文本复制到空文档中，然后保存文档，最后用这个编码正确的文档替换原先编码错误的文档。

至此，我们已经学会了使用jieba进行关键词提取，但是细心的读者会发现，对于逆文档频率IDF的计算是需要语料库的。

如果想使用自定义的语料库,可以将 jieba.analyse.set_idf_path(file_name) # file_name 设为自定义语料库的路径。设置好后,关键词提取所使用的逆向文件频率(IDF)文本语料库,就可以切换成自定义语料库的路径了。

除了自定义语料库,还有一点需要注意,就是停用词。在之前的分析结果中,有很多人名被计算成了关键词。这时就需要使用 jieba.analyse.set_stop_words(file_name) # file_name 方法,把女主角、女配角、代词等频率较高的词语设置为停用词。

jieba 还支持基于 TextRank 算法的关键词提取,调用方式为 jieba.analyse.textrank(sentence, topK=20, withWeight=False, allowPOS=('ns', 'n', 'vn', 'v'))。这个方法支持过滤词性,如把词性为人名的词语过滤掉,会让关键词提取效果更好,比设置停用词的方式更方便。

从表面上看,TextRank 和谷歌公司的 PageRank 算法很像,TextRank 把网页搜索技术运用到了自然语言处理领域,网页之间的链接关系可以用图表示,某一个词与其前面的 N 个词,以及后面的 N 个词均具有图相邻关系,类似于 N-gram 模型。

TextRank 与 IFIDF 对比如下。

(1)TFIDF 依赖于分词。如果某词在分词时被切分成了两个词,那么在做关键词提取时就无法将两个词合并在一起。TextRank 有合并功能,但需要这两个词均为关键词,所以一个标注过的用户自定义词典是必要的。

(2)TextRank 的关键词提取效果与 TFIDF 类似。

(3)TextRank 涉及构建词图及迭代计算,而 IFIDF 计算比较简单,所以比 TextRank 的运算速度要快。

除了关键词提取的方法,还可以使用聚类的方法,将相似的文本归为一类,开源项目 jiagu 就支持文本聚类。具体代码已在第二章讲解过,这里就不再赘述。

此外,一些知名的商业人工智能开放平台也支持文本相似度计算,例如,在腾讯人工智能开发平台 https://console.cloud.tencent.com/nlp/basicguide 中,就有句子相似度计算的功能。

如图8.2所示,只要选择了 TextSimilarity 功能,页面右侧即可自动生成调用云服务的代码,没有编程经验的开发者也可以依靠强大的人工智能开放平台,实现句子相似度的计算。

图8.2　腾讯云 TextSimilarity 功能

8.2　中文词语相似度计算

词语相似度与文本或文章相似度不同，因为词语没有关键词可以提取，拆成词符也没有太大意义，编辑距离也不适用。所以，在神经网络诞生之前，词语相似度只能通过近义词库进行查询，而近义词库是语言学家手工整理的近义词列表，像词典一样列出每个词语的近义词。

在神经网络诞生后，产生了词向量技术，相信读者已经了解词向量的训练原理，并掌握了词向量的下载和查询方法。

本节介绍词向量的计算原理，并给出词向量的算法实现。词向量的计算方法类似于1.3.2节介绍的矩阵联想算法。矩阵联想算法是以哈特莱归纳的接近律为理论基础，以矩阵计算为实现方式的一种模拟人脑神经元联想的算法。如果把词向量当作神经元的突触强度，用矩阵联想算法计算不同词汇之间的接近律，实际上就是模拟了人脑思考近义词的过程。

8.2.1　词向量相似度算法原理

词向量是NLP深度学习研究的基础，由于语义相似的词趋向于出现在相似的上下文中，因此这些向量会努力捕捉词的邻近特征，从而学习词汇之间的相似性。在词向量技术的基础上，人工智能自然语言处理技术爆发，市场上涌现了一大批商业化的优秀应用。

更进一步说，我们可以借由词向量技术，触及人脑中最神秘、最强大的机能——联想。因相应的算法还未命名，这里就暂且称之为矩阵联想算法或张量联想算法，正如1.3.2节介绍的那样，联想心理学派认为两个观念越相似（越接近）越容易形成联想。根据联想主义心理学和细胞群落概念，再采用矩阵或张量等数学方式对其进行实现，就是矩阵或张量联想算法了。

以最简单的近义词矩阵联想算法为例，在自然语言处理领域可以用词向量来构建词语的特征值，构建好的词向量模型就好比词典，输入词语序号，即可查询对应的词向量。

查询到词向量后，即可计算近义词。这种计算近义词的行为类似于哈特莱总结的联想主义接近律。

设词X的n维词向量为$X(x_1 \quad x_2 \quad x_3 \quad \cdots \quad x_n)$。

要寻找词X的近义词，就必须把X和词库里所有词做矩阵联想算法，也就是求X和词库里所有词的相似度（或距离）。

求词X与另一个词Y的方法很简单，设Y的词向量为$Y(y_1 \quad y_2 \quad y_3 \quad \cdots \quad y_n)$，那么，词向量$X$和词向量$Y$的欧几里得距离公式就是

$$\text{dist}(X,Y) = \sqrt{\sum_{i=1}^{n}\left(x_i - y_i\right)^2}$$

计算X与多个词之间的距离，可以把X词向量与词典里各个词向量依次计算距离，之后排序，看哪个词与X的距离近，哪个词就是X的近义词了。

设词典数量为m，那么计算X与词典中所有词的距离，就要计算m次。其实X不用与自身计算，所

以应该是计算 $m-1$ 次。

但是，当词典中单词的数量达到数百甚至上千万时，遍历一次需要很久。为了提升效率，就要引入矩阵联想算法了。矩阵联想算法的核心思想，就是把传统需要遍历的算法改为以矩阵运算的方式，在 GPU 上高效运行，使时间的复杂度从 m 变为 1，大大提高了执行效率。其算法如下。

$$\text{首先定义 } m \text{ 行的变换矩阵 } C=\begin{pmatrix} 1 \\ 1 \\ 1 \\ \vdots \\ 1 \end{pmatrix}$$

$$X'=CX=\begin{pmatrix} 1 \\ 1 \\ 1 \\ \vdots \\ 1 \end{pmatrix}\begin{pmatrix} x_1 & x_2 & x_3 & \cdots, x_n \end{pmatrix} = \begin{pmatrix} x_1 & x_2 & x_3 & \cdots & x_n \\ x_1 & x_2 & x_3 & \cdots & x_n \\ x_1 & x_2 & x_3 & \cdots & x_n \end{pmatrix}$$

把词典中所有单词的词向量合并成一个矩阵 G，则 G 是一个 m 行 n 列的矩阵，即词典中有 m 个词，每个词向量有 n 个特征（n 维）。

$$D = X' - G$$
$$E = D \odot D$$

运算符"$\odot$"是哈达玛积（Hadamard product）。它是一种矩阵运算，若 $A = (a_{ij})$ 和 $B = (b_{ij})$ 是两个同阶矩阵，且 $c_{ij} = a_{ij} \times b_{ij}$，则称矩阵 $C = (c_{ij})$ 为 A 和 B 的哈达玛积，或称基本积。

这里是矩阵 D 和自身做哈达玛积，也可以理解为对矩阵 D 中所有元素求平方。

接下来，$F = E^{\mathrm{T}} \times C$。

最后，这个 F 是 m 行 1 列的矩阵，里面的数值就是 X 与词典中各个词语的相似度。对相似度降序排列就可以得到与 X 最相近的词列表，排在第一位的应该是 X 本身，因为我们定义 Y 时，没有去掉词典中的 X 的词向量。

细心的读者也许发现了，原本的公式如下。

$$\mathrm{dist}(X,Y) = \sqrt{\sum_{i=1}^{n} (x_i - y_i)^2}$$

在矩阵运算过程中并没有开方，所以新的联想距离公式变为如下所示。

$$\text{联想距离}(X,Y) = \sum_{i=1}^{n} (x_i - y_i)^2$$

这是因为我们需要的是距离排序后最接近的近义词，所以开方和不开方所得的顺序是一致的，并不会因为开方，顺序就变了。

与单纯的文字相比，词向量的优势可计算，因此能够通过计算余弦距离、欧式距离等方式来度量词与词之间的相似度，以及衍生出句子相似度、文章相似度，甚至某种信念、思想、人生观的相似度。

使用矩阵联想算法就是把脑中无数的概念（细胞群落），转化成 n 维空间中的无数光点，在联想时，实际上是在计算这些光点与目标概念的距离（余弦距离或其他距离），这个距离就是概念之间的相似度。

8.2.2 词向量相似度算法实现

下面根据Python语言计算两个词语之间的相似度。

在"相似度实战"文件夹下，新建一个名为"词向量相似度实战.py"的文件，并在其中键入如下代码。

```
01  import 批量词向量查询 as pl
02  import numpy as np
03  log=True
04  def word2vec_Similarity(str):
05      i,u_w_l,u_w_v=pl.init_u_w(str)
```

代码第01行引入了已编写的"批量词向量查询.py"文件（注意，笔者的代码中没有注明这个文件的路径，是由于已把"批量词向量查询.py"文件复制到与代码相同的路径下了。如果你的路径在别的地方，需要修改好才能正常运行）。

代码第03行定义了一个简单的日志开关，后续日志输出主要以简单的终端打印形式。

代码第04行定义了一个方法，用于计算两个词语之间的欧式距离，方法参数是两个词语的字符串，返回值就是欧式距离数值。

代码第05行调用已定义的批量词向量查询，返回两个词语的词向量。

代码中有很多打印中间计算过程的部分，这里就不多做介绍了。

```
06      if log :
07          print(i)
08          print(u_w_l)
09          print(u_w_v[0])
10          print(u_w_v[1])
11      score=u_w_v[0]-u_w_v[1]
12      if log :
13          print(score)
14      scorex2=np.power(score, 2)
15      if log :
16          print(scorex2)
17      scorex2_sum=scorex2.sum(axis=0)
18      if log :
19          print(scorex2_sum)
20      scorex2_sum_sqrt = scorex2_sum ** 0.5
21      return scorex2_sum_sqrt
22  if __name__ == "__main__":
23      score1=word2vec_Similarity('月亮星星')
24      score2=word2vec_Similarity('月亮螺丝')
25      print('月亮、星星的欧式距离:')
26      print(score1)
27      print('月亮、螺丝的欧氏距离:')
28      print(score2)
```

代码第 11 行计算两个词向量之间的差。由于两个词向量都在一个二维数组中，所以用 u_w_v[0] 获得第一个词的词向量，用 u_w_v[1] 获得第二个词的词向量。之后使用 score=u_w_v[0]–u_w_v[1] 的代码将两个词向量的差存入 score 对象中。由于减数和被减数都是 1 行 300 列的数组，所以差也是 1 行 300 列的数组。

这个步骤就等同于欧式距离中的 $(x_i - y_i)$。由于整体的公式是

$$\mathrm{dist}(X,Y) = \sqrt{\sum_{i=1}^{n}(x_i - y_i)^2}$$

所以代码第 14 行使用了 scorex2=np.power(score, 2) 语句，计算 $(x_i - y_i)^2$。

其实，np 就是 Python 的科学计算库 numpy，其中包含了大量用于科学计算的方法。使用 numpy.power(x1, x2) 可以对数组的元素分别求 n 次方，其中参数 x2 可以是数字，也可以是数组。如果是数组，就要求 x1 和 x2 的列数相同。

下面四个例子可以帮助读者更加直观地了解 power 的用法。

```
>>> x1 = range(6)
>>> x1
[0, 1, 2, 3, 4, 5]
>>> np.power(x1, 3)
array([  0,   1,   8,  27,  64, 125])
>>> x2 = [1.0, 2.0, 3.0, 3.0, 2.0, 1.0]
>>> np.power(x1, x2)
array([  0.,   1.,   8.,  27.,  16.,   5.])
>>> x2 = np.array([[1, 2, 3, 3, 2, 1], [1, 2, 3, 3, 2, 1]])
>>> x2
array([[1, 2, 3, 3, 2, 1],
       [1, 2, 3, 3, 2, 1]])
>>> np.power(x1, x2)
array([[  0,   1,   8,  27,  16,   5],
       [  0,   1,   8,  27,  16,   5]])
```

计算 $(x_i - y_i)^2$ 后，就要计算 $\sum_{i=1}^{n}(x_i - y_i)^2$，对应的是代码第 17 行的 scorex2_sum=scorex2.sum(axis=0)，这里使用了数组对象的 sum 方法，axis=1 表示按行相加，axis=0 表示按列相加，也就是实现了 $\sum_{i=1}^{n}(x_i - y_i)^2$ 的目的，将两个数组相减、平方后的结果按列相加在一起，计算结果就是一个浮点数。

接下来，按照欧式距离算法，先要对浮点数进行开方运算。

代码第 20 行使用 scorex2_sum_sqrt = scorex2_sum ** 0.5 的代码，对浮点数进行开方。

通过开启 log 可以更直观地看到计算步骤。两个原始词向量每个都是 1 行 300 列的数组。

```
[ 0.079869 -0.088906 -0.245922 -0.047866  0.019708 -0.270356  0.186266
  0.283549 -0.38879   0.177361 -0.24779  -0.082833  0.084458 -0.272188 -
0.209173 -0.147095 -0.27451……0.32561   0.105636 -0.228528  0.14584   0.016523
 -0.006583]
```

```
[-1.31110e-01  1.77980e-02 -3.12543e-01 -3.48105e-01  7.52150e-02
 -6.01336e-01  3.53770e-02  5.24289e-01 -3.15933e-01-2.58696e-01…… -1.81041e-
01  3.50009e-01 -1.88774e-01 -2.33227e-01  1.82320e-01 -2.03677e-01
2.28545e-01]
```

将两个词向量的各个元素相减后，变成一个1行300列的数组。

```
[ 2.10979000e-01 -1.06703997e-01  6.66210055e-02  3.00239027e-01
 -5.55069968e-02  3.30980003e-01  1.50889009e-01 -2.40740001e-01……
 -7.28570223e-02  7.45869949e-02  1.25931010e-01 -1.33339003e-01 2.94409990e-01
  4.69900668e-03 -3.64799947e-02  2.20200002e-01 -2.35128000e-01]
```

将内部各元素求平方后，还是一个1行300列的数组。

```
[4.45121378e-02 1.13857426e-02 4.43835836e-03 9.01434720e-02
 3.08102672e-03 1.09547764e-01 2.27674935e-02 5.79557493e-02
 5.30814566e-03 5.56322001e-03 1.58586185e-02 ……
2.05059536e-02 2.31481008e-02 1.82141185e-01 3.75747196e-02
 1.06572866e-01 8.73645302e-03 5.95310354e-04 8.66772458e-02
 2.20806633e-05 1.33078999e-03 4.84880395e-02 5.52851781e-02]
```

将内部各元素相加后，得到一个浮点数10.48271，开方后5.244786898608599就是两个词语的欧式距离了。

最终两组词语的欧式距离输出如下。

```
月亮、星星的欧式距离：
3.237701327275812
月亮、螺丝的欧氏距离：
5.244786898608599
```

可见，两个词向量之间的欧氏距离越长，其相似度就越低；距离越短，相似度就越高。

如果把这两个词想象成300维空间中的点，那么其欧式距离就是两个点之间最近的直线距离。如果把这两个词想象成两个神经元，神经元伸出的轴突分别与300个代表词汇特征的神经元连接，那么2×300=600个突触权值（参照1.3.2节的示例），实际上就是2行300列的二维数组。如果词典里有100万个词汇，那么就是3亿个突触权值。这还仅仅是词汇的突触数量，考虑到冗余，实际上突触数要更多。但是也只有这样，才能理解、记忆、并且联想，所以联想学派认为接近律是一切思维功能的基础。

8.3 近义词系统实战

我们在第六章和第七章学习了词向量的存储、查询、相似度计算，但是只计算了两个词语之间的相似度。如果下载的词向量中有 1292607 个词语,采用 CPU 计算,即便使用多核多线程技术,也不过实现数百路并行,而且受到内存速度制约无法实现高速计算。

若采用 GPU 计算,则可以从以下两个方面大大提高计算速度。

(1)核心数量。主流多线程服务器最高有 100 多个线程,而同时代的 GPU 低端显卡就已经具备了 600 多个核心。

(2)存储速度。GPU 显存型号一般比内存高两代,如 2020 年主流内存型号是 DDR4,而 GPU 显存型号已提升到 DDR6。

下面将以近义词系统为例,讲解如何使用矩阵(张量)联想算法在 GPU 上进行计算,以提高计算速度和排序效率。

8.3.1　词向量加载

通过数据库的方式管理词向量时,为了将词向量批量读取出来,放入显存计算,就必须掌握词向量加载方式。

在它建立的“相似度实战”文件夹下,新建一个名为“词向量加载实战 .py”的文件,并在其中键入如下代码。

```
01  import numpy as np
02  import pymssql
03  database=['DESKTOP-9EOCSM7','sa','***', "word2vec"]
04  #获得数据库中词向量矩阵
05  def init_u_w(top):
06      u_w_l=['']*top
07      u_w_v = np.zeros((top,300),np.float32)
08      with pymssql.connect(database[0], database[1], database[2], database[3]) as conn:
09          with conn.cursor(as_dict=True) as cur:
10              i=0
11              strsql='select top '+str(top)+' * from [word2vec].[dbo].[word2vec_t] '
12              cur.execute(strsql)
13              rows= cur.fetchall()
14              i=0
15              if rows != []:
16                  for row in rows:
17                      u_w_l[i]=row["word"]
18                      for n in range(1, 300):
19                          u_w_v[i][n]=row["c%d"%(n)]
20                      i+=1
21      return u_w_l,u_w_v
```

```
22   if __name__ == "__main__":
23       u_w_l,u_w_v=init_u_w(100000)
24       #将词向量矩阵存储到本地磁盘
25       np.save("W_Matrix.npy",u_w_v)
26       #将词语列表存储到本地磁盘
27       np.save("W_list.npy",u_w_l)
```

代码与批量查询词向量类似，只是将代码第05行中的参数改为一个int数值，这是考虑到读者的计算机显存不大，所以做了个限制。

全部词向量为2G左右，如果在GPU中运算，试想将2G数据中每个数值求平方再开方，显存中必须有地方存储中间的运算结果，那么显存占用还会翻倍。

读者可以根据自己的计算机配置，选择合适的数值。

代码第23行调用本代码定义的方法，获取了词向量矩阵，这里参数设置为100000。

代码第24行调用np.save方法，将数组对象序列化为二进制磁盘文件。

在深度学习训练，或者使用预训练的大数据时，经常需要存储或读取大量的数值文件，这时可以考虑先将数据存储为NumPy格式，然后直接使用NumPy读取速度相比未转化前要快很多。

常用的保存数据到二进制文件和保存数据到文本文件的方法如下。

1. 单个数组保存为二进制文件

通常使用numpy.save方法。这个方法可以保存一个多维数组到一个二进制的文件中，保存格式是.npy。方法参数为numpy.save(file, arr, allow_pickle=True, fix_imports=True)。

（1）file：文件名/文件路径。

（2）arr：要存储的数组。

（3）allow_pickle：布尔值，允许使用Python pickles保存对象数组，默认为true。

（4）fix_imports：为了方便Pyhton 2中读取Python 3保存的数据，默认为true。

示例代码如下。

```
>>> import numpy as np
#初始化数组
>>> x=np.arange(10)
>>> x
array([0, 1, 2, 3, 4, 5, 6, 7, 8, 9])
#把数组存储到save_x文件中
>>> np.save('save_x',x)
#读取之前保存的文件
>>> np.load('save_x.npy')
array([0, 1, 2, 3, 4, 5, 6, 7, 8, 9])
```

2. 多个数组保存为二进制文件

numpy.savez方法可以保存多个数组到同一个文件中，保存格式是.npz。它就是将前面多个np.save保存的npy，再通过打包（未压缩）的方式把这些文件归到一个文件上。

numpy.savez方法参数为numpy.savez(file, *args, **kwds)。

(1)file：文件名/文件路径。

(2)*args：要存储的数组，可以写多个。如果没有给数组指定key，NumPy将默认以'arr_0','arr_1'的方式命名。

(3)kwds：可选参数，默认即可。

示例代码如下。

```
>>> import numpy as np
#生成数据
>>> x=np.arange(10)
>>> x
array([0, 1, 2, 3, 4, 5, 6, 7, 8, 9])
>>> y=np.sin(x)
>>> y
array([ 0. , 0.84147098, 0.90929743, 0.14112001, -0.7568025 ,
-0.95892427, -0.2794155 , 0.6569866 , 0.98935825, 0.41211849])
#数据保存
>>> np.save('save_xy',x,y)
#读取保存的数据
>>> npzfile=np.load('save_xy.npz')
>>> npzfile['arr_0']
array([0, 1, 2, 3, 4, 5, 6, 7, 8, 9])
>>> npzfile['arr_1']
array([ 0. , 0.84147098, 0.90929743, 0.14112001, -0.7568025 ,
-0.95892427, -0.2794155 , 0.6569866 , 0.98935825, 0.41211849])
```

如果需要自定义每个数组的key，可以使用如下方法。

```
#数据保存
>>> np.savez('newsave_xy',x=x,y=y)
#读取保存的数据
>>> npzfile=np.load('newsave_xy.npz')
#按照保存时设定组数key进行访问
>>> npzfile['x']
array([0, 1, 2, 3, 4, 5, 6, 7, 8, 9])
>>> npzfile['y']
array([ 0. , 0.84147098, 0.90929743, 0.14112001, -0.7568025 ,
-0.95892427, -0.2794155 , 0.6569866 , 0.98935825, 0.41211849])
```

numpy.savez非常适合深度学习，如可以将训练集、测试集、标签集、预训练集全部存储在一个文件中，这是一种很方便的文件管理方法。

除save和savez外，Numpy还提供了savez_compressed方法。这个方法可以对Savez的存储过程进行压缩，能显著减少磁盘空间的占用。

savez_compressed 函数所需参数和savez一样，这里不再赘述。

3. 保存到文本文件

numpy.savetxt可以把数组保存到文本文件上。直接打开查看文件里面的内容，文本格式更加通用，适用于在其他编程语言中读取，实现了跨编程语言、跨平台的功能。

这个方法的参数是numpy.savetxt(fname, X, fmt='%.18e', delimiter=' ', newline='\n', header='', footer='', comments='# ', encoding=None)。

（1）fname：文件名/文件路径，如果文件后缀是 .gz，文件将被自动保存为 .gzip 格式，numpy.loadtxt也可以识别该格式。

以 gz 或 gzip 为后缀的文件是一种压缩文件，在 Linux 和 Mac OS 下十分常见，使用 Linux 和 Mac OS 都可以直接解压这种文件。Windows 下的 WinRAR 也可以使用，它相当于 Windows 系统中的 RAR 和 ZIP 格式。

（2）X：要存储的numpy数组对象。

（3）fmt参数：用来控制数据存储的格式。

（4）delimiter参数：用来设置数据列之间的分隔符。

（5）newline参数：用来设置数据行之间的分隔符。

（6）header参数：用来设置文件头部写入的字符串。

（7）footer参数：用来设置文件底部写入的字符串。

（8）comments参数：用来设置文件头部或尾部字符串的开头字符，默认为'#'。

（9）encoding参数：用来设置编码。

示例代码如下。

```
>>> import numpy as np
#生成数据
>>> x = np.ones((2,3))
>>> x
array([[1., 1., 1.],
[1., 1., 1.]])

#保存数据
np.savetxt('t.csv', x)
np.savetxt('t1.csv', x,fmt='%1.4e')
np.savetxt('t2.csv', x, delimiter='|')
np.savetxt('t3.csv', x,newline='\r')
np.savetxt('t4.csv', x,delimiter='|',newline='\r')
```

保存的文件可以用操作系统的文本编辑器打开，或者使用VSCode编辑器打开。

如图8.3所示，使用VSCode编辑器打开我们之前存储的t4.csv文件，可以看到文件已按照设置以"|"分割列，并以换行符'\r'对行进行分割。

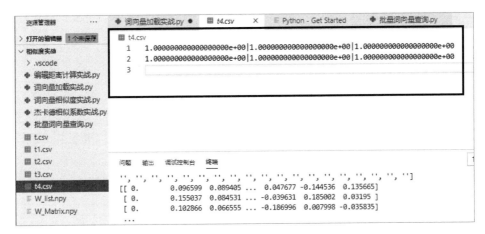

图8.3　查看文件内容

4. 读取文本文件

与 savetxt 对应的是 numpy.loadtxt，由于我们在保存文件时规定了文件格式，所以当使用 loadtxt 读取文件时，也要遵循相应的规定。

numpy.loadtxt 参数为 numpy.loadtxt(fname, dtype= < class 'float' > , comments='#', delimiter=None, converters=None, skiprows=0, usecols=None, unpack=False, ndmin=0, encoding='bytes')，其中主要的参数如下。

（1）fname：被读取的文件名（文件的相对地址或绝对地址）。

（2）dtype：指定读取后数据的数据类型。

（3）comments：在跳过文件中指定参数开头的行（不读取）。

（4）delimiter：指定读取文件中数据的分割符。

（5）converters：对读取的数据进行预处理。

（6）skiprows：选择跳过的行数。

（7）usecols：指定需要读取的列。

（8）unpack：选择是否将数据进行向量输出。

（9）encoding：对读取的文件进行预编码。

8.3.2　近义词查询

我们已经学习了词向量相似度算法的实现和原理，其中介绍了矩阵联想算法，它适合批量计算相似度，适用于近义词查询。下面就讲解如何使用 TensorFlow 来实现矩阵联想算法计算目标词与近义词矩阵中各个词语的相似度。

在已建好的"相似度实战"文件夹下，新建一个名为"GPU 近义词查询实战 .py"的文件，并在其中键入如下代码。

```
01 import TensorFlow.compat.v1 as tf
```

```
02  tf.disable_v2_behavior()
03  import numpy as np
04  import 批量词向量查询 as pl
05  d_w_v=np.load('W_Matrix.npy')
06  d_w_l=np.load('W_list.npy')
```

由于TensorFlow在进行GPU计算时使用了placeholder方法，而新版中将这个方法废弃了，所以为了使用这个方法，我们在引入TensorFlow时，采用了代码第01~02行的方式，以确保TensorFlow能兼容1.x的方法。

代码第05~06行使用了numpy.load方法，读取已保存好的二进制词向量矩阵，以及对应的词表。把词表和词向量矩阵分开存储是因为在GPU运算过程中词表不参与计算，只有词向量这种数值型的对象才能参与GPU运算。

```
07  top=100000
08  word='月亮'
09  w,wi,u_w_v=pl.init_u_w(word)
10  u_w_v0=u_w_v[0]
11  #设置TensorFlow默认设备为GPU,初始化神经网络参数与结构
12  with tf.device('/gpu:0'):
13      larkANN= tf.constant(d_w_v, shape=[top,300], name='larkANN')
14      u_s_a=tf.placeholder(tf.float32,shape=(1,300),name='u_s_a')
15  #曼哈顿距离
16      #y=tf.reduce_sum(tf.abs(tf.subtract(larkANN,u_s_a)), axis=1)
17  #欧式距离不开方,以减少运算量,提高运算速度
18      y=tf.reduce_sum(tf.square(tf.subtract(larkANN,u_s_a)), axis=1)
19  # 可以通过log_device_placement参数来记录运行每一个运算的设备
20  sess = tf.Session()
21  u_s_r=sess.run(y,feed_dict={u_s_a:[u_w_v0]})
22  print(u_s_r)
```

代码第07行是已使用过的最大记录限制，这里仍是100000。

代码第08~10行查询'月亮'对应的词向量，结果是一个1行300列的数组。

代码第12行配置TensorFlow的运算设备，这里选择了第0号GPU运算设备。在TensorFlow中可以使用tf.device()指定模型运行的具体设备，也可以指定是运行在GPU上还是CUP上，以及哪块GPU上。

这个方法的定义是device(device_name)，其中device_name格式如/cpu:0中的0表示设备号。如果设置为CPU运算（由于TF不区分CPU的设备号），则可设置为0。GPU区分设备号\gpu:0和\gpu:1表示两张不同的显卡。

代码第13行开始为GPU运算设置显存。先使用tf.constant方法在显存中定义一个100000×300大小的张量，张量中的数值用词向量矩阵来进行初始化。我们之前讲过，二维张量可以表示二维矩阵，通过这种方式就可把词向量转换为张量，放入GPU的显存里，后续运算速度会非常快。如果是放在内存上，那么其速度会很慢。

tf.constant方法是用来创建"常量"的，常量是值固定不变的量，在程序初始化时就要确定。既然

有"常量",那么肯定有"变量"。变量是指用来存储特定类型的数据,可以根据需要随时改变变量中所存储的数据值。

以近义词查询为例,10 万条词语的词向量矩阵是常量,在程序运行时加载到显存中。而用户输入的词语"月亮"则是变量,用户下次可能会输入太阳、星星之类的,是个不确定的经常变化的量。

tf.constant 方法的参数定义如下。

tf.constant(value,dtype=None,shape=None,name='Const',verify_shape=False

(1)value 是必须的,可以是一个数值,也可以是一个列表,用来为常量赋初始化的值。在代码中使用之前存储的词向量数组来赋值。

(2)shape 是张量的形状。在代码中使用 shape=[top,300],将张量形状设置为 10 万行 300 列,也就是 10 万个单词,每个词向量是 300 个维度。

(3)name 是定义的常量名称。

示例代码如下。

```
#如果单纯定义一个数值常量
tensor=tf.constant(1)
#为查看结果必须创建一个会话,并用取值函数eval()来查看创建的tensor的值
sess=tf.Session()
with sess.as_default():
    print('常量结果是:', tensor.eval())
#输出结果
常量结果是:1
#如果value是一个数组:
tensor=tf.constant([2, 3])
sess=tf.Session()
with sess.as_default():
    print('结果是:', tensor.eval())
#输出结果
结果是:[2 3]

#如果想指定数据类型可以使用dtype参数:
tensor=tf.constant([2, 3], dtype=tf.float32)
sess=tf.Session()
with sess.as_default():
    print('结果是:', tensor.eval())
#输出结果
结果是:[2. 3.]
```

注意:由于手工设置了数据类型,所以从输出结果可以看出,与之前默认数据类型的示例相比,它由默认的整型变为了自定义的浮点型。

shape 参数表示张量的"形状",即张量的维度数量及每一维的大小。如果 value 的第一个参数不是数组,而是一个数值,张量的所有元素都会用该数值填充,代码如下。

```
tensor=tf.constant(1, shape=[2, 3])
sess=tf.Session()
with sess.as_default():
    print('结果是:', tensor.eval())
结果是: [[1 1 1]
       [1 1 1]]
```

可以看到这是一个二维张量，第一维大小为2，第二维大小为3，全部用数字1填充。

以上就是显存中的常量定义方法。当然也可以在显存中定义变量，这时就要使用代码中第14行所用的代码。

```
14    u_s_a=tf.placeholder(tf.float32,shape=(1,300),name='u_s_a')
```

这个变量只是在显存中占位用的，程序会自动为其预留显存。在实际运行GPU计算时，这个预留的显存会被实际的用户词向量填充，参与GPU矩阵联想计算。

```
15   #曼哈顿距离
16      #y=tf.reduce_sum(tf.abs(tf.subtract(larkANN,u_s_a)), axis=1)
```

代码第16行是一个曼哈顿距离的计算示例。TensorFlow的科学计算能力很强，能实现所有与张量计算相关的工作。曼哈顿距离计算是一种常见算法，例如，对于分布在南北和东西方向的两个点，计算的是两点在南北方向上的距离，再加上在东西方向上的距离，在二维空间中，计算公式为 $d(i,j) = |xi - xj| + |yi - yj|$。多维空间的计算方法与之类似。

```
17   #欧式距离不开方，可减少运算量，提高运算速度
18      y=tf.reduce_sum(tf.square(tf.subtract(larkANN,u_s_a)), axis=1)
```

代码第18行是不开方的欧式距离计算方法，也就是已介绍的联想距离。

$$(X,Y) = \sum_{i=1}^{n} \left(x_i - y_i\right)^2$$

注意：与矩阵运算不同，TensorFlow在计算张量之间的减法时，当1行n列的张量与x行n列的张量相减时，不必使用变换矩阵将被减张量的行数变成x，TensorFlow会自动进行处理。

```
19   # 可以通过log_device_placement参数来记录运行每一个运算的设备
20   sess = tf.Session()
```

在代码第20行之前是在定义显存中的数据结构，相当于在显存中设置神经元的突触权值。当调用代码第20行的 tf.Session()后，才会把定义好的结构在显存中初始化，然后再调用这个初始化后的名为sess的对象，即可传入变量进行计算了。

```
21   u_s_r=sess.run(y,feed_dict={u_s_a:[u_w_v0]})
22   print(u_s_r)
```

实际上，用GPU计算的代码只有第21行。sess.run(y,feed_dict={u_s_a:[u_w_v0]})的含义是，运行计算过程y(不开方的矩阵或称张量联想算法)传递的变量是根据之前用户输入的词语从数据库查询的词向量。

计算结果是个 10 万行 1 列的张量,每行代表这个词语与用户输入词语的矩阵联想距离,按照哈特莱的联想接近律,距离越近,相似度越高。

为了找到最接近的近义词,就需要对这个张量进行升序排序。但是对于动辄数十万、数百万的大数据来说,排序是一项很消耗时间的工作,常见的排序方法并不能满足此需求,下面将讲述优化排序的具体方法。

8.3.3　相似度排序与效率优化

继续在之前编写的"GPU 近义词查询实战 .py"中键入如下代码。

```
23  soredDif=u_s_r.copy()
24  soredDif.sort()
25  for n in range(0, 9):
26      index=np.where(u_s_r==soredDif[n])[0]
27      print(d_w_l[index])
```

代码第 23 行复制了一份矩阵联想计算结果。

由于矩阵联想计算结果与词语列表中的顺序是一一对应的,如果不复制一份出来,直接对原矩阵联想计算的结果排序,就会导致排序后的结果与词语列表对应不上。

代码第 24 行使用 .sort 方法对矩阵联想算法的结果进行升序排序。

这个方法的参数定义是 numpy.sort(a, axis, kind, order)。

(1)a:要排序的数组。

(2)axis:排序数组的轴。如果没有数组被展开,则沿着最后的轴排序, axis=0 按列排序,axis=1 按行排序。

(3)kind:默认为"quicksort"(快速排序)。

(4)order:如果数组包含字段,则是要排序的字段。

代码第 25 行循环 10 次,也就是输出最接近用户输入词语的 10 个近义词。

代码第 26 行使用 np.where(u_s_r==soredDif[n])[0] 方法,获取升序排序后第一个联想距离的下标。

具体过程如下。

①当 n = 0 时,soredDif[n] 取出的是联想距离最短的距离值(未开方欧氏距离)。

②使用 np.where 方法,找到未排序的原始联想距离数组中最短距离值对应的词序号。

numpy.where() 的方法定义为 numpy.where (condition[, x, y]),当使用可选参数 x,y 时,则方法的运行逻辑为①满足条件(condition),输出 x;②不满足条件(condition),输出 y。

示例如下。

```
>>>x = np.arange(10)
>>> np.where(x > 8,1,-1)
array([-1, -1, -1, -1, -1, -1, -1,-1,  1,  1])
```

当只有条件(condition),没有 x 和 y 时,输出满足条件 的元素坐标,坐标以元组(tuple)的形式给出,通常原数组有多少维,输出的 tuple 中就包含几个数组,分别对应符合条件元素的各维坐标。

通过复制矩阵联想距离数组对复制出的数组排序,返回前10个最短距离的数值,并找到对应词典序号的方式,即可快速得到近义词列表。

程序运行结果如下。

```
['月亮']
['星星']
['月光']
['天空']
['金星']
['天上']
['黑夜']
['黄昏']
['夜空']
```

对于用户输入的"月亮",得出的结果依次是星星、月光、天空等词语,完全符合我们对近义词查询的要求。

8.4 小结

本章讲述了近义词查询系统的原理和实现代码,采用GPU运算的方式可以显著提高程序运行速度。其实近义词查询是矩阵联想算法最典型的简单示例,感兴趣的读者还可以对其他类似的数据建模,通过运行联想矩阵算法,实现气温预测、股票走势预测、客户分群等应用。

笔者曾经尝试对股票走势进行预测,为2000多只股票最近10年的走势设置了30维股票特征值,对应的标签是下一天的涨幅。例如,对于2020年1月10日的股票x,对应的维度是最近五日均值、最近十日均值、最近三十日均值、最近五日均量、最近十日均量、最近三十日均量、最近十日均值与最近五日均值的商等特征。2000多只股票最近十年的走势就变成了600万行30列的矩阵,下一天的涨幅就是标签,它是一个600万行1列的矩阵。

当笔者依次输入今日2000只股票的30列特征值后,采用矩阵联想算法,即可找到与每只股票走势最相近的历史股票走势,也就是矩阵联想距离,而历史股票走势标签中的"下一天涨幅"就是很有用的预测结果。2000只股票都预测出下一天涨幅后,按降序排序,即可得到最有潜力的股票名称了。这个程序实现后,也许会成为永不疲倦的赚钱机器。

当然仅仅一个矩阵联想算法对于股票预测来说还远远不够,它仅是其中的一个系统,真正的炒股算法包含了"基本面深度神经网络预测系统""走势预测系统""比价系统"等多个辅助系统。股票需要经过若干系统评估后,层层筛选,才能遴选出比较可靠的潜力股。

第 9 章

机器翻译系统实战

本章讲解深度神经网络系统开发。在前两节中，我们会介绍使用不同技术开发的机器翻译系统，其中有适合初学者的利用商业人工智能云服务的机器翻译系统，也有适合更高层次的基于深度学习的机器翻译系统。

机器翻译是自然语言处理技术的重要应用领域，指的是让机器自动将一种自然语言文本(源语言)翻译成另一种自然语言文本(目标语言)。

近几年，人工智能技术革命让很多行业发生了翻天覆地的变化，深度学习技术取得了令人瞩目的科研成果，这些科研成果揭开了科技取得更大成功的序幕——深度学习机器翻译。目前的通用做法是，训练时先输入源句子(Source Sentence)和目标句子(Target Sentence)组成的句子对，使用深度学习技术把神经网络模型训练好后，即可投入商业化应用。

本章主要涉及的知识点

- ♦ 商业化云服务与自主研发的区别
- ♦ Niutrans 机器翻译实战
- ♦ 深度学习数据集预处理实战
- ♦ 引入注意力机制的 Encoder-Decoder 深度神经网络配置实战
- ♦ 引入注意力机制的 Encoder-Decoder 深度神经网络训练实战

9.1 基于商业云服务的机器翻译实战

众多科技巨头纷纷推出了商业化的收费人工智能云服务。即便是没有人工智能程序开发经验的公司或个人，也能借助人工智能云服务，高效快速地开发出强大的商业应用。

除了功能与开发速度的优势，选用人工智能云服务还可以减少初期硬件投入，并降低项目启动成本。

9.1.1 机器翻译的历史、商业前景及应用范围

机器翻译是 NLP 的技术分支，其发展经历了基于规则、基于统计、基于深度学习三个阶段。

（1）基于规则的阶段：1954 年，人们就开始尝试让机器识别人类的语言，但是受当时科技发展水平限制，只采用了简单的基于规则的 NLP 算法，有点类似于让机器查词典。

（2）基于统计的阶段：1990 年，基于统计的 NLP 算法被应用到机器翻译中，显著提升了机器翻译水平。

（3）基于深度学习的阶段：2014 年，Seq2Seq 等深度学习模型应用于机器翻译任务中，得益于深度学习技术的快速发展和硬件水平的提高，市场上涌现出大量优秀的深度学习翻译模型，基于深度学习的机器翻译正在缓解专业翻译人员的工作强度。

市场研究公司 Research and Markets 曾在 2019 年指出，到 2022 年，全球机器翻译市场规模预计将达到 9.833 亿美元，在预测期间的复合年增长率为 14.6%。深度学习技术的爆发，促进了技术成果转化，点燃了机器翻译商业市场的活力。

如今，机器翻译的应用场景非常广泛，可以归纳为以下四种。

（1）文档翻译：对于科研人员，写专业论文时，有大量外文文献需要翻译。对于贸易公司，进口设备配套的大量外文技术文件需要翻译。对于文字工作者，人工学习国外书刊翻译工作，人工成本高、用时长。对于跨境电商，如果中文产品文案无法转化为各国语言，会严重影响产品销量，如果无法理解海外客户的在线咨询内容，则无法为客户提供满意的服务。从科研到国际文化交流，再到对外贸易，语言障碍一直是一个摆在全人类面前的难题。目前很多文档机器翻译产品不仅可以翻译电子文档，还可以通过与 OCR 技术结合，实现通过摄像头实时提取纸质文档中的文字进行翻译。

（2）同声传译技术：同声传译广泛应用于国际会议等多语言交流的场景，但是人工同声传译受限于记忆、听说速度、从业人员水平、费用偏高等因素，难以满足市场需求。2019 年，各大科技巨头推出的机器同传技术已经在各种国际会议上大放光彩。基于深度学习的同声传译技术，可以把演讲者的语音实时翻译成文字或语音，具有快速、成本低廉、准确率高等优势，将来会取代人工同传，使不同语言的人们实现无语言障碍的交流。

（3）跨语言检索：中文资讯只占世界信息的 10%，随着跨语言检索需求的逐年增加，互联网巨头推出的海外搜索将机器翻译和信息检索技术进行结合，不论用户输入中文还是英文，系统都会从海量优质的英文网页中选出用户想要的搜索结果，并应用国际领先的机器翻译系统自动进行翻译，为用户提

供英文原文、中文译文、中英双语的搜索结果。

(4)解放并发展翻译行业的生产力:传统翻译服务模式为劳动密集型行业。机器翻译和传统翻译行业相结合,可利用机器翻译系统提高传统翻译行业的效率,提升商业价值。

传说神为了阻止人类建造巴别塔,使出各种阴谋诡计,让人们说不同的语言,相互之间不能沟通协作。

如今,基于深度学习的机器翻译系统,就像一座雄伟的人工智能巴别塔,矗立在一代代科学家用血汗乃至生命铸就的基石之上。人类数千年引以为傲的思维和语言能力,在它面前都变得微不足道。

科学家凭借无与伦比的创造技巧,以不朽的文明科技,仿造并超越了人脑机能。这是一项神圣的工程,而更为神圣的强人工智能技术,则矗立于未来的世界文明之巅。

聪明的读者也许猜出来了,上面这段文字就是L8AI.com帮笔者写的。我本意想写人工智能是个"雄伟的塔",我把"雄伟的塔"丢给L8AI.com,稍作修改后,结果就出现了上面的文字。

9.1.2 Niutrans机器翻译实战

我们已介绍过科大讯飞的人工智能云服务,在讯飞开放平台可以找到以下两种翻译服务。

(1)科大讯飞自主研发的机器翻译服务。其中英互译水平达到大学英语六级,响应速度为800ms以内,可支持英语、日语、韩语、法语、西班牙语、俄语等10多种语种与中文的互译。

(2)科大讯飞开放平台上的小牛机器翻译服务。小牛翻译后台采用C++语言和CUDA驱动开发的深度神经网络,比科大讯飞自主研发的翻译服务多支持294种语言。小牛翻译团队拥有百余名研发人员,其中80%的成员为硕士和博士,团队先后承担过35项国家级研究项目。目前全世界有70多个国家的3000多家科研机构和企业在使用小牛翻译。

下面重点介绍如何接入小牛翻译服务。

打开小牛翻译官网https://niutrans.com/进行注册和登录,并在个人中心找到自己的API Key,记录下来。

(1)由于官方示例是Python 2,版本较低,所以要重新用Python 3编写代码。

(2)官方示例只有HTTP的GET方式,待翻译的文本附加在URL中,最多支持1500个字符串的长度,如果请求的字符串长度大于1500,则需要改用POST方式,将文本附加在body中,所以我们要采用如下两种编写方法。

为了实现上述功能,新建一个名为niutrans的文件夹,并在其中新建一个名为"小牛实战.py"的文件,键入如下代码。

```
01  import json
02  import urllib
03  from urllib import request
04  import sys
05  def translate(sentence,src_lan,tgt_lan,apikey):
06      url = 'http://free.niutrans.com/NiuTransServer/translation?&'
07      data = {"from":src_lan, "to":tgt_lan,"apikey":apikey,"src_text":
```

```
sentence}
08      dataT = urllib.parse.urlencode(data)
09      reqStr = url + dataT
10      print('使用get方式,参数附加在url中:')
11      print(reqStr)
12      with urllib.request.urlopen(reqStr) as req:
13          data = req.read()
14          print('返回JSON数据样例:')
15          print(data)
16          result_dict = json.loads(data)
17      return result_dict['tgt_text']
18  def translate_large(sentence,src_lan,tgt_lan,apikey):
19      url = 'https://free.niutrans.com/NiuTransServer/translation'
20      data = {"from":src_lan, "to":tgt_lan, "apikey":apikey, "src_text":
sentence}
21      body = urllib.parse.urlencode(data).encode('UTF-8')
22      r=urllib.request.Request(url, body)
23      with urllib.request.urlopen(r) as req:
24          data = req.read()
25          result_dict = json.loads(data)
26      return result_dict['tgt_text']
27  if __name__=="__main__":
28      appid='fffc4c4bf4731*****d4a8fc2bb'
29      U_src_lan='zh'
30      U_tgt_lan='en'
31      txt='世界你好。'
32      print(translate(txt,U_src_lan,U_tgt_lan,appid))
33      txt='红海早过了,船在印度洋面上开驶着,但是太阳依然不饶人地迟落早起,侵占去大部分
的夜。夜仿佛纸浸了油变成半透明体;它给太阳拥抱住了,分不出身来,也许是给太阳陶醉了,所以夕照
晚霞褪后的夜色也带着酡红。到红消醉醒,船舱里的睡人也一身腻汗地醒来,洗了澡赶到甲板上吹海
风,又是一天的开始。这是七月下旬,合中国旧历的三伏,一年中最热的时候。在中国热得更比常年利
害,事后大家都说是兵戈之象,因为这就是民国二十六年【一九三七年】。'
34      r= translate_large(txt,U_src_lan,U_tgt_lan,appid)
35      print(r)
```

代码中定义了两个方法：translate 和 translate_large，分别对应短文本和长文本。

代码第05行的 translate(sentence,src_lan,tgt_lan,apikey) 采用 HTTP 协议的 get 方式，把源语言文本（待翻译的文本）附加在 URL 中发送给服务器，获得服务器返回的 JSON 结果。由于 get 方式的限制，这种方式适用于源语言文本长度在 1500 以内的任务。该方法使用的库是已介绍过的 Urllib 库，具体实现步骤如下。

（1）代码第06行使用 url = 'http://free.niutrans.com/NiuTransServer/translation?&' 语句定义了一个服务器链接地址，注意，最后的"?&"是用来在地址中附加参数的，其中的问号是告诉服务器："我要开始传递参数了，前面的是服务地址，后面是参数。"问号后面的"&"是不同参数的间隔符。

（2）代码第 07 行定义了一个参数词典 data = {"from": src_lan, "to": tgt_lan, "apikey": apikey, "src_text":sentence}。该词典用于存储请求参数,小牛翻译定义的参数有6个,各参数的作用如表9.1所示。

表9.1　小牛翻译的请求参数

字段名	类　型	描　述
from	String	源语言:待翻译文本语种代码
to	String	目标语言:翻译目标语种代码
apikey	String	API密钥,用于验证身份,可在个人中心查看自己的密钥
src_text	String	待翻译字符串
dictNo	String	设置术语词典子库ID,缺省值为空
memoryNo	String	设置翻译记忆子库ID,缺省值为空

其中dictNo用来设置术语词典,术语是传递信息的载体,如今随着科技的高速发展,不断涌现出各种新的术语词。在机器翻译中使用术语词典,可以显著提高翻译的准确率。例如,新建一个名为术语词典的txt文件,并在其中键入如下内容。

东北大学	NEU
麻省理工学院	MIT
斯坦福大学	Stanford
耶鲁大学	Yale
哈佛大学	Harvard

然后在小牛翻译控制台https://niutrans.com/cloud/console/resourceAdmin/term/list中,把txt文件按提示进行上传,得到术语词典子库ID后,即可在请求的dictNo参数中附加术语词典子库ID,提高翻译质量了。

(3)代码第08行使用dataT = urllib.parse.urlencode(data)语句,将词典转换为可以用HTTP协议通过URL传递的参数字符串。

(4)代码第09行使用reqStr = url + dataT语句,将已定义的服务器地址和参数字符串拼接起来。

(5)代码第11行输出附加参数的完整URL,即http://free.niutrans.com/NiuTransServer/translation?&from=zh&to=en&apikey=fffc4c4bf47****ea7d4a8fc2bb&src_text= % E4%B8%96%E7%95%8C% E4%BD%A0%E5%A5%BD%E3%80%82。

其中的****部分可以替换成自己的API Key,如图9.1所示,将这个URL粘贴到浏览器中就可以直接看到服务器的返回结果。

图9.1　在浏览器中粘贴URL地址,并观察返回结果

可以看到,返回结果是JSON格式,说明如表9.2所示。

表9.2　小牛翻译的返回结果

字段名	描　述
from	语言语种
to	语言语种
tgt_text	翻译结果字符串
error_code	错误代码
error_msg	错误信息

（6）代码第16行为了解析服务器返回的JSON格式字符串，使用之前介绍过的方法，将JSON字符串转换为词典对象。

（7）代码第17行将词典对象的"tgt_text"内容返回给方法调用者。translate_large用于处理长文本，其实现方法大体与translate类似，除URL地址去掉了"？&"外，其余的主要区别在代码第21行和第22行。

```
21      body = urllib.parse.urlencode(data).encode('UTF-8')
22      r=urllib.request.Request(url, body)
```

（8）代码第21行先使用urllib.parse.urlencode将参数词典转换为Http可以传递的格式，之后又使用encode('UTF-8')，将其编码格式设置为UTF-8。

（9）代码第22行使用urllib.request.Request方法，将URL和body合并成一个对象，后续调用read()方法时，若Urllib发现附加了body，则会使用POST的方式，把body中的信息发送给服务器。

最终，"小牛实战.py"的总体运行结果如下。

```
使用get方式,将参数附加在url中:
http://free.niutrans.com/NiuTransServer/translation?&from=zh&to=en&apikey=
fffc4c4bf4731b31133cea7d4a8fc2bb&src_text=%E4%B8%96%E7%95%8C%E4%BD%A0%E5%A5%BD%
E3%80%82.
返回JSON数据样例:
b'{"tgt_text":"Hello, world.","to":"en","from":"zh"}'
Hello, world.
The Red Sea passed early and the ship was sailing on the Indian Ocean, but the
sun still set late and got up early, encroaching on most of the nights. The
night seems to be a translucent body when paper is soaked in oil. It was
embraced by the sun and could not be separated from each other. Perhaps it was
intoxicated by the sun, so the night was also red after the sunset glow faded.
When the red disappeared and the drunk woke up, the sleepers in the cabin also
woke up in a bored sweat. After taking a bath, they rushed to the deck to blow
the sea breeze. It was the beginning of another day. This is late July, the
hottest time of the year, which is in line with the three volts in the old
Chinese calendar. In China, it was even hotter than it was all the year round.
Afterwards, everyone said it was the image of a war, because it was 1937, the
26th year of the Republic of China.
```

在实际工作中,一个开发小组中包含若干程序员,每个程序员负责编写不同功能的代码,在联调时,大家会把代码放到一起,通过Import语句进行集成。

例如,编写完"小牛实战.py"文件后,再写好对应的文档说明,就可以被小组中其他程序员以下面的方式进行调用。

```
Import小牛实战
Print(小牛实战.translate('我试试','zh','en','appidxxxxxxx'))
```

直接运行"小牛实战.py"与别人调用时所显示的结果略有不同。这是因为在"小牛实战.py"的代码第27行中,有个if语句。

```
if __name__=="__main__":
```

这个语句的意思是"当直接运行本py文件时,执行如下代码"。也就是说,"别人调用时,不执行下面的代码。因为下面的代码都是我们自己测试时使用的。"测试小牛翻译的效率,可以在"小牛实战.py"的开头输入以下代码,引入time库。

```
Import time
```

然后在"小牛实战.py"的结尾输入代码如下。

```
for i in range(1,1000):
    s=time.time()
    r= translate_large(txt,U_src_lan,U_tgt_lan,appid)
    print(str(time.time()-s))
```

测试完毕后,可以发现免费版本的处理速度在500ms左右。如果输入重复请求,处理速度将在100ms左右,可见服务端应该是做了缓存。免费版本只支持每秒3次请求,超出限制后就会返回"The QPS Exceeds Maximum Limit 3"。

让自己的程序具有"翻译304种语言,并且支持自定义术语"的功能,就是这么简单。当然,天下没有免费的午餐,用人工智能云服务的方式开发产品,虽然功能强大,但是成本也高。真正投入大规模商用,就要购买付费版本了。

除了购买商业化云服务,还可以自己编写机器翻译程序来节约成本,虽然功能不如小牛翻译强大,但也能满足普通中小型项目的使用。

对于计划创业的读者,如果在创业项目中所有功能都调用别人的云服务,则会因没有自主知识产权而很难拉到投资。如果自己编写程序,拥有技术专利,则可以增加企业含金量和技术壁垒,防止被抄袭。

读者可以根据项目的实际情况,进行可行性分析与评估,然后选择合适的开发方法。下面介绍如何自己编写深度学习机器翻译程序。

9.2 深度神经网络机器翻译实战

由于深度学习的算法复杂，网络结构难以理解，因此对于初学者来说，使用C++和CUDA从最底层编写深度神经网络，无异于痴人说梦。

之前介绍 TensorFlow 时，我们仅介绍了其高层 API 接口（keras），现在介绍如何使用混用 Keras 与TensorFlow 本身的基础 API。

9.2.1 深度学习数据集预处理实战

机器学习的过程包括：①为了解决问题 T；②使用数据训练过程 E；③在测试集上评估模型表现 P。

基于深度学习的机器翻译学习过程，同机器学习过程类似，也分为三步。

（1）解决自动将一种自然语言文本（源语言）翻译成另一种自然语言文本（目标语言）的问题。

（2）准备人工翻译的数据集，将其分成训练集和测试集。使用训练集的数据来训练深度神经网络。

（3）使用测试集的数据来评估模型表现。

从这三步可以看出，深度学习机器翻译很简单，本质上是用神经网络去学习人工翻译的数据集，使数学世界的神经网络成为取代真实世界中人工翻译工作的可计算模型。

传统的基于规则和统计的机器翻译中，开发人员需要研究语法，甚至为每一个潜在条件或固定的语法规则进行编程，所以传统的基于规则和统计的机器翻译比"基于深度学习"的机器翻译更复杂。但复杂不一定好，在机器翻译领域，"简单"的深度学习方法所达到的翻译效果，要远远优了传统的"复杂"方法。

简单公式所体现出的美感是一种符合规律的美，优秀的设计必然高度符合自然规律的最优解（深度神经网络算法是自然规律中非陈述性记忆系统运作原理的数学表达）。在人类数亿年的进化过程中，学会分析这种自然规律，并能感受其中所蕴含的巨大价值，这种价值认同感即为"美"。

为了训练深度神经网络，首先要准备数据集。从互联网上寻找合适的数据集。

Manythings.org 是一家很棒的公益英语学习网站，网站的名字很有趣，叫"很多东西"（Many Things），除大量英语游戏和英文录音以外，还提供数百种语言的互译数据集。打开 http://www.manythings.org/anki/，如图 9.2 所示，下载其中的 chinese(mandarin)-English cmn-eng 数据集（普通话–英文），这个数据集中有 23444 条人工翻译的中英互译文本。

图9.2　中英互译数据集下载

这些翻译文本是来自 tatoeba.org 的,它是一个免费的句子和翻译集合网站,网站上甚至还有音频。但是直接从 tatoeba.org 下载还需要自行根据句子编号找到对应的文本,所以 Manythings.org 中已经整理好的文档更适合使用。如果读者未来需要语音数据集,可以从 tatoeba.org 中下载。

把下载好的中英互译数据集文件解压,可以得到一个名为 cmn.txt 的文件,打开后如图 9.3 所示。可以看到文件每行有三列,第一列是英文,第二列是中文,第三列是数据源。观察数据集的结构就会发现,这个数据集并不能直接用于训练,还需要进行以下工作。

```
cmn.txt - 记事本                                                         —    □    ×
文件(F)  编辑(E)  格式(O)  查看(V)  帮助(H)
Hi.        嗨。      CC-BY 2.0 (France) Attribution: tatoeba.org #538123 (CM) & #891077 (Martha)    ^
Hi.        你好。    CC-BY 2.0 (France) Attribution: tatoeba.org #538123 (CM) & #4857568 (muscle(
Run.       你用跑的。 CC-BY 2.0 (France) Attribution: tatoeba.org #4008918 (JSakuragi) & #
Wait!      等等!     CC-BY 2.0 (France) Attribution: tatoeba.org #1744314 (belgavox) & #4970122 (v
Wait!      等一下!   CC-BY 2.0 (France) Attribution: tatoeba.org #1744314 (belgavox) & #5092613 (r
Hello!     你好。    CC-BY 2.0 (France) Attribution: tatoeba.org #373330 (CK) & #4857568 (muscle(
I won!     我赢了。  CC-BY 2.0 (France) Attribution: tatoeba.org #2005192 (CK) & #5102367 (mirrov
Oh no!     不会吧。  CC-BY 2.0 (France) Attribution: tatoeba.org #1299275 (CK) & #5092475 (mirrov
Cheers!    乾杯!     CC-BY 2.0 (France) Attribution: tatoeba.org #487006 (human600) & #765577 (N
```

图9.3　中英互译数据集内容

1. 中英文预处理

英文的预处理过程如下。

(1)把英文全部转换为小写,并且去掉首尾空格。

(2)把除(a-z, ".", "?", "!", ",")以外的所有字符都替换为空格,如 he is a "Editor-in-Chief"中,双引号和"-"都要去掉。

(3)正如在 3.2.5 节中关于 Seq2Seq 模型的讲解那样,要让神经网络知道词序列(句子)的开始和结束,就要为每个词序列(句子)加入开始和结束标记。

中文的预处理过程如下。

(1)去掉首尾空格。

(2)先把除中文、中文标点符号外的所有字符都替换为空格,再把句子进行分词,并用空格将分好的词拼接在一起。读者也可以选择不分词,像已讲过的"请在一米线外等候"的例子一样,按字进行训练。

(3)和英文一样,也要加入开始和结束标记。

2. 创建输入和输出词序列(句子)对

根据换行符和列号,将中英文句子提取出来,形成如下结构。

(1)('<start> hi. <end>','<start> hi. <end>','<start> run. <end>','<start> wait! <end>'…)。

(2)('<start> 嗨 。 <end>','<start> 你好 。 <end>','<start> 你 用 跑 的 。 <end>','<start> 等！ <end>','<start> 等 一下 ！ <end>'…)。

3. 把输入和输出词序列(句子)对中的词进行词符化(tokenize)

由于神经网络不能直接接收英文或中文,因此需要对中文和英文进行词符化。词符化就是把词符号化,如已介绍过的独热编码就是一种将词语转换为二进制符号的词符化方式。这次我们用另外一种十进制的方式。十进制词符化就是把词语转换为十进制数字,就像把数据集中的词语去重后制作一个词典,这个词典有1000页,每页有一个词,那么每个词语的页码就是这个词语的十进制词符化编号。

经过十进制词符化处理,即可用张量的形式存储,并传递给神经网络。

经过上述三个步骤,即可把原本凌乱不堪的cmn.txt文件转化为神经网络可以处理的张量了。为了实现上述步骤,先新建一个名为"机器翻译"的文件夹,并把下载好的cmn.txt放到这个文件夹中,然后在其中建立一个名为"数据预处理实战.py"的文件,并键入如下代码。

```
01   import TensorFlow as tf
02   import matplotlib.pyplot as plt
03   import matplotlib.ticker as ticker
04   from sklearn.model_selection import train_test_split
05   import unicodedata
06   import re
07   import numpy as np
08   import os
09   import io
10   import time
11   import pandas as pd
12   import numpy as np
13   import jieba
14   jieba.initialize()  # 手动初始化jieba资源,以提高分词效率。
15   jieba.enable_paddle() # 启动Paddle模式。jieba 0.40版之后支持,早期版本不支持
```

上述代码引入所需的库,并且初始化jieba分词,并且启动已介绍过的Paddle(基于百度飞桨的双向GRU深度神经网络分词)模式。读者可以根据自己的偏好,选择不同的分词库。

继续键入如下代码。

```
16   #判断是否包含中文
17   def is_chinese(string):
18       """
19       检查整个字符串是否包含中文
```

```
20        :param string:需要检查的字符串
21        :return:bool
22        """
23        for ch in string:
24            if u'\u4e00' <= ch <= u'\u9fa5':
25                return True
26        return False
```

上述代码的作用是定义一个名为 is_chinese 的方法,并判断输入的文本是否为中文。返回值是一个 bool 类型的变量,如果是中文,则返回 True,否则返回 False。

代码运作的原理是根据 UTF-8 编码规则,判断输入的文本是否属于中文。在 UTF-8 编码出现以前,最权威的编码是 Unicode(万国码),万国码是为了在一篇文章中同时出现多种不同国家的文字时,不管使用什么设备,在哪个国家,都能让其文字正确显示。万国码字符集有 UTF-8、UTF-16、UTF-32 等不同的编码规则,其中 UTF-8 的使用最为广泛,主要原因是它与 ASCII 的这部分编码完全相同,具有很好的兼容性。UTF-8 编码中的汉字由 3~4 字节表示,大部分为 3 字节。汉字 UTF-8 编码有如下两种范围。

基本汉字的编码范围为 4E00~9FA5,扩展汉字的编码范围为 2E80~u9FFF。

扩展编码的范围更广,包括日韩地区的汉字。

这里使用的是基本汉字的编码范围。通过代码 for ch in string:循环文本中的字符,只要识别出一个汉字就返回 True。识别汉字的代码为 if u'\u4e00' <= ch <= u'\u9fa5',即判断字符编码是否在中文基本汉字编码范围内。

代码第 18~22 行是一段方法的注释,说明了方法的功能、参数及返回值。这种写法可方便调用者了解方法的功能。在其他地方使用这个方法时,只要把鼠标移到方法名上,如图 9.4 所示,即可迅速了解方法的大致作用,同时按住 Ctrl 键,还会显示出方法对应的代码。

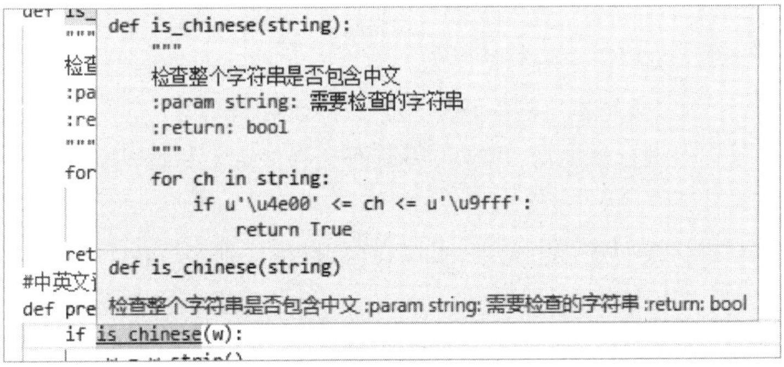

图 9.4　在其他地方单击方法后,显示的注释信息

继续在"数据预处理实战 .py"中键入如下代码。

```
27    #中英文预处理
28    def preprocess_sentence(w):
29        if is_chinese(w):
30            w = re.sub(r"[^\u4e00-\u9fa5,。?! ]+", "", w)
31            w = w.strip()
```

```
32        seg_list = jieba.cut(w,use_paddle=True)  # 使用Paddle模式分词
33        w= ' '.join(list(seg_list))
34        # 给句子加上开始和结束标记
35        # 以便模型知道每个句子开始和结束的位置
36        w = '<start> ' + w + ' <end>'
37    else:
38        w = w.lower()
39        # 除了 (a-z, A-Z, ".", "?", "!", ",")，将所有字符替换为空格
40        w = re.sub(r"[^a-zA-Z?.!,]+", " ", w)
41        w = w.rstrip().strip()
42        # 给句子加上开始和结束标记
43        # 以便模型知道每个句子开始和结束的位置
44        w = '<start> ' + w + ' <end>'
45    return w
```

代码第29行调用了已定义的is_chinese方法，判断传入的句子是否包含中文，如果包含中文，则跳转到代码第30行。

代码第30行使用了正则表达式re.sub方法，将UTF-8编码范围在4E00~9FA5的中文，以及逗号、句号、问号、叹号从文本中过滤出来。

代码第31行使用strip()方法删除句子的首尾空格。strip()是数据处理时常用的方法，其功能说明如下。

Python strip() 方法用于移除字符串头尾指定的字符（默认为空格）或字符序列。

注意：该方法只能删除开头或结尾的字符。

---

strip()方法语法如下。

```
str.strip([chars]);
```

chars参数：移除字符串头尾指定的字符序列。若为空，则移除空格。

返回值：返回移除字符串头尾指定的字符序列生成的新字符串。

代码第32~33行对文本进行分词后，用空格将其拼接在一起。后面的代码比较简单，就不多做介绍了。

如果读者想尝试将中文按照字进行处理，可以在"数据预处理实战.py"中继续键入如下代码。

```
46  def 分字(str):
47      line = str.strip()
48      pattern = re.compile('[^\u4e00-\u9fa5。?! ]')
49      zh = ''.join(pattern.split(line)).strip()
50      result=''
51      for character in zh:
52          result+=character+' '
53      return result.strip()
```

然后，把原先代码第32~33行的分词拼接代码更换为使用"分字"来进行处理。

接下来，继续键入如下代码。

```
54  # 调用预处理方法,并返回格式句子对:[chinese, english]
55  def create_dataset(path, num_examples):
56      lines = io.open(path, encoding='UTF-8').read().strip().split('\n')
57      word_pairs = [[preprocess_sentence(w) for w in l.split('\t')[0:
2]]  for l in lines[:num_examples]]
58      return zip(*word_pairs)
```

上述代码的作用是定义一个名为create_dataset的方法,其方法有两个参数,分别是原始数据集的文件地址(cmn.txt文件的地址)和从文件中读取的记录数。该方法会返回两个list,分别是处理后的英文和中文句子列表,具体过程如下。

代码第56行使用io.open方法,按照UTF-8编码读取cmn.txt的内容,并将文本文件按照换行符(\n)切分为list结构。

代码第57行执行如下。

(1)使用for l in lines[:num_examples]代码把记录条数限制在num_examples行以内,每次遍历时用l表示一行数据。

(2)图9.3中的第3列不参与程序运行,所以使用代码l.split('\t')[0:2],对l(每一行数据),只分析第0列和第1列。

(3)把l(每一行数据)的第0行和第1列分别传入已定义的preprocess_sentence方法中,进行数据预处理。

(4)把处理好的数据存入word_pairs中,并在代码第58行打上断点(在VSCode代码编辑器中,单击行号左侧的空白区域,就会出现一个红色的断点),然后调试程序。在断点被激活后,鼠标移动到word_pairs变量上,如图9.5所示,可以看到word_pairs是个二维list对象。每个子list都是一对处理好的英汉互译文本。

图9.5　调试过程中的word_pairs对象

代码第58行使用return zip(*word_pairs)语句,将word_pairs解压为中文和英文的list对象,并返回给调用者。zip 方法用于将可迭代的对象作为参数，并将对象中对应的元素打包成一个个元组，然后返回由这些元组组成的列表。

如果各个迭代器的元素个数不一致，则返回的列表长度与最长的对象相同，利用操作符 * 可以将元组解压为列表。

zip 方法的示例代码如下。

```
>>> a = [1,2,3]
>>> b = [4,5,6]
>>> c = [4,5,6,7,8]
>>> zipped = zip(a,b)    # 打包为元组的列表
[(1, 4), (2, 5), (3, 6)]
>>> zip(a,c)    # 元素个数与最短的列表一致
[(1, 4), (2, 5), (3, 6)]
>>> zip(*zipped)    # 与 Zip 方法函数相反，*zipped 可理解为解压，返回二维矩阵式
[(1, 2, 3), (4, 5, 6)]
```

至此我们已编写了"中英文预处理、创建输入和输出词序列(句子)对"的相关方法。接下来，就是把输入和输出词序列(句子)对中的词进行词符化。

继续键入如下代码。

```
59  #判断词序列长度
60  def max_length(tensor):
61      return max(len(t) for t in tensor)
```

这段代码定义了一个名为 max_length() 的方法，它是为了后续测试用的，代码很简单，就是使用 max 方法，获得输入张量中最长词序列(句子)的长度。

下面继续键入如下代码。

```
62  #词符化
63  def tokenize(lang):
64      lang_tokenizer = tf.keras.preprocessing.text.Tokenizer(filters='')
65      lang_tokenizer.fit_on_texts(lang)
66      tensor = lang_tokenizer.texts_to_sequences(lang)
67      tensor = tf.keras.preprocessing.sequence.pad_sequences(tensor,padding=
'post')
68      return tensor, lang_tokenizer
```

代码第64行定义了一个名为 lang_tokenizer 的 Tokenizer 类，该类可支持使用两种方法向量化一个文本语料库。

(1)将每个文本转化为一个整数序列(从1开始，每个整数都是词典中标记的索引)。

(2)将每个文本转化为一个向量，其中每个标记的系数可以是二进制值、词频、TF-IDF权重等。

Tokenizer 类的定义如下。

```
keras.preprocessing.text.Tokenizer(num_words=None,
                                   filters='!"#$%&()*+,-./:;<=>?@[\]^_`{|}~ ',
                                   lower=True,
```

```
                                    split=' ',
                                    char_level=False,
                                    oov_token=None,
                                    document_count=0)
```

其中参数如下。

(1)num_words:需要保留的基于词频的最大词数。只有最常出现num_words 词才会被保留。

(2)filters:一个字符串,其中每个元素都是一个将从文本中过滤掉的字符。它的默认值是所有标点符号加上制表符和换行符,再减去单引号字符。

(3)lower:布尔值。表示是否将文本转换为小写。

(4)split:字符串。表示按该字符串切割文本。

(5)char_level:如果为 True,则每个字符都将被视为标记。

(6)oov_token:如果给出,则添加到 word_index 中,并用于在 text_to_sequence 调用期间替换词汇表外的单词。

默认情况下,删除所有标点符号,将文本转换为空格分隔的单词序列(单词可能包含 ' 字符)。 这些序列被分割成标记列表,再被索引或向量化。

由于这里有已编写的预处理语句,因此filters设置为空。其他参数也不用填写。

代码第65行使用实例化Tokenizer类的fit_on_texts()方法,根据输入数据来更新Tokenizer对象的词典信息。

代码第66行使用tokenizer.texts_to_sequences(texts)方法,先根据代码第65行输入数据更新好的词典,将对应词转成index,然后转换为张量的形式,后续会有输出演示。

代码第67行,Seq2Seq只能接受长度相同的序列输入,如果序列长度参差不齐,就需要使用pad_sequences()。该函数是将序列转化为经过填充以后的一个长度相同的新序列。

代码第68行将词符化后的张量及词典返回给调用者。

接下来,就是把定义好的"中英文预处理、创建输入和输出词序列(句子)、把输入和输出词序列(句子)对中的词进行词符化"这些方法整合起来变成一个方法。

继续键入如下代码。

```
69    # 创建清理过的输入和输出对
70    def load_dataset(path, num_examples=None):
71        targ_lang, inp_lang = create_dataset(path, num_examples)
72        input_tensor, inp_lang_tokenizer = tokenize(inp_lang)
73        target_tensor, targ_lang_tokenizer = tokenize(targ_lang)
74
return input_tensor, target_tensor, inp_lang_tokenizer, targ_lang_tokenizer
```

代码第70行定义了一个名为load_dataset 的方法,该方法有两个参数,分别是原始数据集的文件地址(cmn.txt文件的地址)和从文件中读取的记录数。该方法会返回四个张量,即输入(中文)张量、输入(中文)张量词典、目标(英文)张量、目标(英文)张量词典。具体过程如下。

代码第71行调用之前的create_dataset方法,返回解压后是经过预处理的文本列表。

注意：返回值的顺序是 targ_lang, inp_lang，对应原始文件 cmn.txt 的第 0 列（英文）和第 1 列（中文），如果想训练英译汉的模型，则需要颠倒过来，变成 inp_lang, targ_lang = create_dataset (path, num_examples)。

代码第 72 行调用之前定义的 tokenize 方法，可获得输入文本列表对应的张量和词典。

代码第 73 行的作用类似，可获得目标文本列表对应的张量和词典。

接下来，为了后续测试，需要定义一个名为 convert 的方法。

```
75    #格式化显示词典内容
76    def convert(lang, tensor):
77        for t in tensor:
78            if t!=0:
79                print("%d ----> %s" % (t, lang.index_word[t]))
```

该方法可以格式化显示词典序号与词语的对照关系。

所有的数据预处理相关方法都已定义完毕了，为了能给读者更直观的展示，继续编写如下代码。

```
80    if __name__=="__main__":
81        num_examples = 100
82        #读取中英互译文件
83        path_to_file = 'cmn.txt'
84        print('英文预处理效果')
85        print('转换前:'+'he is a "Editor-in-Chief".')
86        print('转换后:'+ preprocess_sentence('he is a "Editor-in-Chief".'))
87        print('中文预处理效果')
88        print('转换前:'+'人工智能程序员这种职业太厉害了！?Are you ok')
89        print('转换后:'+ preprocess_sentence('人工智能程序员这种职业太厉害了！?Are you ok'))
90        en,chs = create_dataset(path_to_file, num_examples)
91        print('处理后的文本数据集示例:')
92        print(en)
93        print(chs)
94        # 为了快速演示，先处理num_examples条数据集
95        input_tensor, target_tensor, inp_lang, targ_lang = load_dataset(path_to_file, num_examples)
96        # 计算目标张量的最大长度（max_length）
97        max_length_targ, max_length_inp = max_length(target_tensor), max_length(input_tensor)
98        # 采用 80/20 的比例切分训练集和验证集
99
    input_tensor_train, input_tensor_val, target_tensor_train, target_tensor_val = train_test_split(input_tensor, target_tensor, test_size=0.2)
100        # 显示长度
101        print(len(input_tensor_train), len(target_tensor_train), len(input_tensor_val), len(target_tensor_val))
102        print('经过编码后的源语言(中文)张量数据集示例:')
103        print(input_tensor)
104        print('源语言(中文)词典内的单词编码:')
```

```
105        print(inp_lang.word_index)
106        print('格式化显示一条源语言(中文)词典内的单词编码:')
107        convert(inp_lang, input_tensor_train[20])
108        print('经过编码后的目标语言(英文)张量数据集示例:')
109        print(target_tensor)
110        print('目标语言(英文)词典内的单词编码:')
111        print(targ_lang.word_index)
112        print('格式化显示一条目标语言(英文)词典内的单词编码:')
113        convert(targ_lang, target_tensor_train[20])
```

至此已把之前定义的方法进行了直观显示,由于篇幅所限,下面只处理文件中的前 100 条代码 (num_examples = 100),其终端输出的结果如下。

```
英文预处理效果
转换前:he is a "Editor-in-Chief".
转换后:<start> he is a editor in chief . <end>
中文预处理效果
转换前:人工智能程序员这种职业太厉害了! ?Are you ok
转换后:<start> 人工智能 程序员 这种 职业 太 厉害 了 ! <end>
处理后的文本数据集示例:
('<start> hi. <end>', '<start> hi. <end>', '<start> run. <end>', '<start>
wait! <end>', '<start> wait! <end>', '<start> hello! <end>', '<start> i won! <
end>', '<start> oh no! <end>', '<start> cheers! <end>', '<start> got it? <end>
', '<start> he ran. <end>', … '<start> i forgot. <end>', '<start> i resign. <
end>')
('<start> 嗨 。 <end>', '<start> 你好 。 <end>', '<start> 你用 跑 的 。 <end>', '
<start> 等等 ! <end>', '<start> 等 一下 ! <end>', '<start> 你好 。 <end>', '<
start> 我 赢 了 。 <end>', '<start> 不会 吧 。 <end>', '<start> 干杯 <end>', '<
start> 你 懂 了 吗 ? <end>', '<start> 他 跑 了 。 <end>', '<start> 跳 进来 。 <end
>', '<start> 我 退出 。 <end>', '<start> 我 没 事 。 <end>', '<start> 我 已经 起来
了 。 <end>', '<start> 听 着 。 <end>', …'<start> 我 放弃 。 <end>')
80 80 20 20
经过编码后的源语言(中文)张量数据集示例:
[[   1  42   3   2   0   0   0   0   0]
 [   1  22   3   2   0   0   0   0   0]
 [   1   8  43  13  16   3   2   0   0]
 [   1  44   4   2   0   0   0   0   0]
 [   1  23  14   4   2   0   0   0   0]
 [   1  22   3   2   0   0   0   0   0]
 [   1   5  24   6   3   2   0   0   0]
 [   1  45   7   3   2   0   0   0   0]
 …
 [   1   5 124   3   2   0   0   0   0]]
源语言(中文)词典内的单词编码:
{'<start>':1, '<end>':2, '。':3, '!':4, '我':5, '了':6, '吧':7, '你':8, '他':9,
'?':10, '我们':11, '点':12, '跑':13, '一下':14, '汤姆。':15, '的':16, '去':17, '走
':18, '开':19, '滚!':20, '坚持':21,
'你好':22, '等':23, '赢':24, '进来':25, '着':26, '不':27, '来试':28, '试':29, '为什
么':30, '是':31, '好':32, '友善':33, '联系':34, '出去':35, '再见':36, '来':37, '醒
醒':38, '滚。':39, '得':40, '抓住':41, '嗨':42, '用':43, '等等':44, '不会':45, '干
```

杯':46, '懂了':47, '吗':48, '跳':49, '退出':50, '没':51, '事':52, '已经':53, '起来':54, '听':55, '可能':56, '没':57, '门':58, '确定':59, '试试':60, '问汤姆。':61, '棒':62, '冷静':63, '公平':64, '和':65, '气点':66, '找到':67, '滚':68, '回家吧。':69, '告辞!':70, '帮':71, '帮帮':72, '打':73, '抱抱':74, '汤姆!':75, '请':76, '抱紧':77, '同意':78, '生病':79, '老':80, '湿':81, '没关系':82, '加入':83, '留':84, '吻':85, '完美':86, '闭嘴!':87, '不管':88, '它':89, '拿走':90, '清洗':91, '知道':92, '欢迎':93, '谁':94, '算':95, '狠':96, '往后':97, '退':98, '静静':99, ',别动。':100, '一无所知':101, '把':102, '铐':103, '上':104, '往前':105, '开':106, '趴下':107, '做':108, '干':109, '好!':110, '玩':111, '开心。':112, '多可爱':113, '啊':114, '就':115, '随':116, '我的意':117, '赶':118, '快':119, '快点!':120, '快点。':121, '做到':122, '忘':123, '放弃':124}

格式化显示一条源语言(中文)词典内的单词编码:

```
1 ----> <start>
55 ----> 听
26 ----> 着
3 ----> 。
2 ----> <end>
```

经过编码后的目标语言(英文)张量数据集示例:

```
[[  1  18   2   0   0]
 [  1  18   2   0   0]
 [  1  19   2   0   0]
 [  1  20   2   0   0]
 [  1  20   2   0   0]
 [  1  43   2   0   0]
 [  1   3  44   2   0]
 [  1  45  46   2   0]
 [  1  47   2   0   0]
 [  1  48  49   2   0]
 ......
 [  1   3 108   2   0]]
```

目标语言(英文)词典内的单词编码:

{'<start>':1, '<end>':2, 'i':3, 'get':4, 'tom.':5, 'be':6, 'me.':7, 'm':8, 'up.':9, 'it.':10, 'he':11, 'go':12, 'away!':13, 'us.':14, 'hang':15, 'on.':16, 'hurry':17, 'hi.':18, 'run.':19, 'wait!':20, 'in.':21, 'ok.':22, 'no':23, 'way!':24, 'we':25, 'why':26, 'nice.':27, 'call':28, 'out!':29, 'goodbye!':30, 'on!':31, 'help':32, 'hug':33, 'it':34, 's':35, 'up!':36, 'you':37, 'him.':38, 'lost!':39, 'good':40, 'job!':41, 'grab':42, 'hello!':43, 'won!':44, 'oh':45, 'no!':46, 'cheers!':47, 'got':48, 'it?':49, 'ran.':50, 'hop':51, 'quit.':52, 'listen.':53, 'really?':54, 'try':55, 'try.':56, 'me?':57, 'ask':58, 'awesome!':59, 'calm.':60, 'fair.':61, 'kind.':62, 'come':63, 'away.':64, 'home.':65, 'came.':66, 'runs.':67, 'hit':68, 'hold':69, 'agree.':70, 'ill.':71, 'old.':72, 'wet.':73, 'join':74, 'keep':75, 'kiss':76, 'perfect!':77, 'see':78, 'you.':79, 'shut':80, 'skip':81, 'take':82, 'wake':83, 'wash':84, 'know.':85, 'welcome.':86, 'who':87, 'won?':88, 'not?':89, 'win.':90, 'back':91, 'off.':92, 'still.':93, 'beats':94, 'cuff':95, 'drive':96, 'down!':97, 'lost.':98, 'real.':99, 'have':100, 'fun.':101, 'tries.':102, 'how':103, 'cute!':104, 'humor':105, 'did':106, 'forgot.':107, 'resign.':108}

格式化显示一条目标语言(英文)词典内的单词编码:

```
1 ----> <start>
```

```
53 ----> listen.
2 ----> <end>
```

通过终端输出的结果,可以看到数据预处理过程中各个中间过程及词符化后的张量形式。

但是这种形式不能直接传递给神经网络的输入端,还需要创建tf.data格式的数据集。

继续键入如下代码。

```
114    #创建一个tf.data数据集
115    BUFFER_SIZE = len(input_tensor_train)
116    BATCH_SIZE = 64
117    dataset = tf.data.Dataset.from_tensor_slices
((input_tensor_train, target_tensor_train)).shuffle(BUFFER_SIZE)
118    dataset = dataset.batch(BATCH_SIZE, drop_remainder=True)
119    example_input_batch, example_target_batch = next(iter(dataset))
120    print('数据集尺寸:')
121    print(example_input_batch.shape, example_target_batch.shape)
```

代码第115行使用len()方法获得输入数据的行数。

代码第116行设置BATCH_SIZE为64,BATCH_SIZE是一次训练所选取的样本数,其大小影响模型的训练准确度和速度,同时也会直接影响GPU显存或内存的使用情况。如果在训练过程中出现"OOM","Out Of Memory"错误,即"内存(或显存)用完了",假如你的GPU显存或内存不大,可以把BATCH_SIZE设置小一点。在使用TensorFlow进行模型训练的时候,一般不会在每一步训练时都输入所有训练样本数据,而是通过batch的方式,在每一步中随机输入少量的样本数据,这样可以防止过拟合。

首先,代码第117行使用shuffle(BUFFER_SIZE)将数据集进行乱序操作。当然不是分别针对输入和目标进行乱序,而是将输入和输出成对乱序,乱序后可以让模型鲁棒性更好。例如,在分类模型的训练过程中,假设有2000条训练数据,前1000条的分类都是A,后1000条的分类都是B,如果不打乱样本顺序的话,就会出现前面训练出来的模型在预测的时候偏向于输出A,因为模型一直在标签A的方向拟合,而后面的模型则会偏向于预测B,最终会导致模型对B的过度拟合。

其次,使用tf.data.Dataset.from_tensor_slices将输入(中文)张量和目标(英文)张量合并在一起,这里使用了Dataset类。

Dataset 类是 TensorFlow 中非常重要的类,为了进一步了解 Dataset 类,我们来看一下 Dataset 在 TensorFlow 中所处的位置。

如图 9.6 所示,TensorFlow 有四层 API,其中 Dataset 类属于中层 API(应用程序接口),用于表示数据集对象。

Dataset 类包含三个子类,并具有强大的接口,如图 9.7 所示。其中 Dataset 是基类,包含创建和转换数据集的方法,并允许从内存中的数据或 Python 中初始化数据集。基类又称为父类,基类与子类之间通过继承机制,可以利用已有的数据

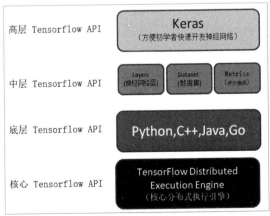

图9.6　TensorFlow API的分层架构

277

类型来定义新的数据类型。所定义的新数据类型不仅拥有新定义的成员，而且还同时拥有旧的成员。

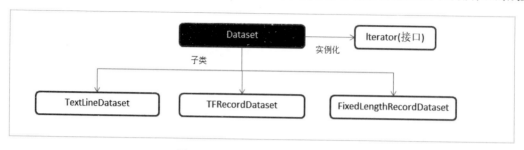

图9.7　TensorFlow Dataset类

Dataset 的子类如下。

（1）TextLineDataset：从文本文件中读取数据。

（2）TFRecordDataset：从 TFRecord 文件中读取记录。TFRecord 是谷歌公司推荐的一种常用的存储二进制序列数据的文件格式，理论上它可以保存任何格式的信息。为了高效读取数据，可以将数据进行序列化存储，这样也便于网络流式读取数据。TFRecord 是一种保存记录的方法，可以允许将任意数据转换为 TensorFlow 所支持的格式，这种方法可以使 TensorFlow 的数据集更容易与网络应用架构相匹配。

（3）FixedLengthRecordDataset：从二进制文件中读取数据。

Iterator（接口）提供一次访问一个数据集元素的方法。

依托子类，Datasets API 可以从内存或硬盘文件中加载数据，为神经网络建立数据集，同时对数据集进行一系列变换操作，最终将数据集提供给其他 API 使用。

代码第 118 行，使用 dataset.batch(BATCH_SIZE, drop_remainder=True) 方法将数据集分批。

代码第 119 行，next(iter(dataset)) 是将 dataset 对象用 iter 方法转化为迭代对象，可迭代的对象如 list（列表）、dict（词典）、dataset（数据集）等，需要用 iter() 函数转化成 Iterator（迭代器），才能使用 next 方法进行迭代。 这里的迭代与传统意义上的迭代不同，传统意义上的迭代是重复反馈过程的活动，其通常是为了逼近所需目标或结果。每一次对过程的重复称为一次"迭代"，而每一次迭代得到的结果会作为下一次迭代的初始值。由于 Python 迭代器的每一次迭代得到的结果都不会作为下一次迭代的初始值，因此 Python 迭代器更适合被称为遍历器。但是遍历这个词用在 shufle 后的 dataset 对象上，又不太合适。

dataset.batch 方法的定义是 batch(batch_size, drop_remainder=False)。其中 batch_size 表示每批使用的数据条数，drop_remainder 表示当最后数据不足时，如何处理多余数据，如总数据有 100 条，每批 64 条，那么第二批就只剩下 46 条了。当 drop_remainder 为 True 时，第二批的 46 条能取出来，反之则取不出来。示例如下。

```
dataset = tf.data.Dataset.range(8)
dataset = dataset.batch(3)
print(list(dataset.as_numpy_iterator()))
dataset = tf.data.Dataset.range(8)
dataset = dataset.batch(3, drop_remainder=True)
```

```
print(list(dataset.as_numpy_iterator()))
```

输出结果如下。

```
[array([0, 1, 2], dtype=int64), array([3, 4, 5], dtype=int64), array([6, 7],
dtype=int64)]
[array([0, 1, 2], dtype=int64), array([3, 4, 5], dtype=int64)]
```

但是，由于代码第117行使用了shuflle，因此每次都是随机抽取64条，可以通过以下代码进行测试。

```
for i in range(1,100):
example_input_batch, example_target_batch = next(iter(dataset))
print('数据集尺寸:')
print(example_input_batch.shape, example_target_batch.shape)
print('一个批次的输入数据:')
print(example_input_batch)
print('一个批次的目标数据:')
print(example_target_batch)
```

运行代码可以发现，每次抽取的都是64条，而且内容都被打乱了。

代码第114~121行的输出结果如下。

```
数据集尺寸:
(64, 9) (64, 5)
```

可见，由于仅使用了"cmn.txt"中的前100条数据，因此输入（中文）只有9列，去除开始和结束标记，每句最多包含7个词语。由于BATCH_SIZE为64，因此每次next(iter(dataset))只从dataset中抽取64条数据，即64行9列的张量。目标数据的原理类似，是64行5列的张量。

下面查看张量的内容，对应的代码如下。

```
print('一个批次的输入数据:')
print(example_input_batch)
print('一个批次的目标数据:')
print(example_target_batch)
```

终端输出结果如下。

```
一个批次的输入数据:
tf.Tensor(
[[  1  33  12   3   2   0   0   0   0]
 [  1  18  19   4   2   0   0   0   0]
 [  1  82   3   2   0   0   0   0   0]
 [  1  38   4   2   0   0   0   0   0]
 [  1  67  15   2   0   0   0   0   0]
 [  1  70   2   0   0   0   0   0   0]
…一共64条，这里就不全部展示了
 [  1  23  14   4   2   0   0   0   0]], shape=(64, 9), dtype=int32)
一个批次的目标数据:
tf.Tensor(
[[  1   6  62   2   0]
 [  1  12  64   2   0]
```

```
[  1  34  35  22   2]
[  1  83  36   2   0]
……一共64条,这里就不全部展示了
[  1   4  39   2   0]
[  1  20   2   0   0]], shape=(64, 5), dtype=int32)
```

进行完数据集处理实战,下一节讲如何配置深度神经网络。

9.2.2　引入注意力机制的Encoder-Decoder深度神经网络配置实战

在本节,我们将配置一个基于Encoder-Decoder框架的注意力机制的深度神经网络。我们之前介绍过,引入注意力机制的Encoder-Decoder框架,为输入词序列的每个单词分配一个注意力权重,数学上就是一个经过Softmax层输出的向量。解码器将这个权重用于预测目标句子中的下一个单词,由于注意力权重是输入词序列生成的,所以预测每个时刻的输出词序列都通过注意力权重,与输入词序列中的每个词相关,而不像传统的Encoder-Decoder框架那样,仅仅利用最后时刻的隐藏状态向量。

图9.8显示了引入注意力机制的Encoder-Decoder框架在机器翻译中的结构。在这个模型中,注意力机制在 Encoder(编码器,左边白色长方形)和 Decoder(解码器,右边灰色长方形)中加入了Context Yector(上下文向量或称中间语义编码向量)。

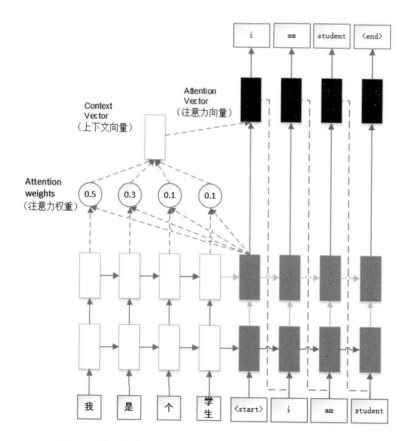

图9.8　引入注意力的Encoder-Decoder框架用于机器翻译

对于解码器中每个要生成的目标词,都会先生成一个 Context Vector。它是由每个输入(我,是,个,学生)的 Words 的信息,以及注意力向量加权求和得到的。图 9.8 中 Context Vector 可以生成 Attention Vector(注意力向量)。Attention Vector 代表生成目标词时输入单词的重要程度。最后通过 Attention Vector 和上一时刻的目标词,即可预测出此刻的目标词了。

其中,构建 Context Vector 的具体过程如下。

(1)对于一个固定的 target word,我们将其与所有 Encoder 的 state 进行比较,使每个 state 都得到一个 score。

(2)使用 Softmax 对这些 score 进行归一化,就得到了基于 target state 的条件概率分布。

(3)对 source 的 state 进行加权求和,得到上下文向量,并将上下文向量与 target state 融合作为最终的输出词。

这次设计的机器翻译神经网络基于 Bahdanau's 注意力机制,其算法如图 9.9 所示。

Context Vector:第 t 个目标词 y_t(target word)的上下文向量 c_t 根据每个输入词 X(source word)的隐向量 $\bar{h}_s$ 加权求和得到

$$c_t = \sum_s a_t(s)\bar{h}_s$$

Attention Weights(注意力权重):对于每个 $\bar{h}_s$ 的 $a_t(s)$ 计算如下。

$$a_t(s) = \text{align}(h_t, \bar{h}_s)$$
$$= \frac{\exp(\text{score}(h_t, \bar{h}_s))}{\sum_{s'}\exp(\text{score}(h_t, \bar{h}_{s'}))}$$

Attention Vector(注意力向量):

$$a_t = f(c_t, h_t) = \tanh(W_c[c_t; h_t])$$

Bahdanau's additive style(Bahdanau 注意力算法):

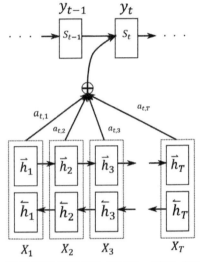

此图为模型的图形化说明,输入端为一个句子,句子包含的词语用($X_1, X_2, \cdots, X_n$)表示,输出的词语用 y 表示。

图 9.9　注意力计算

$$\text{score}(h_t, \bar{h}_s) = v_a^{\mathrm{T}}\tanh(W_1 h_t + W_2 \bar{h}_s)$$

由于程序比较复杂,因此在实际编程前需要写出伪代码。伪代码(Pseudocode)是一种算法描述语言,使用伪代码是为了使被描述的算法能够以任何一种编程语言实现。因此,伪代码必须结构清晰,代码简单,可读性好,并且类似自然语言,可脱离具体的编程语言。伪代码的优点如下。

(1)可以提高方法的可读性。这是开始实现算法的最佳方法之一。

(2)充当程序与算法或流程图之间的桥梁,主要目标是解释程序的每一步应该做什么,从而成为程序员构建代码的利器。

(3)伪代码也可以作为一个粗略的文档,帮助团队其他人员理解程序的运行原理。此外,在软件行业中,申请专利、软件著作权都要提交文档,所以文档是必不可少的。而伪代码类似自然语言的特性,非常适合用在软件相关的文档中。

下面就来编写伪代码,先要定义符号。

（1）FC = 完全连接（密集）层。

（2）EO = 编码器输出。

（3）H = 隐藏层状态。

（4）X = 解码器输入。

接下来是伪代码。

（1）score = FC(tanh(FC(EO) + FC(H)))。

（2）attention weights = softmax(score, axis = 1)，Softmax 被默认应用于最后一个轴，但是这里我们将它应用于 第一个轴，因为分数（score）的形状是(ATCH_SIZE 批大小，词序列最大长度，隐藏层大小)。词序列最大长度就是输入的长度，因为我们想为每个输入分配一个权重，所以 Softmax 应该用在这个轴上。

（3）context vector = sum(attention weights * EO, axis = 1)，选择第一个轴的原因同上。

（4）embedding output = 解码器输入 X 通过一个嵌入层。

（5）merged vector = concat(embedding output, context vector)。

（6）合并后的向量随后被传到 GRU。

接下来，在"机器翻译"文件夹下，新建一个名为"模型配置实战 .py"的文件，并在其中键入如下代码。

```
01  import TensorFlow as tf
02  import matplotlib.pyplot as plt
03  import matplotlib.ticker as ticker
04  from sklearn.model_selection import train_test_split
05  import unicodedata
06  import re
07  import numpy as np
08  import os
09  import io
10  import time
11  import pandas as pd
12  import numpy as np
13  import 数据预处理实战 as dp
```

这些代码的作用是引入必要的类库，代码第 13 行是引入已编写的"数据预处理实战 .py"文件，并将其简称为 dp。

下面就是定义模型了，我们在第 4 章已定义过模型，当时使用的是 Keras 的 tf. keras. models. Sequentia,1 定义了一个名为 model 的 Sequential（顺序模型）类型的对象，但是 Sequential 只适用于简单的层堆叠，并不适用于如下情况。

（1）模型有多个输入或多个输出。

（2）任何一层都有多个输入或多个输出。

（3）需要进行图层共享。

（4）需要非线性拓扑（如残余连接、多分支模型）。

因此对于复杂的基于注意力的 Encoder-Decoder 框架，顺序模型便无能为力了，我们需要继承 tf.

keras.Model 类,并定义自己的前向传递来构建完全可自定义的模型。虽然使用继承的方式定义子类更加灵活,但其代价是更复杂和更容易出错。

接下来,需要定义编码器 Encoder 的类,继续键入如下代码。

```
14  class Encoder(tf.keras.Model):
15      def __init__(self, vocab_size, embedding_dim, enc_units, batch_sz):
16          super(Encoder, self).__init__()
17          self.batch_sz = batch_sz
18          self.enc_units = enc_units
19          self.embedding = tf.keras.layers.Embedding
(vocab_size, embedding_dim)
20          self.gru = tf.keras.layers.GRU(self.enc_units,return_sequences=True,
return_state=True,recurrent_initializer='glorot_uniform')
21      def call(self, x, hidden):
22          x = self.embedding(x)
23          output, state = self.gru(x, initial_state = hidden)
24          return output, state
25      def initialize_hidden_state(self):
26          return tf.zeros((self.batch_sz, self.enc_units))
```

代码第 14 行定义了一个名为 Encoder 的类。这个类继承自 tf.keras.Model,后续代码要把 Encoder 类进行配置,使其具有符合父类要求的初始化、训练和预测方法。

代码第 15 行定义了 Encoder 类的构造函数。我们在之前介绍过,构造函数是面向对象程序设计的一种特殊的方法,主要用来在使用类创建对象时初始化对象,即为对象成员变量赋初始值。

知道它的作用后,我们也要知道如何进行定义。定义构造函数和定义普通函数最大的区别是,构造函数名必须是 __init__。只有这样定义出来的构造函数,才能通过 Encoder 的方式调用,并实例化出相应的对象。

构造函数中有如下五个参数。

```
15      def __init__(self, vocab_size, embedding_dim, enc_units, batch_sz):
```

参数的内容如下。

(1)self:用于指代自身。在方便实例化对象时,为对象的属性赋值,如后续可以通过 self.batch_sz 为对象的批大小赋值。

(2)vocab_size:词典大小。这是根据数据集生成的词典大小来决定的,如果数据集中有 5000 个不重复的词,那么词典大小就是 5000。

(3)embedding_dim:词向量的维度,也称为嵌入词空间的维度。我们在 3.2.1 节的 NNLM 模型时曾经介绍过,通过映射矩阵 C,将词典 V 中的每个单词都能映射成一个特征向量 $C(i) \in Rm$(其中 i 是词的序号,m 是特征向量的列数)。这个特征向量的列数 m 就是这里的 embedding_dim。我们在 1.3.2 节的矩阵与联想时曾经讲过,可以把多维特征想象成数千维空间中的无数光点。在联想时,实际上是在计算这些光点与我们目标概念的距离,所以训练后的词向量可以用来求近义词。词向量相加后除以词数,还可以表示句子特征。

(4)enc_units:输出层神经元的数量。

（5）batch_sz：等同于介绍过的 BATCH_SIZE，即一次训练所选取的样本数。

代码第 16 行，super(Encoder, self).__init__()是对继承自父类 Encoder 的属性进行初始化。

代码第 17 行和第 18 行是使用构造函数的参数，用于对自身的 self.batch_sz self.enc_units 赋值。

代码第 19 行，为 Encoder 添加一个 tf.keras.layers.Embedding 层，并使用"词典大小"和"词向量维度"来初始化。正如 3.2.1 节中讲过的，可以将其理解为将一个特征转换为一个向量。例如，one-hot 编码在实际应用中的维度会十分高，所以要将 one-hot 的稀疏特征转化为稠密特征，通常做法也是转化为常用的 Embedding。在 NLP 领域中，我们需要将文本转化为计算机能读懂的语言，也就是把文本语句转化为向量，即 Embedding。

代码第 20 行，为 Encoder 添加一个 tf.keras.layers.GRU 层。我们在 1.2.4 节介绍过的 GRU 作为 LSTM 的一种变体，将遗忘门和输入门合成了更新门，同样还混合了细胞状态和隐藏状态，以及其他的一些改动。最终的模型比标准的 LSTM 模型要简单，也是非常流行的变体。tf.keras.layers.GRU 可以快速建立 GRU 神经网络，其构造函数如下。

```
tf.keras.layers.GRU(
    units, activation='tanh', recurrent_activation='sigmoid', use_bias=True,
    kernel_initializer='glorot_uniform', recurrent_initializer='orthogonal',
    bias_initializer='zeros', kernel_regularizer=None, recurrent_regularizer=
None,
    bias_regularizer=None, activity_regularizer=None, kernel_constraint=None,
    recurrent_constraint=None, bias_constraint=None, dropout=0.0,
    recurrent_dropout=0.0, implementation=2, return_sequences=False,
    return_state=False, go_backwards=False, stateful=False, unroll=False,
    time_major=False, reset_after=True, **kwargs
)
```

其参数含义如表 9.3 所示。

表 9.3　GRU 参数说明

参数名	参数说明
units	正整数，输出空间的维数
activation	要使用的激活功能，默认值为双曲正切（tanh）。如果通过 None，则不应用任何激活（"线性"激活：a(x) = x）
recurrent_activation	用于重复步骤的激活功能，默认值为 sigmoid。如果通过 None，则不应用任何激活（"线性"激活：a(x) = x）
use_bias	布尔值（默认为 True），用于图层是否使用偏差矢量
kernel_initializer	kernel 权重矩阵的初始化，用于输入的线性转换，默认值为 glorot_uniform
recurrent_initializer	recurrent_kernel 权重矩阵的初始化程序，用于递归状态的线性转换，默认值为 orthogonal
bias_initializer	偏差向量的初始化程序，默认值为 zeros
kernel_regularizer	正则化函数应用于 kernel 权重矩阵，默认值为 None
recurrent_regularizer	正则化函数应用于 recurrent_kernel 权重矩阵，默认值为 None

参数名	参数说明
bias_regularizer	正则化函数应用于偏差向量,默认值为None
activity_regularizer	正则化功能应用于图层的输出(其"激活"),默认值为None
kernel_constraint	约束函数应用于kernel权重矩阵,默认值为None
recurrent_constraint	约束函数应用于recurrent_kernel权重矩阵,默认值为None
bias_constraint	约束函数应用于偏差向量,默认值为None
dropout	在0到1之间浮动,为要进行线性转换的输入单位的分数,默认值为0
recurrent_dropout	在0和1之间浮动,为递归状态的线性转换而下降的单位分数,默认值为0
implementation	实施模式1或2。模式1将其操作构造为大量较小的点积和加法运算,而模式2将其分为较少的较大操作。这些模式在不同的硬件和应用程序上将具有不同的性能配置文件,默认值为2
return_sequences	布尔值。是返回输出序列中的最后一个输出还是完整的序列,默认值为False
return_state	布尔值。除输出外是否返回最后一个状态,其默认值为False
go_backwards	布尔值(默认为False)。如果为True,则向后处理输入序列并返回相反的序列
stateful	布尔值(默认为False)。如果为True,则批次中索引 i 的每个样本的最后状态将用于下一个批次中索引 i 的样本的初始状态
unroll	布尔值(默认为False)。如果为True,则将展开网络,否则将使用符号循环。展开可以加快RNN的速度,尽管它通常会占用更多的内存。展开仅适用于短序列
time_major	inputs和outputs是张量的形状格式。如果为True,则输入和输出将为[timesteps, batch, feature]形状,若为False时,则为[batch, timesteps, feature]形状。使用time_major = True会更有效率,因为它能避免RNN计算开始和结束的转置。但是,大多数TensorFlow数据都是批量生产的。因此默认情况下此函数已接受输入,并以批量生产的形式发出输出
reset_after	GRU约定(是否在矩阵乘法之后或之前应用复位门)。 False ="之前",True ="之后"(默认值和CuDNN兼容)

代码第21~24行定义了Encoder的运算步骤,第一步是使用self.embedding(x)对输入数据进行词嵌入,第二步是把词嵌入后的数据输入GRU中,经过GRU训练后,再输出GRU特征向量。

```
21      def call(self, x, hidden):
22          x = self.embedding(x)
23          output, state = self.gru(x, initial_state = hidden)
24          return output, state
```

代码第25~26行使用0初始化隐藏层的权值矩阵。

接下来定义Bahdanau注意力层,继续键入如下代码。

```
27  class BahdanauAttention(tf.keras.layers.Layer):
28      def __init__(self, units):
29          super(BahdanauAttention, self).__init__()
30          self.W1 = tf.keras.layers.Dense(units)
31          self.W2 = tf.keras.layers.Dense(units)
```

```
32          self.V = tf.keras.layers.Dense(1)
33      def call(self, query, values):
34          # query为上次的GRU隐藏层,values为编码器的编码结果enc_output,隐藏层的形
状=(批大小,隐藏层大小)
35          # hidden_with_time_axis 的形状=(批大小,1,隐藏层大小)
36          # 这样做是为了执行加法以计算分数
37          hidden_with_time_axis = tf.expand_dims(query, 1)
38          # 分数的形状 ==（批大小,最大长度,1）
39          # 在最后一个轴上得到 1，因为已把分数应用于 self.V
40          # 在应用 self.V 之前,张量的形状是(批大小,最大长度,单位)
41          score = self.V(tf.nn.tanh(self.W1(values) + self.W2(hidden_with_
time_axis)))
42          # 注意力权重的形状=(批大小,最大长度,1)
43          attention_weights = tf.nn.softmax(score, axis=1)
44          # 上下文向量求和之后的形状 ==（批大小,隐藏层大小）
45          context_vector = attention_weights * values  # 使用注意力权重*编码器输
出作为返回值,之后会参与预测
46          context_vector = tf.reduce_sum(context_vector, axis=1)
47          return context_vector, attention_weights
```

这段代码最主要的作用是计算 Bahdanau 注意力,我们已介绍过,Bahdanau 注意力公式如下。

$$\text{score}\left(h_t, \bar{h}_s\right) = v_a^{\mathrm{T}}\tanh\left(W_1 h_t + W_2 \bar{h}_s\right)$$

对应代码第 41 行的代码如下。

```
score = self.V(tf.nn.tanh(self.W1(values) + self.W2(hidden_with_time_axis)))
```

Bahdanau Attention 计算完毕后,会返回上下文向量和注意力权重。

编写完 Bahdanau Attention 层,即可编写最后的解码器了。由于解码器的工作原理比较复杂,因此将代码说明写在注释里了,读者对照查看会更直观一些。

```
48  class Decoder(tf.keras.Model):
49      def __init__(self, vocab_size, embedding_dim, dec_units, batch_sz):
50          super(Decoder, self).__init__()
51          self.batch_sz = batch_sz
52          self.dec_units = dec_units
53          self.embedding = tf.keras.layers.Embedding
(vocab_size, embedding_dim)
54          self.gru = tf.keras.layers.GRU(self.dec_units,return_sequences=True,
return_state=True,recurrent_initializer='glorot_uniform')
55          self.fc = tf.keras.layers.Dense(vocab_size)
56          # 第一步,使用注意力机制
57          self.attention = BahdanauAttention(self.dec_units)
    def call(self, x, hidden, enc_output):
58          # 第二步,用解码器的隐状态和编码器输出,得到注意力向量和注意力权重
59          # 其中(enc_output)的形状 ==（批大小,最大长度,隐藏层大小）
60          context_vector, attention_weights = self.attention
(hidden, enc_output)
```

```
61          # 通过嵌入层后的形状 == (批大小,1,嵌入维度)
62          x = self.embedding(x)
63          # 第三步,使用解码器的输入与注意力向量拼接,用于计算输出单词的概率分布
64          # x 在拼接 (concatenation)后的形状 == (批大小,1,嵌入维度 + 隐藏层大小)
65          x = tf.concat([tf.expand_dims(context_vector, 1), x], axis=-1)
66          #第四步:得到解码器的隐藏状态,用于计算下一步的注意力向量
67          # 将合并后的向量传到 GRU
68          output, state = self.gru(x)
69          # 输出的形状 == (批大小 * 1,隐藏层大小)
70          output = tf.reshape(output, (-1, output.shape[2]))
71          # 输出的形状 == (批大小,词典大小)
72          x = self.fc(output)
73          # 第五步,把x(预测词的概率分布),state(解码器GRU的参数快照),
attention_weights(注意力权重)返回给调用者
74          return x, state, attention_weights
```

最后,为了更直观地展现编码器、解码器、注意力层的输入和输出结构,继续键入如下代码。

```
num_examples = 5000
path_to_file = 'cmn.txt'
input_tensor, target_tensor, inp_lang, targ_lang = dp.load_dataset
(path_to_file, num_examples)
max_length_targ, max_length_inp = dp.max_length(target_tensor), dp.max_length
(input_tensor)
input_tensor_train, input_tensor_val, target_tensor_train, target_tensor_val = d
p.train_test_split(input_tensor, target_tensor, test_size=0.2)
BUFFER_SIZE = len(input_tensor_train)
BATCH_SIZE = 64
steps_per_epoch = len(input_tensor_train)//BATCH_SIZE
embedding_dim = 256
units = 1024
vocab_inp_size = len(inp_lang.word_index)+1
vocab_tar_size = len(targ_lang.word_index)+1
dataset = tf.data.Dataset.from_tensor_slices
((input_tensor_train, target_tensor_train)).shuffle(BUFFER_SIZE)
dataset = dataset.batch(BATCH_SIZE, drop_remainder=True)
encoder = Encoder(vocab_inp_size, embedding_dim, units, BATCH_SIZE)
example_input_batch, example_target_batch = next(iter(dataset))
# 样本输入
sample_hidden = encoder.initialize_hidden_state()
sample_output, sample_hidden = encoder(example_input_batch, sample_hidden)
print ('Encoder(编码器)输出层参数:(一次训练所选取的样本数, 句子长度, 神经元数量) {}'.
format(sample_output.shape))
print ('Encoder(编码器)隐藏层参数:(一次训练所选取的样本数, 神经元数量) {}'.format
(sample_hidden.shape))
attention_layer = BahdanauAttention(10)
attention_result, attention_weights = attention_layer
```

```
(sample_hidden, sample_output)
print("Attention(注意力)输出层参数:(一次训练所选取的样本数，神经元数量) {}".format
(attention_result.shape))
print("Attention(注意力)权值参数:(一次训练所选取的样本数，句子长度，1) {}".format
(attention_weights.shape))
decoder = Decoder(vocab_tar_size, embedding_dim, units, BATCH_SIZE)
sample_decoder_output, _, _ = decoder(tf.random.uniform((64, 1)),
sample_hidden, sample_output)
print ('Decoder(解码器)输出层参数:(一次训练所选取的样本数，词典大小) {}'.format
(sample_decoder_output.shape))
```

这段代码调用了已定义的数据预处理方法，读取 5000 条数据进行测试，输出结果如下。

```
Encoder(编码器)输出层参数:(一次训练所选取的样本数，句子长度，神经元数量) (64, 12,
1024)
Encoder(编码器)隐藏层参数:(一次训练所选取的样本数，神经元数量) (64, 1024)
Encoder(编码器)输出层参数:(一次训练所选取的样本数，句子长度，神经元数量) (64, 12,
1024)
Encoder(编码器)隐藏层参数:(一次训练所选取的样本数，神经元数量) (64, 1024)
Attention(注意力)输出层参数:(一次训练所选取的样本数，神经元数量) (64, 1024)
Attention(注意力)权值参数:(一次训练所选取的样本数，句子长度，1) (64, 12, 1)
Decoder(解码器)输出层参数:(一次训练所选取的样本数，词典大小) (64, 3017)
```

结合输出结果，为了方便读者更清楚地了解神经网络的运作原理，下面介绍在神经网络运作过程中各层的形状。

（1）输入形状为：BATCH_SIZE 批大小×词序列最大长度，如读取了 5000 条，发现最长的句子只有 12 个词（含开始和结束标记），所以输入形状为 64 行 12 列的张量。

（2）编码器：输入形状为 64，12 的张量，经过形状为 64，1024（BATCH_SIZE 批大小×隐藏层神经元数量）的隐藏层被转换为 BATCH_SIZE 批大小×词序列最大长度×隐藏层大小的编码器输出。若设置的隐藏层神经元数量是 1024，那么编码器的输出形状就是 64，12，1024。也就是说，和输入相比其唯一的区别就是把十进制的词编号嵌入 256 维的词向量中，再经过 GRU 把输入的每个词都映射到 1024 维的特征中。

（3）注意力层：输入形状为 64，9，1024，注意力权重层的形状为 64，9，1，注意力结果为 64，1024。

（4）解码器层：程序判断出目标语言词典大小为 3017，那么解码器输出形状为 64，3017，相当于对每个输入词序列都有一个预测结果（3017 个值里最大的值的编号就是预测出的下一个英文单词编号）。

如果终端报出如下错误，说明使用的 TensorFlow 版本太旧，以致继承类的过程中父类版本太低，与我们的类定义不兼容。只要升级 TensorFlow 到最新版即可解决。

```
WARNING:TensorFlow:Entity <bound method Decoder.call of <__main__.Decoder
object at 0x000001B34E096248>> could not be transformed and will be executed as-
is. Please report this to the AutgoGraph team. When filing the bug,
set the verbosity to 10 (on Linux, `export AUTOGRAPH_VERBOSITY=10`) and attach
the full output. Cause:converting <bound method Decoder.call of <__main__.
Decoder object at 0x000001B34E096248>>:AttributeError:module 'gast' has no
```

```
attribute 'Num'
2020-08-19 15:50:10,770-WARNING:Entity <bound method Decoder.call of <__main__.
Decoder object at 0x000001B34E096248>> could not be transformed and will be
executed as-is. Please report this to the AutgoGraph team. When filing the bug,
set the verbosity to 10 (on Linux, `export AUTOGRAPH_VERBOSITY=10`) and attach
the full output. Cause:converting <bound method Decoder.call of <__main__.
Decoder object at 0x000001B34E096248>>:AttributeError:module 'gast' has no
attribute 'Num'
WARNING:TensorFlow:Entity <bound method BahdanauAttention.call of <__main__.
BahdanauAttention object at 0x000001B34E075248>> could not be transformed and
will be executed as-is. Please report this to the AutgoGraph team. When filing
the bug, set the verbosity to 10 (on Linux, `export AUTOGRAPH_VERBOSITY=10`)
and attach the full output. Cause:converting <bound method BahdanauAttention.
call of <__main__.BahdanauAttention object at 0x000001B34E075248>>:
AssertionError:Bad argument number for Name:3, expecting 4
2020-08-19 15:50:11,011-WARNING:Entity <bound method BahdanauAttention.call of <
__main__.BahdanauAttention object at 0x000001B34E075248>> could not be
transformed and will be executed as-is. Please report this to the AutgoGraph
team. When filing the bug, set the verbosity to 10 (on Linux, `export
AUTOGRAPH_VERBOSITY=10`) and attach the full output. Cause:converting <bound
method BahdanauAttention.call of <__main__.BahdanauAttention object at
0x000001B34E075248>>:AssertionError:Bad argument number for Name:3, expecting 4
```

9.2.3　引入注意力机制的 Encoder-Decoder 深度神经网络训练实战

在机器翻译文件夹下，新建一个名为"深度神经网络训练实战.py"的文件，并键入如下代码。

```
01   import TensorFlow as tf
02   import matplotlib.pyplot as plt
03   import matplotlib.ticker as ticker
04   from sklearn.model_selection import train_test_split
05   import unicodedata
06   import re
07   import numpy as np
08   import os
09   import io
10   import time
11   import pandas as pd
12   import numpy as np
13   import jieba
14   import 模型配置实战 as DNN
15   import 数据预处理实战 as dp
16   plt.rcParams['font.sans-serif']=['SimHei']  #用来正常显示中文标签
17   plt.rcParams['axes.unicode_minus']=False  #用来正常显示负号
18   num_examples = 10000
19   path_to_file = 'cmn.txt'
```

```
20   BATCH_SIZE = 64
21   input_tensor, target_tensor, inp_lang, targ_lang = dp.load_dataset
(path_to_file, num_examples)
22   max_length_targ, max_length_inp = dp.max_length(target_tensor), dp.
max_length(input_tensor)
23
input_tensor_train, input_tensor_val, target_tensor_train, target_tensor_val = d
p.train_test_split(input_tensor, target_tensor, test_size=0.2)
24   BUFFER_SIZE = len(input_tensor_train)
25   steps_per_epoch = len(input_tensor_train)//BATCH_SIZE
26   EPOCHS = 50
27   embedding_dim = 256
28   units = 1024
29   vocab_inp_size = len(inp_lang.word_index)+1
30   vocab_tar_size = len(targ_lang.word_index)+1
31   dataset = tf.data.Dataset.from_tensor_slices
((input_tensor_train, target_tensor_train)).shuffle(BUFFER_SIZE)
32   dataset = dataset.batch(BATCH_SIZE, drop_remainder=True)
33   encoder = DNN.Encoder(vocab_inp_size, embedding_dim, units, BATCH_SIZE)
34   attention_layer = DNN.BahdanauAttention(10)
35   decoder = DNN.Decoder(vocab_tar_size, embedding_dim, units, BATCH_SIZE)
```

代码的作用是引入必要的库,初始化配置,并实例化编码器、解码器等相关对象(可以参照在配置实战中编写的测试代码)。

模型配置实战简称为DNN,数据预处理实战简称为dp。另外,后续需要使用matplotlib.pyplot绘制注意力图形,由于matplotlib.pyplot对中文和负号的支持不完善,还需要使用代码第16行和第17行的rcParams方法,设置matplotlib.pyplot对中文和负号的支持。

接下来定义优化器和损失函数,键入如下代码。

```
36   optimizer = tf.keras.optimizers.Adam()
37   loss_object = tf.keras.losses.SparseCategoricalCrossentropy(from_logits=
True, reduction='none')
38   #损失函数
39   def loss_function(real, pred):
40       mask = tf.math.logical_not(tf.math.equal(real, 0))
41       loss_ = loss_object(real, pred)
42       mask = tf.cast(mask, dtype=loss_.dtype)
43       loss_ *= mask
44       return tf.reduce_mean(loss_)
```

代码第36行是6.2.3节讲解过的 Adam 算法,即自适应时刻估计方法(Adaptive Moment Estimation),能计算每个参数的自适应学习率。这个方法不仅存储了 AdaDelta 先前平方梯度的指数衰减平均值,还保持了先前梯度 $M(t)$ 的指数衰减平均值。

代码第37行 tf.keras.losses.SparseCategoricalCrossentropy 用于在数据稀疏的情况下计算目标标签和预测之间的交叉熵损失。交叉熵用来评估实际输出与期望输出的距离,也就是交叉熵的值越小,两个标签的距离就越接近。词序列中有很多记录的长度不足,需要用0补齐,如图9.10所示。

```
targ
tf.Tensor(
[[    1   22   86   88    6  611    2    0    0    0    0]
 [    1  125   13  500    2    0    0    0    0    0    0]
 [    1    3   19    6  116    2    0    0    0    0    0]
 [    1   13 1550  222    2    0    0    0    0    0    0]
 [    1    9    5   15  456    2    0    0    0    0    0]
 [    1    9    5   91  805    2    0    0    0    0    0]
 [    1   14    4   41    7   76 1845    2    0    0    0]
 [    1   16   68    6  346  470   35 1652    2    0    0]
 [    1    3   41    7 4090    6  166    2    0    0    0]
 [    1    3  518   71  191  167    2    0    0    0    0]
 [    1   22   87   10  829    2    0    0    0    0    0]
 [    1   13   21   10 1809    2    0    0    0    0    0]
```

图9.10　目标标签集合

在这个目标标签集合中,每行都是一个英文句子的十进制词符化,其中1表示开始标签,2表示结束标签,很多结束标签后有很多位用0补齐占位,所以这些补齐的位并不参与交叉熵计算,代码第39~44行就将这些数据进行了剔除。

定义优化器和损失函数后,下一步是定义保存点。

由于很多大型商业项目的深度神经网络非常复杂,训练需要耗时数周或数月,这时候,就需要在模型训练若干轮后,将训练好的参数(变量)保存起来,以便停电或出现其他宕机意外时,可以恢复模型参数。也可以在需要使用模型的其他机器上载入模型和参数,这样就能直接得到训练好的模型。

常规 Python 的序列化模块 pickle 可以存储 model.variables,但 TensorFlow 的某些变量类不能用 pickle进行序列化。

因此,TensorFlow 提供了 tf.train.Checkpoint,可对神经网络的所有参数进行快照。以二进制的方式储存成一个.ckpt文件,储存变量的名称及对应张量的值。Checkpoint 只保存模型的参数,并不保存模型的计算过程,所以一般用于在具有模型源代码时恢复之前训练好的模型参数。

继续键入如下代码。

```
45  #定义保存点
46  checkpoint_dir = './training_checkpoints'
47  checkpoint_prefix = os.path.join(checkpoint_dir, "ckpt")
48  checkpoint = tf.train.Checkpoint(optimizer=optimizer,
                                      encoder=encoder,
                                      decoder=decoder)
```

代码第46行,定义保存点的目录。

代码第47行,定义保存点的文件前缀。

如图9.11所示,在实际训练过程中,项目文件夹下会自动创建一个名为"training_checkpoints"的文件夹,并且按规定的条件对训练进度进行存盘,存盘文件都带有"ckpt"前缀。

291

图9.11　保存点文件的结构

代码第48行实例化了一个checkpoint，并在其构造函数中指定要保存的内容，分别是优化器、编码器和解码器，因为解码器中已经包含了注意力对象，所以就没再设置注意力对象。

继续键入以下代码，相关说明已写在注释中。

```
49   #TensorFlow 2.0引入的eager模式提高了代码的简洁性，但使其性能略有损失，所以这里使
用 @tf.function将eager模式转为高效的Graph模式，以提高计算性能
50   @tf.function
51   #定义一次训练所要进行的工作:
52   def train_step(inp, targ, enc_hidden):
53       #把损失初始化设为0
54       loss = 0
55       with tf.GradientTape() as tape:
56           # 把源语言(中文)输入编码器，并获得编码器的输出结果
57           enc_output, enc_hidden = encoder(inp, enc_hidden)
58           # 把编码器隐藏层数值赋予解码器隐藏层，并参与第一次的注意力计算
59           dec_hidden = enc_hidden
60           dec_input = tf.expand_dims([targ_lang.word_index['<start>
']] * BATCH_SIZE, 1)
61           #  循环目标句子中所有的词，并将目标词作为下一个输入
62           for t in range(1, targ.shape[1]):
63               # 使用本单词、解码器的隐藏层、编码器的输出共同预测下一个单词。同时保留本
次的解码器隐藏层，用于预测下一个词
64               predictions, dec_hidden, _ = decoder
(dec_input, dec_hidden, enc_output)
65               # 计算损失值，并累加
66               loss += loss_function(targ[:, t], predictions)
67               # 使用teach_forcing
68               # teach_forcing指在训练时，每次解码器的输入并不是上次解码器的输出，而是
样本目标语言对应的单词
69               dec_input = tf.expand_dims(targ[:, t], 1)
```

```
70          batch_loss = (loss / int(targ.shape[1]))
71          # 需要训练参数是编码器的参数和解码器的参数
72          variables = encoder.trainable_variables + decoder.trainable_
variables
73          # 根据代价值计算下一次的参量值
74          gradients = tape.gradient(loss, variables)
75          # 将新的参量应用到模型
76          optimizer.apply_gradients(zip(gradients, variables))
77      return batch_loss
78  #评估方法,用于评估一个句子的翻译结果
79  def evaluate(sentence):
80      # 清空注意力图
81      attention_plot = np.zeros((max_length_targ, max_length_inp))
82      # 句子预处理
83      sentence = dp.preprocess_sentence(sentence)
84      print(sentence)
85      # 句子数字化
86      inputs = [inp_lang.word_index[i] for i in sentence.split(' ')]
87      # 按照最长句子的长度补齐
88      inputs = tf.keras.preprocessing.sequence.pad_sequences([inputs],maxlen=
max_length_inp,padding='post')
89      inputs = tf.convert_to_tensor(inputs)
90      result = ''
91      # 用句子做编码
92      hidden = [tf.zeros((1, units))]
93      enc_out, enc_hidden = encoder(inputs, hidden)
94      # 编码器隐藏层作为第一次解码器的隐藏层值
95      dec_hidden = enc_hidden
96      dec_input = tf.expand_dims([targ_lang.word_index['<start>']], 0)
97      # 假设翻译结果不超过最长的样本句子
98      for t in range(max_length_targ):
99          # 进行逐个单词翻译
100         predictions, dec_hidden, attention_weights = decoder(dec_input,
dec_hidden,enc_out)
101         # 存储注意力权重以便后续制图
102         attention_weights = tf.reshape(attention_weights, (-1, ))
103         attention_plot[t] = attention_weights.numpy()
104         # 得到预测单词的词典编号
105         predicted_id = tf.argmax(predictions[0]).numpy()
106         # 从词典中查到对应单词,并用空格做分隔,与上一次结果进行拼接,组成翻译后的句子
107         result += targ_lang.index_word[predicted_id] + ' '
108         # <end>表示翻译结束
109         if targ_lang.index_word[predicted_id] == '<end>':
110             return result, sentence, attention_plot
111         # 预测的 ID 被保存起来,用于参与下一次预测
112         dec_input = tf.expand_dims([predicted_id], 0)
113     return result, sentence, attention_plot
```

```
114    # 注意力权重作为制图函数
115    def plot_attention(attention, sentence, predicted_sentence):
116        fig = plt.figure(figsize=(10,10))
117        ax = fig.add_subplot(1, 1, 1)
118        ax.matshow(attention, cmap='viridis')
119        fontdict = {'fontsize':14}
120        ax.set_xticklabels([''] + sentence, fontdict=fontdict, rotation=90)
121        ax.set_yticklabels([''] + predicted_sentence, fontdict=fontdict)
122        ax.xaxis.set_major_locator(ticker.MultipleLocator(1))
123        ax.yaxis.set_major_locator(ticker.MultipleLocator(1))
124        plt.show()
125    #翻译一个句子
126    def translate(sentence):
127        result, sentence, attention_plot = evaluate(sentence)
128        print('Input:%s' % (sentence))
129        print('Predicted translation:{}'.format(result))
130        attention_plot = attention_plot[:len(result.split(' ')), :len(sentence.
split(' '))]
131        plot_attention(attention_plot, sentence.split(' '), result.split(' '))
132    if __name__=="__main__":
133        # checkpoint.restore(tf.train.latest_checkpoint(checkpoint_dir))
134        for epoch in range(EPOCHS):
135            start = time.time()
136            # 初始化隐藏层和损失值
137            enc_hidden = encoder.initialize_hidden_state()
138            total_loss = 0
139            # 一个批次的训练
140            for (batch, (inp, targ)) in enumerate(dataset.take(steps_per_
epoch)):
141                        # print("targ") 演示目标值张量,暂时注释掉
142                        # print(targ) 演示目标值张量,暂时注释掉
143                batch_loss = train_step(inp, targ, enc_hidden)
144                total_loss += batch_loss
145                # 每100次显示一下模型损失值
146                if batch % 100 == 0:
147                    print('Epoch {} Batch {} Loss {:.4f}'.format(epoch + 1,
batch,batch_loss.numpy()))
148            # 每 2 个周期(epoch),保存(检查点)一次模型
149            if (epoch + 1) % 2 == 0:
150                checkpoint.save(file_prefix = checkpoint_prefix)
151            # 显示每次迭代的损失值和消耗时间
152            print('Epoch {} Loss {:.4f}'.format(epoch + 1,
153                                        total_loss / steps_per_epoch))
154            print('Time taken for 1 epoch {} sec\n'.format(time.time
() - start))
155        #恢复检查点目录（checkpoint_dir)中最新的检查点
156        checkpoint.restore(tf.train.latest_checkpoint(checkpoint_dir))
```

```
157        translate('那是一辆车')
```

运行结果如下。

```
Epoch 47 Batch 0 Loss 0.0325
Epoch 47 Batch 100 Loss 0.0215
Epoch 47 Batch 200 Loss 0.0363
Epoch 47 Loss 0.0321
Time taken for 1 epoch 70.8196473121643 sec


Epoch 48 Batch 0 Loss 0.0277
Epoch 48 Batch 100 Loss 0.0450
Epoch 48 Batch 200 Loss 0.0457
Epoch 48 Loss 0.0335
Time taken for 1 epoch 70.95944142341614 sec


Epoch 49 Batch 0 Loss 0.0202
Epoch 49 Batch 100 Loss 0.0254
Epoch 49 Batch 200 Loss 0.0373
Epoch 49 Loss 0.0362
Time taken for 1 epoch 70.25615191459656 sec


Epoch 50 Batch 0 Loss 0.0275
Epoch 50 Batch 100 Loss 0.0353
Epoch 50 Batch 200 Loss 0.0536
Epoch 50 Loss 0.0355
Time taken for 1 epoch 71.39832401275635 sec


<start> 那 是 一辆 车 <end>
Input:<start> 那 是 一辆 车 <end>
Predicted translation:that s a book. <end>
```

由于训练数据集非常少,因此数据集中没有出现过的"那是一辆车"被翻译为"that s a book"。为了提高翻译效果,商业化的大型项目一般会使用数百万甚至上千万条记录作为训练数据集,如在2017年的 AI Challenger 比赛中,就提供了高达1000万的中英双语句对语料。

观察程序生成的注意力权重图可以看出,输入词序列中的每个词与目标词序列中的每个词之间,都有相应的注意力权重。如图9.12所示,X坐标是中文单词,Y坐标是英文单词。每个英文单词都沿X轴看方块对应的Y轴中文单词,X轴和Y轴交叉位置的颜色越浅,表示翻译出这个英文X单词、中文Y单词的权重越大。

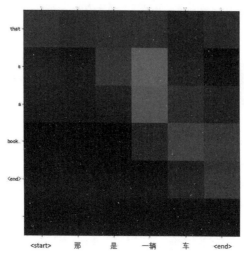

图9.12　注意力权重

我们看到，"一辆"被jieba分词视为一个词语，与s和a的注意力最强。如果把"一辆"拆成"一""辆"的话，"辆"和"车"会不会引出新单词bus呢？

这就引申出一个问题，在深度学习的数据预处理过程中，我们要不要对中文进行分词？

以往，中文NLP的第一步要进行分词，已经成为专家们的共识，但学术圈对其必要性的研究与探讨却不多。

2019 年，香侬科技发表论文 *Is Word Segmentation Necessary for Deep Learning of Chinese Representations?* （分词是深入学习汉语表征的必要条件吗？）其中就提出了一个非常基础的问题：基于深度学习方法的自然语言处理过程中，中文分词是必要的吗？

在这项研究中，笔者对四个端到端 NLP 基线任务进行了评测，对比基于分词的 word model（"词"级别）和无须分词的 char model（"字"级别）两种模型的效果，评测内容包括语言建模、机器翻译、句子匹配/改写和文本分类。实验结果显示，char model 比 word model 效果更优。

该论文入选自然语言处理顶级会议 ACL19。论文下载地址为 https://arxiv.org/pdf/1905.05526.pdf。

论文作者之一的李纪为说，"中文分词确实是个非常有意思，也很重要的话题。这篇文章尝试抛砖引玉去探究一下这个问题，也希望这一问题获得学术界更广泛的重视。因为之前的工作，分词本身的优缺点并没有被详尽地探讨。这个问题涉及的更本质的问题就是语言学的框架在深度学习的框架下有多重要（因为词是一种基本的语言学框架）。关于这个问题近两年学者有不同的争论，有兴趣的同学可以看 Manning 和 LeCun 的争论。其实早在 2015 年，Manning 和 Andrew 就有过讨论，当时 Andrew 的想法比 LeCun 还要激进，认为如果有足够的训练数据和强有力的算法，哪怕英文都不需要单词，只用字母就够了"。

为了验证论文中的说法，下面进行更改代码的试验。

```python
#中英文预处理
def preprocess_sentence(w):
    if is_chinese(w):
        w = re.sub(r"[^\u4e00-\u9fa5,。?! ]+", "", w)
```

```
        w = w.strip()
        #seg_list = jieba.cut(w,use_paddle=True) # 使用Paddle模式分词
        #w= ' '.join(list(seg_list))
        w=分字(w)
        # 给句子加上开始和结束的标记
        # 以便模型知道每个句子开始和结束的位置
        w = '<start> ' + w + ' <end>'
    else:
        w = w.lower()
        # 除了 (a-z, A-Z, ".", "?", "!", ","),将所有字符替换为空格
        w = re.sub(r"[^a-zA-Z?.!,]+", " ", w)
        w = w.rstrip().strip()
        # 给句子加上开始和结束的标记
        # 以便模型知道每个句子开始和结束的位置
        w = '<start> ' + w + ' <end>'
    return w
```

把"数据预处理实战.py"之前调用jieba分词的部分删除,替换为之前编写的w=分字(w),其他地方不用改。打开"深度神经网络训练实战.py",由于引用了"数据预处理实战.py",因此再次运行代码,即可用分字方式对数据集预处理,并进行深度学习训练和测试了。运行结果如下。

```
Epoch 43 Batch 0 Loss 0.0369
Epoch 43 Batch 100 Loss 0.0289
Epoch 43 Batch 200 Loss 0.0400
Epoch 43 Loss 0.0412
Time taken for 1 epoch 80.8697738647461 sec

Epoch 44 Batch 0 Loss 0.0129
Epoch 44 Batch 100 Loss 0.0362
Epoch 44 Batch 200 Loss 0.0381
Epoch 44 Loss 0.0392
Time taken for 1 epoch 81.40042996406555 sec
…篇幅有限,省略中间过程

Epoch 50 Batch 0 Loss 0.0150
Epoch 50 Batch 100 Loss 0.0288
Epoch 50 Batch 200 Loss 0.0466
Epoch 50 Loss 0.0452
Time taken for 1 epoch 81.21494770050049 sec

<start> 那 是 一 辆 车 <end>
Input:<start> 那 是 一 辆 车 <end>
Predicted translation:that s a bus station? <end>
```

由于数据集很少,因此就不纠结训练误差分数了,直接从最终效果看,"那是一辆车"被切分为"那 是 一 辆 车",接着被翻译成"that s a bus station?",虽然离目标还是有些差距,但是比"that s a book"要强很多了。

　　如果只用字去训练，汉语一字多义的特点会对模型产生干扰。分词可以减轻这个问题，所以在统计到基于深度学习的过渡过程中，分词就出现了。当深度学习发展到中后期时，若一字多义的问题能够通过深度神经网络来解决，也许分词就会退出历史舞台。目前谷歌公司的 Bert 模型就是使用字进行训练的。

　　2020年，百度公司发现，大多数深度学习模型主要通过词或句子的共现信号构建语言模型任务，进行模型预训练。然而，除了语言共现信息，语料中还包含词法、语法、语义等更多有价值的信息。如人名、地名、机构名等词语概念知识，句子间的顺序和距离关系等结构知识，以及文本语义相似度和语言逻辑关系等语义知识。如果能持续学习各类任务，模型的效果能否进一步提升呢？

　　基于此，百度公司提出持续学习语义理解框架 ERNIE 2.0。该框架支持增量引入词汇(lexical)、语法(syntactic)、语义(semantic)3个层次的自定义预训练任务，能够全面捕捉训练语料中的词法、语法、语义等潜在信息。这些任务通过多任务学习对模型进行训练更新，每当引入新任务时，该框架能在学习该任务的同时，不遗忘之前学过的信息。这也意味着该框架可以通过持续构建包含词法、句法、语义等的预训练任务，持续提高模型的效果。

　　如果分词训练的效果不如分字，那么可能是分词只关联了句子信息(只有词序列)导致的，因此百度公司的这种含词法、句法、语义的训练方式，也许是更好的解决方式。

　　百度公司的 ERNIE 2.0 模型已在 EasyDL 平台上使用，下一章将会使用 ERNIE 模型来实现电商评论的情感分类。

第10章

文本情感分析系统实战

　　认知心理学和人工智能专家认为,情感因素是人机交互中必须的关键要素,引入情感分析可以帮助我们更好地解决问题。

　　情感分析是自然语言处理中的常见技术。市场上对情感分析功能的需求很多,如商品评论、影评、服务评价、在线教学、心理医生、舆情监测等工作,都有强烈的实际商业需求。

　　对商品评论的情感分析结果,可以用于指导产品更新,或者评价产品在各方面的表现。

　　对服务评价的情感分析结果,可以分析服务态度、服务质量、服务时长度等多方面的用户情感指数。通过这些分析结果,管理者可以进行专项改善,从而提高整体的服务质量。

　　对于在线教学,可以通过面部识别和情感分析评价学生的理解程度和专注度,还可以根据学生的考试分数,采用深度学习的方法为学生定制课程和教学速度。

　　在舆情监测领域,情感分析发挥着重要的作用。而各大互联网社群中积累的海量数据也为深度学习技术的发展提供了坚实的基础。

　　商用的情感分析技术主要有两种,第一种是比较传统的基于规则或统计的方法,第二种是最新的基于深度学习的方法。

本章主要涉及的知识点

- ◆ 情绪认知的相关理论知识
- ◆ 文本情感分析系统的原理
- ◆ 基于规则的文本情感分析
- ◆ 基于深度学习的文本情感分析
- ◆ 基于规则的文本情感分析系统实战
- ◆ 基于深度学习的情感分析系统实战

10.1 情绪认知理论

情绪是高等生物的重要脑功能。科学家认为，情绪不仅为脑功能的思维、感觉、运动和认知过程蒙上一层特殊的神秘色彩，更为关键的是，情绪本身就是中枢神经系统对外界刺激的一种重要的反应形式，同时也是中枢神经系统用以控制躯体和内脏功能的重要途径。

10.1.1 情绪认知经典理论

认知神经科学家把情绪划分为如下两个部分。

（1）一组特征性的可以被感知的生理改变，称为狭义的情绪（Emotion）。

（2）意识水平对该状态的知觉，称为情感（Feeling）。

关于情绪的理论研究，主要是围绕情绪和情感之间，以及它们与环境之间的关系展开的。

在认知神经科学中，有关情绪的研究集中在中枢编码理论中，主要回答以下四个问题。

（1）从源头分析意识是怎样从环境刺激中获得情绪意义的，也就是说，意识水平的认知过程（外显记忆系统）及潜意识水平的自主神经过程（内隐记忆系统）是怎样给特定时刻的特定刺激赋予情绪意义的。

（2）从环境刺激中获得情绪意义后，又是如何触发躯体运动和自主神经反应的。

（3）大脑皮层的哪些回路可能与情感的形成有关。

（4）情绪反应与意识的情感体验之间是怎样相互作用的，以及来自外周、自主神经和躯体运动系统的反馈是怎样协助大脑皮层形成情绪体验的。

围绕这些问题，诞生了很多经典理论。

1. James-Lange 假说

1884年，美国心理学家威廉·詹姆斯（Willian James）和丹麦生理学家卡儿·兰格（Carl Lange）认为，生理的情绪反应是环境刺激的直接结果，而认知水平的情感体验则继发于外周传来的这些生理信息。

我们并非为了失去珍宝才感到难过而哭泣，而是"因为哭泣而难过"。

我们不是看到一头老虎后，"因为害怕而发抖"，而是"因为发抖而害怕"。

我们也不是受到挑拨后，"因为愤怒才打人"，而是"因为打人而愤怒"。

也就是说，情感是外周状态信息的认知反应。

James-Lange 假说的详细解释：作为意识水平的情绪反应，情感体验是大脑皮层接受了有关生理状态改变之后的信息而产生的。

支持这一假说的事实如下。

（1）认知神经科学认为，每类明确的情绪都伴随特定的自主神经、内分泌和随意运动模式。

（2）临床研究表明，脊髓横断的患者，其所经历的情绪体验也会减弱，但也有一些难以解释的现象：①有时会感到生理改变消除很久之后，情绪波动仍然存在；②有时感情升起比身体改变来得还快。

而且根据Cannon的研究,在各种紧急情况下攻击或逃避反应都是类似的,并没有随着情况的细节而变化。

2. Cannon-Bard学说

1927年,美国生理学家沃尔特·布拉德福德·坎农(Walter Bradford Cannon)和巴德(Bard)正式提出,两个皮层下结构丘脑和下丘脑在介导情绪认知及外周方面具有重要的作用。这种观点是基于坎农在去皮层动物的研究中得到的。

他发现,猫在去皮层后会由于轻微的刺激而表现出伸尾、弓背、肢体抽动、抓挠、撕咬、出汗、撒尿、排便、血压升高等现象,类似于交感神经高度紧张的攻击或逃跑行为。

他把这种现象称为"假怒",并指出它们会随着下丘脑的切除而消失。由此他得出结论,情绪是皮层与丘脑动态相互作用的产物。

Cannon-Bard学说的正式表述是,人们首先觉察到情绪的改变,其次才会感受到相应的生理变化,如肌肉紧张、发汗等。从神经生物学的角度来看,丘脑在接受环境改变的信息后会同时投射给大脑皮层和自主神经系统,前者形成体验,后者则发出信号,实现肌肉紧张等反应。

从这种意义上说,两者同样来源于外周的信号,属于并行的处理。

3. Schachter学说

Cannon-Bard学说存在一个重要的缺陷,它未能说明认知对情绪和情感过程的作用。

沙赫特(Schachter)指出,人们的期待和社会环境对情感的产生具有重要的影响。例如,在一个开放的现代社会,当众得到异性的吻可能会产生一种兴奋和幸福的情感,但在一个保守封闭的社会,当事人可能会觉得极度羞耻而无地自容。

Schachter在实验研究中发现,一个简单的药物效应,即注射肾上腺素后引起的心跳加快、血压升高等反应,会由于认知作用被感受为不同的情感。他在注射后给被试看一些令人愉快或不快的照片,要求被试报告他们的情感强度。结果了解药物效应的被试所报告的情感强度明显低于不了解药效的被试。这表明,前者将生理的改变更多地归结于药效,而后者则将它归结为图片引起的情感。

Schachter提出,情感是认知水平对外周模糊信号的解释。换句话说,皮层可主动根据外周传来的信号构造出情感。即使这些信号是很不特异的,也会被皮层"翻译"成特异性的情感。

在此基础上,达马西奥(Damasio)进一步提出,作为情绪体验的情感状态本身,实际上是大脑专门构造出来用于解释外周变化的借口。他还指出,情绪的自主神经反应并非Cannon所说的那样具有均质性,不同的情绪状态下的自主神经活动是有差别的。此外,Damasio首次提出情绪系统与躯体的其他功能如免疫系统等存在重要的联系。

4. Arnold学说

20世纪60年代,阿诺德(Arnold)提出了一个综合了现象学、认知心理学和生物神经学观点的情绪假说,并很快就成为有关情绪的主要理论之一。

Arnold首次指出,过去一向被人们重视的自主神经反应成分,并非情绪反应中的关键因素。人的潜意识(内隐记忆系统)会自动对环境究竟是有利还是有害做出评价,而情绪正是这种评价过程的直接产物。情感则是这些潜意识(内隐记忆系统)评价在意识水平的反应,即做出某种特定反应的倾向。

因此,在她的理论中,自主神经反应对与情绪体验来说并不是必须的,关键在于潜意识。

该理论很好地描述了情绪的产生过程。

(1)潜意识先对环境信息做出内隐性评价,并由此形成采取某种行动的倾向。

(2)这种倾向带来外周的自主神经反应,同时也产生了意识水平的体验。

Arnold 理论跳出了以往关于情绪与情感的争论,指出情绪产生的真正核心是潜意识的评价过程。在该理论看来,情绪的躯体反应和意识的情感体验均来自潜意识评价的结果。

Arnold 的学说获得了现代认知科学领域的支持。例如,采用让被试无法在意识水平觉察的阈下刺激,可以在不引起任何认知活动的情况下诱发情绪反应。这就证明感觉刺激可以不通过意识的认知过程直接引起情绪反应。

重要的推论:情绪可以通过自己的逻辑产生,既不依赖意识认知过程的逻辑推演,也不依赖身体事件的参与。因此,情绪有时看上去是缺乏理性的,甚至是毫无道理的。

5. 情绪描述理论

在情绪描述方面,存在如下两种对立的情绪理论。

(1)基本情绪论:情绪在发生上有原型形式,即存在着数种泛人类的基本情绪类型。

(2)情绪的维度论:在几个维度组成的空间中包括了人类所有的情绪。维度论把不同的情绪看作逐渐平稳的转变,不同情绪之间的相关性和差异性是根据彼此在维度空间中的距离来显示的。比较公认的维度模式是以下两个维度组成的二维空间。

①效应或愉悦度,理论基础是正负情绪的分离激活,即正负情绪各自具有特定的大脑加工系统;

②唤醒度或激活度,指与情感状态相联系的机体能量激活的程度。唤醒的作用是调动机体的机能,为行动做准备。

10.1.2　计算机情绪认知技术

在 1995 年之前,人工智能技术处于"基于统计"的时代,计算机情绪认知还是个冷门领域。随着深度学习技术的爆发,麻省理工学院教授罗瑟琳·皮卡(Rosalind Picard)于 1995 年首次提出了情感计算的概念,从此,人工智能领域出现了新的分支学科"情感计算"。商业市场对情感计算的需求也呈井喷之势。目前,情感计算已经渗透到人们日常生活的每个角落。

Rosalind Picard 对情感计算的定义是,针对人类的外在表现,能够进行测量和分析,并且能对情感施加影响的计算。从这个定义中可以看出,情感计算的研究内容就是创建一种能感知、识别、理解人类情感,并针对人类情感做出反应的系统。

情感计算和其他人工智能分支领域一样,也是涉及心理学、认知神经科学等学科的综合学科。随着技术的发展,情感计算技术会揭开人类情绪认知的奥秘,让计算机理解、生成情绪反应,甚至产生情感。

情感计算领域的研究方法如下。

(1)通过各种传感器,获取人类的生理指标、语言、动作、面部表情作为输入数据。

(2)采用基于规则、统计或深度学习的技术手段作为数据建模。

(3)经过测试和需求迭代,不断完善各项技术指标,最终创建出符合商业需求的情感计算系统。

情感计算领域的研究内容如图10.1所示。

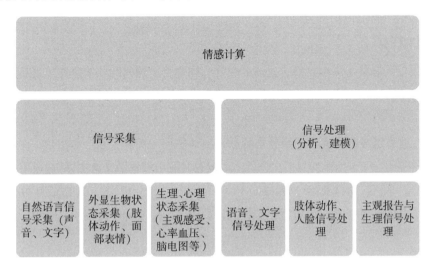

图 10.1　情感计算领域

1. 信号采集

信号采集是情感计算学科中非常重要的领域,没有完整有效的数据基础,就无法进行情感计算的相关研究。目前在自然语言信号采集、外显生物状态采集方面的技术已经比较成熟了。

生理、心理状态采集方面的难度很高,需要复杂的传感器设备,目前最先进的传感器已经可以测量脉压、皮肤电流、汗液、肌肉电流等。在心理、生理情感测量技术方面,也形成了完善的技术规范体系,如用科学的问卷测评采集主观感受,同时使用传感器设备记录受试的各种生理参数。

2. 信号处理

当信号采集成功获取各种情感信号后,就要对信号进行处理。在基于规则和统计的时代,隐马尔科夫模型、贝叶斯网络等技术发挥了关键的作用。进入深度学习时代后,深度神经网络和决策树技术开始盛行。

10.2　文本情感分析系统原理

10.2.1　基于规则和统计的情感分析系统

在深度学习出现以前,情感计算方法主要是基于规则和统计的方法,应用领域也比较单一,仅集中在文本和语音方面;研究方向也是按照不同情感的表现形式进行分类的。

（1）对于文本的情感计算，称为文本情感计算。

（2）以语音为基础的计算，称为语音情感计算。

1. 文本情感计算

20 世纪末期，科学家在文本数据的基础上进行了构建语义词典的相关研究。麦基鲁（McKeown）发现了连词对大规模文本数据集中的形容词语义表达的制约作用，进而对英文的形容词与连词做了情感倾向研究。

自此之后，越来越多的研究者开始考虑特征词与情感词的关联关系。特尼（Turney）等人使用点互信息的方法扩展了正负面情感词典，在分析文本情感时使用极性语义算法，处理通用的语料数据时准确率达到 74%。随后，纳拉亚南（Narayanan）对条件语句进行分析，基于时态信息对相关句子进行类别标注，并结合各种特征表示信息，提出基于分句、结果句和整个句子的分类方式，收到了很好的效果。

在文本情感算法方面，潘波（bo Pang）等以积极情感和消极情感为维度，对电影评论进行了情感分类。他分别采用支持向量机、最大熵、朴素贝叶斯算法进行分类实验，发现支持向量机的精确度达到 80%。目前，基于统计的自然语言处理技术已经使在线评论文本的情感倾向性分析的准确率超过90%。随着算法的不断完善，技术落地场景也越来越多，在不同的行业中进行实践后，诞生了很多优秀的商业应用。

基于统计的文本情感计算步骤包含以下三个部分。

（1）文本信息采集：互联网存在大量的语料数据，通过文本抓取工具，如网络爬虫，可获得各大互联网社区的文本，并形成文本数据集。

（2）情感特征提取：对文本数据集进行情感特征提取，使情感特征成为计算机能够识别和处理的形式。互联网社群是观察人类情感的有效窗口。数以亿计的人，每天在互联网上购物、聊天、逛社区、看资讯等信息都可流露出人类的情感。除此以外，还存在着大量的用户特征数据，如年龄、性别、爱好等特征值，这些特征值，让情感特征提取工作具有更好的针对性和准确性。

（3）情感信息分类：使用基于统计的自然语言处理算法，对数据集进行计算，最终形成对应的情感信息分类。

2. 语音情感计算

20 世纪 80 年代中期开始出现对语音情感识别的研究，采用的方式是对声学统计特征进行情感分类。20 世纪 80 年代末至 90 年代初，MIT 多媒体实验室构造了一个"情感编辑器"，对外界各种情感信号进行采集，综合使用人体的生理信号、面部表情信号、语音信号来初步识别各种情感，并让机器对各种情感做出适当的简单反应；1999 年，森山（Moriyama）提出语音和情感之间的线性关联模型，并据此在电子商务系统中建造出能够识别用户情感的图像采集系统语音界面，实现了语音情感在实际商业场景中的初步应用。

基于规则和统计的语音情感识别研究处于初级阶段，研究重点在于声学特征的分析方面。由于情感语音样本规模比较小,因此还没有形成权威的系统理论和研究方法。

10.2.2　基于深度学习的情感分析系统

我们知道情绪反应是潜意识(内隐记忆系统)对环境信息的评价,其中并不依赖自我意识参与。情绪反应的这种过程与人类对词汇理解的过程很像。比如,成年人看到一张纸上写着"绿色",潜意识就会自动告诉我们绿色的含义,这个过程不依赖自我意识参与。也就是说,我们不用思考就理解了这个词语的含义。

如果一个幼儿园的小朋友看到一张纸上写着"绿色",这时他的潜意识便无效了,因为小朋友的潜意识里还没有接受过针对这个词的训练,他的脑神经网络中就没有汉字"绿色"的神经元群落。

只有经过小学 6 年,使用语文书训练集,以考试为标签进行训练,小朋友的潜意识才会进行深度学习,并掌握各种词语的含义。拟合后的脑神经网络类似于常驻显存的常量型张量,可供潜意识使用矩阵联想算法,帮助小朋友在不使用自我意识的情况下自动识别出"绿色"的含义。

图像识别也是一样的道理,如给小朋友三张不同角度或不同风格的河马照片,并对小朋友的潜意识进行训练,以后再看到真正的河马或其他的河马照片时,小朋友就能在不使用自我意识的情况下说出"河马"两个字了。

与图片识别和词语理解相似,情绪识别也是对潜意识进行训练。

我们无法手工为所有情绪定义情绪向量,而深度学习就可以解决这个问题。深度学习可以让神经网络学习特征自动表示为文本、声音或图像定义向量。

既然是深度学习,就要有训练集。可以先将文本或图像、声音作为训练集的输入,然后通过人工对训练集的目标标签进行标注,最后让神经网络在深度学习的过程中学习向量。神经网络学到的向量就是潜意识的情绪属性了。

与词向量类似,如果两个和情绪相关的图片或声音在某个维度上有近似值,我们虽然不知道这个维度具体对应的情绪属性,但是这两个图片或声音在这个情绪维度上会更接近。

人脑对于情绪的处理也是类似的模式,当一个情绪产生时,我们无法确定到底是哪个或哪群神经元突触对应了情绪的哪个属性。深度神经网络与人脑的运行机制非常相似,这就是深度学习隐藏层拟合潜在情绪属性的含义。

10.3　基于规则文本情感分析系统实战

目前,最简单有效的方法是采用词典的情感分析系统。先通过对句子分词后,判断句子中有哪些词和情感相关,再根据情绪维度理论对这些词语计分,即可求出句子的情感分数。

10.3.1　词库设计原理

比较权威的词库设计方法是情绪维度论。从"效应或愉悦度"这个维度看，词库中应该包含"积极情感词典"，表示效应或愉悦度高；相应地，也要包含"消极情感词典"，表示效应或愉悦度低。

当我们把一个句子进行分词得到词列表后，与这两个词典进行比对，根据"积极情感词数"和"消极情感词数"，即可计算出这句话的"效应或愉悦度"。

例如，对于"美丽短暂，渺渺茫茫，离别时候，藏着多少凄凉"这句话来说，积极情感词有"美丽"，消极情感词有"短暂、离别、凄凉"。那么最终这句话的"效应或愉悦度"就是负数。

但是只有一个维度还不够，在经典的二维情绪维度论中，还有另一个"唤醒度或激活度"，其对应词汇类别是副词，如"最、超级、十分、十足、更加"等，所以在词库中还需要有"程度副词词典"。

对于否定的意义词汇，也要建立相应的"否定词典"，词典中应包含"不、别、没怎么、难以"等否定词。"否定词典"在进行情绪分数计算时非常有用，例如，在"我不难过"这句话中，虽然有"难过"这个消极情感词语，但是考虑到前面的否定词"不"，整个句子在"效应或愉悦度"维度的分数就为正了。

读者可以从网址 http://www.L8AI.com/p/qx.rar 下载词库，其内容仅供学习，不能用于商业项目。

下载并解压后，即可看到四个文本文件，内容如下。

（1）neg.txt：包含 13000 条消极词汇。

（2）no.txt：包含 71 个否定词。

（3）plus.txt：包含 79 个副词。

（4）pos.txt：包含 10000 条积极词汇。

新建一个名为"情绪计算"的文件夹，并将这四个文本文件复制到这个文件夹中，然后在这个文件夹下新建一个名为"基于规则的情感计算.py"的源码文件，并键入如下代码。

```
01  import jieba
02  import pandas as pd
03  def load_dic():
04      #开始加载情感词典
05      negdict = [] #消极情感词典
06      posdict = [] #积极情感词典
07      nodict = [] #否定词词典
08      plusdict = [] #程度副词词典
09      sl = pd.read_csv("neg.txt", header=None, encoding='UTF-8')
10      for i in range(len(sl[0])):
11          negdict.append(sl[0][i])
12      sl = pd.read_csv("pos.txt", header=None, encoding='UTF-8')
13      for i in range(len(sl[0])):
14          posdict.append(sl[0][i])
15      sl = pd.read_csv("no.txt", header=None, encoding='UTF-8')
16      for i in range(len(sl[0])):
17          nodict.append(sl[0][i])
18      sl = pd.read_csv("plus.txt", header=None, encoding='UTF-8')
19      for i in range(len(sl[0])):
20          plusdict.append(sl[0][i])
```

```
21      return negdict,posdict,nodict,plusdict
22  if __name__ == "__main__":
23      neg,pos,no,plus=load_dic()
24      print('消极情感词典')
25      print(neg[:10])
26      print('积极情感词典')
27      print(pos[:10])
28      print('否定情感词典')
29      print(no[:10])
30      print('副词情感词典')
31      print(plus[:10])
```

代码第 09 行之前都比较简单,这里不再赘述。代码第 09 行使用了 Pandas 对象的 read_csv 方法,Pandas 是一个强大的分析结构化数据的工具集,它的使用基础是 Numpy(提供高性能的矩阵运算),可用于数据挖掘和数据分析,同时也可提供数据清洗功能。

使用 Pandas 做数据处理的第一步就是读取数据,数据源可以来自各种途径,csv 文件便是其中之一。Pandas 为读取 csv 文件提供了下列参数, 如 read_csv(filepath_or_buffer, sep=',', delimiter=None, header='infer', names=None, index_col=None, usecols=None, squeeze=False, prefix=None, mangle_dupe_cols=True, dtype=None, engine=None, converters=None, true_values=None, false_values=None, skipinitialspace=False, skiprows=None, nrows=None, na_values=None, keep_default_na=True, na_filter=True, verbose=False, skip_blank_lines=True, parse_dates=False, infer_datetime_format=False, keep_date_col=False, date_parser=None, dayfirst=False, iterator=False, chunksize=None, compression='infer', thousands=None, decimal=b'.', lineterminator=None, quotechar='"', quoting=0, escapechar=None, comment=None, encoding=None, dialect=None, tupleize_cols=None, error_bad_lines=True, warn_bad_lines=True, skipfooter=0, doublequote=True, delim_whitespace=False, low_memory=True, memory_map=False, float_precision=None)

其中,比较常用的参数如下。

(1)filepath_or_buffer:读取的文件路径、URL(包含 http、ftp、s3)链接等。

(2)sep:指定分隔符。如果不指定参数,则会尝试使用逗号分隔。分隔符长于一个字符且不是"\s+"时,将使用 Python 的语法分析器,并忽略数据中的逗号。

(3)header:指定行数作为列名数据的开始行数。如果文件中没有列名,则默认为0,否则设置为 None。如果明确设定 header=0,则会替换原来存在列名。header 参数可以是一个 list,如[0,1,3],这个 list 表示可将文件中的行作为列标题。

(4)names:用于结果的列名列表。如果数据文件中没有列标题行,则需要执行 header=None。默认列表中不能出现重复,除非设定参数 mangle_dupe_cols=True。

(5)dtype:每列数据的数据类型,如 {'a':np.float32, 'b':np.int16}。

(6)encoding:指定字符集类型。

代码第 10 行使用 for 循环遍历 Pandas 读取的数据,并将其插入已定义的列表中。

其他三个词典的操作方式类似,这里不再赘述。最终测试输出结果如下。

消极情感词典:['不买', '不吃', '不喝', '拉肚子', '胃疼', '吐槽', '一概而论', '换汤不换药', '歧途']

积极情感词典:['受益匪浅', '礼品', '礼物', '看好', '很漂亮', '超赞', '获奖', '霸气', '干劲', '适用']

否定情感词典:['不大', '不丁点儿', '不甚', '不怎么', '聊', '没怎么', '不可以', '怎么不', '几乎不', '从来不']。

副词情感词典:['没错', '超', '超级', '倍加', '绝顶', '绝对', '无比', '何等', '最', '最为']。

本节学习了词库的设计原理及在 Python 中读取词库的方法,下面将利用这些词库进行基于规则的情绪分数计算。

10.3.2 情绪分数计算

因为是基于规则的情绪分数,所以必须制定相应的规则。

设输入词序列有 n 个词 $(x_1, x_2, \cdots, x_n)$,如果每个词的情绪分数为 $f(x_i)$,那么输入词序列的总分为 $\sum_{i=1}^{n} f(x_i)$。

对于每个词语的情绪分数,可根据如下规则计算。

```
如果 词语 属于 积极词典 则:
    如果 其前一个词语为程度副词 则:
        分数=2
    如果 其前一个词语为否定词 或 其前一个词语为消极词 或 其后一个词语为消极词 则:
        分数=-1
    如果 其仅仅属于积极词典,而不满足前两个条件,则:
        分数=1
如果 词语 属于 消极词典 则:
    如果 其前一个词语为程度副词 则:
        分数=-2
    如果 其前一个词语为否定词 则:
        分数=1
    如果 其仅仅属于消极词典,而不满足前两个条件,则:
        分数=-1
```

按照上述规则,在"基于规则的情感计算.py"源码文件的第3行补充如下代码。

```python
jieba.load_userdict("neg.txt")
jieba.load_userdict("pos.txt")
jieba.load_userdict("no.txt")
jieba.load_userdict("plus.txt")
neg=[]
pos=[]
no=[]
plus=[]
```

这些代码的前4行是让jieba分词把四个词典加载到jieba的自定义词典中。这样可以确保jieba分词与词库的一致性。

后4行代码定义了4个列表,分别存储四个词典。

接下来,在源码文件第30行的位置,按照前文所述的规则,定义情感计算的方法。

```
#预测函数
def predict(s):
    p = 0
    sd = list(jieba.cut(s))
    for i in range(len(sd)):
        if sd[i] in neg:
            if i>0 and sd[i-1] in no:
                p = p + 1
            elif i>0 and sd[i-1] in plus:
                p = p - 2
            else:p = p - 1
        elif sd[i] in pos:
            if i>0 and sd[i-1] in no:
                p = p - 1
            elif i>0 and sd[i-1] in plus:
                p = p + 2
            elif i>0 and sd[i-1] in neg:
                p = p - 1
            elif i<len(sd)-1 and sd[i+1] in neg:
                p = p - 1
            else:p = p + 1
    return p
```

　　方法比较简单，这里就不多做介绍了。为了进行测试代码，可在 if __name__ == "__main__": 后键入如下测试代码。

```
if __name__ == "__main__":
    neg,pos,no,plus=load_dic()
    print('我是坏人。情绪分数:',predict('我是坏人'))
    print('我不是坏人。情绪分数:',predict('我不是坏人'))
    print('我是很漂亮、超赞、可靠、浑身是胆的专家。情绪分数:',predict('我是很漂亮、超赞、可靠、浑身是胆的专家'))
```

　　情感计算结果如下。

```
Building prefix dict from the default dictionary ...
Loading model from cache C:\Users\ADMINI~1\AppData\Local\Temp\jieba.cache
Loading model cost 0.608 seconds.
Prefix dict has been built successfully.
我是坏人。情绪分数:-1
我不是坏人。情绪分数:0
我是很漂亮、超赞、可靠、浑身是胆的专家。情绪分数:5
```

10.4　基于深度学习的文本情感分析系统实战

基于规则的文本情感分析系统具有极高的运行速度和简单的运算逻辑，适用于要求不高的中小型项目。

如同其他自然语言处理技术一样，基于深度学习的文本情感分析系统研发难度高，但是经过大规模数据与模型的训练后，其准确率要高于基于规则和统计的文本情感分析系统。

深度学习并不单指深度神经网络，我们之前介绍过，人类与动物的智力差距在于树突，而树突结构与计算机算法中的决策树概念极其相似。

在著名的 Kaggle 人工智能编程竞赛中，基于决策树的人工智能程序经常能超越基于深度神经网络的人工智能程序，拿到比赛冠军。本节就重点介绍基于决策树的深度学习技术，并以这种技术实现文本情感分析系统。

10.4.1　LightGBM 的安装与简介

在许多人工智能编程竞赛中，XGBoost 算法备受追捧。它是一种决策树算法，虽然准确性高，但是在海量训练集和高维度的环境下，其训练耗时会越来越长，内存占用也会越来越大。

2017 年 1 月，微软公司在 GitHub 上开源了一个新的机器学习工具 LightGBM（Light Gradient Boosting Machine），它是一种快速、分布式、高性能的基于决策树算法的梯度提升框架，可用于排序、分类、回归及很多其他的机器学习任务。其开源 3 天就在 GitHub 上获得了一千颗星。

LightGBM 官网地址为 https://LightGBM.readthedocs.io/en/latest/index.html。

在不降低准确率的前提下，LightGBM 的速度比 XGBoost 提高了 10 倍左右，占用的内存减少至原来的 1/3。

在详细介绍 LightGBM 算法之前，我们先通过一个小例子，简述决策树的基本概念。

一辆公交车上有 50 名乘客，现在让你站在司机旁边，观察每个乘客的外貌，并统计老人和年轻人的数量。

你通过皱纹数量判断，将皱纹多的归于老人，少的归于年轻人。也就是依据"是否有皱纹"这个特征将整个公交车的人进行了划分，形成了一个最简单的决策树，如图 10.2 所示。

但是，只靠"是否有皱纹"这一个特征，可能会分错，所以还要加入"是否拄着拐杖""是否有白发"等特征，如图 10.3 所示。

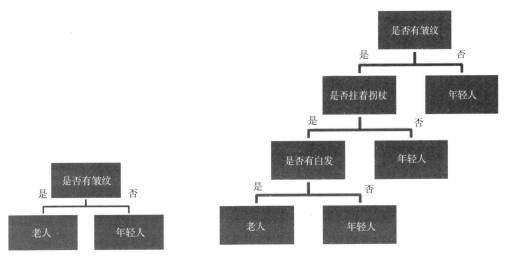

图 10.2 简单的决策树　　　　　　　　图 10.3 加入更多特征判断的决策树

这时候就出现了一个问题:究竟根据哪个指标划分更好呢? 先用哪个特征、后用哪个特征呢? 皱纹有多少条才算有皱纹? 白发占比多少才算有白发?

这时就要引入各种决策树生长算法和决策树特征选择算法了。

LightGBM 决策树算法主要的优势如下。

(1)叶向决策树(Leaf-wise tree growth):在决策树中是以叶节点表示分类的,这同深度神经网络输出层的 Sofrmax 激活函数类似。因此决策树学习算法就决定了其内存开销和运算速度。

如图 10.4 所示,在以往的决策树学习算法中,大部分决策树算法使用 Level-wise 算法,也就是同时分裂同一层的叶子,原先假设是 1 层,那么生长后就变成 2 层,从而进行多线程优化,不容易过拟合。但不加区分地对待同一层的叶子会带来很多不必要的开销,因为有很多叶子的分裂增益较低,并没必要进行搜索和分裂。

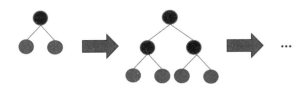

图 10.4 传统决策树生长的步骤

如图 10.5 所示,LightGBM 采用 Leaf-wise 生长策略,每次从当前所有叶子中找到分裂增益最大(一般也是数据量最大)的一个叶子,然后进行分裂,如此循环。因此,与同 Level-wise 相比,在分裂次数相同的情况下,Leaf-wise 可以降低更多的误差,得到更好的精度。Leaf-wise 的缺点是可能会产生比较深的决策树,产生过拟合。因此 LightGBM 在 Leaf-wise 之上又增加了一个最大深度的限制,用于保证在高效率的同时防止过拟合。

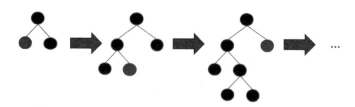

图10.5　叶向决策树生长步骤

当然,叶子生长并不是无限延伸的,所以在实际训练过程中会指定叶子生长的最大层数。这种限制了最大层数的叶向决策树生长算法,被称为带深度限制的叶向决策树。

(2)直方图算法(Histogram):传统的决策树采用Pre-sorted(预排序)方法来处理节点分裂,这样计算的分裂点虽比较精确,却增加了时间复杂度。

例如,XGBoost使用的是典型的Pre-sorted算法,其算法步骤如下。

①对所有特征按数值进行预排序。

②在每次的样本分割时,用时间复杂度为O(# data)的开销找到每个特征的最优分割点。

③找到最后的特征及分割点,并将数据分裂成左右两个子节点。

预排序算法能够准确找到分裂点,但其缺点如下。

①在空间复杂度和时间复杂度上有很大的开销。

②由于需要对特征进行预排序,并需要保存排序后的索引值(为了后续快速地计算分裂点),因此,内存应为需要训练数据的两倍。

③在遍历每一个分割点时都需要进行分裂增益的计算,因此消耗较大。

为了解决这个问题,LightGBM选择了基于直方图的算法。相比于预训练算法,直方图在内存消耗和计算代价上都有不少优势。

如图10.6所示,基于直方图的算法原理是将连续的浮点特征离散成k个离散值,并构造宽度为k的直方图,这个过程被称为装箱。例如,假设公交车上的人都有白发这个特征,其中一群人的连续浮点特征值为[0.0,0.1],也就是白发占比为10%以内;另一群人的连续浮点特征值为[0.1,1.0],也就是白发占比为10%以上,在装箱过程中,LightGBM会遍历训练数据,统计每个离散值在直方图中的累计统计量,最终会把[0.0,0.1]装箱为0(映射为离散值),而另一个[0.1,1.0]可能会映射为1,相当于一个区间的值都会被装到一个箱子里,后续决策树在进行特征选择时,只需要根据直方图的离散值遍历寻找最优的分割点即可。

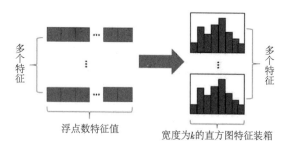

图10.6　连续浮点数装箱

使用直方图算法的优点如下。

(1)由于将浮点数改为装箱的编号,因此直方图算法与预排序算法相比,内存占用得更少。直方图算法不需要额外存储预排序的结果,可以只保存特征离散化后的值,如图10.7所示。这个值一般用8位整型存储就足够了,内存消耗可以减少为原来的1/8。

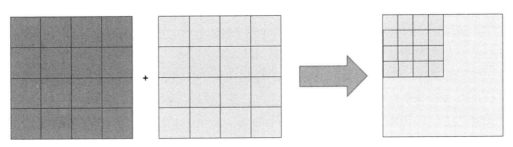

用32位整数存储索引,并且用32位浮点数存储特征值　　　　用8位整数存储特征离散值

图10.7　32位浮点数转换为8位整型的示例

(2)直方图算法在计算上的代价也可大幅降低。预排序算法每遍历一个特征值就需要计算一次分裂的增益,而直方图算法只需要计算 k 次(k 可以认为是常数),时间复杂度从 O(#训练记录数*#特征数)优化到 $O(k*\#$特征数)。

当然,直方图算法并不是完美的。由于特征被离散化后,找到的分割点并不是很精确,因此会对结果产生影响。但在不同的数据集上的结果表明,离散化的分割点对最终的精度影响并不是很大,甚至有时候会更好一点。具体原因是:①决策树本来就是弱模型,分割点是不是精确并不重要;②较粗的分割点也有正则化的效果,可以有效地防止过拟合;③即使单棵树的训练误差比精确分割的算法稍大,在梯度提升(GradientBoosting)的框架下也没有太大的影响。

LightGBM 的主要特点就是直方图算法,更多关于 LightGBM 的介绍可以参考其官方中文文档,网址为 https://LightGBM.apachecn.org/#/。

在 Python 中安装 CPU 版本的 LightGBM 方法非常简单,只需要一行命令即可。

```
pip install LightGBM
```

而GPU的安装方法则稍微复杂一点,在Linux操作系统中,其安装步骤如下。

1. 安装软件依赖

```
sudo apt-get install --no-install-recommends git cmake build-essential libboost-
dev libboost-system-dev libboost-filesystem-dev
pip install setuptools wheel numpy scipy scikit-learn -U
```

2. 安装 GPU 版本的 LightGBM

```
sudo pip3 install LightGBM --install-option=--gpu --install-option="--opencl-
include-dir=/usr/local/cuda/include/" --install-option="--opencl-library=/usr/
local/cuda/lib64/libOpenCL.so"
```

在Windows系统中,GPU 的安装步骤参考 https://LightGBM.readthedocs.io/en/latest/GPU-Windows.html。

10.4.2　掌握LightGBM的使用方法

机器学习中有个知名的训练数据集，叫作鸢尾花(iris)数据集。iris数据集中包含150个样本，对应数据集的每行数据。每行数据包含每个样本的四个特征和样本的类别信息，所以iris数据集是一个150行5列的二维表。

这个数据集是用来给花做分类的数据集，其中每个样本包含的内容如下。

四个特征值：花萼长度、花萼宽度、花瓣长度、花瓣宽度。

一个标签值：花的分类，即山鸢尾花、变色鸢尾花，还是维吉尼亚鸢尾花。

也就是说，每个样本有5列数据，前4列是特征，最后1列是花朵分类。

下面就使用LightGBM对iris数据集进行深度学习。新建一个名为"LightGBM"的文件夹，并在其中新建一个名为"iris分类实战.py"的源码文件，并在其中键入如下代码。

```
01  from sklearn.model_selection import train_test_split
02  import numpy as np
03  from sklearn.metrics import accuracy_score
04  # 加载iris数据
05  iris = datasets.load_iris()
06  # 划分训练集和测试集
07  x_train, x_test, y_train, y_test = train_test_split(iris.data, iris.target, test_size=0.3)
```

代码第07行使用sklearn.model_selection中的train_test_split方法，将数据集中的70%作为训练数据，30%作为测试数据。返回结果有4个，具体内容如下。

(1)x_train：用于训练。由于数据集中共有150条数据，因此切分后，70%的训练集就是105行。由于特征是4个，因此训练集就是105行4列的数据集。

(2)x_test：用于测试。原理同上，由于30%被用于测试，因此测试集是45行4列的数据集。

(3)y_train：用于训练目标。目标值只有1列，表示花朵分类，行数与训练集一致，所以测试集是105行1列的数据集。

(4)y_test：用于测试目标。由于目标值只有1列，行数与测试集一致，因此测试集是45行1列的数据集。

```
08  # 转换为Dataset数据格式
09  train_data = lgb.Dataset(x_train, label=y_train)
10  validation_data = lgb.Dataset(x_test, label=y_test)
11  # 设置LightGBM参数
12  params = {
13      'learning_rate':0.05, #学习率
14      'lambda_l1':0.1,    #L1正则化lambda参数
15      'lambda_l2':0.2,    #L2正则化lambda参数
16      'max_depth':4,      #树深度
17      'objective':'multiclass',   # 目标函数
18      'num_class':3 #分类数量
```

```
19  }
20  # 模型训练
21  gbm = lgb.train(params, train_data, valid_sets=[validation_data])
22  # 模型预测
23  y_pred = gbm.predict(x_test)
24  y_pred = [list(x).index(max(x)) for x in y_pred]
25  print(y_pred)
26  print(y_test)
27  # 模型评估
28  print(accuracy_score(y_test, y_pred))
```

代码第09行和第10行构造用于LightGBM训练和测试的专用数据集对象。

代码第12行开始设置LightGBM的决策树参数,其参数设置的好坏决定了最终的训练效果。

常见的参数与用途及注意事项如下。

1. 针对带深度限制的Leaf-wise叶子生长策略参数

LightGBM 使用 Leaf-wise 的树生长策略,而很多其他流行算法采用Depth-wise 的树生长策略。与 Depth-wise 的树生长策略相较,Leaf-wise算法收敛得更快。但是,如果参数选择不当的话,Leaf-wise 算法有可能导致过拟合。

想要在使用Leaf-wise算法时得到好的结果,有3个重要的参数需要注意。

(1)num_leaves:这是控制树模型复杂度的主要参数。理论上,借鉴 Depth-wise 树时可以设置 num_leaves = 2^(max_depth),但这种简单的转化在实际应用中表现不佳。这是因为,当叶子数目相同时,Leaf-wise 树要比 Depth-wise 树深得多,这就有可能导致过拟合。因此,在调整 num_leaves 的取值时,应该让其小于 2^(max_depth)。

(2)min_data_in_leaf:这是处理 Leaf-wise 树过拟合问题的一个非常重要的参数。它的值取决于训练数据的样本个数和num_leaves。若将其设置得较大可以避免生成一个过深的树,但又有可能导致欠拟合。实际应用中,大数据集设置为几百或几千就足够用了。

(3)max_depth:可以利用 max_depth 来显式地限制树的深度。

2. 针对更快的训练速度

(1)通过设置 bagging_fraction 参数和 bagging_freq 参数来使用 Bagging 方法。

(2)通过设置 feature_fraction 参数来使用特征的子抽样。

(3)使用较小的 max_bin。

(4)使用 save_binary 在未来的学习过程对数据加载进行加速。

(5)使用并行学习,可参考其官网的并行学习指南。

3. 针对更好的准确率

(1)使用较大的 max_bin(学习速度可能变慢)。

(2)使用较小的 learning_rate 和较大的 num_iterations。

(3)使用较大的 num_leaves(可能导致过拟合)。

(4)使用更大的训练数据。

(5)尝试 Dart 算法。

4. 处理过拟合

(1)使用较小的 max_bin。

(2)使用较小的 num_leaves。

(3)使用 min_data_in_leaf 和 min_sum_hessian_in_leaf。

(4)通过设置 bagging_fraction 参数和 bagging_freq 参数来使用 bagging。

(5)通过设置 feature_fraction 参数来使用特征子抽样。

(6)使用更大的训练数据。

(7)使用 lambda_l1、lambda_l2 和 min_gain_to_split 来使用正则。

(8)尝试使用 max_depth 来避免生成过深的树。

设置好参数后，即可调用代码第21行中的 lgb.train 方法，对决策树进行训练。

```
21  gbm = lgb.train(params, train_data, valid_sets=[validation_data])
```

这个方法常见的参数有3个：第1个参数是 LightGBM 的配置；第2个是训练数据集；第3个是测试数据集。

训练完毕后，调用 gbm.predict(x_test) 方法即可对测试集进行预测。

预测结果就是每个分类的概率，如下所示，一共有3个分类，所以每条数据都会输出3个结果，分别是3个分类的概率，每组概率中最大的就是预测出的分类。

```
[0.99407706 0.00416083 0.00176211]
[0.00573223 0.98809078 0.00617699]
[0.02635547 0.69462856 0.27901597]
[0.00579096 0.9871425  0.00706654]
...
```

为了将预测结果转换为与目标一致的格式，可以使用代码第24行的方式，把概率最大的索引作为分类编号。

```
24  y_pred = [list(x).index(max(x)) for x in y_pred]
```

最后，将预测值与目标值传入 sklearn.metrics 的 accuracy_score 方法中，即可得出准确率。

程序整体运行结果如下。

```
[2, 0, 1, 1, 0, 0, 1, 2, 0, 2, 1, 0, 1, 1, 0, 1, 0, 1, 2, 1, 2, 0, 1, 0, 2, 0,
1, 0, 2, 2, 0, 0, 2, 1, 0, 1, 0, 1, 2, 1, 1, 0, 2, 0, 1]
[2 0 2 1 0 0 1 2 0 2 1 0 1 1 0 1 0 2 2 1 2 0 1 0 2 0 1 0 2 2 0 0 2 1 0 1 0 2 2 1
1 0 2 0 1]
0.9777777777777777
```

从运行结果可以看出，最终预测结果被转换为分类编号，并与目标分类进行比较后，得出的准确率约等于97.8%。

10.4.3　Kaggle人工智能算法竞赛平台的使用方法

Kaggle不仅是知名的数据科学竞赛平台,还提供数据库托管、代码编写和分享等服务,在这个平台上,企业和研究者可发布数据和问题,并提供奖金给能解决问题的人。这个平台面向以下两类人群。

(1)需求方(政府、企业):可以把实际工作中的难题发布到平台上,并用高额奖金吸引参赛者通过编程的方式,解决这些难题。

(2)参赛者:他们组队参与项目,针对其中一个问题提出解决方案,并且编写代码。最终由需求方选出最佳方案,并支付奖金。

除此之外,Kaggle官方还会定期举行大赛,奖金高达100万美元,吸引了广大的数据科学爱好者参与其中。

从上述介绍可以看出,在这个平台上,工作经验和学历并不重要,每个有能力的开发者都可以通过这个平台展现自己的编程能力,企业也可以从中挖掘优秀的人才。而技术一般的开发者、创业者、中小型企业,也可以从这个平台上找到很多优秀代码,稍加改善就可以使用了。

打开Kaggle地址 https://www.kaggle.com/,如图10.8所示,左侧列出了主要内容,分别是Home(主页)、Compete(竞赛)、Data(数据集)、Notebooks(代码库)、Discuss(讨论组)、Courses(课程)、Jobs(工作)。

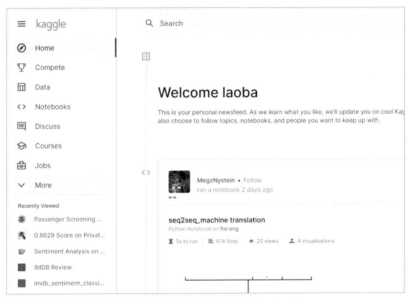

图10.8　Kaggle主页

Kaggle最主要的内容是竞赛,如图10.9所示。竞赛类型分为以下7种,每种竞赛对参赛者的要求都不同。

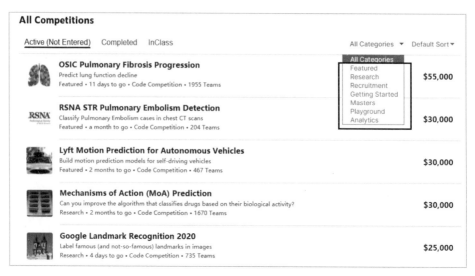

图 10.9　Kaggle 平台竞赛列表

1. Getting Started(入门项目)

此项指入门级的、没有奖金的新手项目，主要包含以下 3 个题目。

（1）Titanic：其灵感来自经典电影《泰坦尼克号》。船快沉了，大家都惊恐逃生，可是救生艇的数量有限，无法人人都有，所以是否获救其实并非随机，而是有等级先后的。训练和测试数据是尝试根据一些乘客的个人信息及存活状况生成合适的模型，预测其他人的存活状况。

（2）House prices：房价预测，提供 79 个特征，然后根据这些特征预测房价。

（3）Digits Recognizer：手写识别，这就是在 Keras 中讲过的数字手写识别。

2. Playground(游乐场)

此项指一些趣味性的比赛，奖励可能是奖金或荣誉，但不能获得奖牌。

3. Featured(商业特定竞赛)

此项指为解决政府或商业特定问题而设立的比赛，奖金高且竞争激烈，可获得金、银、铜牌的奖励。如图 10.10 所示，某项目悬赏高达 150 万美元。

4. Research(研究类竞赛)

此项致力于解决科研界、学术界的前沿问题，这些竞赛偏向于实验和探索，难度非常高，但是竞争并不激烈，获胜者可以获得荣誉奖励或参加行业论坛的机会。

5. Recruitment(应聘竞赛)

此项指政府和企业为了选拔人才而举行的竞赛，在比赛结束时，感兴趣的参与者可以上传其简历，寻找工作机会。

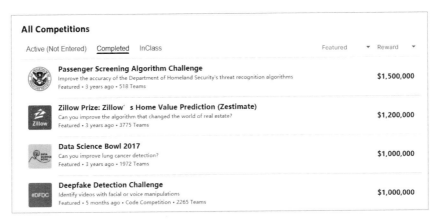

图 10.10　Kaggle 平台竞赛列表中的商业特定需求

6. Masters(大师赛)

此项指只有大师才能参加的比赛。参赛者需要通过其他项目积累战绩,并受到邀请后才能参加。

7. Analytics(数据分析)

此项指与数据分析相关的比赛,如根据离职员工问卷分析员工离职原因,或研究出一种调研方法增加受访者的答题概率等。

对于初学者,可以先从 Getting started 或 Playground 开始,了解 Kaggle 的规则和流程后,再选择其他竞赛。

Kaggle 中有很多高手写的代码,当我们的产品经理或客户提出需求后,我们根据这些需求查到对应的解决方案和代码,可以极大地提高开发速度和增强自己的编码能力。

打开 Kaggle 的 Notebooks 页面,如图 10.11 所示,通过最上方的搜索栏就可以找到相应的代码和说明。页面中央的列表上方,可以按照分类、输出方式、编程语言、标签进行筛选。

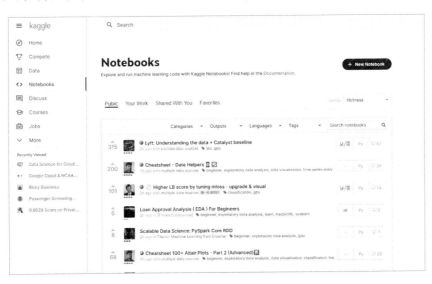

图 10.11　Kaggle 的 Notebooks 页面

在编程语言（Languages）中选择 Python，并在标签（Tags）中选择 LightGBM，即可找到最受欢迎的 LightGBM 实现代码了。

10.4.4　使用 LightGBM 实现情感分析实战

下面用 LightBGM 来实现一个情感分析系统。在大众点评、美团、饿了么或 Yelp 等移动互联网巨头的程序中，用户在购买商品或服务之后，会留下评分与评论，如果把评分作为目标（情绪分数），把评论作为特征，即可使用 LightGBM 训练出情感分析系统。

目前国内开放的数据集很少，在全球开放的数据集中，Yelp 公司的用户评论数据集很适合学习，下面就以这个数据集为例进行讲解。

Yelp 是全球最大的点评网站之一，位列世界 500 强的第 400 位上下。其数据集地址为 https://www.yelp.com/dataset/documentation/main。

下载后，解压得到一个名为"yelp_dataset"的文件，这个文件无法直接使用，还需要更改文件名，并添加 .zip 后缀，然后再解压，这时就会得到一些 JSON 文件和一个 PDF 说明文件。

其中，"yelp_academic_dataset_review.json"存储了 800 多万条用户评论，文件有 7G 左右。使用 UltraEdit 打开后，其内容如图 10.12 所示。

图 10.12　JSON 格式的评论文件

复制一条评论出来，可以看到其 JSON 字符串如下。

```
{"review_id":"sgTnHfeaEvyOoWX4TCgkuQ","user_id":"A0j21z2Q1HGic7jW6e9h7A",
"business_id":"9Jo1pu0y2zU6ktiwQm6gNA","stars":4.0,"useful":24,"funny":19,
"cool":20,"text":"Coconut's Fish Cafe is a fantastic, Five Stars fish cafe.
\n\nThe five of us drove here on our lunch hour and lucky us, there were only a
few customers in line. Nice!  A good sign, when UR working against a clock.
\n\nI ordered the Póke (Photo) for $11.99 which was outstanding.  I love fresh
Tuna and Coconut's might be some of the best I've every had.  Order it and see!
\n\nMy coworkers ordered, the Chicken Tacos for $11.99, Steak Tacos (Photos)
for $11.49, Fish Taco for $10.99 and a cup of Chowder for $5.74. Add in a few
IPAs, or soft drinks and we all averaged about $15 each.\n\nI tried my friend
Josh's Fish Tacos and his was great, too.  So why they Four Star review,
```

Georgie? Well the non fish group thought theirs was average. Okay, so you go to a place called Coconut's Fish Cafe and you order chicken and steak? I'm sorry, that is so LOL. \n\nStep away from the meat taco guys and no one will get hurt! Order the Poke, Fish or Shrimp Tacos and you'll fall in love with Coconut's Fish Cafe as I did.\n\nEnjoy!","date":"2016-12-04 03:15:21"}

将这段JSON文件复制到在线解析器中，可以更清晰地理解其数据结构，如图10.13所示。

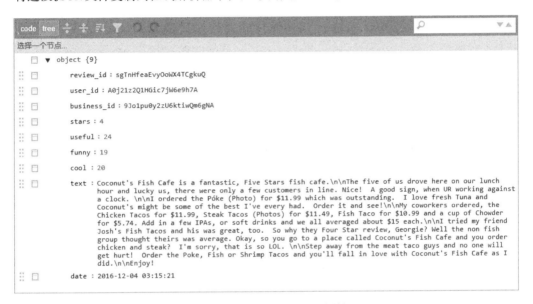

图10.13　解析后的一条评论数据

这个结果还需要结合Yelp官网上的评论页面来理解，如图10.14所示。

图10.14　Yelp官网评论页面

可以看到，一条评论包含以下重点内容。

（1）文本：点评者对于商品或服务的评价文本，在JSON数据中以text节点表示。

（2）评分：点评者对于商品或服务的评分，评分可以理解为用户的情绪分数，在JSON数据中以stars节点表示。

(3)参考性得分：表示这条评价对他人是否有帮助，这个得分是其他人评价的，在 JSON 数据中以 useful 节点表示。如果使用这个分数作为目标，进行训练后，可以开发出"参考性评估系统"。

(4)趣味性得分：表示这条评价的趣味程度，这个得分是其他人评价的，在 JSON 数据中以 funny 节点表示。如果使用这个分数作为目标，进行训练后，可以开发出"笑话等级评估系统"。

(5)炫酷性得分：表示这条评价的"炫酷"程度，这个得分是其他人评价的，在 JSON 数据中以 cool 节点表示。如果使用这个分数作为目标，进行训练后，可以开发出"炫酷等级评估系统"。

如果用 3 个得分同时训练，就成为一个综合性的"情绪、笑话等级、炫酷等级评价系统"了，这个数据集还是很有趣的。

接下来，把已下载的"yelp_academic_dataset_review.json"文件复制到建立好的 LightGBM 文件夹下，并且新建一个名为"LightGBM 情感分类实战 .py"的源码文件，在其中分两步键入如下代码。

1. 评论数据预处理步骤

```
01      #把英文中的特殊符号去掉,只保留字母
02   def preprocess_sentence(s):
03       s=s.lower()
04       s = re.sub(r"[^a-z]+", " ", s)
05       s = s.rstrip().strip()
06       return s
```

方法 1：通过在机器翻译系统实战中用过的英文预处理方法，可以将无用的特殊字符去掉，只保留字母，并且将所有字母转换为小写。

```
07   #把评论文本和标签存储为csv文件
08   def list_to_csv(contents,labels,path):     #输入为文本列表和标签列表
09       columns = ['contents', 'labels']
10       save_file = pd.DataFrame(columns=columns, data=list(zip
(contents, labels)))
11       save_file.to_csv(path, index=False, encoding="UTF-8")
```

方法 2：将评论内容、评分这两列转换为 Pandas 的 DataFrame 格式，并且使用 DataFrame 的 to_csv 方法，将其存储在方法参数中的指定文件里。

```
12   #完整数据预处理方法
13   def prepare_csv(path,top,path2):
14       labels=[]
15       txts=[]
16       i=1
17       with open(path,'r',encoding='UTF-8') as f:
18           for line in f.readlines():
19               result_dict = json.loads(line)
20               s=preprocess_sentence(result_dict['text'])
21               l=0
22               if int(result_dict['stars'])>2:
23                   l=1
24               txts.append(s)
```

```
25              labels.append(l)
26              if i==top:
27                  break
28              i+=1
29      list_to_csv(txts,labels,path2)
```

方法3:其中包含3个参数,具体内容如下。

(1)path:JSON评论文件的路径和文件名。

(2)top:由于文件中有800万条评价,全部读取会消耗很多时间,训练时如果配置不够还会报错,所以设置top参数来限制处理评论的条数。读者可以根据计算机的配置选择合适的设置。

(3)path2:设置路径,用于存储csv格式的JSON数据预处理结果。

这个方法需要使用JSON文件的读取方法,依次读取包含用户评论的大文件,每读一条评论的Json,就进行以下操作。

①将JSON的txt节点中存储的用户评论文本,经过已定义的preprocess_sentence方法处理后,追加到代码第15行定义的txts列表中。

②判断JSON的stars节点中存储的用户评分,如果评分大于2,则将此评论的情绪得分设置为1,表示正面情绪;反之则为0,表示负面情绪。将处理后的情绪评分追加到代码第14行定义的labels列表中。

在处理完所有评论或达到方法参数限制的条数后,再调用已定义的list_to_csv方法,将处理好的数据存储为csv格式,供后续LightGBM代码调用。

2. 使用LightGBM进行训练

```
30  if __name__ == '__main__':
31      #第一次用完后就注释掉数据预处理代码,使用其生成的csv文件即可
32      prepare_csv('yelp_academic_dataset_review.json',10000,'yelp10000.csv')
```

调用第一步定义的方法,提取JSON数据集中的评论文本和情绪分数,并生成csv文件。后续读者在调试LightGBM参数时,就不必再次生成csv了。注释掉第32行代码,直接使用上次生成的csv文件即可。

```
33      train_data = pd.read_csv('yelp10000.csv', sep=',', names=
['contents', 'labels'],skiprows=1).astype(str)
34      x_train, x_test, y_train, y_test = train_test_split(train_data
['contents'], train_data['labels'], test_size=0.1)
```

读取csv文件,取10%为测试集和90%为训练集。训练集和测试集必须分开,否则就是"开卷考试"了。

```
35      to_int = lambda x:int(x)
36      x_train = x_train
37      y_train = np.array(y_train.apply(to_int))
38      x_test = x_test
39      y_test = np.array(y_test.apply(to_int))
```

定义Lambda函数,将标签数据转化为int类型。

```
40    # 将评论文本转化为词袋向量
41    vectorizer = CountVectorizer(max_features=5000)
42    tf_idf_transformer = TfidfTransformer()
43    #根据词向量统计TF-IDF
44    tf_idf = tf_idf_transformer.fit_transform(vectorizer.fit_transform
(x_train))
45    x_train_weight = tf_idf.toarray()   # 训练集TF-IDF权重矩阵
46    tf_idf = tf_idf_transformer.transform(vectorizer.transform(x_test))
47    x_test_weight = tf_idf.toarray()   # 测试集TF-IDF权重矩阵
```

使用 CountVectorizer 方法设置词汇表，只需考虑每个单词出现的频率，再构成一个特征矩阵，每一行表示一个训练文本的词频统计结果。它的思想是，所有训练文本不考虑出现顺序，只将训练文本中每个出现过的词汇单独视为一列特征，构成一个词汇表（vocabulary list）。该方法又称为词袋法（Bag of Words）。

使用 tf_idf_transformer.fit_transform 方法，根据之前设置的词汇表参数和训练集生成 IF-IDF 权重矩阵。IF-IDF 的概念我们在之前介绍过，这里不再赘述。测试集的数据也使用同样方法处理。

```
48    # 创建LightGBM数据集。
49    lgb_train = lgb.Dataset(x_train_weight, y_train)
50    lgb_val = lgb.Dataset(x_test_weight, y_test, reference=lgb_train)
51    # 配置LightGBM参数
52    params = {
53    'max_depth':12,
54    'num_leaves':2048,
55    'learning_rate':0.05,
56    'objective':'multiclass',
57    'num_class':2,
58    'verbose':-1
59    }
60    # 设置训练轮数
61    num_boost_round = 1000
62    # 开始训练
63    gbm = lgb.train(params, lgb_train, num_boost_round, verbose_eval=
100, valid_sets=lgb_val)
64    # 预测数据集
65    y_pred = gbm.predict(x_test_weight, num_iteration=gbm.best_iteration)
```

接下来就是构建 LightGBM 数据集，配置参数，进行训练了。该方法在 9.4.2 节讲过，这里不再赘述。

```
66    y_predict = np.argmax(y_pred, axis=1)   # 获得最大概率对应的标签
67    label_all = ['负面', '正面']   #设置标签名称
68    confusion_mat = metrics.confusion_matrix(y_test, y_predict)
69    df = pd.DataFrame(confusion_mat, columns=label_all)
70    df.index = label_all
71    print('训练后,评估准确率:', metrics.accuracy_score(y_test, y_predict))
72    print('评估报告:', metrics.classification_report(y_test, y_predict))
```

训练完毕后,就是评估环节,最终输出结果如下。

```
训练后,评估准确率:0.9
评估报告:        precision     recall      f1-score     support
0                0.84         0.70        0.76         230
1                0.91         0.96        0.94         770
accuracy                                  0.90         1000
macro avg        0.88         0.83        0.85         1000
weighted avg     0.90         0.90        0.90         1000
```

可见,即便只用10000条评论进行训练,准确率也可达到90%。

10.4.5　Paddle EasyDL平台ERNIE深度神经网络训练实战

除了LightGBM外,我们还可以使用成熟的商业人工智能进行情感分类。下面使用EasyDL训练一个电商行业评论分类的深度神经网络。

首先打开网址 https://ai.baidu.com/easydl/pro/app/dashboard,进行注册登录。然后登录EasyDL专业版,如图10.15所示,选择"全部训练任务"选项,再单击"创建项目"选项。

图10.15　EasyDL专业版创建项目路径

输入模型名称,技术方向选择"自然语言处理"选项,任务类型选择"单文本单标签"选项,应用场景选择"电商行业的评论分类"选项。在功能描述中输入100字以内的文字,然后单击"创建项目"按钮。

图 10.16　EasyDL 创建项目页面

在创建好的项目中选择"新建任务"选项。在"配置任务"页面中可以看到,百度的 ERNIE 2.0 已投入商用了。ERNIE 2.0 的功能非常强大,通过与现有的 SOTA 预训练模型,在 9 个中文数据集及英文数据集合 GLUE 上进行效果比较,结果表明,ERNIE 2.0 模型在英语任务上几乎全面优于 BERT 和 XLNet,在 7 个 GLUE 任务上取得了最好的结果;在中文任务上,ERNIE 2.0 模型在所有 9 个中文 NLP 任务上全面优于 BERT。

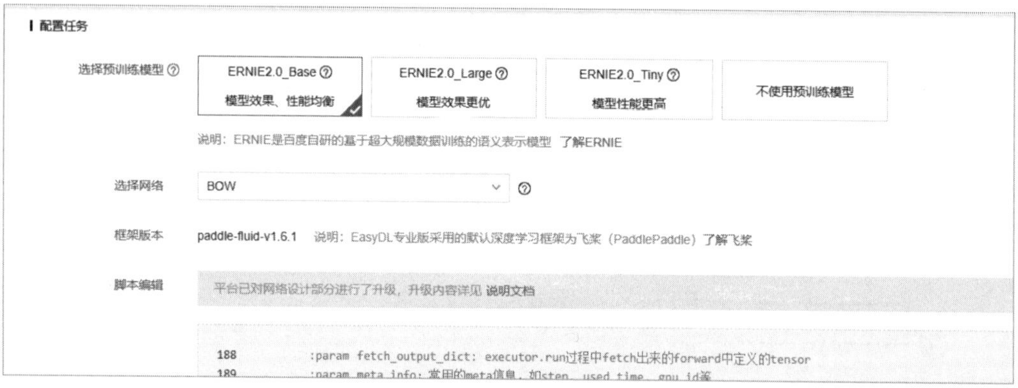

图 10.17　创建任务页面

继续设置神经网络。主流的网络都在这里,遇到不懂的问题,可以单击"问号"图标寻求帮助,即可看到各种主流深度神经网络的名称和简介。

选择完成后会自动生成 Python 代码。选择数据集,假如有大量的用户评论需要训练,而平台提供的默认数据集满足不了要求,这时可以选择配套的 EasyData,它可提供数据采集、清洗、标注的一站式服务。

最后单击"提交任务"按钮。目前 GPU:V100 16GB VMem,CPU:12 Cores 56GB Memory 是免费的,

提交任务后,等待几个小时,就可以完成训练了。

10.4.6　EasyDL 电商行业评论情绪分类系统部署

既然是零门槛,那么神经网络部署也是"傻瓜"式的,如图 10.18 所示。

图 10.18　部署深度神经网络

训练成功后,单击"部署"按钮,选择部署方式,分别有公有云 API、私有服务器部署、通用设备端 SDK、专项硬件适配 SDK。目前这种模型只允许使用公有云 API。定义一个接口地址,笔者定义的是 https://aip.baidubce.com/rpc/2.0/ai_custom_pro/v1/text_cls/nlp73。

部署完毕后,在 EasyDL 专业版控制台右侧菜单中,选择"我的服务"选项,找到刚刚部署的服务,然后选择"服务详情"选项,再单击"立即使用"按钮,这时会跳转到百度智能云控制台的应用列表。单击"创建应用"按钮,创建应用时选择已定义好的服务,创建完毕后,即可看到 API Key 和 Secret Key,把它们记下来。

打开 VSCode,新建一个名为"EasyDL"的文件夹,在其中建立一个名为"电商行业评论分类实战.py"的源码文件。

为了调用刚刚部署好的服务,在其中键入如下代码。

```
01  # encoding:UTF-8
02  import requests
03  import urllib
04  import json
05  host = 'https://aip.baidubce.com/oauth/2.0/token?grant_type=client_
    credentials&client_id=L***nTeWBoU&client_secret=75HOi68Mu***qPyFLa81gU'
06  response = requests.get(host)
07  data = response.json()
08  AccessToken=data['access_token']
09  url = 'https://aip.baidubce.com/rpc/2.0/ai_custom_pro/v1/text_cls/nlp73' + '?
```

```
   access_token='+ AccessToken
10   # 消息头
11   headers = {
12       'Content-Type' :'application/json'
13   }
14   data = {"text":'商品质量好,很满意', "top_num":2}
15   request = requests.post(url,headers= headers, data=json.dumps(data))
16   print(json.loads(request.content))
17   data = {"text":'商品质量差,不满意', "top_num":2}
18   request = requests.post(url,headers= headers, data=json.dumps(data))
19   print(json.loads(request.content))
```

代码第 05 行的 API 地址要替换为你之前自定义的地址。

其中 client_id 和 client_secret 类似于用户名密码,要替换为已保存的 API Key 和 Secret Key。

代码第 11~13 行是定义消息头。HTTP 消息头是在客户端发出请求(Request)或服务器响应(Response)时传递的,位于请求或响应的第一行,HTTP 消息体(请求或响应的内容)是其后传输的。HTTP 消息头以明文的字符串格式传送,是以冒号分隔的键/值对,如 Accept-Charset:UTF-8,每一个消息头都以回车符(CR)或换行符(LF)结尾。HTTP 消息头结束后,会用一个空白的字段来标识,这样就会出现两个连续的 CR-LF。此外,HTTP 消息头支持自定义,自定义的专用消息头一般会添加'X-'前缀。

标准的消息头有 300 多种,这里只列出常用的 10 种。

(1)Host:主机和端口号。

(2)Connection:连接类型。

(3)Upgrade-lnsecure-Requests:升级为 https 请求。

(4)User-Agent:浏览器名称。

(5)Accept:传输文件类型。

(6)Referer:页面跳转处。

(7)Accept-Encoding:文件编解码格式。

(8)Cookie:Cookie:保存在客户机中的配置文件。

(9)x-requested-with:XMLHttpRequest(Ajax 异步请求)。

(10)Content-Type:客户端告诉服务器实际发送的数据类型。

设置 Content-Type 的值为 application/json,那么服务器和客户端就约定了,Data 对应的是 JSON 对象。输出结果如下。

```
{'log_id':4929563753530586290, 'results':[{'name':'1', 'score':
0.9965983033180237}, {'name':'0', 'score':0.003401725087314844}]}
{'log_id':921653738494879370, 'results':[{'name':'0', 'score':
0.9981902241706848}, {'name':'1', 'score':0.0018098208820447326}]}
```

分类 1 是正面,0 是负面。对于第一句话"商品质量好,很满意",对应的分类标签 1 的分数是 0.99,分类 0 的标签分数是 0.003。对于第二句话"商品质量差,不满意",对应的分类标签 0 的分数是 0.99,分类 1 的标签分数是 0.0018。

10.5　小结

本章介绍了文本情感分析系统的原理及实战代码。

在没有人工标注数据集的前提下,使用基于规则的方法,依靠情绪词典,可以快速实现情感分析功能。但是基于规则的方法被限制在词典中,如果出现新词汇,则需要进行人工维护,工作量大且容易出错。

当项目运行一段时间,积累了大量文本后,就可以对文本进行手工标注,然后使用深度学习的方法训练情感分析系统,达到更高的准确率。

在 LightGBM 实战环节中介绍了 Yelp 评论数据集,并进行了情感分析训练。这个数据集很经典,用途很广,感兴趣的读者可以进一步挖掘数据集的价值,举例如下。

(1)采用更大的数据集,通过调整参数,训练出准确率更高、可以商用的强大的情绪分析系统。

(2)用 funny 节点作为目标,进行训练后,开发出"文本幽默等级评估系统"。

(3)用 cool 节点作为目标,进行训练后,开发出"炫酷等级评估系统"。

(4)使用所有与分数相关的节点,开发出"炫酷、幽默、正负面情绪分析系统"。

(5)从下载的 Yelp 其他数据集中,获取地理位置、商品或服务分类等新的特征值,结合评论进行训练,以达到更准确的效果。

第11章

电话销售语义分析系统实战

为了避免在激烈的市场竞争中被淘汰,企业必须采用新的营销管理方法,降低成本,扩大销售,为企业获取更多的利润。而人工智能技术恰恰能为传统的电话销售工作赋能。

例如,企业可以使用自然语言处理技术对通话录音进行保存,以备在后续销售纠纷中作为证据;还可以将录音转化为文本,进行用户特征抽取、时间抽取、销售意向分析,不仅节省了手工记录的工作量,还能提高准确率;甚至可以为销售策略进行指导,优化销售流程,促进线索转化率。

本章重点介绍如何使用自然语言处理技术实现对电话销售语义的分析。本章涉及的知识点比较多,但由于采用的都是开源或互联网巨头提供的人工智能云服务,因此初学者也能轻松掌握。

本章主要涉及的知识点

- ♦ pyAudio录音技术实战
- ♦ 录音文件转文本技术实战
- ♦ 词频与相似度计算原理
- ♦ 词频与相似度提速实战
- ♦ 销售环节语义识别与用户特征抽取实战
- ♦ 销售意向分析与其他特征抽取实战

11.1 掌握语音识别技术

无论是用户特征提取,还是销售意向分析,都需要文本。本节讲述如何使用开源技术进行录音,以及如何使用商业技术将录音文件转化为文本。

相对于自然语言理解与自然语言生成技术,语音识别(ASR)技术比较成熟,有很多开源或商业技术支持,即便是初学者也可以快速实现诸如通话录音、语音转文本等应用。

11.1.1 pyAudio 录音实战

电话呼叫中心系统(Computer Telecommunication Integration,CTI)是建立在互联网+电话网络基础上的企业呼叫系统,包括电话线路、呼叫设备、CTI 录音服务器、CTI 拨号软件等模块。如果企业的 CTI 系统比较成熟,就可以直接从 CTI 录音服务器中获取录音。

如果企业没有 CTI 录音服务器,则需要编写程序,对电话进行录音。在 Python 中,可以使用 pyAudio 进行录音,其安装方法非常简单,只需要输入如下代码即可进行安装。

```
pip install PyAudio
```

当然,这种安装方式可能会由于缺少依赖项而报错,另一种更好的安装方式如下。

```
conda install pyAudio
```

安装完毕后,新建一个名为"电话销售语义分析"的文件夹,并在其中新建一个名为"pyaudio 录音实战.py"的文件,键入如下代码。

```
01  import pyaudio
02  import wave
```

下面定义一个用于录音的方法,第一个参数是录音保存文件路径,第二个参数是录音时长。

```
03  def record_audio(wave_out_path,record_second):
04      CHUNK = 1024
```

其中 CHUNK 指存储的缓冲区大小,这里设置了每个缓冲区为 1024 帧,也就是每获取 1024 帧,就向文件里写入一次。

```
05      FORMAT = pyaudio.paInt16
```

FORMAT 指存储的音频解析度,也就是对声音的辨析度。就像表示颜色的位数一样(8 位二进制数可以表示 256 种颜色,16 位二进制数可以表示 65536 种颜色),有 8 位、16 位等。数越大,解析度就越高,录制和回放的声音也就越真实。

```
06      CHANNELS = 2
```

CHANGES指存储的声道数，这里设置为2，代表双声道。

```
07      RATE = 8000
```

RATE指存储的采样频率。采样频率是指将模拟声音波形进行数字化时，每秒钟抽取声波幅度样本的次数。根据奈奎斯特采样理论，为了保证声音不失真，采样频率应该在40kHz左右。常用的音频采样频率有8kHz、11.025kHz、22.05kHz、16kHz、37.8kHz、44.1kHz、48kHz等，但正常人听觉的频率范围大约在20Hz~20kHz，所以设置太高普通人也听不出区别。

```
08      p = pyaudio.PyAudio()
09      stream = p.open(format=FORMAT,
10          channels=CHANNELS,
11          rate=RATE,
12          input=True,
13          frames_per_buffer=CHUNK)
```

实例化PyAudio对象，并使用这个对象的open方法建立stream录音流对象。open方法的参数是已设置的音频解析度、声道数、采样频率。

```
14      wf = wave.open(wave_out_path, 'wb')
```

使用wave.open方法打开录音文件，录音文件格式为WAVE或WAV，它是微软与IBM公司开发的个人计算机存储音频流的编码格式，在Windows平台的应用软件受到广泛支持，在Python中通常使用Wave库来操作Wave音频对象，使用方法wave.open(声音文件地址，模式)可以打开WAV文件。

（1）声音文件地址就是WAV文件位置，如果地址中没有文件，则会自动创建一个WAV文件。

（2）模式指访问文件的模式，常见的模式"wb"为只写方式；"rb"为只读方式；"b"代表以二进制模式打开。

```
15      wf.setnchannels(CHANNELS)
16      wf.setsampwidth(p.get_sample_size(FORMAT))
17      wf.setframerate(RATE)
18      print("* recording")
19      for _ in range(0, int(RATE * record_second / CHUNK)):
20          data = stream.read(CHUNK)
21          wf.writeframes(data)  # 写入数据
```

代码第19行使用了for循环，循环次数=采样频率×录音秒数/缓冲区大小。假设录音秒数设置为10，那么循环次数就等于16000×10/1024=156次。

```
22      print("* done recording")
23      stream.stop_stream()    #停止流
24      stream.close()    #关闭流
25      p.terminate()    #停止录音
26      wf.close()    #关闭wave文件对象
```

以上代码完成了录音方法的定义，接下来使用if __name__=="__main__"的方法，对已定义的录音方法进行测试。

```
27  if __name__ == "__main__":
28      wav_path='test.wav'
29      record_audio(wav_path,10)
```

运行程序后,会先录制一段10秒的录音,在代码所在的目录下,会出现一个名为"test.wav"的录音文件,使用播放器即可听到录制结果。

如果没有CTI服务器或电话线路,则可以选择云呼叫中心产品,目前各大互联网巨头都可提供。

11.1.2 阿里语音识别技术实战

实现了录音功能后,还需要把录音转化为文本,才能进一步做语义分析,大多数人工智能云服务都支持录音转文本的服务。

接下来介绍一款流行的语音识别服务:阿里云AI平台。阿里云AI依托阿里顶尖的算法技术,结合阿里云可靠和灵活的云计算基础设施和平台服务,帮助企业简化IT框架,实现商业价值、加速数智化转型。阿里云AI拥有数十项AI能力,稳定、易用、能力突出,是AI技术应用开发的优秀平台。

阿里云官网地址为https://www.aliyun.com。

注册或使用支付宝登录,搜索"智能语音交互",即可找到智能语音交互服务,如图11.1所示。单击"立即开通"按钮,选择免费试用即可。

图 11.1 智能语音交互

开通了免费试用后,进入https://nls-portal.console.aliyun.com/overview,打开智能语音交互控制台。在页面中央位置选择"创建项目"选项,如图11.2所示,按步骤进行配置,单击"发布上线"按钮后即可创建语音识别项目。

图 11.2　项目功能配置

创建好项目后，一定要记住项目的 AppKey，另外，还要在控制台右上角单击头像图标，选择"AccessKey 管理"选项，获得 AccessKeyId 和 AccessKeySecret。

（1）AppKey：指项目 ID，让服务器知道是哪个项目调用了服务。

（2）AccessKeyId：类似于用户名，让服务器知道是谁调用了服务。

（3）AccessKeySecret：类似于密码，用于服务器验证用户身份。

为了在 Python 中与阿里云交互，需要安装阿里云 Python SDK 的核心库。

阿里云提供了 Pip 和 GitHub 两种安装方式，阿里云 Python SDK 支持的 Python 版本如下。

（1）Python 2.6 及以上。

（2）Python 2.7 及以上。

（3）Python 3 及以上。

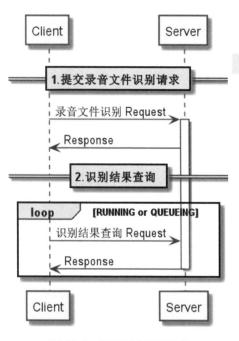

图 11.3　阿里语音识别流程

使用 pip 安装（推荐）：执行如下命令，通过 pip 安装 Python SDK，版本为 2.13.3。

```
pip install aliyun-Python-sdk-core==2.13.3
```

在"电话销售语义分析"文件夹下新建一个名为"阿里语音转文字.py"的源码文件，阿里语音识别服务采用 Http 协议，其运行步骤如下。

（1）创建并初始化 AcsClient 实例。

（2）创建录音文件识别请求，设置请求参数。

（3）提交录音文件识别请求，处理服务端返回的响应，并获取任务 ID。

（4）创建识别结果查询请求，设置查询参数为任务 ID。

（5）轮询识别结果。

其中第 3~5 步的详细运行流程如图 11.3 所示。

了解完运行流程，在"阿里语音转文字.py"中键入如下代码。

```
001  # -*- coding:utf8 -*-
002  import json
003  import time
004  from aliyunsdkcore.acs_exception.exceptions import ClientException
005  from aliyunsdkcore.acs_exception.exceptions import ServerException
006  from aliyunsdkcore.client import AcsClient
007  from aliyunsdkcore.request import CommonRequest
008  def fileTrans(akId, akSecret, appKey, fileLink) :
009      # 地域ID,固定值。
010      REGION_ID = "cn-shanghai"
011      PRODUCT = "nls-filetrans"
012      DOMAIN = "filetrans.cn-shanghai.aliyuncs.com"
013      API_VERSION = "2018-08-17"
014      POST_REQUEST_ACTION = "SubmitTask"
015      GET_REQUEST_ACTION = "GetTaskResult"
016      # 请求参数
017      KEY_APP_KEY = "appkey"
018      KEY_FILE_LINK = "file_link"
019      KEY_VERSION = "version"
020      KEY_ENABLE_WORDS = "enable_words"
021      # 是否开启智能分轨
022      KEY_AUTO_SPLIT = "auto_split"
023      # 响应参数
024      KEY_TASK = "Task"
025      KEY_TASK_ID = "TaskId"
026      KEY_STATUS_TEXT = "StatusText"
027      KEY_RESULT = "Result"
028      # 状态值
029      STATUS_SUCCESS = "SUCCESS"
030      STATUS_RUNNING = "RUNNING"
031      STATUS_QUEUEING = "QUEUEING"
032      # 创建AcsClient实例
033      client = AcsClient(akId, akSecret, REGION_ID)
034      # 提交录音文件识别请求
035      postRequest = CommonRequest()
036      postRequest.set_domain(DOMAIN)
037      postRequest.set_version(API_VERSION)
038      postRequest.set_product(PRODUCT)
039      postRequest.set_action_name(POST_REQUEST_ACTION)
040      postRequest.set_method('POST')
041      # 新接入请设置接口KEY_VERSION为4.0版本。
042      # 设置是否输出词信息,默认为false,开启时需要设置version为4.0版本。
043      task = {KEY_APP_KEY :appKey, KEY_FILE_LINK :fileLink, KEY_VERSION :"
4.0", KEY_ENABLE_WORDS :False}
044      # 开启智能分轨,如果开启智能分轨,就将task中的KEY_AUTO_SPLIT设置为True。
045      # task = {KEY_APP_KEY :appKey, KEY_FILE_LINK :fileLink, KEY_VERSION :"
4.0", KEY_ENABLE_WORDS :False, KEY_AUTO_SPLIT :True}
```

```
046        task = json.dumps(task)
047        print(task)
048        postRequest.add_body_params(KEY_TASK, task)
049        taskId = ""
050        try :
051            postResponse = client.do_action_with_exception(postRequest)
052            postResponse = json.loads(postResponse)
053            print (postResponse)
054            statusText = postResponse[KEY_STATUS_TEXT]
055            if statusText == STATUS_SUCCESS :
056                print ("录音文件识别请求成功响应！")
057                taskId = postResponse[KEY_TASK_ID]
058            else :
059                print ("录音文件识别请求失败！")
060                return
061        except ServerException as e:
062            print (e)
063        except ClientException as e:
064            print (e)
065        # 创建CommonRequest,设置任务ID。
066        getRequest = CommonRequest()
067        getRequest.set_domain(DOMAIN)
068        getRequest.set_version(API_VERSION)
069        getRequest.set_product(PRODUCT)
070        getRequest.set_action_name(GET_REQUEST_ACTION)
071        getRequest.set_method('GET')
072        getRequest.add_query_param(KEY_TASK_ID, taskId)
073        # 提交录音文件识别结果查询请求
074        # 以轮询的方式进行识别结果的查询,直到服务端返回的状态描述符为
"SUCCESS""SUCCESS_WITH_NO_VALID_FRAGMENT"
075        # 若为错误描述,则结束轮询
076        statusText = ""
077        while True :
078            try :
079                getResponse = client.do_action_with_exception(getRequest)
080                getResponse = json.loads(getResponse)
081                print (getResponse)
082                statusText = getResponse[KEY_STATUS_TEXT]
083                if statusText == STATUS_RUNNING or statusText =
= STATUS_QUEUEING :
084                    # 继续轮询
085                    time.sleep(10)
086                else :
087                    # 退出轮询
088                    break
089            except ServerException as e:
090                print (e)
```

```
091            except ClientException as e:
092                print (e)
093        if statusText == STATUS_SUCCESS :
094            print ("录音文件识别成功! ")
095        else :
096            print ("录音文件识别失败! ")
097        return
098    if __name__ == "__main__":
099        accessKeyId = "LTAI4GHfaqBdsU85huhyFtC1"
100        accessKeySecret = "9vECniRUCEFS9HXxvdqFDEbz0bRle9"
101        appKey = "spMZ1ynU8VPs7II2"
102        fileLink = "https://www.L8AI.com/p/test.wav"
103        # 执行录音文件识别
```

阿里云不支持本地录音文件识别,免费版可支持8k采样,所以需要把已录好录音文件传输到服务器,才能进行识别。

服务器可以购买阿里云对象存储 OSS 服务,每 G 每月为 0.12 元。

如果宽带供应商提供了固定 IP,那么自己架设一个文件服务器也可以。

程序运行结果如下。

```
{"appkey":"spMZ1ynU8VPs7II2", "file_link":"https://www.L8AI.com/p/test.wav",
"version":"4.0", "enable_words":false}
{'TaskId':'35fbe0ee056411ebaa916f231c83777c', 'RequestId':'E8644768-2C8B-414C-
9C02-183C0BCEF478', 'StatusText':'SUCCESS', 'StatusCode':21050000}
录音文件识别请求成功响应!
{'TaskId':'35fbe0ee056411ebaa916f231c83777c', 'RequestId':'9636AA76-BC11-42C5-
8FAE-71B24693C571', 'StatusText':'RUNNING', 'BizDuration':0, 'StatusCode':
21050001}
{'TaskId':'35fbe0ee056411ebaa916f231c83777c', 'RequestId':'90231E7C-6934-436D-
B254-CA9124BB28FA', 'StatusText':'SUCCESS', 'BizDuration':9984, 'SolveTime':
1601721353607, 'StatusCode':21050000, 'Result':{'Sentences':[{'EndTime':4890,
'SilenceDuration':0, 'BeginTime':1410, 'Text':'喂喂喂,测试测试,喂喂喂。',
'ChannelId':0, 'SpeechRate':172, 'EmotionValue':6.8}, {'EndTime':4890,
'SilenceDuration':0, 'BeginTime':1410, 'Text':'喂喂喂,测试测试,喂喂喂。',
'ChannelId':1, 'SpeechRate':172, 'EmotionValue':6.8}, {'EndTime':7560,
'SilenceDuration':0, 'BeginTime':4980, 'Text':'一二三四五六七八九十。',
'ChannelId':0, 'SpeechRate':232, 'EmotionValue':6.5}, {'EndTime':7560,
'SilenceDuration':0, 'BeginTime':4980, 'Text':'一二三四五六七八九十。',
'ChannelId':1, 'SpeechRate':232, 'EmotionValue':6.5}]}}
录音文件识别成功!
```

服务器第一个返回结果是任务 ID,示例中的任务 ID 如下。

'TaskId':'35fbe0ee056411ebaa916f231c83777c'

代码使用这个 ID 向服务器查询任务分析结果,服务器返回的结果是 JSON 格式的,语音识别返回格式说明如表 11.1 所示。

表 11.1　语音识别返回格式说明

节　点	值类型	是否必选	说　　明
TaskId	String	是	识别任务 ID
StatusCode	Int	是	状态码
StatusText	String	是	状态说明
RequestId	String	是	请求 ID，用于调试
Result	Object	是	识别结果对象
Sentences	List < SentenceResult >	是	识别的结果数据。当 StatuxText 为 SUCCEED 时存在
Words	List < WordResult >	否	词信息，获取时需设置 enable_words 为 true，且设置服务 version 为 4.0
BizDuration	Long	是	识别的音频文件总时长，单位为 ms
SolveTime	Long	是	时间戳，单位为 ms，录音文件识别完成的时间

其中，Sentences 节点是 List < SentenceResult > 类型，也就是 SentenceResult 对象组成的列表，每个 SentenceResult 的返回格式说明如表 11.2 所示。

表 11.2　Sentences 返回格式说明

属　性	值类型	是否必选	说　　明
ChannelId	Int	是	该句所属音轨 ID
BeginTime	Int	是	该句的起始时间偏移，单位为 ms
EndTime	Int	是	该句的结束时间偏移，单位为 ms
Text	String	是	该句的识别文本结果
EmotionValue	Int	是	情绪能量值，取值为音量分贝值/10。取值范围为[1,10]，值越高情绪越强烈
SilenceDuration	Int	是	本句与上一句之间的静音时长，单位为 s
SpeechRate	Int	是	本句的平均语速，单位：字数/分钟

可见，这个语音识别服务不仅可以识别出语音的文本结果，还可以识别出情绪能量值、平均语速等附加特征，使程序对其进行解析与呈现，可辅助销售人员更准确地理解客户情绪。

11.2　词频与相似度计算实战

在电话语义销售分析中，可以用句子相似度计算来判断客服是否按公司要求向客户推销产品，如设定一个"保险推销"考核点，这个考核点的句子库包含"我们公司最新推出的保险""建议您在我这买保险"等常见的与保险推销相关的标准话术，如果客服与客户通话中出现相似的句子，即可判定客服完成了相应的工作。同理，也可以用类似的方法计算客户意图或进行客户分类。

我们已讲解了 Python 开源库实现的词袋法（Bag of Words）和 IF-IDF 算法，本节不再使用开源库，而是从头编写另外一种基于规则的词频与相似度计算方法。

11.2.1　词频计算

在一段文本中,词频(Term Frequency,TF)指某个词语在该文本中出现的次数。计算一段文本的词频,首先要对这段文本进行分词,构建词典。在电话销售语义分析文件夹下,新建一个名为"基于规则的文本相似度计算实战.py"的源码文件,并在其中键入如下代码。

```
01  import jieba.posseg as psg
02  import jieba
03  sentence1='我们这的特色菜是红烧豆腐,红烧茄子。'
04  sentence2='红烧豆腐多少钱? 有红烧土豆吗? '
05  xlist=[w for w, t in psg.lcut(sentence1)]
06  ylist=[w for w, t in psg.lcut(sentence2)]
07  words=set(xlist+ylist)
08  print(words)
```

输出结果如下。

```
{'茄子', '豆腐', '的', '特色菜', '红烧', '钱', '土豆', '多少', '吗', '这', '? ', '
我们', '。', ',', '有', '是'}
```

有了词典,下一步就是根据词典计算文本中每个词语的出现次数了。

```
09  freq_str1 = [xlist.count(x) for x in words]
10  print(freq_str1)
11  freq_str2 = [ylist.count(x) for x in words]
12  print(freq_str2)
```

程序的运行结果如下。

```
[1, 1, 1, 1, 2, 0, 0, 0, 0, 1, 0, 1, 1, 1, 0, 1]
[0, 1, 0, 0, 2, 1, 1, 1, 1, 0, 2, 0, 0, 0, 1, 0]
```

从运行结果可以看出,两段文本已由原先的字符串形式转换为list形式。list中每个数字就是词典中对应位置词语的出现次数。

例如,对于第一句话:"我们这的特色菜是红烧豆腐,红烧茄子。"其词频list中,第一个数字对应词典中第一个词语"茄子"的出现次数,这里是1,第5个数字对应词典中第5个词语"红烧"的出现次数,这里是2。

有了词频之后,就可以用词频计算相似度了,接下来讲解常见的相似度计算方法。

11.2.2　相似度计算

除开源和人工智能开放平台外,更高级的开发者还可以使用Python自行编写实现代码。

对于短文本相似度的计算,常见的算法主要有以下3种。

1. 词频余弦相似度计算

我们可以使用词频计算两段文本之间的余弦相似度,在"基于规则的文本相似度计算实战.py"中继续键入如下代码。

```
01  import math
02  def simcos2(str1, str2):
03      cut_str1=[w for w, t in psg.lcut(str1)]
04      cut_str2=[w for w, t in psg.lcut(str2)]
05      all_words = set(cut_str1 + cut_str2)
06      # 计算词频
07      freq_str1 = [cut_str1.count(x) for x in all_words]
08      freq_str2 = [cut_str2.count(x) for x in all_words]
09      # 计算相似度
10      sum_all = sum(map(lambda z, y:z * y, freq_str1, freq_str2))
11      sqrt_str1 = math.sqrt(sum(x ** 2 for x in freq_str1))
12      sqrt_str2 = math.sqrt(sum(x ** 2 for x in freq_str2))
13      x=0
14      if sqrt_str1>0 and sqrt_str2>0:
15          x=sum_all / (sqrt_str1 * sqrt_str2)
16      return x
17  print(simcos2('我们这的特色菜是红烧豆腐,红烧茄子。','红烧豆腐多少钱? 有红烧土豆
吗? '))
```

代码第9行之前都是介绍过的词频计算代码,代码第10行开始计算余弦相似度。由于已计算了词频,所以问题的关键就是如何计算这两个向量的相似程度。把它们想象成空间中的两条线段,都是从原点[0, 0]出发,指向不同的方向。两条线段之间形成一个夹角,如果夹角为0度,意味着方向相同、线段重合,即表示两个向量代表的文本完全相等;如果夹角为90度,方向形成直角,方向完全不相似;如果夹角为180度,则意味着方向正好相反。因此,可以通过夹角的大小来判断向量的相似程度。夹角越小就代表越相似。

对应的公式如下。

$$余弦相似度 = \frac{\sum_{i=1}^{n}(x_i \cdot y_i)}{\sqrt{\sum_{i=1}^{n}x_i^2} \cdot \sqrt{\sum_{i=1}^{n}y_i^2}}$$

这里的x_i和y_i分别代表两段文本词频向量的各个分量。

2. 编辑距离计算

编辑距离(Edit Distance)是指两个不同的字符串之间,由一个字符串转成另一个字符串所需的最少编辑操作次数。编辑操作次数越高,就说明它们之间的差异越大;反之就是相似度高。算法的编辑操作有以下3种。

(1)替换:将一个字符替换成另一个字符。

(2)添加:插入一个字符。

(3)删除:删除一个字符。

如有两个文本,分别是"你今天吃饭了吗"和"我今天没吃饭",如果想把"你今天吃饭了吗"编辑

后变成"我今天没吃饭",就需要进行以下的编辑操作。

(1)把"你"替换为"我"。

(2)在"今天""吃饭"中间插入"没"。

(3)删除末尾的"吗"。

所以它们的编辑距离差就是3,也就是说,两个字符串之间转化,至少要经过3次编辑操作。

在Python中,Distance库包含了编辑距离的计算方法。

首先安装Distance库,其对应安装代码如下。

```
pip install distance
```

然后新建一个名为"编辑距离计算实战.py"的源码文件,并在其中键入如下代码。

```
01  import distance
02  def distance_Similarity(txt,txtlist,t):
03      return list(filter(lambda x:distance.levenshtein(x, target) <
= t, txtlist))
04  strings = [
05      '你吃了吗？',
06      '今天天气不错。',
07      '今天下雨了。',
08      '你喝了吗？',
09      '你出门了吗？'
10  ]
11  target = '你饿了吗？'
12  results = distance_Similarity(target,strings,3)
13  print(results)
```

代码第01行引入Distance库。代码第02行定义了一个方法,这个方法用于对比目标文本(txt)和文本列表(txtlist),返回目标文本与文本列表,以及编辑距离小于t的文本列表。

代码第03行使用了Filter函数,这个函数用于过滤可迭代对象,从可迭代对象中去掉不符合条件的元素,返回由符合条件元素组成的新对象列表。

Filter函数的定义为filter(function, iterable),具体内容如下。

(1)function为判断函数,示例中使用lambda语句,筛选出distance.levenshtein(x, target) <= t的对象,其中的x是从可迭代对象(文本列表)中取出的文本,而distance.levenshtein是计算编辑距离的方法。

(2)iterable为可迭代对象。代码中使用了方法参数传递来的文本列表。

以上就是编辑距离的实现方法。

3.　杰卡德系数相似度

杰卡德系数相似度(Jaccard index)用于比较有限集合之间的相似性与差异性。与编辑距离正好相反,杰卡德系数相似度越高,两个有限集合之间的相似度就越高。

具体计算方法是将两个样本的交集除以并集得到的数值。当两个样本完全一致时,结果为1;当两个样本完全不同时,结果为0。公式如下。

$$J(A,B) = \frac{|A \cap B|}{|A \cup B|}$$

接下来新建一个名为"杰卡德计算实战 .py"的源码文件，并在其中键入如下代码。

```
01  from sklearn.feature_extraction.text import CountVectorizer
02  import numpy as np
03  def insert_space(s):
04      return ' '.join(list(s))
05  def jaccard_similarity(t1, t2):
06      t1, t2 = insert_space(t1), insert_space(t2)
07      CountVector = CountVectorizer(tokenizer=lambda s:s.split())
08      corpus = [t1, t2]
09      vectors = CountVector.fit_transform(corpus).toarray()
10      numerator = np.sum(np.min(vectors, axis=0))
11      denominator = np.sum(np.max(vectors, axis=0))
12      return 1.0 * numerator / denominator
13  s1 = '常用于比较有限集合之间的相似性与差异性'
14  s2 = '两个有限集合之间的相似度就越高'
15  print(jaccard_similarity(s1, s2))
```

代码中的重点是先使用Sklearn库的CountVectorizer来计算句子的TF矩阵，然后利用Numpy来计算二者的交集和并集，然后计算杰卡德系数。CountVectorizer的fit_transform()方法可以将字符串转化为词频矩阵。例如，对于两句话"你好啊""你好啊，今天天气不错"，Sklearn库的CountVectorizer会求出去重后的字列表：('你','好','啊','今','天','气','不','错')，之后会根据两句话计算出词频。

```
[[1 1 1 0 0 0 0 0]  对应 你好啊
 [1 1 1 1 1 2 1 1]]    对应 你好啊今天天气不错
```

它对应的是两个句子对应词表的词频统计，这里是两个句子，所以结果是一个长度为 2 的二维数组。后续代码使用Numpy的min()方法，这个方法的axis参数为 0，即可获取每一列的最小值，实现交集，而另一个Numpy的.max() 方法与之相反，实际上就是取了并集。

方法中最后返回的是 1.0* numerator / denominator，而不是 1* numerator / denominator。这时由于Python具有自动判断变量类型的功能，如果第一个运算之前的数据类型为整数，那么返回值也是整数，杰卡德系数就失去了意义，所以代码中才使用了浮点型的数据1.0。

11.2.3　预计算与提速

在相似度计算中，最耗时的部分就是分词了。因为在实际项目中，语料库中通常会有成百上千的文本片段，如果每次比对都进行分词，则会消耗大量时间与计算力。

采用预计算的方式，将语料库中的文本进行预先分词，会大大提高运算速度。

接下来编写一个预计算程序，将词库中所有文本预先分词后，再根据用户输入，返回词库中最相近的文本和匹配到的关键词。

新建一个名为"预计算与提速 .py"的源码文件，并在其中键入如下代码。

```
01  import jieba.posseg as psg
02  import jieba
03  import math
04  def 批量分词(txt_list):
05      txt_list_cut=[]
06      for txt in txt_list:
07          txt_list_cut.append([w for w, t in psg.lcut(str(txt).replace(',',
'').replace(' ','')) ])
08      txt_all=[]
09      txt_all.append(txt_list)
10      txt_all.append(txt_list_cut)
11      return txt_all
12  def cos_sim(cut_str1, cut_str2):
13      all_words = set(cut_str1 + cut_str2)
14      # 计算词频
15      freq_str1 = [cut_str1.count(x) for x in all_words]
16      freq_str2 = [cut_str2.count(x) for x in all_words]
17      # 计算相似度
18      sum_all = sum(map(lambda z, y:z * y, freq_str1, freq_str2))
19      sqrt_str1 = math.sqrt(sum(x ** 2 for x in freq_str1))
20      sqrt_str2 = math.sqrt(sum(x ** 2 for x in freq_str2))
21      x=0
22      if sqrt_str1>0 and sqrt_str2>0:
23          x=sum_all / (sqrt_str1 * sqrt_str2)
24      return x
25  def 使用预计算分词进行余弦距离计算(txt_db,user_txt,b):
26      xtxt_list=[w for w, t in psg.lcut(user_txt)]
27      最相似文本=''
28      关键词交集=''
29      x=0
30      sim=0
31      for i in range(len(txt_db[1])):
32          sim=cos_sim(xtxt_list,txt_db[1][i])
33          if sim>x and sim>b:
34              x=sim
35              最相似文本=txt_db[0][i]
36              关键词交集=','.join(list(set(xtxt_list)&set(txt_db[1][i])))
37      return 最相似文本,关键词交集
38  listDB=['今天天气不错','今天空气不错','今天早饭不错','今天心情不错']
39  list_all=批量分词(listDB)
40  txt,key=使用预计算分词进行余弦距离计算(list_all,'外面空气不错',0.1)
41  print(txt)
42  print(key)
```

这些代码都是根据前文所述代码进行修改的,其中定义了3个方法,具体内容如下。

(1)代码第04~11行是批量分词方法,这个方法的参数是文本列表,经过分词后,返回一个二维列表。所谓的二维列表就是包含两个子列表的列表对象。在这两个子列表中,第一个列表是原始文本,

第二个列表是分词后的文本。

（2）代码第12~24行是前文讲述的余弦相似度方法参数被改为分词后的列表。

（3）代码第25~37行是使用预计算分词进行余弦距离计算的方法。这个方法有3个参数，第1个参数是批量分词方法处理后的二维列表，第3个参数是用户输入文本，第2个参数是相似度阈值，也就是必须超过这个阈值才算作相似。对于文本比较长的情况，如果只匹配到一个词语相似，也会视为相似，使用阈值限制会避免返回相似度不高的文本。

这个例子使用了批量分词预先对词库中所有文本进行分词，之后使用分词结果进行相似度计算。如果用户输入 n 个文本，那么在依次计算相似度时，如果不使用预先对语料库中进行分词的方法，那么对语料库分词的时间复杂度为 $O(n)$，也就是每次计算相似度之前都要对语料库中所有的文本进行分词。使用批量分词后，语料库中所有的文本都不必再次进行分词，所以对语料库分词的时间复杂度由原先的 $O(n)$ 变为1。

11.3　抽取用户特征实战

电话销售语义分析系统、客户关系管理系统等与客户行为相关的系统，其本质就是先对客户分群，然后对不同的群体采用不同的销售策略。例如，对于高价值客户应分配更好的销售顾问，才能挖掘出更多价值，对于低价值或成交意愿不强烈的客户，分配一般的销售顾问，节约人力资源，减少人力成本。而客户分群的依据就是用户特征，本节将讲述如何用 Python 抽取用户特征。

11.3.1　抽取客户姓名、地址、工作单位

在语音识别的基础上，可得到通话中的文本。当销售顾问询说"可以提供您的姓名、地址、工作单位吗，我这边做一下登记"的时候，客户一般会说出自己的姓名、地址、工作单位。这时就可以使用 Python 对客户文本进行识别了。

抽取姓名、地址、工作单位中属于"分词"与"命名实体识别"的任务，目前 LAC 2.0 在这两项任务中表现出色。

1. LAC 2.0 分词效果

百度自然语言处理部选择市场上流行的3款分词工具进行模型比较，并在 PKU、MSR、CTB8、WEIBO 等多个开源数据集上对模型效果进行评测。从结果上看，LAC 在不同数据集的分词效果均明显优于相关工具，平均分词错误能降低38.5%，分词效果对比如表11.3所示。

表 11.3　分词效果对比

数据集	LAC	工具 A	工具 B	工具 C
CTB 8	95.7	92.9	91.4	81.8

数据集	LAC	工具A	工具B	工具C
MSR	97.3	94.9	93.0	82.3
PKU	95.8	93.6	92.0	81.9
Weibo	95.2	92.7	89.7	85.1
Avg-F1	96	93.5	91.5	82.8
Avg-Err	4.0(-38.5%)	6.5	8.5	17.2

表11.3列出的数据是通过各个工具提供的训练接口在不同开源数据集上进行微调训练得出的。采用数据集微调训练后再评估,是因为目前分词结果并没有统一的标准,如人名"张三",MSR数据集切分时会将其作为一个完整的单词,而工具A数据集标准则认为姓和名需要进行切分,故而会切分为"张""三"。不同的分词标准导致结果差异很大,所以需要通过微调训练使得模型在一个分词标准下进行比较。

LAC默认模型的分词标准偏向于实体粒度,会比其他开源工具的分词粒度更大一些。有需要的读者可通过增量训练接口和定制接口快速实现模型的微调和粒度迁移。

2. LAC 2.0 专名识别效果

在标注任务中,可以用词法任务中难度最大的专名识别任务对LAC的效果进行评估,在开源的新闻实体识别数据集(MSRA)与简历实体识别数据集(Resume)上比较LAC 2.0与其他工具的效果差异,如表11.4和表11.5所示。

表11.4　MSRA专名识别效果评估

MSRA	LAC	工具A	工具B	工具C
PER	82.5	67.5	86.1	61.3
ORG	65.9	26.9	27.0	48.2
LOC	73.4	65.8	69.4	61.9
Avg-F1	73.92	53.42	60.82	57.12

表11.5　Resume专名识别效果评估

Resume	LAC	工具A	工具B	工具C
PER	84.3	58.1	90.7	46.9
ORG	73.3	—	—	—

在表11.4和表11.5中,LAC的人名识别效果显示会稍低于工具B,这是因为LAC认为"张先生""李老师"才是一个完整的人名实体,而其他工具和MSRA数据集则将其中"张""李"标注为人名实体,所以LAC的人名识别效果实际上显著高于表中的数值,并优于工具B。

综上可知,LAC的专名识别的整体效果要显著优于其他工具。

3. 性能比较

百度自然语言处理部也对LAC与其他工具的性能进行过比较,测试环境为Python语言、Linux系统、CPU E5-2650 v3。

分词的性能如表 11.6 所示，词性标注与实体识别性能如表 11.7 所示，LAC 能实现批处理的形式，并且性能会更快一些。

表 11.6　分词性能评估

工　具	运行时间(s)	QPS	字处理速率(w/s)
LAC	155.9	1283	29365
LAC(批量)	100.35	1993	45631
工具 A	203.86	981	22461
工具 B	231.16	865	19808
工具 C	36.24	5519	126362

表 11.7　词性标注与实体识别性能评估

工　具	运行时间(s)	QPS	字处理效率(w/s)
LAC	230.62	867	19854
LAC(批量)	189.03	1058	24238
工具 A	273.45	731	16744
工具 B	6721.92	30	681
工具 C	286.92	697	15959

从结果上看，在分词速率上，LAC 性能优于工具 A 和工具 B。而在词性标注和实体识别上，LAC 的性能是最高的。

LAC 2.0 之所以有这么好的表现，在于它和 jieba 最新推出的 Paddle 模式一样，都使用了 PaddlePaddle(飞桨)深度学习框架，调用 OpenCV 库进行深度学习。理论上，jieba 分词效果应该和 LAC 2.0 近似，百度的 PaddlePaddle 是集深度学习核心框架、工具组件和服务平台为一体的技术先进、功能完备的开源深度学习平台，已被中国企业广泛使用，深度契合企业应用需求，拥有活跃的开发者社区生态。LAC 2.0 可提供丰富的官方支持模型集合，并推出了全类型的高性能部署和集成方案供开发者使用。

在自然语言开源工具领域，深度学习方法渐渐成为主流，各种自然语言处理任务正在"碾压"传统的基于统计的计算方法。

使用 LAC 2.0 抽取用户特征的代码非常简单，在"电话销售语义分析"文件夹下新建一个名为"用户特征抽取 .py"的源码文件，并在其中键入如下代码。

```
01  #引入百度LAC2.0
02  from LAC import LAC
03  #开启词法分析+分词模式
04  lac = LAC(mode='lac')
05  #定义抽取用户特征的方法，参数为用户语音转化后的文本
06  def 抽取用户特征(user_txt):
07      list_per=[]    #用于存储客户姓名的list
```

```
08        list_loc=[]    #用于存储客户地址的list
09        list_org=[]    #用于存储客户工作单位的list
10        lac_result = lac.run(user_txt)    #进行词法分析和分词
11        for i in range(len(lac_result[1])):    #遍历词法分析和分词结果
12            #如果命名实体识别出人名,则把人名插入相应的list
13            if lac_result[1][i]=='PER':
14                list_per.append(lac_result[0][i])
15            #如果命名实体识别出地点,则把地点插入相应的list
16            if lac_result[1][i]=='LOC':
17                list_loc.append(lac_result[0][i])
18            #如果命名实体识别出公司名称,则把公司名称插入相应的list
19            if lac_result[1][i]=='ORG':
20                list_org.append(lac_result[0][i])
21        list_all=[]
22        list_all.append(list_per)
23        list_all.append(list_loc)
24        list_all.append(list_org)
25        return list_all
26 if __name__ == "__main__":
27        text = u"我叫张三帅,我爸叫张三,我们住北京朝阳区东三环,在顺丰快递公司工作。"
28        print(抽取用户特征(text))
```

代码说明已经写在注释中,这里不再赘述。

11.3.2　抽取交易细节及通话文本训练

交易细节包括意向产品名称、预算、竞品名称、数量等信息,对于与数字相关的预算、数量等内容,可以对用户语音文本进行词法分析,使用LAC词法分析库抽取词性标签为m的词语。但是对于产品名称、竞品名称来说,原有的词法分析就无能为力了。

例如,在房地产销售行业,意向产品名称可能是"首开常青藤三期二居户型",竞品可能是"西山峻景三期"。再如手机销售行业,意向产品名称可能是"苹果十代""华为荣耀八代"等。对于这种情况,就需要手工对大量历史语音文本进行标注,将这些产品名称都标注为专有名词,对应的标签是nz。将标注好的文本进行训练,当训练集足够多,可覆盖行业内常见的专有名词后,才能使用词法分析工具抽取出正确的交易细节。

1. 基于ERNIE模型的深度模型训练实战

为了实现更智能化的用户自定义功能,LAC 2.0推出了增量训练的接口,用户可以使用自己的数据对LAC深度语言模型进行增量训练。首先需要将数据转换为模型输入的格式,与大多数开源分词数据集格式一致,使用空格作为单词切分标记,文件编码为"UTF-8"。新建一个txt文件,用Windows记事本打开,在文件菜单中选择"另存为"选项,在"另存为"页面中选择"UTF-8"选项后,在其中键入如下内容。

首开常青藤二期　丽湾家园二居

把txt文件保存后,手工将文件名改为"train&test.tsv",然后在"电话销售语义分析"文件夹下新建名为"LAC训练.py"的源码文件，并在其中键入如下代码。

```
01      from LAC import LAC
02      # 装载分词模型
03      lac = LAC(mode='seg')
04      # 单个样本输入，输入为Unicode编码的字符串
05      text = u"首开常青藤二期丽湾家园二居"
06      #使用未增量训练的模型
07      seg_result = lac.run(text)
08      print("未增量训练的分词结果:"+'/'.join(seg_result))
09      train_file = "./train&test.tsv"
10      test_file = "./train&test.tsv"
11      lac.train(model_save_dir='./my_seg_model/',train_data=
train_file, test_data=test_file)
12      # 使用自己训练好的模型
13      my_lac = LAC(model_path='my_seg_model')
14      #使用未增量训练的模型
15      seg_result = my_lac.run(text)
16      print("增量训练后的分词结果:"+'/'.join(seg_result))
```

运行结果如下。

未增量训练的分词结果：
[['首开'], ['常青藤'], ['二期'], ['丽湾家园'], ['二居']]
增量训练后的分词结果：
首开常青藤二期/丽湾家园二居

除了分词，还可以对词法分析进行训练，训练所用的数据格式以分词数据为基础，每个单词都以"/type"的形式标记词性或实体类别。将"train&test.tsv"另存一份，命名为"train&test2.tsv"并用记事本打开，在其中键入如下内容。

首开常青藤二期/nz 丽湾家园二居/nz

在"电话销售语义分析"文件夹下新建名为"LAC训练词法.py"的源码文件，并在其中键入如下代码。

```
01      from LAC import LAC
02      # 选择使用默认的词法分析模型
03      lac = LAC()
04      text = u"首开常青藤二期丽湾家园二居"
05      print("未增量训练的词法分析结果:")
06      print(lac.run(text))
07      # 训练和测试数据集，格式一致
08      train_file = "./train&test2.tsv"
09      test_file = "./train&test2.tsv"
10      lac.train(model_save_dir='./my_lac_model/',train_data=train_file,
test_data=test_file)
11      # 使用自己训练好的模型
12      my_lac = LAC(model_path='my_lac_model')
```

```
13    print("增量训练的词法分析结果:")
14    print(my_lac.run(text))
```

运行结果如下。

未增量训练的词法分析结果:
[['首开常青藤', '二期', '丽湾', '家园', '二居'], ['nz', 'm', 'LOC', 'n', 'm']]
增量训练的词法分析结果:
[['首开常青藤二期', '丽湾家园二居'], ['nz', 'nz']]

在这两个例子中,使用Train方法对模型进行训练,该方法的参数列表如下。

(1)model_save_dir:训练结束后模型保存的路径。

(2)train_data:训练数据路径。

(3)test_data:测试数据路径,若为None,则不进行测试。

(4)iter_num:训练数据的迭代次数。

(5)thread_num:执行训练的线程数。

2. LAC 训练模型原理

如图11.4所示,LAC使用了百度PaddleNLP深度学习框架中的ERNIE模型来实现分词、词性标注和训练等功能。

词法分析任务指对于输入序列(句子),深度模型可以经过训练,输出句子中的词边界和词性、实体类别。

序列标注是指词法分析的经典建模方式。ERNIE模型使用基于GRU的网络结构学习特征,将学到的特征接入CRF解码层以完成序列标注。CRF解码层本质是将传统CRF的线性模型换成非线性神经网络,基于句子级别的似然概率,能够更好地解决标记偏置问题。

ERNIE模型的主要内容如下。

(1)输入独热编码,每个字以一个ID表示。在上面的例子中,LAC已经自动将输入内容转换为独热编码了。

(2)独热编码序列通过字表转换为实向量表示的字向量序列。在上面的例子中,也是LAC自动实现的。

(3)字向量序列作为双向GRU的输入,学习输入序列的特征表示,得到了新

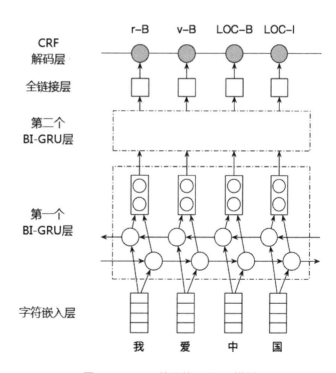

图 11.4　LAC使用的ERNIE模型

的特性表示序列,PaddleNLP的使用堆叠了两层双向GRU用以增加学习能力。

(4)CRF以GRU学到的特征为输入,以标记序列为监督信号,实现序列标注。

词性和专名类别标签集合中，词性标签有24个（小写字母），专名类别标签有4个（大写字母）。这里需要说明的是，人名、地名、机名和时间这4个类别中存在两套标签（PER / LOC / ORG / TIME 和 nr / ns / nt / t），被标注为第二套标签的词，是模型判断为低置信度的人名、地名、机构名和时间词。开发者可以基于这两套标签，在这4个类别的准确、召回之间做出自己的权衡。BERT 和 ERNIE 模型效果对比如表11.8所示。

表11.8　BERT 和 ERNIE 模型效果对比

模型	Precision	Recall	F1-score
BERT finetuned	90.20%	90.40%	90.30%
ERNIE finetuned	92.00%	92.00%	92.00%

ERNIE 模型的效果要高于 BERT 模型的效果。在实际项目中使用 LAC 2.0 应该可以达到满意的效果。

通过上述方式对以往的通话记录进行标记和训练，在项目过程中定期增量训练，即可达到更准确的效果，使词法分析模型更适合目标行业的电话语义词法分析，抽取出更准确的意向产品名称、竞品名称等交易细节。

11.4　其他特征的提取

除了用户特征、交易细节外，销售意向和时间特征也是营销中的关键因素，如在电商购物或超市购物场景中，需要预测用户的未来消费意向，以便通过电话或短信的方式为用户推荐最有可能成交的商品。

预测用户的未来消费意向，需要采用深度学习技术，基于大数据进行训练。本节讲解如何使用 LightGBM 训练决策树预测用户的销售意向。

11.4.1　销售意向分析实战

销售意向分析需要庞大的数据支持，只有结合众多与用户及商品相关的特征进行深度学习，才能预测出客户最有可能购买的商品。

在用户特征方面，常见的特征有用户累计购买商品数、用户累计订单数、用户累计购买商品去重数、用户每个订单购买商品数、用户购买商品间隔、距离上次购买商品间隔时间、用户累计消费金额等特征。

在商品特征方面，常见的特征有此商品被购买的次数、此商品被加入购物车的顺序、此商品被重复购买的概率、此商品在此商城被购买的次数等。

在用户与商品联合特征方面，常见的特征有此用户购买此商品数、此用户购买此商品间隔、此用户重复购买此商品概率等。

在没有深度学习支持的情况下,传统营销人员只能通过经验来预测用户的购买意向,由于对数值不敏感、人员培训不到位等因素,使得企业营销无法挖掘客户的潜在价值,也就无法为用户推荐最有可能成交的商品,从而错失大量潜在的成交机会。

基于深度学习的销售意向分析系统,可以通过数百万成交记录中的数十种特征值学习用户的行为模式,从而进行高效、准确的销售意向预测,应用在电话、短信、电商营销推荐系统中,可以极大地提高成交率。经过深度学习的销售意向预测系统,可以根据数十个特征,推荐给用户最感兴趣、最有可能成交的产品,精确度和速度都大大超过最资深的销售顾问。

在 Kaggle 竞赛网站中就有很多销售意向预测的比赛,其中最经典的比赛项目是 Instacart 购物车预测项目。Instacart 是一个给居民运送日常食品杂货的平台,遍布于美国的几大主要城市。这些商店能够通过 Instacart 带来的线上销售提高营业额。其网址为 https://www.kaggle.com/c/instacart-market-basket-analysis。

在这个项目中,Instacart 提供了三百万的订单数据,参赛者可以使用这些数据预测用户的销售意向,具体而言,就是预测用户下一次最有可能购买哪些产品。这个竞赛的复杂度和实用性都很高,通过学习这个竞赛中的优秀代码,读者可以掌握销售意向预测的原理和深度学习训练步骤。只要将代码稍作修改,就可以应用到其他行业的销售意向预测任务中,借助人工智能深度学习技术为传统营销行业赋能。

为了实践这个项目,首先要下载项目数据集,如图 11.5 所示。在项目介绍页中打开“Data”选项卡,单击下方的“DownloadALL”按钮,即可下载 Instacart 公司提供的数据集。

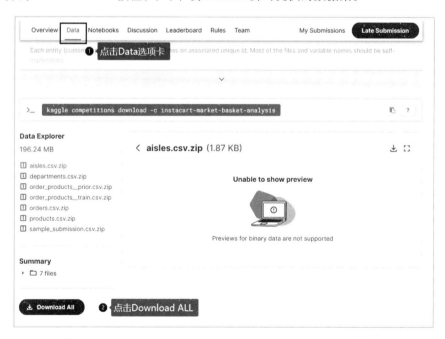

图 11.5　Instacart Market Basket Analysis 竞赛项目的数据集

将下载好的数据集解压后,复制到“电话销售语义分析”文件夹下名为“input”的文件夹中。这个“input”文件夹用于存储数据集,在后续代码中会读取这些数据做进一步的处理。

接下来,在“电话销售语义分析”文件夹下新建一个名为“lightgbm 销售意向预测 .py”的源码文件,并在其中键入以下代码。由于代码过长，所以对于代码功能的讲解都在注释中写明了。这个销售意向预测采用的是 LightGBM 决策树的训练方法，具体代码如下。

```
001   import numpy as np
002   import pandas as pd
003   import lightgbm as lgb
004   IDIR = 'input\\'#kaggle的Instacart Market Basket Analysis竞赛数据集目录
005   print('加载历史消费订单记录')
006   priors = pd.read_csv(IDIR + 'order_products__prior.csv', dtype={
007           'order_id':np.int32,      #订单号
008           'product_id':np.uint16,    #商品号
009           'add_to_cart_order':np.int16,   #加入购物车的顺序
010           'reordered':np.int8})    #是否重复购买
011
012   print('加载每个客户最后一个订单')   #每个客户的最后一个订单
013   train = pd.read_csv(IDIR + 'order_products__train.csv', dtype={
014           'order_id':np.int32,    #订单号
015           'product_id':np.uint16,    #商品号
016           'add_to_cart_order':np.int16,   #加入购物车的顺序
017           'reordered':np.int8})    #是否重复购买,如果为1,则表示
order_products__prior.csv中包含了这个客户的历史订单,反之则表示此订单是用户第一个订单。
018
019   print('加载订单信息')   #订单详细信息
020   orders = pd.read_csv(IDIR + 'orders.csv', dtype={
021         'order_id':np.int32,    #订单编号
022         'user_id':np.int32,    #用户编号
023         'eval_set':'category',    #训练集与测试集标签
024         'order_number':np.int16,   #用户订单序号,假如用户有10个订单,那么用户订
单序号就是1,2,3...10
025         'order_dow':np.int8,    #周几
026         'order_hour_of_day':np.int8,    #第几个小时
027         'days_since_prior_order':np.float32})   #距离上一个订单的时间
028
029   print('加载商品信息')
030   products = pd.read_csv(IDIR + 'products.csv', dtype={
031         'product_id':np.uint16,    #商品编号
032         'order_id':np.int32,    #订单编号
033         'aisle_id':np.uint8,    #货架编号
034         'department_id':np.uint8},   #分类编号
035         usecols=['product_id', 'aisle_id', 'department_id'])
036   print('历史订单加载完毕,结构为 {}:{}'.format(priors.shape, ', '.join(priors.
columns)))
037   print('订单信息加载完毕,结构为 {}:{}'.format(orders.shape, ', '.join(orders.
columns)))
038   print('训练数据加载完毕,结构为 {}:{}'.format(train.shape, ', '.join(train.
columns)))
039   print('计算商品特征')
```

```
040  #定义商品特征数据表
041  prods = pd.DataFrame()
042  #商品被购买次数
043  prods['orders'] = priors.groupby(priors.product_id).size().astype(np.int32)
044  #商品被重复购买次数
045  prods['reorders'] = priors['reordered'].groupby(priors.product_id).sum().
astype(np.float32)
046  #商品被重复购买比率
047  prods['reorder_rate'] = (prods.reorders / prods.orders).astype(np.float32)
048  #将商品特征数据表与之前读取的商品信息合并,成为新的商品信息表
049  products = products.join(prods, on='product_id')
050  products.set_index('product_id', drop=False, inplace=True)
051  #合并后,删除临时商品特征数据表
052  del prods
053
054
055  print('把订单信息追加到历史消费订单记录上')
056  orders.set_index('order_id', inplace=True, drop=False)
057  priors = priors.join(orders, on='order_id', rsuffix='_')
058  priors.drop('order_id_', inplace=True, axis=1)
059
060  # 用户特征
061  print('计算用户特征')
062  #建立用户特征数据表
063  usr = pd.DataFrame()
064  #计算用户平均购买间隔
065  usr['average_days_between_orders'] = orders.groupby('user_id')
['days_since_prior_order'].mean().astype(np.float32)
066  #计算用户订单数
067  usr['nb_orders'] = orders.groupby('user_id').size().astype(np.int16)
068  #建立另一个用户的特征数据表
069  users = pd.DataFrame()
070  #用户购买的商品总数
071  users['total_items'] = priors.groupby('user_id').size().astype(np.int16)
072  #用户购买的商品列表
073  users['all_products'] = priors.groupby('user_id')['product_id'].apply(set)
074  #用户购买的商品去重数
075  users['total_distinct_items'] = (users.all_products.map(len)).astype(np.
int16)
076  #把两个用户特征表合并
077  users = users.join(usr)
078  del usr    #删除第一个用户特征表
079  #计算用户平均每次购买的商品数(用户购买商品总数/用户订单数)
080  users['average_basket'] = (users.total_items / users.nb_orders).astype(np.
float32)
081  print('用户特征计算完毕,结构为:', users.shape)
082
```

```
083    ### 用户与商品的特征
084    print('计算用户&商品的特征')
085    #把商品编号和用户编号连接起来,形成用户商品联合编号
086    priors['user_product'] = priors.product_id + priors.user_id * 100000
087    d= dict()
088    #遍历历史订单记录
089    for row in priors.itertuples():
090        #z存储了用户商品联合编号
091        z = row.user_product
092        #如果词典中没有当前遍历到的用户商品联合编号
093        if z not in d:
094        #则把用户商品联合编号输入词典中
095        #词典的key就是用户商品联合编号
096        #value是三个值,分别是
097        #用户购买此商品的数量(第一次遍历到就设为1)
098        #之前join的订单信息得到用户订单序号,以及订单编号
099        #加入购物车的顺序
100            d[z] = (1,
101                    (row.order_number, row.order_id),
102                    row.add_to_cart_order)
103        #如果词典中有当前遍历到的用户商品联合编号
104        else:
105        #用户购买此商品的数量+1,取最大用户订单序号,以及订单编号
106            d[z] = (d[z][0] + 1,
107                    max(d[z][1], (row.order_number, row.order_id)),
108                    d[z][2] + row.add_to_cart_order)
109
110    print('转化为用户&商品特征数据表')
111    userXproduct = pd.DataFrame.from_dict(d, orient='index')
112    #删除临时表
113    del d
114    #用户&商品特征数据表包含三列,分别是用户购买此商品的订单数、最后一个订单编号、对加入
购物车顺序求和
115    userXproduct.columns = ['nb_orders', 'last_order_id', 'sum_pos_in_cart']
116    userXproduct.nb_orders = userXproduct.nb_orders.astype(np.int16)
117    userXproduct.last_order_id = userXproduct.last_order_id.map(lambda x:x[1]).
astype(np.int32)
118    userXproduct.sum_pos_in_cart = userXproduct.sum_pos_in_cart.astype(np.
int16)
119    print('用户&商品特征处理完毕,数据集形状为:', len(userXproduct))
120    #删除临时表
121    del priors
122
123    ### 分割训练与测试集 ###
124    print('根据预设标签,将数据集分割为训练与测试集:train, test')
125    test_orders = orders[orders.eval_set == 'test']
126    train_orders = orders[orders.eval_set == 'train']
```

```
127    train.set_index(['order_id', 'product_id'], inplace=True, drop=False)
128
129    ###合并所有特征 ###
130    def features(selected_orders, labels_given=False):
131        print('初始化列表')
132        order_list = []
133        product_list = []
134        labels = []
135        i=0
136        #遍历方法参数中的订单列表
137        for row in selected_orders.itertuples():
138            i+=1
139            if i%10000 == 0:print('订单行数:',i)        #每处理1万行,打印一次日志
140            order_id = row.order_id    #订单编号
141            user_id = row.user_id    #用户编号
142            user_products = users.all_products[user_id]        #从用户特征中获取"用户
购买的商品列表"
143            product_list += user_products        #把用户购买的商品列表追加到商品列表中。
144            order_list += [order_id] * len(user_products)        #更新订单列表
145            if labels_given:    #如果给了训练标签
146                labels += [(order_id, product) in train.
index for product in user_products]        #则更新训练标签
147        #将订单列表和商品列表合并
148        df = pd.DataFrame({'order_id':order_list, 'product_id':
product_list}, dtype=np.int32)
149        labels = np.array(labels, dtype=np.int8)
150        del order_list
151        del product_list
152
153        print('用户相关特征值')
154        df['user_id'] = df.order_id.map(orders.user_id)    #用户编号
155        df['user_total_orders'] = df.user_id.map(users.nb_orders)    #用户累计订
单数
156        df['user_total_items'] = df.user_id.map(users.total_items)    #用户累计购
买的商品数
157        df['total_distinct_items'] = df.user_id.map(users.total_distinct_items)
#用户累计购买商品去重数
158        df['user_average_days_between_orders'] = df.user_id.map(users.
average_days_between_orders)    #用户购买商品的平均间隔时间
159        df['user_average_basket'] = df.user_id.map(users.average_basket)    #用
户每次购买商品的数量
160
161        print('订单相关特征值')
162        df['order_hour_of_day'] = df.order_id.map(orders.order_hour_of_day)
#订单时间(小时为单位)
163        df['days_since_prior_order'] = df.order_id.map(orders.days_since_prior_
order)    #距离上次订单的时间
```

```
164        df['days_since_ratio'] = df.days_since_prior_order / df.
user_average_days_between_orders    #距离上次订单的时间 除以用户平均购物间隔时间
165
166        print('商品相关特征值')
167        df['aisle_id'] = df.product_id.map(products.aisle_id)      #货架 ID
168        df['department_id'] = df.product_id.map(products.department_id)    #分类
ID
169        df['product_orders'] = df.product_id.map(products.orders).astype(np.
int32) #商品被购买次数
170        df['product_reorders'] = df.product_id.map(products.reorders)      #商品被
重复购买次数
171        df['product_reorder_rate'] = df.product_id.map(products.reorder_rate)
#商品被重复购买概率
172
173        print('user_X_product related features')
174        df['z'] = df.user_id * 100000 + df.product_id      #用户&商品联合编号
175        df.drop(['user_id'], axis=1, inplace=True)    #删除无用的用户编号列
176        df['UP_orders'] = df.z.map(userXproduct.nb_orders)      #用户购买此商品的订
单数
177        df['UP_orders_ratio'] = (df.UP_orders / df.user_total_orders).astype
(np.float32)    #用户购买此商品的订单数 /用户总订单数
178        df['UP_last_order_id'] = df.z.map(userXproduct.last_order_id)      #用户上
次购买此商品的订单编号
179        df['UP_average_pos_in_cart'] = (df.z.map(userXproduct.
sum_pos_in_cart) / df.UP_orders).astype(np.float32)    #用户把此商品加入购物车的平均
顺序
180        df['UP_orders_since_last'] = df.user_total_orders - df.UP_last_order_
id.map(orders.order_number)    #用户上次购买此商品距今的间隔数
181        df['UP_delta_hour_vs_last'] = abs(df.order_hour_of_day - df.
UP_last_order_id.map(orders.order_hour_of_day)).map(lambda x:min(x, 24-x)).
astype(np.int8)    #用户购买此商品距离上一次的小时数
182        df.drop(['UP_last_order_id', 'z'], axis=1, inplace=True)      #删除无用列
183        return (df, labels)
184
185    #调用特征合并方法,生成训练集与labels
186    df_train, labels = features(train_orders, labels_given=True)
187    #挑选特征值,每个特征值的说明都在之前介绍过,这里只选择了一部分重要的特征值
188
f_to_use = ['user_total_orders', 'user_total_items', 'total_distinct_items',
189            'user_average_days_between_orders', 'user_average_basket',
190            'order_hour_of_day', 'days_since_prior_order', 'days_since_ratio',
191            'aisle_id', 'department_id', 'product_orders', 'product_reorders',
192            'product_reorder_rate', 'UP_orders', 'UP_orders_ratio',
193            'UP_average_pos_in_cart', 'UP_orders_since_last',
194            'UP_delta_hour_vs_last']
195
196
197    print('构建lightgbm数据集')
```

```
198  d_train = lgb.Dataset(df_train[f_to_use],
199                         label=labels,
200                         categorical_feature=
['aisle_id', 'department_id'])  # , 'order_hour_of_day', 'dow'
201  del df_train
202  print('构建lightgbm训练参数')
203  params = {
204      'task':'train',
205      'boosting_type':'gbdt',
206      'objective':'binary',
207      'metric':{'binary_logloss'},
208      'num_leaves':96,
209      'max_depth':10,
210      'feature_fraction':0.9,
211      'bagging_fraction':0.95,
212      'bagging_freq':5
213  }
214  ROUNDS = 100
215  print('开始决策树训练')
216  bst = lgb.train(params, d_train, ROUNDS)
217  del d_train
218  df_test, _ = features(test_orders)
219  print('开始决策树预测')
220  preds = bst.predict(df_test[f_to_use])
221  df_test['pred'] = preds
222  TRESHOLD = 0.3  #预测结果是小数,越高就代表越会被购买,这里设置一个阈值,超过这个阈
值就被视为可能会被购买
223  d = dict()
224  #把预测结果高于TRESHOLD的商品筛选出来,把商品编号加入预测结果中
225  for row in df_test.itertuples():
226      if row.pred > TRESHOLD:
227          try:
228              d[row.order_id] += ' ' + str(row.product_id)
229          except:
230              d[row.order_id] = str(row.product_id)
231  for order in test_orders.order_id:
232      if order not in d:
233          d[order] = 'None'
234  #将词典类型的结果转换为DataFrame类型
235  sub = pd.DataFrame.from_dict(d, orient='index')
236  sub.reset_index(inplace=True)
237  sub.columns = ['order_id', 'products']
238  #将预测结果写入csv文件
239  sub.to_csv('sub.csv', index=False)
```

　　运行代码后,程序会先将原始的csv文件进行清洗,计算出训练所需要的各种关键特征值,然后生成LightGBM所需的数据格式并进行训练与预测,预测结果会存放到sub.csv文件中。

```
order_id,products
```

```
2774568,17668 21903 39190 47766 18599 43961 23650 24810
1528013,21903 38293
1376945,33572 27959 14947 8309 13176
1356845,7076 10863 13176
2161313,11266 196 10441 12427 37710 14715
1416320,5134 21903 21137 24852 17948
1735923,17008 31487 34690
1980631,13575 6184 9387 46061 13914 41400 22362
2940603,19894
1192143,47626 24852
280888,32566
3202221,49215 21137 4793 17630 24852 11130 9637 39911
3222866,40706 13187 37131 32912 7969 33198 8501 32441 18894 35921 14947 15718
707453,45066 42585 48230 21137 694 18150 24852 32030 7969 4942 39275 21903 28156
882556,28289 24852 25890 48679 28204 46906 15290 41149 5450 7371 8424 30962
9076 5373
2431024,22035 17044 25246 27555 34217 39928 6975 5699 5450 24799 29926 13176
2174416,40604 10017 36929 15712 18798 13176
320326,24852 42828 45646
1099519,22035 28058 13176
144494,16959 14947 46260 39108
```

　　sub.csv 文件的格式如上所示，数据有两列，一列是订单编号，另一列是预测这个订单会购买哪些商品，商品以编号的形式展现。

11.4.2　时间特征提取实战

　　在营销过程中，销售顾问与客户通话时，会提到很多日期，如明天下午五点、后天上午十点等，如果程序可以自动把这些中文转换为实际日期，并在销售顾问的日历中添加提醒，就会提高销售顾问的工作效率，减少人为导致的失误。

　　下面讲解如何使用基于规则的自然语言处理技术，从中文文本中提取时间特征。

　　既然是基于规则的时间特征提取，那么就必须对其规则进行总结，常见的口语时间有"明天上午十点""明天下午十点""这个月""下个月""过两个月""下周""过两周""半年""一年"等，根据日常会话经验可以看出，口语时间分为如下 3 种。

　　(1)日级时间规则：如明天、后天、下周、下个月、过两个月、半年、一年等，明天就对应着当前日期加 1 日后的时间，后天就对应着加 2 日，下周就对应着加 7 日，过半年就对应着加 182 天等，这种可以通过对当前日期加上某个天数而推断出的时间，都被称为日级时间规则。用 Python 词典对象来表示，就成为一个个的 key\value 组合，如{'今天':0,'明天':1,'后天':2,'这个月':0,'下个月':30,'这月':0,'下月':30,'两个月':60,'三个月':90,'两三个月':75,'下周':7,'下礼拜':7,'半个月':15,'半年':183,'一年':365,'下个礼拜':7,'两周':14,'两三周':11}，如果需要更精确的时间判断，则可以根据当前月份，计算出后续哪个月是 28 天，哪个月是 30 天或 31 天。

　　(2)半日级时间规则：如上午、早上、下午、晚上等，其实下午八点和晚上八点的含义差不多，都是

12:00以后的时间,所以出现晚上或下午时,则将日期的小时位加12小时即可。用Python中的词典对象表示,就是{'上午':0,'早上':0,'早晨':0,'下午':12,'晚上':12},其中的value就是在0点基础上需要增加的小时数。

(3)小时级时间规则:如一点、两点、三点……十一点、十二点等,属于在小时级别上的运算。用Python中的词典对象表示,就是('一点':1,'两点':2,'三点':3,'四点':4,'五点':5,…)。

当文本中出现"明天下午八点"时,程序先进行日级时间规则判断,假设今天是"2020-10-8",由于文本中出现了"明天"字样,所以时间被处理后变为"2020-10-9"。然后程序进行半日级规则判断,由于文本中出现了下午,所以时间被添加上12个小时,变为2020-10-9 12:00:00。再进行第三个小时级的时间规则判断,由于文本中出现了八点,所以时间增加了8个小时,变为2020-10-9 20:00:00。

经过3个规则的处理,原本计算机难以理解和记录的"明天下午八点"就变为标准的计算机时间格式:2020-10-9 20:00:00了。

接下来,在"电话销售语义分析"文件夹下新建一个名为"时间提取实战.py"的源码文件,然后按照前文所述的规则,编写基于规则的时间提取代码。

```python
01   from datetime import datetime, timedelta
02   from dateutil.parser import parse
03   import jieba.posseg as psg
04   import jieba
05   import numpy as np #导入numpy
06   # 时间提取
07   def time_extractv2(text):
08       time_res = []
09       words=[]
10       t=datetime.today().replace(hour=0)
11       word=''
12       keyDate = {'今天':0,'明天':1,'后天':2,'这个月':0,'下个月':30,'这月':0,'下月':30,'两个月':60,'三个月':90,'两三个月':75,'下周':7,'下礼拜':7,'半个月':15,'半年':183,'一年':365,'下个礼拜':7,'两周':14,'两三周':11}
13       key2={'上午':0,'早上':0,'早晨':0,'下午':12,'晚上':12}
14       keyhour={'1':1,'2':2,'3':3,'4':4,'5':5,'6':6,'7':7,'8':8,'9':9,'10':10,'11':11,'12':12,'一点':1,'两点':2,'三点':3,'四点':4,'五点':5,'六点':6,'七点':7,'八点':8,'九点':9,'十点':10,'十一点':11,'十二点':12}
15       for k, v in psg.cut(text):
16           words.append(k)
17       i=0
18       x=0
19       j=len(words)
20       while i<j:
21           if i+2<j:
22               if  words[i] in keyDate and words[i+1] in key2 and words[i+2] in keyhour:
23                   t=datetime.today().replace(hour=0)
24                   t=t+ timedelta(days=keyDate.get(words[i], 0))
25                   t=t.replace(hour= key2.get(words[i+1], 0))
```

```
26              hour = t.time().hour
27              t=t.replace(hour=hour + keyhour.get(words[i+2], 0))
28              word=t.strftime('%Y-%m-%d %H')+':00:00'
29              i+=3
30              time_res.append('日期'+str(x)+'":"'+word)
31              x+=1
32              continue
33          if i+1<j:
34              if words[i] in keyDate and words[i+1] in key2:
35                  t=datetime.today().replace(hour=0)
36                  t=t+ timedelta(days=keyDate.get(words[i], 0))
37                  t=t.replace(hour= key2.get(words[i+1], 0))
38                  word=t.strftime('%Y-%m-%d %H')+':00:00'
39                  i+=2
40                  time_res.append('日期'+str(x)+'":"'+word)
41                  x+=1
42                  continue
43              if words[i] in keyDate and words[i+1] in keyhour:
44                  t=datetime.today().replace(hour=0)
45                  t=t+ timedelta(days=keyDate.get(words[i], 0))
46                  t=t.replace(hour=hour + keyhour.get(words[i+1], 0))
47                  word=t.strftime('%Y-%m-%d %H')+':00:00'
48                  i+=2
49                  time_res.append('日期'+str(x)+'":"'+word)
50                  x+=1
51                  continue
52              if words[i] in key2 and words[i+1] in keyhour:
53                  t=datetime.today().replace(hour=0)
54                  t=t.replace(hour= key2.get(words[i], 0))
55                  hour = t.time().hour
56                  t=t.replace(hour=hour + keyhour.get(words[i+1], 0))
57                  word=t.strftime('%Y-%m-%d %H')+':00:00'
58                  i+=2
59                  time_res.append('日期'+str(x)+'":"'+word)
60                  x+=1
61                  continue
62          if words[i] in keyDate:
63              t=datetime.today().replace(hour=0)
64              t=t+ timedelta(days=keyDate.get(words[i], 0))
65              word=t.strftime('%Y-%m-%d %H')+':00:00'
66              time_res.append('日期'+str(x)+'":"'+word)
67              x+=1
68          if words[i] in key2:
69              t=datetime.today().replace(hour=0)
70              t=t.replace(hour= key2.get(words[i], 0))
71              word=t.strftime('%Y-%m-%d %H')+':00:00'
72              time_res.append('日期'+str(x)+'":"'+word)
```

```
73                x+=1
74            i+=1
75      return time_res
76
77  if __name__ == "__main__":
78      txt='你明天下午三点再给我打电话吧。'
79      result=time_extractv2(txt)
80      print(result)
81      txt='我没时间,明天下午三点或后天再参加你们的活动吧。'
82      result=time_extractv2(txt)
83      print(result)
```

考虑到客户可能会一次说出两个时间,如"我没时间,明天下午三点或后天再参加你们的活动吧"。所以就需要对客户文本做分词,并在代码第20行遍历词语列表中所有的单词,这样无论用户说出多少个时间,都能准确识别了。

为了提高准确性,可以把代码开头定义的三个词典中的词语加入自定义词典,这样可以使得分词更加准确,避免分词错误导致的识别错误。

11.5　小结

本章讲解了电话销售语义分析系统的实战代码,不仅使用了开源、商业人工智能开放平台,还使用了深度学习等技术。在实际的商业项目中,通常会对不同的功能进行评估,以选取性价比最高的技术。

在语音识别方面,由于独立开发者和小公司很难找到大量的语音资料,所以很难训练出有效的语音识别系统。采用互联网巨头提供的人工智能平台,就可以实现很好的语音识别效果。

在词频与相似度计算方面仅讲述了基于规则的相似度计算,下一章将讲解功能更强大的基于语义的相似度计算。

在抽取用户特征实战中,使用了LAC 2.0开源库和jieba分词开源库,这两个库的内核都是基于百度飞桨的,在中文词法分析和分词方面,目前这两个开源库的效果是最好的。

在其他特征提取实战中,使用LightGBM训练了销售意向预测系统。在Kaggle中还有很多优秀的案例,感兴趣的读者可以选择其他高分代码进行自学。

第 12 章

人工智能辅助写作系统

AI辅助写作是人工智能领域最火热的研究方向之一。本章首先讲解AI辅助写作系统的原理,让读者从记忆系统运作原理的层面,对AI辅助写作原理有一个清晰的认识。

在读者了解AI辅助原理后,本章会进一步讲述"矩阵联想算法",此算法不仅可用于AI辅助写作系统的开发,还可用于其他与联想相关的应用。

本章的最后给出了人工智能写作API接口,感兴趣的读者可以调用此接口进行学习和研究。

本章主要涉及的知识点

- ◆ 人工智能写作工具原理和算法说明
- ◆ 人工智能写作技巧
- ◆ 人工智能写作API调用实战

12.1 人工智能辅助写作原理

人工智能写作平台 L8AI.com 的基本原理是,它能理解并记忆大量优质文章、段落和句子。当平台得到用户的文本后,可以使用矩阵联想算法,联想出含义最相近的优质文本,帮助用户引经据典,达到辅助用户写作的目的。

平台应用范围包括但不限于文学创作(包括引经据典、润色文笔)、剧本创作、自媒体文案撰写、语文教学等领域。

本平台与第三方语音和图像识别等技术结合,还具有为语音润色、为图像配文等扩展应用。

12.1.1 矩阵联想算法原理

以文学创作为例,"读书破万卷,下笔如有神",说的就是当人脑中记录了万卷书后,就可以通过联想的方式,找到与自己想法最相近的经典句子或单词,再进行组织和模仿,形成自己的文章。

笔者编写的人工智能写作网站 L8AI.com 便是基于矩阵联想算法,让分布式 GPU 服务器记忆了鲁迅、朱自清、莎士比亚、茅盾、张爱玲、雨果、柏拉图、亚当·斯密、卡尔维诺等数千位文学家的作品,数千篇领导人的讲话稿和党建文章,数千份上市公司的企业报告,数十万阅读量在 50 万以上的爆文标题,以及数十万网友的精选网评等优质内容,合计超过 4 亿字、500 万个段落。当用户输入自己的想法时,L8AI.com 会先进行联想,然后返回 10 条与用户文本最相近的文学作品片段。网站运行效果如图 12.1 所示。

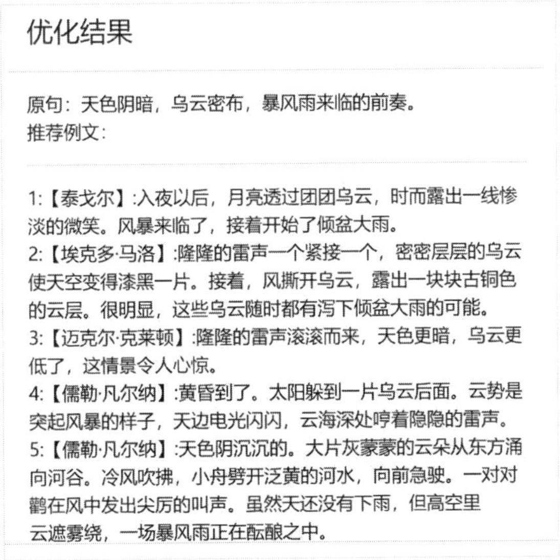

优化结果

原句: 天色阴暗,乌云密布,暴风雨来临的前奏。
推荐例文:

1:【泰戈尔】:入夜以后,月亮透过团团乌云,时而露出一线惨淡的微笑。风暴来临了,接着开始了倾盆大雨。
2:【埃克多·马洛】:隆隆的雷声一个紧接一个,密密层层的乌云使天空变得漆黑一片。接着,风撕开乌云,露出一块块古铜色的云层。很明显,这些乌云随时都有泻下倾盆大雨的可能。
3:【迈克尔·克莱顿】:隆隆的雷声滚滚而来,天色更暗,乌云更低了,这情景令人心惊。
4:【儒勒·凡尔纳】:黄昏到了。太阳躲到一片乌云后面。云势是突起风暴的样子,天边电光闪闪,云海深处哼着隐隐的雷声。
5:【儒勒·凡尔纳】:天色阴沉沉的。大片灰蒙蒙的云朵从东方涌向河谷。冷风吹拂,小舟劈开泛黄的河水,向前急驶。一对对鹳在风中发出尖厉的叫声。虽然天还没有下雨,但高空里云遮雾绕,一场暴风雨正在酝酿之中。

图 12.1 L8AI.com 的运行效果

L8AI.com 的知识库有 500 万条经典文学作品片段,每个句子都被视为一个神经元细胞群落,每个神经元细胞群落对应着数百个特征(权值),总共就是数以亿计的权值。这么大的计算量,在 CPU 上计算一次需要数十秒,显然不能满足用户需求。通过矩阵的方式进行计算,就可以有效地将单线程的计算合并为并行计算，大大提高了运算效率，使每处理一个用户请求，只需要几百毫秒的时间。

矩阵联想算法基于记忆，记忆系统并不是单一的统一体，而是存在不同结构和功能的多个记忆系统，它们分别介于不同的记忆形式，即多重记忆系统。

Squire依据提取阶段是否需要自我意识的参与，将长时记忆分为两大系统，即陈述性（外显）记忆和非陈述性（内隐）记忆，如图12.2所示。

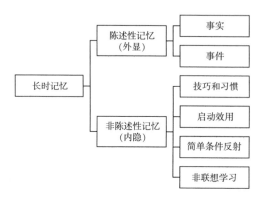

图12.2　Squire关于记忆系统的划分

在高等生物个体发展中，非陈述性提取操作是内隐的，具有明显的生物学特征，可能最早进化并在人类婴儿期发展，深度学习技术主要用于模拟非陈述性记忆。而陈述性记忆系统则是人们后天发展的。

两个系统的关系是，发生较晚的陈述性记忆系统依赖发生较早的非陈述性记忆系统，而非陈述性系统的操作基本上独立于较晚的陈述性记忆系统。

两个系统的主要区别如下。

（1）陈述性记忆系统的操作需要自我意识参与（如联想和决策），即自我意识=联想+决策。由于决策是由联想结果决定的，因此也可以理解成"自我意识=联想"。

（2）非陈述性记忆系统的操作具有明显的生物学特征，其训练与收敛的过程主要基于条件反射、海布突触、BP反向传播等理论。自我意识对非陈述性记忆的影响不大，也可以说非陈述性记忆是由潜意识控制的。

（3）非陈述性记忆需要进行训练。例如，常见的图片分类、人脸识别、手写识别、文本情绪分数等深度学习技术，都是对"非陈述性记忆系统"进行训练，本质上是基于大量数据的函数拟合（如小孩子认字、学会辨识各种小动物，以及形成各种生活习惯）。陈述性记忆系统则不依赖训练，而是依赖已经训练好的"非陈述性系统"。非陈述性记忆系统的能力大小主要取决于记忆量。

（4）以文学创作为例，陈述性记忆系统的作用是，写作者必须阅读并记忆大量的文章（外显记忆），脑中储备足够多的文章后（记忆量），依靠超越常人的联想能力（更强大的树突），才能写出好的文章。单纯调用联想能力时，不需要训练。

（5）非陈述性记忆系统的作用是，学习近义词、句法分析、词性识别、命名实体识别，依靠的主要是深度神经网络，必须要进行训练。陈述性记忆系统是理性灵魂，而非陈述性记忆系统则是植物灵魂、动物灵魂。

（7）引用第一章提出的假说，即"人与动物智力差别的关键在于树突和轴突"，结合祖母细胞理论的印证,我们就找到了陈述性记忆的生理学基础。即与动物相比,人类的树突不仅更长、分叉更多,而且突棘也更多,能接驳的其他神经元也更多。也就是说,在陈述性记忆系统方面,人类的神经系统可以借由强大的树突承载更复杂的神经元之间的联系,继而实现更复杂的针对陈述性记忆的联想,从而做出更准确的决策。

达尔文证明人类智能是生物逐渐演化的结果,遵循用进废退的规律。而弗洛伊德对潜意识的研究则发现人们的行动多半是"动物"本能驱策的结果。巴普洛夫条件反射原理揭示了非陈述性记忆系统的原理,而现如今,摆在人们面前的难题是更复杂的陈述性记忆系统。

大脑中有太多秘密等着我们去探索,我们对这个科学上的终极谜团知道得实在太少。也许正是无数的未知包围着我们,才使人生保留着探索的乐趣。如果人工智能技术能在陈述性记忆系统上有所成就,将会诞生出很多更强大的应用。

12.1.2　矩阵联想算法示例

我们之前讲过,矩阵联想算法就是把脑中无数的概念(细胞群落),转化成 n 维空间中的无数光点,在人们联想时,实际上是在计算这些光点与目标概念的距离(余弦距离或其他距离),这个距离就是概念之间的相似度。

结合陈述性记忆系统和非陈述性记忆系统的理论,不难发现,在人工智能自然语言程序运作中,训练词向量就是训练非陈述性记忆系统。使用矩阵联想算法计算近义词,则是陈述性记忆系统的基本运算原理。

如果以计算机领域的术语来说,陈述性记忆系统就是使用矩阵(或张量)存储了事物特征值,基于 GPU 并行矩阵联想运算的 NoSQL 知识库操作系统。

目前的深度学习技术主要局限在非陈述性记忆系统中,如果能从非陈述性系统的迷雾中走出来,使用矩阵联想算法,就可以实现如 L8AI.com 这种具有陈述性记忆系统的人工智能了。

L8AI.com 的陈述性分布式人工大脑中,理解并记忆了数百个文豪的数百万经典文章段落。当用户输入自己的想法时,它就会使用矩阵联想算法找到与用户想法最相似的经典段落,帮助用户引经据典、优化文章,使其文章脱胎换骨。

L8AI.com 的作用不仅是联想,而且还能触发用户的灵感。当用户看到 L8AI.com 的联想结果时,会引发大脑的进一步联想,产生更多的灵感。

所谓的灵感就是指"神经元群落"被激活后,"树突群"激发了比以往更多、相似度更高的"神经元群落"。

下面就讲解一下用矩阵联想算法实现人工智能辅助写作的方法。

如图 12.3 所示,人工智能辅助写作系统包括信息处理模块、词向量语义模块、句向量语义模块和句向量矩阵模块,其中词向量语义模块包含 CBOW 模型神经网络训练模块;信息处理模块包含信息收集模块、文本框输入模块和文本框输出模块;句向量语义模块包含句向量组合算法;句向量矩阵模块包含语义矩阵联想算法,具体步骤如下。

①由信息处理模块采集大量文学作品,经过分段后,将文字转换为字符串,形成文字段落库。

②将步骤①所采集的文字段落通过词向量语义模块处理。首先将文字进行段落分词,然后将单词经过 CBOW 模型神经网络训练模块处理得到各个单词的词向量,再把各个词向量进行组合,形成词

组向量。

③将步骤②中的词组向量库整体置入句向量语义模块，并通过句向量组合算法将词向量输出为句向量，使文字段落的句子主要经由句向量表达。

④步骤①所生成的文字段落库中的每个段落都经过步骤②和步骤③后，得到每个文字段落的句子特征向量，句子的特征句向量采用浮点数类型表达，再将所有句子特征向量合并，形成文学作品矩阵库。

⑤使用者通过信息处理模块的文本框输入目标文本，并在文本转换为字符串后，经由步骤②和步骤③形成目标句向量。

⑥将目标句向量和步骤④的文学作品矩阵库经由句向量矩阵模块的语义矩阵联想算法进行处理，得出相似句的向量集合，输出至信息处理模块的文本框中，并按相似率升序排列。

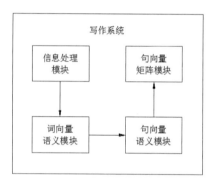

图12.3　人工智能辅助写作系统

在词向量方面，步骤②中CBOW模型神经网络训练模块主要基于Word2vec词袋算法模型使用，它的训练过程是通过在大量句子中抽取一些文学句子作为训练数据，并对每一条句子抽出词组 $W(t)$，经由上下文单词 $w(t-2),w(t-1),w(t+1),w(t+2)$ 预测 $W(t)$，训练后的CBOW模型神经网络训练模块可以使单词字符串词量化，具体步骤如下。

（1）将当前词的上下文词语的独热编码输入到输入层，其独热编码维度为 $1\times V$，并设立矩阵 W_1，且 W_1 的维度为 $V\times N$，V 为词典中包含的词组总数，N 为自定义维度。

（2）使上下文词语和同一矩阵 W_1 相乘，得到上下文词语的各自向量 $1\times N$，并将 $1\times N$ 向量整体取平均为一个向量 $1\times N$，最后将平均向量 $1\times N$ 和矩阵 W_2 相乘，变为 $1\times V$，其中 W_2 的维度为 $N\times V$。

（3）将 $1\times V$ 向量归一化后取出每个词的概率向量，将概率值最大的数对应的词作为预测词 $W(t)$，随后使预测词 $W(t)$ 和真实预期词 $W(t)$ 计算误差，做反向传播梯度下降调整 W_1 和 W_2 的矩阵值，最终得到的 W_1 矩阵值即是文学句子的词向量库。

在句向量方面，其特征在于，所述句向量组合算法基于CBOW模型神经网络训练模块下计算，通过CBOW模型神经网络训练模块所得到的词向量形成句向量。具体做法是，根据所得出的词向量设目标句子A中包含 n 个词，每个词都用词向量库中的 m 维词向量表示，则句子A包含的词向量集合为 $X(X_1,X_2,\cdots,X_n)$，其中每个词向量可以表示如下。

$$X_1 = [X_{11}\quad X_{12}\quad \cdots\quad X_{1m}]$$

$$X_2 = [X_{21}\quad X_{22}\quad \cdots\quad X_{2m}]$$

$$\cdots$$

$$X_n = \begin{bmatrix} X_{n1} & X_{n2} & \cdots & X_{nm} \end{bmatrix}$$

设句子 A 的语义特征向量为 Avec,则 Avec 的算法如下。

$$\text{Avec} = [(X_{11} + X_{21} + \cdots + X_{n1})/n \quad (X_{12} + X_{22} + \cdots + X_{n2})/n \quad \cdots \quad (X_{1m} + X_{2m} + \cdots + X_{nm})/n]$$

为简化表示,设

$$Y_1 = (X_{11} + X_{21} + \cdots + X_{n1})/n$$

$$Y_2 = (X_{12} + X_{22} + \cdots + X_{n2})/n$$

$$\cdots$$

$$Y_m = (X_{1m} + X_{2m} + \cdots + X_{nm})/n$$

则句子 A 的语义特征向量 Avec $= [Y_1 \quad Y_2 \quad \cdots \quad Y_m]$,得出句向量 Avec,其中 Y 的数据类型为浮点数。因此,在采集多个句向量后,设句子总数为 S,根据句向量所得出的浮点类型矩阵表示如下。

$$\begin{pmatrix} Y_{11} & Y_{12} & \cdots & Y_{1m} \\ Y_{21} & Y_{22} & \cdots & Y_{2m} \\ \vdots & \vdots & & \vdots \\ Y_{s1} & Y_{s2} & \cdots & Y_{sm} \end{pmatrix}$$

所输出的矩阵合并后即为文学作品矩阵库 G。

使用矩阵联想算法计算句子相似度:语义联想算法是将目标文本和文学作品矩阵库进行欧几里得距离计算,具体步骤如下。

将步骤⑤中使用者所输入的目标文本设为 X 文本,则 X 文本的 n 维特征向量经步骤②和步骤③得出为 $X(X_1, X_2, \cdots, X_n)$,此处的 X 集合特指目标文本 X 文本的集合,与上述的词库向量 X 具有实质上的区别,以下所描述的 X 则皆为 X 文本的概念,设对比句为 $Y(Y_1, Y_2, \cdots, Y_n)$,则多维的对应公式如下。

$$\text{dist}(X, Y) = \sqrt{\sum_{i=1}^{n} (x_i - y_i)^2}$$

计算 X 文本与多个句子特征向量之间的距离,可以把 X 文本与程序存储的数百万句子特征向量依次计算距离,即为句子之间的相似度,最后将相似的句子进行排序即可。

其语义联想算法有算法简化流程,步骤如下。

首先定义 m 行的变换矩阵。

$$C = \begin{pmatrix} 1 \\ 1 \\ \vdots \\ 1 \end{pmatrix}$$

将 m 行变换矩阵和对应的句向量 X 文本相乘,结果如下。

$$X' = CX = \begin{pmatrix} 1 \\ 1 \\ \vdots \\ 1 \end{pmatrix} \begin{pmatrix} x_1 & x_2 & x_3 & \cdots & x_n \end{pmatrix} = \begin{pmatrix} x_1 & x_2 & x_3 & \cdots & x_n \\ x_1 & x_2 & x_3 & \cdots & x_n \\ x_1 & x_2 & x_3 & \cdots & x_n \end{pmatrix}$$

随后将所有已记忆的句子特征向量合并为一个矩阵 G,则矩阵 G 为记录 m 行 n 列的矩阵,即算法

记忆了 m 个句子，每个句子的特征向量为 n。

$D = X' - G$，其中 X' 是使用者所输入的 X 文本，为 1 行 n 列的矩阵，经变换矩阵 C 转换为 m 行 n 列的矩阵 X'。将 X' 和矩阵 G 相减后即可得到 X 文本的句向量和文学作品矩阵库中所有句子向量的差，得出矩阵 D。

$$E = D \odot D$$

其中运算符"$\odot$"是哈达玛积，它是一种矩阵运算，若 $A = (a_{ij})$ 和 $B = (b_{ij})$ 是两个同阶矩阵，且 $c_{ij} = a_{ij} \times b_{ij}$，则称矩阵 $C = (c_{ij})$ 为 A 和 B 的哈达玛积，或称基本积。因此，在公式中 E 为矩阵 D 和自身做哈达玛积，即对矩阵 D 中的所有元素求平方。

最后 $F = E^{T} \times C$，其中 E^{T} 为转置后的 E，C 为变换矩阵，所得出的 F 即是 m 行 1 列的矩阵，矩阵内的数值就是 X 文本和各个句子的相似度，在升序排列后即可得出与 X 文本最相近的句子列表，而原本的欧式公式并没有开方，最终公式如下。

$$联想距离\ (X, Y) = \sum_{i=1}^{n} \left(x_i - y_i \right)^2$$

如之前在近义词实战中介绍过的那样，将语义矩阵联想算法设置在 GPU 上进行运算，可以大大提高矩阵联想的运算速度。

12.2　人工智能写作实战

近年来，自媒体行业非常火，短视频、直播、知乎问答、公众号上出现了很多自媒体创业者。其中除文字型创作者外，还有很多视频创作者也需要撰写优秀的脚本和文案，但优美的句子太难写。有的人出口成章，每一句话都很优美，是因为他的记忆力和联想能力非常强。

下面我们来讲解如何利用人工智能的记忆力和联想能力，加强我们的联想能力和记忆能力，从而创作出优美的文章。

12.2.1　人工智能写高考作文实战

我们以 2020 年浙江卷高考作文为例，讲解人工智能写作文的技术实战。

2020 年浙江卷高考作文题目如下。

每个人都有自己的人生坐标，也有对未来的美好期望。

家庭可能对我们有不同的预期，社会也可能会赋予我们别样的角色。

在不断变化的现实生活中，个人与家庭、社会之间的落差或错位难免会产生。

对此，你有怎样的体验与思考？写一篇文章，谈谈自己的看法。

先看一篇 2020 年的高考满分作文。

> ### 《生活在树上》
>
> 　　现代社会以海德格尔的一句"一切实践传统都已经瓦解完了"为嚆矢。滥觞于家庭与社会传统的期望正失去它们的借鉴意义。但面对看似无垠的未来天空，我想循卡尔维诺"树上的男爵"的生活好过过早地振翮。
>
> 　　我们怀揣热忱的灵魂天然被赋予对超越性的追求，不屑于古旧坐标的约束，钟情于在别处的芬芳。但当这种期望流于对过去观念不假思索的批判，乃至走向虚无与达达主义时，便值得警惕了。与秩序的落差、错位向来不能为越矩的行为张本。而纵然我们已有翔实的蓝图，仍不能自持已在浪潮之巅立下了自己的沉锚。
>
> 　　"我的生活故事始终内嵌在那些我由之获得自身身份共同体的故事之中。"麦金太尔之言可谓切中了肯綮。人的社会性是不可被除的，而我们欲上青云也无时无刻不在因风借力。社会与家庭暂且被我们把握为一个薄脊的符号客体，一定程度上是因为我们尚缺乏体验与阅历去支撑自己的认知。而这种偏见的傲慢更远在知性的傲慢之上。

图 12.4　2020 年浙江高考满分作文《生活在树上》节选

　　人们对这篇作文的评价褒贬不一，有人说，这满分作文像是机器人写的，很难懂。其实机器人写的更容易理解，机器人引经据典的能力比人类强。

　　下面演示一下用机器人是怎样辅助写作文的。

　　首先把作文题目复制到 L8AI.com，然后再把机器人给出的结果稍做加工就可以了。

　　题目第一句：每个人都有自己的人生坐标，也有对未来的美好期望。

　　机器人：

　　人生的一切变化，一切魅力，一切美好，是由光明和阴影构成的。

　　这个世界上有很多种人，有的喜欢追忆往事，有的喜欢憧憬未来，但是也有些人认为，老时光并不一定就是好时光，未来的事也不是任何人所能预测的。

　　有思想，也有忧伤和理想，这才是生活。

　　关于未来，或许一切皆有可能。而至于眼前所发生的意义，或许我们总需要时间才能看得清。没有谁是一座孤岛，每个人的人生都有无限可能。

　　相信自己吧！上天总是喜欢帮助那些自己成就自己的人！每一个人都有自己的价值，学会坦然地接受自己的位置，融入身边的这个社会。伟大的人物从来都是这样做的，他们总是以饱满的热情生活着，敞开心扉，向他们所处的时代吐露自己的心声，表达出他们内心的感受。他们凭着自助的力量成功了。

　　题目第二句：家庭可能对我们有不同的预期，社会也可能会赋予我们别样的角色。

　　机器人：

　　一个人并非决定于其所处环境，而是他对环境的诠释。

　　别人自有价值观和与之相配的活法，我也有自己的价值观和与之相配的活法。这样的差异产生了细微的分歧，数个分歧组合起来，就可能发展成大的误会，让人受到无缘无故的非难。遭到误解、受到非难，绝非令人愉快的事件，还可能使心灵受到深刻的创伤。这也是痛苦的体验。然而随着年龄的增长，我们逐渐认识到，这样的苦痛和创伤对于人生而言，其实很是必要。想起来，正是跟别人多少有所不同，人才得以确立自我，一直作为独立的存在。能在同一道风景中看到不同于他人的景致、感到不同于他人的东西、选择不同于他人的语句，才能不断写出属于自己的故事来。

题目第三句：在不断变化的现实生活中，个人与家庭、社会之间的落差或错位难免会产生。

机器人：

在实际生活中的失败，以及由此而在潜能和成就之间造成的越来越大的差距，不可避免地会更大地加强我们已有的自卑感。

这种潜能和成就之间的差距，可能是外部环境造成的。在我们的文化中，存在某些固有的典型困境，这些困境作为种种内心冲突反映在每一个人的生活中，日积月累就可能导致落差或错位的产生。

不成熟的人在发展中一旦受到阻碍，常会陷入深深的焦虑感中。他们对生活中问题的认识处于很肤浅的水平，所以，他们常会觉得生命异常沉重。对于我来说，一旦遇到问题，就会设计出越来越有意义的解决方法，并不断地从中找到新的答案，最终，我可以根据自己的社会感觉和本身需要，充满勇气地独立解决自己的问题。

上面就是整篇人工智能辅助写作的文章了。

它的使用方法很简单，输入大纲，或者输入自己写的文章，机器人就会引经据典，开始联想了。你可以在经典段落的基础上作修改，也可以综合各位文学家、思想家的想法，写出更好的文章。

写作都是从模仿开始的，在模仿的过程中，才能不断学习逐渐形成自己的风格。使用L8AI.com进行写作也能逐渐提高使用者的写作水平。

L8AI.com 目前背诵的文章只有 500 万段，联想能力也不高（比人类强，但是和强人工智能还差得很远）。后续笔者还会通过不断升级，提高平台的算法和功能。

希望未来人工智能可以实现真正的自然语言理解背诵、联想，把全世界文字工作者从脑力劳动中解放出来。

12.2.2　使用人工智能提高人类联想能力实战

联想是人类发明与创造的催化剂，人类所凭借、触及并启发深层创造力的神秘核心之力就蕴藏在联想能力中。联想创造发明法是以丰富的联想为工具的创造发明方法，广泛存在于人类的科学发明、文学创作等脑力劳动中。

虽然每个人都会联想，但是人的联想能力还有赖于后天的不断培养、发展和提高。

人工智能技术可以把人类从繁重、枯燥、机械的脑力劳动中解放出来。更关键的是，它能够理解无穷无尽的知识，并依靠无与伦比的联想速度与精度，加强人类的联想能力，使普通人跳过知识积累与智商的制约，拥有超人般的创造力。

如图 12.5 所示，对于原句"我无法忘记你"，人工智能返回的第一条和第三条中并没有出现关键词

“忘记”。图 12.6 中“知音”的联想结果也证明，人工智能依靠深度神经网络理解句子后，就不是简单的“关键词匹配”或“字符串匹配”了。

原句：我无法忘记你
优化例文：
1:【泰戈尔】:你能看见我寂寞的眼泪吗？鱼对水说：我永远不会离开你，因为离开你，我无法生存。
2:【歌德】:玫瑰说：“我刺痛你，使你永远不忘记，我决不能答应你。”
3:【安东尼·德·圣-埃克苏佩里】:我想你心里清楚，你可以要求我做任何事，无论牺牲多大，无论何时，我都愿意。我写这段话不是要你感激我，因为你永远不会真的需要我，但是你在孤单寂寞时，想想我这段话，也许能够减少孤单的感觉。虽然你伤了我的心，但我原谅你的所作所为。
4:【张小娴】:失恋后，我们总爱问“我怎样可以忘记他？我很想忘记他，但我就是没法忘记他。”如果没法忘记他，就不要忘记好了。为什么要那么痛苦地去忘记一个人？时间自然会让你忘记他。现在，我请你千万别想着一头粉红色的大笨象。请问，你想到的是什么？你立刻就想到一头粉红色的大笨象了。

图 12.5　人工智能联想结果 1

优化结果

原句：知音
优化例文：
1:【纳兰容若】:我是人间惆怅客，断肠声里忆平生。
2:【纳兰容若】:我是人间惆怅客，知君何事泪纵横，断肠声里忆平生。
3:【纳兰容若】:人生何如不相逢，君老江南我雁北。何如相逢不相识，更无别恨横胸臆。芙蓉江上芙蓉花，秋风未落如朝霞。君如载酒须尽醉，醉来不复思天涯。
4:【纳兰容若】:何如相逢不相识，更无别恨横胸臆。
5:【纳兰容若】:残雪凝辉冷画屏，落梅横笛已三更，更无人处月胧明。我是人间惆怅客，知君何事泪纵横，断肠声里忆平生。
6:【爆文标题_音乐】:街头二胡演奏周传雄《黄昏》，一曲肝肠断，天涯何处觅知音 阅读数：81万
7:【爆文标题_全部】:因《西游记》中一句歌词，导演杨洁竟“结仇”30年！人生难得一知己，千古难觅一知音 阅读数：69万
8:【曹雪芹】:厚地高天，堪叹古今情不尽；痴男怨女，可怜风月债难偿。
9:【纳兰容若】:人生何如不相逢，君老江南我雁北。
10:【纳兰容若】:我是人间惆怅客，知君何事泪纵横。

刷新　拷贝　关闭

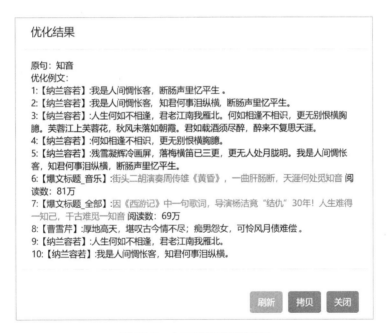

图 12.6　人工智能联想结果 2

目前，搜索引擎都是关键词匹配，从搜索的结果看，匹配到的词语都会用红色标出来。而基于语义的矩阵联想算法则不同，完全是基于语义层面的，与关键词是否匹配的关系不大。

这也证明，人工智能可以理解并记忆这些“陈述性知识”，并且使用矩阵联想算法模拟人脑联想机制，实现对用户语义的理解和联想。

人在深思时，其意识就是在进行联想，表现在计算机程序中，就是陈述性记忆系统的联想功能。而文字工作者在独自构思的过程中，实际上也是对陈述性记忆的联想。

正如先前在神经元群编码理论中所阐述的那样，给予相关刺激时，神经元群中的每个神经元都会通过某种相关性活动，与群体中其他神经元相互协调，以群体神经元的动态活动和相互关系来实现对信息的编码和处理。

人们读书时，实际上是在进行非陈述性记忆训练，把代表某个观点的神经元细胞群落的某些特征值(突触权值)调整为新值，或者将某些神经元与其他神经元群组合，形成新的神经元细胞群落，以便我们以后凭借陈述性记忆系统联想到类似的概念时，可以迅速联想起书中的观点。

这也说明，神经元群体活动的相关性并不是一成不变的，它会随着刺激输入的不同而随时发生改变和调整，群体中的一个神经元并不仅仅参与单一功能的编码，而是可以随着刺激输入的不同，与不同的神经元群体组合，以实现对不同信息的加工编码。

人工智能联想可以让不同时代的名人聚集在一起，为某个观点而争论不休，如图12.7所示。

```
原句：人类的悲欢是不相通的
优化例文：
1：【鲁迅】：人类的悲欢并不相通，我只觉得他们吵闹。
2：【马可奥勒留】：那么，由于苦乐、生死和荣辱都是宇宙本性同等利用的事物，无论谁不同等地感受它们就显然是不虔诚了。
3：【三岛由纪夫】：人类喜欢将神称为真理和正义，但神既不是真理，也不是正义，甚至也不是神明，那只不过是管理员而已。它们刻意维护虚无与人类智慧之间的暧昧联系，在无存之物和所存之物中间的暧昧边界工作。
4：【太宰治】：世间的难懂就是对人类个体的难懂，汪洋大海值的并非世间，而是人的个体。
5：【冰心】：只在世界上有了人——万物之灵的人，才会拿自己的感情，赋予在无情的万物身上！什么"感时花溅泪，恨别鸟惊心"这种句子，古今中外，不知有千千万万。总之，只因有了有思想、有情感的人，便有了"悲欢离合，便有了"战争与和平"，便有了"爱和死是永恒的主题"。
6：【海伦凯勒】：有人说，知识就是力量。对我来说，知识就是幸福。有了知识，你就可以区别真理和谬误，可以分清高尚与渺小。当你了解到各个时期人们的思想行为时，你就会对发展到今天的人类产生同情和亲近的感情。如果一个人不能体会到这脉搏中跳跃的人类伟大的愿望，那他就无法懂得人类生命的和谐乐章。
7：【鲁迅】：这些一切，将人们包进了沉郁的思想的云雾，在人类的灵魂里。惹起对于人生的隐秘的忧闷来。在这人生上，绝无什么常住不变的东西。只有生成和死灭，以及对于目的的永远的追求的不绝的交替罢了。
```

图12.7　人工智能联想结果3

(1)马可奥勒留显然不赞同鲁迅的观点，认为鲁迅是不虔诚的人。

(2)三岛由纪夫同意马可奥勒留的观点，并把神牵扯进来。

(3)太宰治则站在鲁迅一边，认为人类的个体非常复杂，难以互相理解。

(4)冰心似乎是中立的，海伦·凯勒认为，鲁迅这种人无法懂得人类生命的和谐乐章。

(5)最后，鲁迅好像生气了，便站在更高的角度，给大家上了一课。

如果详细分析，把这些联想结果添油加醋地扩写一番，便可成为一篇优秀的议论文了。看到这些栩栩如生的联想结果，笔者想起阿达·洛芙莱斯曾经说过的那句话："我的大脑即使死后也依然不朽，时间会证明这一点。"也许不远的将来，当人们把真正的陈述性记忆系统实现后，大脑(确切地说是想法、意识)即使在死后也依然不朽。

另一个例子如图12.8所示，原句"标榜自己特立独行，与众不同才是真的"并没有表达完整，另外一句话并没有输入，可以猜出用户未输入的前文，应该是批判某些人太张扬、太虚伪。人工智能给出的联想结果是各种各样的，但是，都围绕着用户语义。

原句：标榜自己特立独行，与众不同才是真的
优化例文：

1：【周国平】：矫情之所以可怕，原因就在于它是平庸却偏要冒充独特，因而是不老实的平庸。

2：【网络评论】：什么是真的特立独行，什么是应该追寻的个性？

3：【孔庆东】：号称特立独行的，不一定就是理性的，更不意味着是善良的，希特勒集团就是特立独行的，汪精卫也是特立独行的。

4：【林语堂】：做人也是如此：总是看别人眼色行事会沦为庸俗，为了彰显个性而特立独行也好不到哪去。

5：【周国平】：真正有独特个性的人并不竭力显示自己的独特，他不怕自己显得与旁人一样。那些时时处处想显示自己与众不同的人，往往是一些虚荣心十足的平庸之辈。

图 12.8　人工智能联想结果 4

联想结果中的第一句话很有意思，它与原句完全没有任何关键词重合，却排到了第一位。这句实在是太妙了，完全符合用户语义，可以直接拼接到用户输入文本后面："标榜自己特立独行，与众不同才是真的。矫情之所以可怕，就在于它是平庸却偏要冒充独特，因而是不老实的平庸。"

如图 12.9 所示，人工智能遇强则强，如果用户很强，对应的联想结果也非常强。相应地，如果用户较弱，联想结果也会变弱，但也不会太弱，毕竟人工智能理解的文章都是名人写的。

优化结果

原句：夜雨听风，斟酒独饮
推荐例文：

1：【纳兰容若】：木叶纷纷归路，残月晓风何处。消息半浮沉，今夜相思几许。秋雨，秋雨，一半西风吹去。

2：【纳兰容若】：阁泪倚花愁不语，暗香飘尽知何处。

3：【成语】：【浅斟低唱】斟着茶酒，低声歌唱。形容悠然自得、遣兴消闲的样子。

4：【纳兰容若】：半世浮萍随逝水，一宵冷雨葬名花。魂是柳绵吹欲碎，绕天涯。

5：【王阳明】：疏帘细雨灯前局，碧树凉风月下歌。

6：【纳兰容若】：我是人间惆怅客，断肠声里忆平生。

7：【纳兰容若】：残雪凝辉冷画屏，落梅横笛已三更，更无人处月胧明。我是人间惆怅客，知君何事泪纵横，断肠声里忆平生。

图 12.9　人工智能联想结果 5

笔者曾经在网上随便找了一篇"鸡汤文"进行了简单的优化后就发布了，反响非常好，后来有人找到笔者，想转发这篇文章。可见，AI 可以加强人类的联想速度，在短时间内将一篇 60 分文章提升到 90 分以上。

下面就是人工智能辅助写出来的文章的节选。

对于任何职业来说，敬畏之心都是最重要的。

这种敬畏体现为一种从道德层面衍生而出的、超越专业知识的修养，是一种精神属性的增长，是人性意义上优秀人格的形成，体现的是人生价值。

工人和大师之间似乎有着天壤之别，而这种巨大的差别，却是由很小的习惯决定的，这个习惯就

是：专注地做一件事、专注地做好一件事。

养成这种习惯的前提是，我们起码要知道自己不要什么。这世界上有太多诱惑、太少道理，这些诱惑都在干扰我们走向自己的目标，我们必须懂得抵御和排除。一个人越是知道自己不要什么，他就越有把握找到自己真正要的东西。人应该牢牢握住自己的心：因为对它放任了，很快他的理智也就失去掌控了！但当人身陷自我懈怠中时，会想："吃饱，再睡饱，比平时多享受会儿，才是最好的调整方法。"事实上，平淡懒散的生活，是最有诱惑力的，同时也是最危险的。

如果你放任自己，对自己的专业失去敬畏之心，你会开始发现生活的周而复始，发现自己的生活其实早就一成不变了，活着的意义就是在不断地重复，今年的工作在重复去年的，而去年的在重复前年的……越往下想，情绪就愈加低落。

一个对专业失去敬畏之心的人，其生活也是一团糟，我倒觉得青年需要经受各种锻炼。所谓百炼成钢，在暴风雨中成长，就是这个道理。希望不经过困难、挫折，轻而易举地成功，怕是看了太多的"赘婿爽文"吧。

其实，成功的秘诀很简单，这个秘诀就是"让自己满意"。自己满意有两个标准：对于弱者，就是不去和别人比，自己满意就行。对于强者，这又是很高的标准，别人说好，自己不满意仍然不行。

我们每个人，最大的敌人就是对自己的满足。

当你达到了"自己满意"的标准，当你开始觉得自己真正高尚的存在的时候，你才获得了真正的自尊心，才能显露出最强烈的自豪感。

当你从自己所追求和珍惜的价值中获得巨大的幸福感时，你就知道你是对的，因而不会觉得坚持是难事。

也许，我们的一生会默默无闻，做一个到死也没人知道的平凡大众，但是，我相信，在我们当初下定决心，要把自己的一生奉献给梦想时，我们已很清楚地选择了自己的命运。

12.3　人工智能联想服务实战

开发 L8AI.com 中的核心功能，不仅需要用程序代码实现矩阵联想算法，而且需要庞大的语料库和强大的 GPU 硬件。

为了让读者在自己的项目中快速实现这种语义联想功能，笔者在 L8AI.com 中开放了人工智能联想服务接口，仅供读者学习和测试使用。

12.3.1　人工智能联想服务接口文档

人工智能联想服务接口地址为 Https://www.L8AI.com/ai.php。

接口功能：向服务器发送文本，服务器返回语义联想结果。

字符编码：UTF-8。

响应格式:统一采用JSON格式。

```
headers = {
    'Content-Type' :'application/json'
}
```

调用方式:向接口地址发送请求,在Body中附加任务JSON字符串。

服务器接收任务JSON字符串结构说明如表12.1所示。

表12.1　服务器接收任务JSON字符串结构说明

key	类型	示例	说明
txt	string	旅行,户外,自行车,草地,运动	文本或用英文逗号分隔的关键词,不超过500个汉字
key	string	passWORD12345	统一测试用密钥

JSON字符串示例如下。

```
{
    "txt":"旅行,户外,自行车,草地,运动",
    "key":" passWORD12345"
}
```

服务器返回JSON数据格式如下。

```
[
    {
        "序号":"1",
        "作者":"三毛",
        "文本":"他也爬山、骑摩托车、跑步,甚而园艺都勤得有若运动。"
    },
    {
        "序号":"2",
        "作者":"川端康成",
        "文本":"喝完茶就去跳绳,边跳绳边沿着草坪的小径跑出去了。"
    },
    {
        "序号":"3",
        "作者":"卡尔维诺",
        "文本":"他环游世界,每到海滩、河岸或湖边,抑或是沙漠、荒原,都会随身带走一把沙土。"
    },
    {
        "序号":"4",
        "作者":"王小波",
        "文本":"那女孩在树根和青苔上踱步,装似在健身自行车上或跑步机上锻炼身体。"
    },
    ...
]
```

JSON在线解析器树图如图12.10所示。使用JSON在线解析工具可以更清晰地展示JSON格式。

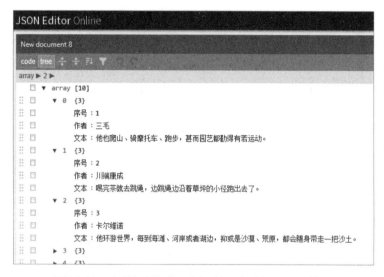

图 12.10　在线解析服务器返回的语义联想 JSON 结果

测试接口运行时，并不一定要编写复杂的代码，最快的方式是使用 Postman。

Postman 是一个 Chrome 扩展，可提供功能强大的 Web API & HTTP 请求调试。它能够发送任何类型的 HTTP 请求（GET, HEAD, POST, PUT 等），并附带任何数量的参数+ headers。此外，它还支持不同的认证机制（Basic, Digest, OAuth），可以自动将代码进行语法高亮显示（HTML, JSON 或 XML）。Postman 能够保留历史请求，可以很容易地重新发送请求，还有一个"集合"功能，用于存储所有请求相同的 API/域。

Postman 的下载地址为 Https://www.postman.com/，选择和自己操作系统对应的版本，下载安装后，进行注册就可以使用了。

如图 12.11 所示，在软件界面上方选择"POST"选项，再填入地址 https://www.L8AI.com/ai.php，然后在 Body 中以 JSON 字符串形式填入请求内容。

图 12.11　使用 Postman 进行 L8AI 接口调用测试

单击"Send"按钮,即可看到测试结果。这种方式非常适合测试 API 接口。如果需要进一步的开发,将接口的功能融入自己的产品中,则需要编写代码。

12.3.2　使用 Python 调用人工智能联想服务实战

新建一个名为"L8ai"的文件夹,在其中新建一个名为"L8ai 接口实战 .py"的源码文件,并键入如下代码。

```
01  # encoding:UTF-8
02  import requests
03  import urllib
04  import json
05  url = 'https://www.L8AI.com/ai.php'
06  # 请求头
07  headers = {
08      'Content-Type' :'application/json'
09  }
10  data = {
11    "key":"passWORD12345",
12    "txt":"旅行,户外,自行车,草地,运动"
13  }
14  request = requests.post(url,headers= headers, data=json.dumps(data))
15  print(json.loads(request.content))
```

这些代码以前都解释过,这里不再赘述,代码运行结果如下。

[{'index':'1', 'author':'网评', 'phrase':'说明他爱滑雪啥的或登山户外运动爱好者'},
{'index':'2', 'author':'三毛', 'phrase':'他也爬山、骑摩托车、跑步,甚而园艺都勤得有若运动。'}, {'index':'3', 'author':'安东尼·德·
圣-埃克苏佩里', 'phrase':'能快乐旅行的,一定是轻装旅行的人。'}, {'index':'4',
'author':'川端康成', 'phrase':'喝完茶就去跳绳,边跳绳边沿着草坪的小径跑出去了。'},
{'index':'5', 'author':'周国平', 'phrase':'在哲学世界
里,我是个闲人游客。我爱到野外眺望日落,爱在幽静的林间小路散步,也爱逛大街小巷看众生相。'},
{'index':'6', 'author':'周国平', 'phrase':'我爱到野外眺望日落,爱在幽静的林间小路散步,
也爱逛大街小巷看众生相。'}, {'index':'7', 'author':'尼采', 'phrase':'我们的习惯是在
户外思考、散步、跳跃、攀登和舞蹈,最好是在寂静无人的山间,要么就在海滨。'}, {'index':'8',
'author':'卡尔维诺', 'phrase':'他环游世界,每到海滩、河岸或湖边,抑或是沙漠、荒原,都会随身
带走一把沙土。'}, {'index':'9', 'author':'王小波', 'phrase':'那女孩在树根和青苔上踱
步,装似在健身自行车上或跑步机上锻炼身体。'}, {'index':'10', 'author':'莫言',
'phrase':'运动就是演戏,运动就有热闹看,运动就锣鼓喧天,彩旗飞舞,标语上墙,社员白天劳动,晚
上开大会。'}]

可以看到,服务器返回了 JSON 字符串,其格式是以"["开头,以"]"结尾的,证明返回结果是 JSON 对象数组。

为了进一步提取 JSON 数组元素的详细内容，可以继续键入如下代码。

```
16  for sentence in json.loads(request.content):
17      print('序号:'+sentence['index'])
18      print('作者:'+sentence['author'])
19      print('文本:'+sentence['phrase'])
20      print('————————————————————————————')
```

运行结果如下。

```
序号:1
作者:网评
文本:说明他爱滑雪,或是登山户外运动爱好者。
————————————————————————————

序号:2
作者:三毛
文本:他也爬山、骑摩托车、跑步,甚而园艺都勤得有若运动。
————————————————————————————

序号:3
作者:安东尼·德·圣-埃克苏佩里
文本:能快乐旅行的,一定是轻装旅行的人。
————————————————————————————

序号:4
作者:川端康成
文本:喝完茶就去跳绳,边跳绳边沿着草坪的小径跑出去了。
————————————————————————————

...
```